Saline Alkali Tolerant Rice
Genetics and Cultivation

耐盐碱水稻
遗传与栽培学

主 编　袁隆平

山东科学技术出版社
·济南·

图书在版编目（CIP）数据

耐盐碱水稻遗传与栽培学 / 袁隆平主编. ﹣﹣济南：
山东科学技术出版社，2022.8
ISBN 978-7-5723-1340-0

Ⅰ.①耐… Ⅱ.①袁… Ⅲ.①盐碱地 – 水稻 –
栽培技术 Ⅳ.① S511

中国版本图书馆CIP数据核字（2022）第133202号

耐盐碱水稻遗传与栽培学

NAIYANJIAN SHUIDAO YICHUAN YU ZAIPEIXUE

责任编辑：孙雅臻 姬云婷 王 涛
装帧设计：魏 然

主管单位：山东出版传媒股份有限公司
出 版 者：山东科学技术出版社
　　　　　地址：济南市市中区舜耕路517号
　　　　　邮编：250003 电话：（0531）82098088
　　　　　网址：www.lkj.com.cn
　　　　　电子邮件：sdkj@sdcbcm.com
发 行 者：山东科学技术出版社
　　　　　地址：济南市市中区舜耕路517号
　　　　　邮编：250003 电话：（0531）82098067
印 刷 者：山东彩峰印刷股份有限公司
　　　　　地址：潍坊市福寿西街99号
　　　　　邮编：261031 电话：（0536）8216157

规格：16开（184 mm×260 mm）
印张：28 字数：408千
版次：2022年8月第1版 印次：2022年8月第1次印刷
定价：190.00元

序　言

　　土壤盐碱化，影响农业生产，从而影响人类文明和社会的发展，是古今中外都非常关注的问题。5000多年前的苏美尔人在干旱无雨的伊拉克南部利用河水灌溉农田并发明了世界上最早的文字——楔形文字，从而创造出一批人类最早的城市国家和灿烂的苏美尔文明。随后，苏美尔文明不断向周围传播并把两河流域北部的亚述地区带入两河流域文明圈，发展成为著名的巴比伦－亚述楔形文字文明。然而，到了公元前539年，两河流域文明消亡了。持续了3000年的两河流域文明灭绝的原因是复杂的，但过度的农业开发引发的土壤盐碱化是一个主要的内因。美国著名亚述学家雅各布森在《古代的盐化地和灌溉农业》一书中论述了两河流域南部苏美尔地区灌溉农业和土地盐碱化的关系，并指出这是苏美尔人过早退出历史舞台的重要原因。中国古代对盐碱土也有深刻的认识，总结出了引水种稻洗盐、淤灌压碱、深翻窝盐、压砂抗碱及生物治盐等技术措施。

　　盐碱地是我国极为重要的后备耕地资源，挖掘盐碱地潜力、开展盐碱地综合利用对于粮食安全有着特殊意义。随着世界人口的增长、工业化及城镇化的发展，耕地资源在不断减少，不当的耕作和利用引起的土壤盐渍化也降低了土地的生产力，加剧了粮食安全的挑战。如何对包括盐碱地在内的边际土地进行改良和综合利用成为各国普遍关注的问题，通过系统化的综合措施提高盐碱地的利用价值是各国农业领域研究的重要内容。

　　我国共有1亿公顷盐碱地，位居世界第三，其中0.33亿公顷具有开发利用潜力，是我国极为重要的后备耕地资源。我国十分重视挖掘盐碱地潜力，开展盐

碱地综合利用。2021 年秋，习近平总书记在视察黄河三角洲农业高新技术示范区的盐碱地改良示范基地时强调，开展盐碱地综合利用对保障国家粮食安全、端牢中国饭碗具有重要战略意义；要加强种质资源、耕地保护和利用等基础性研究，转变育种观念，由治理盐碱地适应作物向选育耐盐碱植物适应盐碱地转变，挖掘盐碱地开发利用潜力。通过盘活这 0.33 亿公顷"沉睡"的土地，实现耕地资源的扩容、提质、增效，对突破现有粮食播种面积的天花板、端牢中国饭碗意义重大。

盐碱地的改良和综合利用意义重大，但要做好并非易事，甚至可以说是世界性的难题。除了工程改良、物理改良和化学改良外，各国都在寻求新的盐碱地改良利用的理念和措施。以色列在内盖夫盐碱荒漠区利用滴灌技术使根系土壤脱盐，在满足作物生长期间对水分的需求的同时，保持一定的水量对土壤盐分进行淋洗，减轻盐分对植物根系的伤害，保护作物的产量。另外，以色列研究者们发现，利用咸水灌溉土壤上生产的西红柿，可溶性固体物含量高，口感好，售价高，产值甚至高于普通土壤上生产的西红柿。以袁隆平先生为代表的中国科学家在盐碱土的综合开发和利用方面也做出了卓越贡献，耐盐碱水稻的开发为我国盐碱地的利用注入了新的动力。袁先生生前曾邀请我讨论耐盐碱水稻的工作，共商利用现代生物技术手段加快耐盐碱水稻的研究和培育。

我大学本科学的是土壤与农业化学专业，大二暑期实习我去了位于河北曲周的北京农业大学的试验站，这是以我们的老师石元春、辛德惠教授为代表的第一代农大人开展盐碱地治理的地方。实习中我观察到农作物对土壤盐碱高度敏感，但是盐碱地上也长着不少喜欢盐碱的植物，这让我对植物生理学相关的问题产生了巨大兴趣，在我后来的植物逆境生物学研究和基因编辑技术研究工作中，提高植物的抗旱、耐盐碱能力一直都是重要内容。这本由袁先生担任主编的《耐盐碱水稻遗传与栽培学》，内容非常丰富，可以说是我这些年学习和工作历史的温习，读来倍感亲切。

盐碱地的改良和综合利用是一个复杂的系统性工程，必须多措并举，综合施策，才能达到"变废为宝"、提高盐碱地的综合利用价值的目的。这本《耐盐碱水稻遗传与栽培学》以重要的粮食作物——水稻为研究对象，从植物耐盐碱特性的分子生物学基础、水稻耐盐碱性遗传分析、水稻耐盐碱性的基因编辑、耐盐碱水稻基因资源挖掘与利用、盐碱地稻田改良与培肥、水稻耐盐碱的生理机制和耐盐碱水稻高产栽培技术等七个方面进行了详细阐述，从传统的强调改造自然转向植物与自然的和谐共生，从治理盐碱地适应作物转向结合选育耐盐碱植物适应土地，是盐碱地改良和综合利用的正确方向。我希望通过对耐盐碱水稻的分子机理研究，利用广泛的耐盐碱野生稻资源，以及包括全基因组筛选、转基因技术、基因编辑技术在内的生物技术手段，培育出超级耐盐碱的水稻新品种，并通过高产栽培技术研究，使这些耐盐碱水稻能够在东北盐碱地、河套盐碱地和滨海盐碱地上广泛种植，提高盐碱地的利用率和生产力，同时为世界同类地区耐盐碱作物的发展起到引领和示范作用，为中国乃至世界粮食安全做出贡献。

我强烈推荐资源环境、遗传育种、植物营养、农学和植物科学等相关专业的学生和研究人员把这本书作为重要的指导性读本，仔细学习，认真研究，共同努力为盐碱地的综合利用贡献力量。

朱健康

2022 年 6 月 6 日

目　录

第 1 章　植物耐盐碱特性的分子生物学基础

第 1 节　盐碱地与植物的耐盐碱性

盐碱地是指由盐成土构成，土壤所含盐分影响到作物正常生长的土地。盐碱地的形成是自然与人为双重因素综合作用的结果。土壤盐碱化严重威胁作物的生长发育和现代农业的可持续发展，已经成为全球农业生产的头号威胁（Flowers et al, 2015; Zhang et al, 2020）。世界超过 1/3 的土地正在遭受不同程度的土壤盐碱化威胁，由于全球气候变暖造成的海平面上升和不合理灌溉，土壤盐碱化范围不断扩大，盐碱化程度不断加深（Rengasamy, 2006）。目前绝大部分的作物耐盐碱能力都比较差，在土壤盐碱浓度过高时无法正常地完成生长发育，造成严重的减产甚至绝收，严重威胁着全球的粮食安全（Munns, 2015）。为了保证粮食安全，培育耐盐作物品种刻不容缓，为了实现这一目标，必须深入解析盐碱胁迫造成植物伤害以及植物应对盐碱胁迫的分子机制。

一、盐碱地与土壤盐碱度

（一）国内外盐碱地现状

土壤盐碱化是限制全球农作物生长和生产的主要非生物限制因素之一。盐碱地在全球分布广泛，从寒带、温带到热带的各个地区，从美洲、欧洲、亚洲到澳洲，到处都有大量含盐、干燥、板结、荒芜的盐碱地，甚至冲积平原、灌溉区域也有分布（Munns et al, 2008）。据报道，全球盐碱地面积达到 9.54 亿 hm^2（表 1-1），

还有更多的土地受到土壤盐碱化的威胁，尤其在干旱和半干旱地区，土壤盐碱化威胁尤其严重，并且每年以 100 万 ~ 150 万 hm^2 的速度增加（Munns et al, 2008）。我国现有盐碱地 0.99 亿 hm^2，约占全球盐碱地面积的 1/10，位居世界第三位（表 1-2）（云雪雪 等, 2020）。全球气候变暖带来的一系列气候问题，再加上不合理灌溉施肥等人为因素，导致我国乃至全球的盐碱地面积正在逐年增加。有研究预测到 2050 年全球盐碱耕地的比例会超过 50%，如果继续放任不管或者处置不当，会严重威胁全球的粮食安全。

表1-1　　　盐碱地在全球各大区域的分布（Munns et al, 2008）

地区	面积（万hm^2）	比率（%）
北美洲	1 575.5	1.65
墨西哥和中美洲	196.5	0.21
南美洲	12 916.3	13.53
非洲	8 053.8	8.43
南亚	8 760.8	9.17
东亚和中亚	21 168.6	22.17
东南亚	1 998.3	2.09
澳大利亚和周边地区	35 733.0	37.42
欧洲	5 080.4	5.32
合计	95 483.2	100

表1-2　　　盐碱地在全球各国或地区（部分）的分布（Munns et al, 2008）

国家或地区	面积（万hm^2）	比率（%）
澳大利亚	35 724.0	37
苏联	17 072.0	18
中国	9 913.3	10
印度尼西亚	1 321.3	1.4
巴基斯坦	1 045.6	1.1

（续表）

国家或地区	面积（万hm^2）	比率（%）
印度	700.0	0.7
伊朗	672.6	0.68
沙特阿拉伯	600.2	0.6
蒙古	407.0	0.4
马来西亚	304.0	0.3
合计	67 760.0	—

我国盐碱地主要分布在我国东北地区、西北干旱地区、半干旱地区中的低洼地、东部沿海平原地区以及黄淮海平原地区（郝文凤 等,2020），主要分为滨海湿润 – 半湿润海水浸渍盐渍区、东北半湿润 – 半干旱草原 – 草甸盐渍区、黄淮海冲积平原半湿润 – 半干旱旱作 – 草甸盐渍区、内蒙古高原干旱 – 半漠境草原盐渍区、黄河中上游干旱 – 半漠境盐渍区、甘肃和新疆漠境盐渍区、青海和新疆极端干旱漠境盐渍区及西藏高寒漠境盐渍区等（肖柏,2011）。盐碱土包括盐土和碱土两种，盐土土壤盐分以高浓度的 NaCl 为主，而碱土主要以 Na_2CO_3 和 $NaHCO_3$ 为主，二者常常相互依存而又相互影响（李芳兰 等,2021）。近年来，随着研究的不断深入，人们对于盐土和碱土的区分更加清晰，碱胁迫比盐胁迫的危害更大。内陆盐碱地主要分布在新疆、青海、甘肃和内蒙古，此类盐碱地主要为硫酸盐盐碱地，部分为氯化物盐碱地，盐分含量在 1% ~ 4%，形成的主要原因是气候干燥等使得水分蒸发量大，大量可溶性盐被留在土壤表层增加了土壤的含盐量。冲积平原盐碱地主要分布在松辽平原、三江平原和黄淮海平原，地下水水位上升使得水中盐分运动到土壤表层，使得土壤盐碱化，此部分地区的盐碱地主要为碳酸盐型盐碱地。滨海盐碱地主要分布在江苏、山东、河北等滨海地区，极端气候造成的海平面上升和海水倒灌是这些地区盐碱地形成的主要原因，这些地区盐碱地中的盐分主要是氯化物（毛庆莲 等,2020）。此外，人类不合理的灌溉、化肥过度使用等原因，破坏了土壤结构和自我修复能力，造成次生盐碱化，

加剧了土壤盐碱化进程（张强 等，2018）。

盐碱地被认为是重要的后备土地资源，被誉为"希望的田野"，盐碱地的改良和治理一直以来都备受关注。人类对盐碱地的认识很早，公元前2400年，古巴比伦人就对盐碱地有了详细的记录（拱玉书，2002）。我国古代典籍《尚书·禹贡》就明确记载："海岱惟青州。嵎夷既略，潍、淄其道。厥土白坟，海滨广斥。厥田惟上下，厥赋中上。……"其中所提到的"斥"就是指盐碱地（朱祖义 等，2005）。盐碱地的治理和改良一直是一个世界性的难题，许多国家和地区投入了大量的人力、物力和财力发展治理盐碱地的措施并取得了良好的效果。例如，美国在转基因技术改良耐盐作物、新型高聚物盐碱土壤微生物修复肥料等方面取得了重大的进展（云雪雪 等，2020）；澳大利亚科学家在耐盐碱小麦育种、生物炭作为土壤改良剂治理盐碱地和微生物改良盐碱地等方面取得了一定的成果（马晨 等，2010）；印度通杂交筛选培育出了水稻耐盐品种和耐盐菌株，在生物改良盐碱地方面取得了良好的成果（孔旭晖 等，1992; Ajay, 2018）；埃及在极端栖息地筛选分离出新的嗜碱的菌株，并将其作为生物肥料改良盐碱地（Minhas et al, 2019）。在盐碱地的治理和改良方面，我国数千年来也在不断尝试，将盐碱地变废为宝。以我国主要盐碱地分布地区之一的黄淮海地区为例，全区耕地面积超过 2 240 万 hm^2，其中盐碱地面积约为 333 万 hm^2，占全国盐碱耕地的50%（毛庆莲 等，2020），其农耕和盐碱地治理历史均很悠久，积累了丰富的盐碱地治理经验。例如，在先秦到宋代时期，利用淤灌和引种种稻等方法对漳河、渭河及黄河两岸的盐碱地进行了治理，取得了良好的治理效果（宋静茹 等，2017）；唐宋时期，采用修堰挡潮等方法治理滨海盐碱地；元明清时期，采用屯垦种稻、种稻洗盐等农业措施对京津地区滨海盐碱地进行改良，取得了不错的效果（毛庆莲 等，2020）。近年来，我国在盐碱地治理的工程措施、生物措施和化学措施等土壤改良利用技术方面取得了很多重要的成果，其中盐碱地开发种稻是盐碱地改良和利用中最为有效的措施之一（许盼云 等，2020）。水稻作为沿海滩涂和盐碱土改良的首选粮食作物，"以稻治碱，以稻治涝"是盐碱地区广大农民发家致富的重要途径（王才林 等，2019）。我国仅吉林一省就有超过 26.7 万 hm^2 的盐碱地水田，占到其水田面积的 1/3，说明盐碱地具有巨大的开发利用前景（李景鹏 等，2020）。种植水稻不仅可以淋溶土壤中的可溶性盐分，还可以恢复或者增大湿地资源，具备生态涵养的功能，以种促改，最后达到治理盐碱地的目的（张国栋 等，2019）。然而，水稻并不耐盐碱，盐碱环境会严重影响水稻的生产，虽然现在已有部分耐盐水稻品种发现，但其耐盐碱程度远未达到可在盐碱地直接种植的水平（魏征 等，2019）。因此，因地制宜地开发利用各种治理措施以改良、开发和利用盐碱地，同时加速培育新的可直接在盐碱地栽培的耐盐碱水稻品种，对于保护我国的粮食安全至关重要。

（二）土壤盐碱度

盐碱地是由盐成土构成的土地。盐成土是指在土体深度范围内具有盐积层（salic horizon）或碱积层（alkalic horizon）的一类土壤，通常划分为盐土和碱土两类。为了区分盐成土，国际上通常根据土壤的积盐量、电导率（EC）、碱化度或交换性 Na^+ 含量（ESP）和 pH 等指标来划分盐土和碱土。例如，通常将土壤表层积盐量在 6 g/kg 或 10 g/kg 以上的土壤定为盐土，将土壤 ESP 在 20% 以上的土壤定为碱土（龚子同，2014）。参比国际上划分盐积层和碱积层的指标，龚子同等（1999）结合我国土壤状况，制定了以下确定盐积层和碱积层的诊断指标：

①盐积层：在冷水中溶解度大于石膏的易溶性盐富集的土层。其特征如下：厚度至少 15 cm；含盐量，干旱土或干旱地区盐成土中不小于 20 g/kg（或 1∶1 水土比提取液的 EC ≥ 30 dS/m），其他地区盐成土中不小于 10 g/kg（或 1∶1 水土比提取液的 EC ≥ 15 dS/m）；含盐量（g/kg）与厚度（cm）的乘积 ≥ 600，或 EC 与厚度（cm）的乘积 ≥ 900。

②碱积层：为一交换性钠含量高的特殊淀积黏化层。其除了具有黏化层的典型特征外，还具有以下特性：呈柱状或棱柱状结构，若呈块状结构则应有来自淋

溶层的吞状延伸物伸入该层并达到 2.5 cm 或更深；在上部 40 cm 厚度以内的某一亚层中 ESP ≥ 30%，pH ≥ 9.0，表层土壤含盐量 <5 g/kg。

另外，有一种更为直观的区分盐碱地的指标：当土壤的 EC>4 dS/m（相当于 44 mM NaCl）时，土壤即被称为盐碱地；当土壤中 EC>15 dS/m（相当于 165 mM NaCl）时为重度盐碱地（任鹏飞 等，2019）。根据土壤 EC、ESP 和 pH 等 3 项指标的差异，又可以将盐碱地分为中性盐盐碱地、碱性盐碱地和混合盐碱地：中性盐盐碱地的 EC>4，pH<8.5，ESP<15；碱性盐碱地中 Na_2CO_3 和 $NaHCO_3$ 含量很高，使得土壤 EC<4，pH>8.5，ESP>15；混合盐碱地兼具以上 2 种盐碱地的特征，其对植物的伤害更大，更加不利于植物生长（楚乐乐 等，2019）。

二、盐碱胁迫对植物的伤害

土壤中盐分过多或 pH 过高，危害植物的生长和发育，称为盐碱胁迫。盐碱胁迫威胁着植物整个生长发育过程，使得植物生长发育缓慢，组织和器官的发育受到影响，特别是在生殖生长时期，盐碱胁迫会使得植物育性下降，结实率下降，直接影响作物产量（杨少辉 等，2006）。盐碱胁迫对植物造成的危害主要包括渗透胁迫、离子胁迫以及高盐引起的营养缺陷、氧化胁迫、胞内氨毒害等一系列的次生胁迫（Zhu et al, 2001）。这些胁迫使得植物生长发育和能量代谢受到抑制，光合作用下降，能耗增加，最终加速植物早衰甚至死亡。

（一）渗透胁迫

植物在盐碱环境中，土壤含有较多的盐离子使得土壤渗透势下降，而植物细胞的渗透势较高，造成细胞内渗透势高于胞外，引起植物根系吸水困难，水分利用不足，从而对植物产生渗透胁迫，造成生理干旱，植物萎蔫，严重时死亡（陈万超，2011）。一般来说，土壤中的盐浓度足以使土壤水势显著降低（降低 0.05 ~ 0.1 MPa），即被认为引起渗透胁迫。其实，很多土壤中的盐分足够高，其水势的降低远远超过 0.1 MPa（赵福庚 等，2004）。渗透胁迫不仅存在于盐碱胁迫中，干旱胁迫也会通过环境与植物的水势差形成渗透胁迫。水势的改变引起的渗透胁迫会通过植物叶片的保卫细胞降低气孔开度（Brugnoli et al, 1991），使植物的光合作用降低，最终影响植物能量的积累。因此，盐碱胁迫与干旱胁迫之间的关系非常密切，植物根系与叶片在盐碱环境中水分亏失就如同处于干旱环境中一样。由盐碱胁迫引起的生长速率的降低，也可以由相同渗透压的其他盐或有机渗透物质诱导产生。同时，可调节渗透胁迫的可溶性小分子如脯氨酸、多糖等的积累不仅能提高水稻干旱胁迫耐受性，同时也能显著提高碱胁迫的耐受性（Yan et al, 2021）。另外，高盐引起的渗透胁迫影响植物种子的萌发。由于种子在萌发期间需要吸收大量的水分，环境中高浓度盐分会使种子吸水缓慢或抑制其对水分的吸收，从而减弱种子的发芽潜力。研究表明，根据盐浓度的不同，种子的萌发情况呈低促高抑现象，随着盐度的升高，种子发芽延迟，发芽率降低，盐浓度过高时种子萌发完全受阻（李志萍 等, 2015; Roosta et al, 2016）。

（二）离子胁迫

离子胁迫主要是植物摄取了过量的 Na^+、Cl^- 等离子，使植物细胞质内离子浓度升高，直接对植物造成了伤害作用。植物在盐碱环境中，随着 Na^+、Cl^- 等盐离子进入植物细胞，打破了植物体内原有的离子动态平衡，直接对植物造成离子胁迫（Ruiz et al, 2016）。细胞内高浓度离子可使细胞原生质发生凝聚，破坏其胶体的性质。细胞内大部分酶只能在很狭窄的离子浓度范围内才具有活性，一般对于 Na^+ 和 Cl^- 要求低于 50 mM（陈晓亚 等, 2012）。大量无机离子进入植物体后，当超过植物自身调节能力时，高浓度离子破坏酶的结构和活性，破坏光合系统，干扰植物正常的生理代谢，造成蛋白质的降解，对植物造成伤害。例如，离子胁迫会造成甘薯（*Ipomoea batatas* Lam.）叶片的内质网空泡化，线粒体嵴减少，高尔基体释放的小泡增多，液泡膜破坏，细胞质和液泡基质的混合物使细胞质变性（Mitsuya et al, 2000）。另外，高盐引起的渗透胁迫会使细胞质膜的组分、透性、运输等发生改变，膜的完整性受到破坏，膜的正常功能受损，不能选择性地

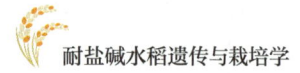

控制物质进出，导致细胞内大量离子和有机物质外渗，进而使细胞的代谢及其生理功能受到不同程度的破坏（鞠淼，2008）。因此，在植物的盐碱胁迫生理检测中，相对离子渗漏率（relative ion leakage）通常被用于反应植物受到盐碱胁迫伤害的程度。

（三）次生胁迫

盐碱胁迫除了对植物直接造成的渗透胁迫和离子胁迫之外，还会带来各种次生胁迫，严重影响植物的正常生长发育。这些次生胁迫主要是由高盐或高 pH 引起的植物体内营养缺陷、氧化胁迫、胞内氨毒害等。

1. 营养缺陷

植物在盐碱环境中经常表现出营养缺陷的性状，其主要原因是植物在吸收矿质元素的过程中，盐离子与多种营养离子相互竞争。K^+ 是植物必需的营养元素之一，外界高浓度的 Na^+ 会抑制根系对 K^+ 的吸收，造成 K^+ 匮缺，从而导致依赖于 K^+ 的生理生化反应不能正常进行（Zhang et al, 2013）。例如，K^+ 对于叶绿体内的电子传递也是必需的（Finazzi et al, 2015）。盐胁迫下细胞内大量积累 Na^+，会造成体内离子失衡，使得进入叶绿体内的 K^+ 减少，影响叶绿体内的电子传递而损伤光系统 II（PS II），影响光合作用进程（Suo et al, 2017）。Ca^{2+} 在植物生长发育调控中起重要作用，同时在耐盐性中起重要作用。Ca^{2+} 可以减低植物对 Na^+ 的吸收，维持细胞膜稳定性，保持正常生长。有研究表明，Na^+ 与 Ca^{2+} 会竞争质膜及细胞内膜上的离子位点，破坏膜结构的完整性和膜功能。尤其盐胁迫下，Na^+ 会取代细胞中的 Ca^{2+}，导致 Ca^{2+} 的缺失，影响植物生长发育（Ehret et al, 1990）。例如，细胞壁的大部分组分带负电荷，容易与阳离子结合，Ca^{2+} 能够影响鼠李半乳糖醛酸聚糖 II（RG II）聚合形成果胶，高浓度的 Na^+ 会替代 Ca^{2+} 的位置而影响果胶的形成，从而影响细胞壁完整性的维持（Hocq et al, 2017）。果胶甲酯水解酶（pectin methyl esterase, PME）介导的去甲酯化修饰影响果胶的稳定性，Na^+ 会结合到 PME 亚基上而降低其活性，影响细胞的生长。细胞壁上的阿拉伯半乳聚糖蛋白（arabinogalactan proteins, AGPs）能够结合大量的 Ca^{2+} 而被称为胞外 Ca^{2+} 的蓄水池，过量的 Na^+ 离子会使 Ca^{2+} 释放而流入细胞质中，AGPs 的缺乏会直接影响植物的耐盐性（Olmos et al, 2017）。

2. 氧化胁迫

氧化胁迫是盐碱胁迫导致的主要次生胁迫之一。植物叶绿体和线粒体电子传递链泄露的电子都可能与 O_2 反应生成活性氧（reactive oxygen species, ROS）。ROS 是生物有氧代谢产生的副产物，主要包括超氧阴离子（$O_2 \cdot^-$）、过氧化氢（H_2O_2）、羟基自由基（−OH）和单线态氧（$^1O_2$）等。其中，H_2O_2 的稳定性最强，是活性氧的主要存在形式（刘聪 等, 2019）。植物光合作用和呼吸作用等有氧代谢不可避免地会在叶绿体、线粒体和过氧化物酶体中产生 ROS。细胞质膜和质外体也是植物响应各种胁迫信号后产生 ROS 的重要场所（Min et al, 2018）。研究发现，ROS 在植物体内具有双重功能，其角色的转变依赖于其在植物体内的浓度：低浓度时，ROS 作为植物体内一类重要信号分子，参与调节植物的生长发育和逆境胁迫响应；当浓度超过细胞所能承受的限度时，ROS 影响蛋白质、脂质甚至核酸的功能，从而导致细胞损伤乃至死亡（Sarvajeet et al, 2010）。叶绿体是植物进行光合作用合成植物必需的氨基酸、脂肪酸、维生素和脂质的重要场所，对植物的生长发育至关重要，叶绿体受到损伤以后会严重影响细胞内的能量代谢和物质合成（Chan et al, 2016）。盐碱胁迫会使气孔关闭而影响 CO_2 的摄取，使得光合作用过程受阻，产生大量的 ROS。这些过量积累的 ROS 进一步攻击叶绿体中的其他成分，严重影响叶绿体正常代谢，并造成膜系统的损伤，影响叶绿体的完整性（Suo et al, 2017）。线粒体是细胞内重要的能量代谢细胞器之一，对于植物的生长发育和胁迫响应具有十分重要的意义（Wang et al, 2018）。盐碱胁迫下，离子稳态的破坏、水分和氧气供给受阻、膜结构损坏的发生会严重影响线粒体中的电子传递链，产生大量的 ROS，不仅会影响线粒体的功能，也会造成其他细胞器的氧化损伤，造成一系列的不良反应（Gad et al, 2010）。积累的 ROS 浓度过高会进一步对蛋白质和核酸等生物大分子造成损伤，从而导致毒性紊乱和细胞死亡。

此外，盐碱胁迫也会激活细胞膜上的呼吸爆发氧化酶（respiratory burst oxidase homologues, RBOHs）的表达，从而产生大量的 ROS（Ma et al, 2012）。这些 ROS 可以作为信号分子激活细胞内的胁迫响应过程，也会攻击细胞膜上的脂质分子，膜脂质被氧化后产生的丙二醛（MDA）会进一步加剧细胞膜的损伤，改变细胞膜的流动性和通透性，严重时甚至直接杀死细胞（Zhou et al, 2018）。膜脂过氧化通常被认为是盐碱胁迫造成细胞膜损伤甚至杀死细胞的重要原因。因此，在植物的盐碱胁迫生理检测中，丙二醛含量通常被用于指示植物的膜脂受到氧化损伤的程度。

3. 胞内铵毒害

植物铵毒害现象由来已久。人类对氮循环的干预使得铵态氮（NH_4^+）大量积累于淹水土壤中，直接影响植物的生长发育。一般外源 NH_4^+ 浓度超过 0.1 ~ 0.5 mM 时，植物就可能会表现出毒害症状，但是不同物种间的敏感程度有很大差异。对 NH_4^+ 敏感的植物包括大麦、番茄、大豆、土豆、荠菜、甜菜、草莓、柑橘等，相对耐 NH_4^+ 的植物包括水稻、洋葱、韭、石楠花、莎草、橡树、毛榉树、角树等（马晓玲，2014）。然而，当供 NH_4^+ 浓度过高时，即使这些对 NH_4^+ 有耐性的物种也表现出铵毒害症状（Liao et al, 1994）。具体症状有根系粗短、根冠比下降，叶子黄化，抑制种子萌发，植株整体生长受阻，严重时发生死亡。农业生产上，作物 NH_4^+ 毒害不仅会降低作物的产量，还会改变生物产量的结构，降低经济产量（Britto et al, 2002）。目前，植物的铵毒害主要集中于外界（如土壤或水体）NH_4^+ 浓度过高对植物造成的毒害（Esteban et al, 2016），但是在盐碱和干旱等逆境胁迫下植物细胞内也会积累大量的 NH_4^+，导致产生胞内铵毒害。其主要原因是植物在盐碱和干旱等逆境胁迫下会产生大量 ROS，诱导体内蛋白酶的水解活性增强，导致细胞内的 NH_4^+ 浓度升高。这些过高浓度的 NH_4^+ 若不能及时清除，将会对细胞及植物体造成严重的铵毒害（Sweetlove et al, 2001; Skopelitis et al, 2006）。植物积累过高浓度的 NH_4^+ 会降低许多无机阳离子（如 K^+、Ca^{2+}、Mg^{2+} 等）的摄取量，造成根系以及植株整体因部分离子的缺失不能正常生长

（Holldampf et al, 1993）。胞内过量 NH_4^+ 的清除或同化需要不断消耗大量碳骨架（如 α-酮戊二酸），而光合产物总量又不能无限制供应大量的碳骨架以供 NH_4^+ 的同化，导致植物整体碳亏空而影响植物生长（Ariz et al, 2013）。有研究表明，补充 NH_4^+ 代谢的关键碳源，可以一定程度上缓解铵毒害症状（Magalhaes et al, 1992）。过量积累的 NH_4^+ 能够引起光合电子传递过程中光合磷酸化的解偶联，从而抑制植物的光合效率，且 NH_4^+ 能增强 Mehler 反应活性，增加 O^{2-} 的氧化胁迫作用进而损害植物的光合系统（Krogmann et al, 1959; Zhu et al, 2000）。最近有研究报道，过量 NH_4^+ 在细胞中的积累不是导致铵毒害的主要原因，主要原因是铵同化在细胞内产生大量质子，降低了 pH，导致细胞酸度增加而造成了铵毒害，而加入碱性铵盐可以降低细胞中的酸度，有效地缓解铵毒害（Hachiya et al, 2021）。

三、植物的耐盐碱性

（一）盐生植物和非盐生植物

植物在长期的进化和环境适应过程中，不同物种对土壤盐度的响应出现了很大差异。根据植物耐盐能力的不同，可将植物分为盐生植物（halophyte）和非盐生植物（nonhalophyte）。盐生植物是指生长在 NaCl 含量较高的土壤上的植物，又称盐土植物。非盐生植物是指生长在 NaCl 含量较低的土壤上的植物，又称甜土植物或淡土植物（glycophyte）。通常土壤含有 0.05% 的 NaCl 时，许多非盐生植物就不能忍受，但盐生植物可以生长在含盐量 3%～4% 的土壤中。然而由于盐生植物在生态、生理、形态、机制等方面都比较复杂，要想给盐生植物下一个确切的定义仍是十分困难的。其主要原因：盐生植物类型不一，有专性的，只能生长在盐渍土壤上，还有兼性的，在盐渍土壤和非盐渍土壤都能生长；盐生植物的耐盐能力变化很大，有的可以忍耐 2～7 倍于海水的盐度，有的耐盐水平较低，接近于一般耐盐的非盐生植物；盐生植物的耐盐机理多种多样，有的避盐，有的耐盐，有的兼而有之；盐生植物在形态构造上也十分复杂和多样化，有的有盐腺或囊泡，有的肉质化，有的兼而有之；一些非盐生植物也具有上述形态构造和生理生化的特征。因此，很难找出盐生植物的特征和确切的定义（赵可夫，1997）。

盐生植物是盐渍生境中的一类天然植物区系，可以在盐渍生境中完成其生活史。一般认为，盐生植物是生长在渗透势小于 −3.3 MPa（等于 70 mM 单价盐）盐渍土壤中的天然植物区系（Greenway et al, 1980）。依据盐生植物的盐分摄取、贮存和分泌等参数，以及其生理学和生态学等特点，将盐生植物分成真盐生植物（euhalophyte）、泌盐盐生植物（recretohalophyte）和假盐生植物（pseudohalophyte）等 3 类（Bassam et al, 1990），其中真盐生植物又包括叶肉质化和茎肉质化等 2 类。它们的抗盐性强弱和抗盐机理均不同，其抗盐能力顺序是茎肉质化盐生植物 > 叶肉质化盐生植物 > 泌盐盐生植物 > 假盐生植物。有证据表明非盐生植物可能起源于盐生植物，即非盐生植物是在进化过程中丢失了盐生植物主要特性的一类植物，如现代栽培甜菜（*Beta vulgaris*）的祖先就是生长在盐沼地带的盐生植物（Chapman, 1976）。一些非盐生植物仍保留有祖先的巧妙而复杂的耐盐手段，如菜豆等非盐生植物具有一种耐盐机理——脉内再循环以适应盐渍生境（Lauchli, 1984）。目前，全球已记载的盐生植物共 1 560 余种，分别属于 117 科和 550 属（Wickens et al, 1990）。中国大约有盐生植物 421 种，分属于 66 科和 197 属，其中盐生植物最多的科有藜科、禾本科、菊科、豆科等，其种数占中国盐生植物种类总数的 46.8%（Wickens, 1990）。由此可以看出，中国的盐生植物资源非常丰富，不仅可以作为种质资源开发利用，而且可以作为基因库为今后抗盐基因工程作物的遗传育种提供素材。

盐分过多不仅对非盐生植物造成伤害，对盐生植物也同样会造成伤害。盐生植物为了能正常生长在盐渍生境中，主要采取避盐和耐盐方式去适应盐分胁迫。其避盐方式主要有 3 种：稀盐、泌盐和拒盐。稀盐盐生植物主要为真盐生植物，其特点是茎或叶不断地肉质化。其主要原因是，在盐渍生境中生长，稀盐植物薄壁细胞大量增加，吸收和贮存大量水分以稀释吸收和运输到植物体内的盐离子，使其不会产生伤害。有意思的是，稀盐盐生植物肉质化的启动因子主要是 Na^+，由 Na^+ 诱导 ATP 的合成，促进薄壁细胞分裂和原生质膨胀（赵可夫，1999）。泌盐盐生植物的叶片或茎部的表皮细胞可以分化成盐腺，将胞内盐分分泌到胞外以降低细胞中的盐浓度。其又分为 2 类：一类是向外泌盐植物，具有盐腺，通过盐腺将吸收到体内的盐分分泌到体外；另一类为向内泌盐植物，叶表面具有囊泡，将体内的盐分分泌到囊泡中暂时贮存，等囊泡破裂后再将盐分释放到外界。拒盐盐生植物为假盐生植物，其主要避盐手段是不让外界盐分进入植物体，或进入植物体后贮存在根部而不向地上部分运输或只运输一部分，从而降低整体或地上部分的盐浓度。同时，拒盐盐生植物还大量合成有机可溶性渗透剂以及吸收和贮存一定量的无机离子，以降低植物组织水势来避免渗透胁迫。耐盐主要是指植物对盐分胁迫的忍耐特性，其包括对渗透胁迫、离子胁迫及次生的氧化胁迫的忍耐。至于植物耐受盐碱胁迫的主要分子机制将在本章后续部分重点介绍和探讨，在此不再赘述。值得特别指出的是，虽然从理论上和现象上将盐生植物对盐度的适应性分为避盐性和耐盐性，但实际上一种盐生植物的适应方式不是单一的，一般都具有 2 种以上的适应方式。例如滨藜属（*Atriplex*）植物，一般都有盐腺，同时其叶片又有不同程度的肉质化，还有一定的渗透调节能力，说明盐生植物对盐渍生境具有更广泛的适应性。

（二）植物的耐盐碱性衡量指标

植物的耐盐碱性主要通过 3 个指标来衡量：植物在盐渍环境中的生活状况及存活能力，其中存活并完成生活史是植物耐盐碱性体现的基本条件；绝对生长量或产量，在盐渍条件下测定植物的生长量和产量是生产实践中的重要指标；相对生长量或产量，在水肥、气候、病虫害等条件相同的情况下，植物在盐渍条件下产量较非盐渍条件下产量降低的百分比（陈晓亚 等，2012）。值得特别指出的是，目前这 3 个耐盐碱性指标被广泛应用于作物的耐盐碱性筛选和评价中，主要通过控制条件下的盐渍化小区（人工盐碱池）产量来鉴定作物的耐盐碱性。例如，江苏省农业科学院与中国农科院作物所等多家单位合作，采取"实验室＋人工盐池＋沿海盐碱地"的"全生物量测定法"，以"耐盐指数"来评价水稻的耐盐性，通过对搜集引进的 7 058 份资源和 3 000 多份不同世代育种材料进行耐盐性鉴定，共筛选出耐 0.3% 以上盐分浓度的各类材料 534 份，鉴定出南粳 9108、盐稻 12 等 14 个在 0.3% 盐分浓度下种植表现较好的品种，在 pH > 9 的土壤中生长表现良好的长白 9 号等资源。目前，根据盐害阈值（即作物产量开始下降的临界盐度）与减产速率（超过盐害阈值后作物产量随着土壤盐度递增而下降的速率），将作物的耐盐性分为敏感、中度敏感、中度耐盐和耐盐等 4 类（表 1-3）。

表1-3　　　　　　　　常见作物的耐盐性（陈晓亚 等, 2012）

类型	作物	盐害阈值（dS/m）	超过阈值每增加单位电导值产量下降（%）	50%产量（dS/m）	50%出苗（dS/m）
敏感	草莓	1.0	33		
	四季豆	1.0	19	3.6	8.0
	洋葱	1.2	16	4.3	5.6～7.5
	桃	1.7	21		
	柑橘	1.7	16		
中度敏感	莴苣	1.3	13	5.2	11
	玉米	1.7	12	5.9	21～24
	甘蔗	1.7	5.9	9.8	7.6
	番茄	2.5	9.9	7.6	18
	水稻	3.0	12	7.2	
中度耐盐	大豆	5.0	20	7.5	
	黑麦草	5.6	7.6	12.1	14～16
	小麦	6.0	5.4	13	13
	高粱	6.8	16	15	
耐盐	糖用甜菜	7.0	5.9	15	6～12
	棉花	7.7	5.0	17	15
	大麦	8.0	5.0	18	16～24

另外，植物在盐碱胁迫下的生理生化指标常被用来评价植物的耐盐碱性以及筛选优良的耐盐碱植物种质资源。由于植物的耐盐碱性是许多性状相互作用的一种综合表现，不同植物的耐盐碱方式和机理不同，使得其生理代谢和生化变化也不尽相同。目前，植物耐盐碱性常用的生理生化指标主要包括光合作用、叶绿素含量、叶绿素荧光参数、有机渗透调节剂、矿质元素、膜透性、丙二醛、活性氧积累、抗氧化酶、抗氧化剂和脱落酸等（杨升 等, 2010）。例如，Zhou 等（2018）测定了盐胁迫下的水稻幼苗中叶绿素含量、矿质元素（Na^+/K^+）、膜透性（相对离子渗漏率）、丙二醛含量、抗氧化酶（过氧化氢酶）活性等指标，以表征和评价所创制的耐盐水稻新材料。Yan 等（2021）测定了碱胁迫下水稻的光合作用（包括光呼吸）速率、有机渗透调节剂（脯氨酸）含量、活性氧和胞内 NH_4^+ 积累量等指标，以表征和评价所创制的耐碱水稻新材料。值得特别指出的是，在进行耐盐碱植物筛选和鉴定时，除了测定这些耐盐碱性生理生化指标外，一般还需要通过在不同盐分梯度的大田或水培溶液中进行试验，根据植物的成活率、生长状况和产生的效应等对其进行综合评价，从而筛选出在不同盐分梯度下与之相适应的材料或品种。

第 2 节　植物耐盐碱的分子机制

盐胁迫对植物的损害主要表现在 3 个方面：土壤中高浓度的盐会影响植物的水分和矿质元素的吸收造成渗透胁迫；高浓度的 Na^+ 会影响植物体内的离子平衡造成离子毒害；过高的盐离子和水分吸收受阻，会干扰细胞内的电子传递而产生大量的活性氧（ROS），从而造成严重的次生氧化胁迫及胞内铵毒害。碱胁迫除了这 3 个方面的损害以外，还伴随着高 pH 胁迫。为了应对这些危害，植物进化出一系列的应对措施来调节应对盐碱胁迫。近年来，在植物盐碱胁迫响应的分子

机制方面取得了巨大的突破，为解析植物的耐盐碱机制、改良作物耐盐碱性提供了良好的基础。

一、渗透调节作用

高浓度的盐碱胁迫会带来严重的渗透胁迫。为了降低渗透胁迫的危害，植物主要通过 2 条途径来调节抗渗透能力（Munns, 2002; Hong et al, 2009）：通过增加无机离子的量来提高细胞渗透压，通过增加小分子和有机物的量来提高渗透压。植物通过这 2 种渗透调节方式提高抵抗渗透胁迫的能力，从而增加植物盐碱胁迫的抵抗能力。

（一）无机渗透调节物质参与的渗透调节

在盐渍生境中，植物从外界选择性地吸收和积累大量无机离子，通过增加无机离子的量来提高渗透压。土壤环境中离子数量多，K^+、Na^+、Cl^-、Ca^{2+} 等无机离子作为渗透调节剂有很多优势，不需要消耗大量物质和能量去获取，是一条相对节能的渗透调节策略。另外，无机离子的渗透调节作用显著，可以在短时间内迅速完成（Shabala et al, 2011）。例如，K^+ 通过维持细胞的渗透平衡，在气孔的关闭中直接发挥作用，还作为许多酶的辅助因子发挥生理功效（Becker et al, 2003）。在盐碱胁迫下，耐盐品种盐丰 47 在各器官水平能维持较高的 Ca^{2+} 含量，有利于保护膜的完整性，减少对细胞伤害，进而保证植株的正常生长（王绍林等，2020）。不同植物选择性地吸收无机离子，盐生植物多选择吸收 Na^+，某些耐盐植物多选择吸收 K^+（许盼云 等，2020）。Na^+ 和 K^+ 的吸收和转运是植物耐盐性的关键，而 Na^+/K^+ 是评价植物耐盐性和维持细胞内离子平衡的重要指标（鞠淼，2008）。无机离子吸收过程中不可避免地会吸收大量的 Na^+，会造成 Na^+ 毒害。盐生植物能够通过 Na^+ 区域化到液泡、木质部和 Na^+ 排出等策略解除 Na^+ 毒害的威胁，所以可以直接通过吸收大量的 Na^+ 提高抵抗渗透胁迫的能力（Hariadi et al, 2011）。其他的植物则无法解决 Na^+ 毒害的问题。而 K^+ 是一种含量丰富而又无害的离子，因此非盐生植物可以通过增加 K^+ 的含量来提高抵抗渗透胁迫的能力（Rubio et al, 2020）。但是，在盐碱胁迫下吸收 K^+ 需要消耗更多的能量，而盐胁迫下高浓度的 Na^+ 极容易被吸收，因此盐生植物通过 Na^+ 提高渗透胁迫能力是一种十分低消耗的渗透调节，但是这一策略并不适合所有的植物。深入研究盐生植物的耐盐碱策略，对于改良耐盐碱作物品种具有十分重要的意义。

（二）有机渗透调节物质参与的渗透调节

可溶性小分子如脯氨酸、羟脯氨酸、甜菜碱、多糖、多胺和蛋白质的积累能够有效提高植物的渗透胁迫抵抗能力（Verslues et al, 2006; Pommerrenig et al, 2007）。

在这些小分子中，脯氨酸的合成在植物的盐碱胁迫响应中起重要作用（Mansour et al, 2017）。在感受到盐胁迫时，植物会增加脯氨酸合成，同时抑制脯氨酸代谢，从而迅速积累大量的脯氨酸，提高植物抵抗渗透胁迫的能力。脯氨酸的合成主要通过 2 个连续的酶实现：P5C 合成酶（pyrroline-5-carboxylate synthase, P5CS）和 P5C 还原酶。其中，P5CS 是脯氨酸合成的限速酶，盐胁迫能够迅速诱导这 2 个基因的表达，从而增加脯氨酸的合成，提高植物的盐碱胁迫耐受能力（Székely et al, 2008; Hayat et al, 2012）。在植物的碳代谢过程中，脯氨酸也是一种重要的中间产物，可以通过脯氨酸脱氢酶（proline dehydrogenase, PDH）和 P5C 脱氢酶催化形成谷氨酸（Peng et al, 1996）。PDH 在植物的盐胁迫响应中起负调节作用，而盐胁迫会直接抑制 PDH 基因的表达，从而减少脯氨酸的代谢（Kubala et al, 2015）。有研究发现，谷氨酸是脯氨酸合成的一种前体物质，在水稻中异源表达真菌谷氨酸脱氢酶（GDH）基因可以促使体内谷氨酸合成增加的同时，显著提高脯氨酸含量，增强了转基因水稻耐受干旱和碱胁迫的能力（Zhou et al, 2015; Yan et al, 2021）。

甜菜碱是另外一种能够参与植物盐碱胁迫下渗透调节的重要代谢产物。植物受到盐胁迫时，甜菜碱的合成迅速增加，增强植物抵抗渗透胁迫的能力（Hasegawa et al, 2000）。甜菜碱是由胆碱经过胆碱单氧酶（choline monooxygenase, CMO）

和 NAD 依赖的乙醛酸脱氢酶两步氧化形成的（Sakamoto et al, 2000）。甜菜碱也能够保护细胞内的酶类，稳定膜结构，减少盐碱胁迫下的 ROS 积累（Chen et al, 2011）。

海藻糖是由葡萄糖形成的非还原性二糖，其对植物抵抗逆境胁迫也发挥着一定的作用（Mostofa et al, 2015）。在水稻中过表达海藻糖酶基因 *OsTRE1* 显著增强了水稻对盐胁迫的耐受能力（Iordachescu et al, 2008）。还有许多糖类，像葡萄糖、果糖和果聚糖，也参与到了植物干旱和盐碱胁迫下的渗透调节中，盐碱胁迫能够促进这些糖类的积累，增强植物抵抗渗透胁迫的能力（Jayakannan et al, 2013）。

除了这些，多胺也是一种重要的渗透调节物质，主要包括腐胺、亚精胺和精胺（Zarza et al, 2017）。外源多胺的添加可以显著增强植物对盐碱胁迫和其他非生物胁迫的抗性（Minocha et al, 2014）。

植物在盐碱胁迫下体内合成一些能参与细胞渗透压调节的应激蛋白或诱导蛋白，该类蛋白被称为渗调蛋白。细胞渗调蛋白定位于液泡中，主要在植物根部积累。目前认为，渗调蛋白是一种逆境适应蛋白，参与渗透调节或降低离子毒性（Singh et al, 1989）。另外，在种子成熟脱水期开始合成的一系列蛋白质称为胚晚期丰富蛋白（late embryogenesis aboundant proteins, LEA）。在盐碱、干旱和低温等胁迫条件下，植物营养组织中也可以诱导合成和积累 LEA 蛋白。大多数 LEA 蛋白是亲水性的，定位于细胞质中，参与细胞渗透压调节，稳定和保护细胞内蛋白质的结构和功能，保护生物膜结构，可以维持细胞对水分最少的需求（Liu et al, 2013; 王梦飞 等, 2018）。

需要指出的是，植物以上有机渗透调节物质的合成需要大量的碳源和能量（Munns et al, 2015; Munns et al, 2020）。如果植物单纯采取这种策略增加抗渗透能力，虽能显著提高植物在盐碱胁迫下的存活能力，但会严重影响植物的长势，造成严重的减产。因此，植物往往将采取无机和有机渗透调节物质联合使用的策略，以增加抗渗透胁迫能力，同时降低对碳源和能量的消耗。

二、离子平衡

（一）拒盐和排盐

盐碱胁迫伴随着高浓度的 Na^+，过高浓度的 Na^+ 会直接造成离子毒害。为了降低高浓度 Na^+ 对植物的毒害作用，植物通过钠离子转运蛋白排出 Na^+ 或者将 Na^+ 转移到无害的部位贮存起来，从而保护植物免受离子毒害（Cheeseman，1988）。植物主要通过 2 个过程阻止高浓度的 Na^+ 在根细胞的细胞质中积累：一是通过膜上的钠离子通道将 Na^+ 排出细胞外，二是通过液泡膜上的钠离子转运蛋白将 Na^+ 转运到液泡中贮存起来。为了避免 Na^+ 在叶片中积累，植物通过控制 Na^+ 在木质部的装载和卸载使大部分 Na^+ 被贮存在木质部，并通过韧皮部回收地上部分的 Na^+。通过这些过程，植物维持根部和地上部分的 Na^+ 平衡来抵抗盐胁迫。

根中 Na^+ 的吸收和排出主要是通过细胞膜上的几种离子通道来控制的，主要包括 2 种非选择性的离子通道（Demidchik，2018）：类谷氨酸盐受体（glutamate receptor-like，GLRs）通道或者环核苷酸门控离子通道（cyclic nucleotide-gated channels，CNGCs），高亲和力钾离子转运蛋白（high-affinity K^+ transporter，HKT）。其中 HKT 蛋白为高亲和钾离子转运载体，是与植物盐胁迫有关的一类 Na^+ 或 K^+ 转运载体或 Na^+–K^+ 共转运体（Mian et al，2011）。其他可能参与 Na^+ 吸收的通道还有 AKT1 型钾离子通道（Mian et al，2011）、HAK5 高亲和力钾离子通道（Isayenkov et al，2019）、低亲和力阳离子转运蛋白 LCT1（Schachtman et al，1997；Kronzucker et al，2011）、PIP2;1 水孔蛋白（Byrt et al，2017），以及最著名的 Na^+/H^+ 反向转运蛋白 SOS1（salt overly sensitive 1）（Shi et al，2002）等。这些通道都能参与根中 Na^+ 的动态平衡调节，在盐胁迫下植物会调节这些离子通道的活性，降低根部 Na^+ 的吸收能力，并将一部分 Na^+ 通过其中的一些通道排出到细胞外，从而减少 Na^+ 在根中的积累，维持细胞内正常的 Na^+ 平衡，提高植物的盐胁迫耐受能力。

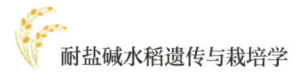

（二）盐分的区域化

另一个可以有效避免胞浆中高浓度 Na$^+$ 积累的方式就是将 Na$^+$ 转运到液泡中贮存起来，这一过程主要由液泡膜上的 NHX 家族蛋白来实现（Bassil et al, 2014）。NHX 家族的蛋白在受到盐胁迫后表达量迅速提高，从而将胞浆内大量的 Na$^+$ 转运到液泡膜中贮存起来，保持胞浆的钠离子稳态。最近还有研究表明，液泡膜上还有 2 种类型的钠离子通道（快速激活离子通道和慢速激活离子通道）在胞浆与液泡的 Na$^+$ 交换中发挥重要作用（Shabala et al, 2020），对于细胞内的 Na$^+$ 区域化以及胞浆 Na$^+$ 稳态的维持具有十分重要的意义。

Na$^+$ 的木质部装载在植物盐胁迫耐受中发挥重要作用，但是这一过程是主动运输还是被动发生尚存在争议，两种方式也可能同时存在，其激活过程与植物遭受盐胁迫的时间密切相关（Shabala et al, 2013; Ishikawa, 2018）。被动 Na$^+$ 装载主要通过非选择性的阳离子转运通道（non-selective cation channels, NSCC），然而考虑到热动力学原理，大多数研究者认为 Na$^+$ 的木质部装载应该是依赖主动运输过程来实现的（Guo et al, 2010）。Na$^+$/H$^+$ 反向转运蛋白 SOS1 是主动实现 Na$^+$ 木质部装载的重要转运蛋白之一，其属于阳离子质子逆向转运蛋白家族，在木质部薄壁细胞中高表达，其转运活性受到许多蛋白的调节，在植物的盐胁迫耐受中发挥重要作用（Shi et al, 2002）。此外，Na$^+$-K$^+$ 协同转运蛋白 HKT2 也在 Na$^+$ 木质部装载中扮演重要角色（Jabnoune et al, 2009）。Na$^+$ 的木质部卸载也是参与植物盐胁迫响应的重要过程，主要由一类高亲和钾离子转运蛋白 HKT1 来完成（Mäser et al, 2002; Munns et al, 2012）。HKT1 家族蛋白的钾离子通道入口区（pore-loop domain）含有一个对 Na$^+$-K$^+$ 高选择性的丝氨酸残基，拟南芥中的 HKT1;1 突变以后使得盐胁迫下叶片中超量积累 Na$^+$ 而少量积累在根中，从而使得突变体对盐胁迫更加敏感（Moller et al, 2009）。在水稻和小麦中，通过 QTL（quantitative trait locus）定位找到 HKT1 的同源蛋白（OsHKT1;5, TmHKT1;5-A），它们对于维持盐碱胁迫下叶片中的低浓度 Na$^+$ 起到关键性作用（Li et al, 2005; James et al, 2006）。

总之，植物在盐碱胁迫下通过调节细胞膜和内膜系统中转运蛋白的活性和功能，能够减少 Na^+ 的吸收，同时将大量的 Na^+ 排出或者将其区域化贮存起来，维持细胞内的 Na^+ 稳态（图 1-1），保护植物免受 Na^+ 毒害，从而提高植物的盐碱胁迫耐受能力。

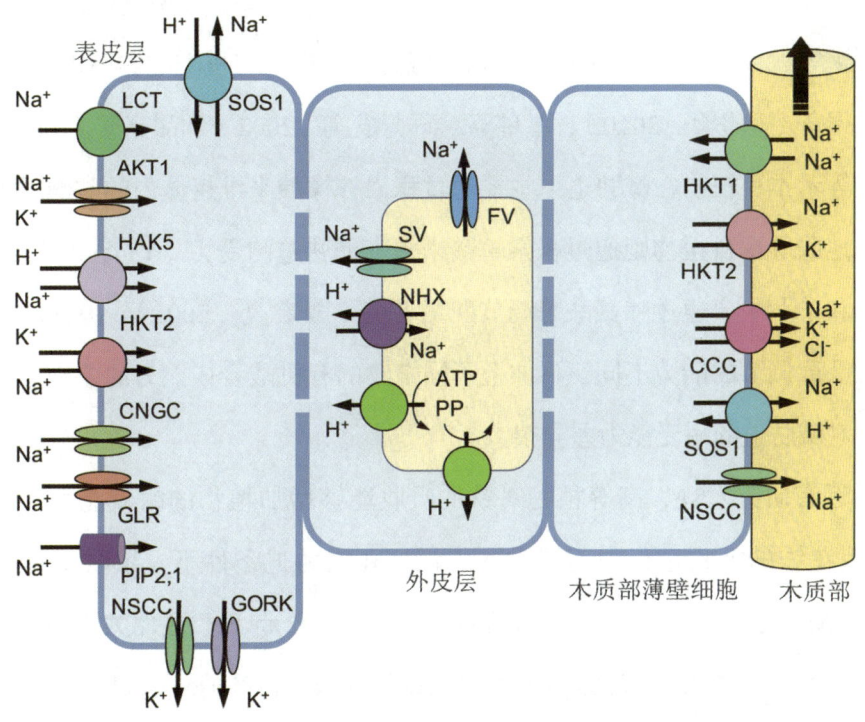

图1-1　植物钠离子稳态调节模式图（Zhao et al, 2020）

三、pH 调节

除了离子胁迫和渗透胁迫，碱胁迫还以高 pH 伤害植物。pH 调节能力是决定植物耐碱性的重要生理特性，而合成酸性代谢物是植物调节 pH 的重要方式，也是碱胁迫下特有的不同于盐胁迫的应激响应（高战武 等，2018）。为了维持体内的酸碱平衡，植物在受到碱胁迫以后，会合成大量的苹果酸、柠檬酸和草酸等有机酸来中和碱性离子，保证体内酸碱平衡，提高碱胁迫下的生存能力（任鹏飞 等，2019）。pH 调节通常有 2 种方式：一是通过在茎叶中合成苹果酸、柠檬酸等有机酸来中和过量的阳离子，弥补无机阴离子的亏缺，调节体内 pH（李芳兰 等，

2021; Wang et al, 2011）；二是根系分泌苹果酸、草酸、乙酸等有机酸，在根表面或根皮层质外体空间进行 pH 调节（杨春武 等，2009）。例如，水稻受到碱胁迫后，其体内的苹果酸合成酶基因的表达量显著增加，从而合成积累大量的苹果酸酶（NADP-ME）调节体内 pH（易善军 等，2011）；同时，水稻根系分泌草酸以吸收碱性土壤环境中多余的 Na^+，交换 H^+，通过稳定离子平衡进而调节根外 pH（刘奕嫄 等，2018）。不同种属的植物在碱胁迫下产生有机酸的类型也不尽相同，例如虎尾草（徐华华，2010）、星星草（石德成 等，2002）和甜高粱（陈展宇 等，2017）等禾本科植物在碱胁迫下主要通过积累柠檬酸来维持体内的酸碱平衡，碱蓬和碱地肤等藜科植物则通过积累草酸来提高碱胁迫耐受力（Yang et al, 2008），向日葵和羊草主要通过脯氨酸来调节酸碱平衡（颜宏 等，2005）。不同的有机酸对酸碱平衡调节的能力不同，再加上不同植物的有机酸合成能力的差别，使得不同植物对碱胁迫的耐受能力差异很大。

最近有研究发现，高等植物对铁的吸收能够增加植物的耐碱能力，且根部 pH 调节在铁的吸收过程中起了重要作用。在碱胁迫条件下，植物质膜定位的 H^+-ATP 酶引起根部酸化，三价铁螯合还原酶 FRO2 将 Fe^{3+} 还原为 Fe^{2+}，铁离子调控的高效转运体 IRT1 转运 Fe^{2+} 而增强铁的吸收（Robinson et al, 1999; Santi et al, 2009; Brumbarova et al, 2015）。另外，禾本科植物的根部分泌植物铁螯合载体的麦根酸螯合 Fe^{3+}（Nozoye et al, 2011）。有研究表明，水稻可以通过以上 2 种方式提高对铁离子的获取与吸收，从而提高对碱胁迫的耐受能力（Ishimaru et al, 2006）。

四、抗氧化保护

ROS 是生物有氧代谢产生的副产物，主要包括超氧阴离子（$O_2\cdot^-$）、过氧化氢（H_2O_2）、羟基自由基（-OH）和单线态氧（$^1O_2$）等。其中，H_2O_2 的稳定性最强，是活性氧的主要存在形式（刘聪 等，2019）。ROS 在植物生长发育中扮演着十分重要的角色，正常条件下浓度较低，主要作为信号分子调节植物的生长发育；当植物受到盐碱等逆境胁迫时，体内 ROS 会急剧积累，从而破坏细胞结构，造成 DNA 损伤、蛋白变性等危害，会直接影响细胞正常发育（Waszczak et al, 2018）。高浓度的 ROS 也会激活许多 ROS 敏感的离子通道，打破细胞内的离子稳态。为了维持细胞内 ROS 平衡，避免胁迫下过量积累的 ROS 损伤细胞，植物进化出了酶促和非酶促的 ROS 清除机制。

（一）酶促的 ROS 清除

参与酶促 ROS 清除过程的酶有超氧化物歧化酶（superoxide dismutase, SOD）、过氧化氢酶（catalase, CAT）、抗坏血酸过氧化物酶（ascorbate peroxidase, APX）、谷胱甘肽过氧化物酶（glutathione peroxidase, GPX）、谷胱甘肽转移酶（glutathione S-transferases, GSTs）、谷胱甘肽还原酶（glutathione reductase, GR）和过氧化物酶（peroxyredoxin, PRX），它们共同调控植物逆境胁迫下的氧化还原平衡，提高植物的耐逆性（Hanin et al, 2016）。SOD 作为活性氧清除的第一环，将超氧态的 ROS 转化为 H_2O_2，然后通过 APX、GPX 和 CAT 进一步催化变成无害的 H_2O 和 O_2。SOD 和 APX 在叶绿体、线粒体、过氧化物酶体和细胞质中均有分布，GPX 主要在细胞质中起作用（Apel et al, 2004）。例如，在紫花苜蓿中过表达水稻 *OsAPX2* 基因能显著提高耐盐性（Zhang et al, 2014）。在所有的酶促 H_2O_2 清除过程中，绝大部分酶都需要还原剂或者配体存在情况下才能行使功能（图 1-2）。例如，APX 需要抗坏血酸（AsA）作为还原物质，而 GPX 则需要谷胱甘肽（GSH）作为还原剂才能催化 H_2O_2 降解（Mhamdi et al, 2010）。只有 CAT 不需要任何辅助基团，其本身就可以将 H_2O_2 分解为 H_2O 和 O_2。CAT 是定位在过氧化物酶体中的一种酶，主要负责将过量的 H_2O_2 转化为 H_2O 和 O_2，调控细胞内 H_2O_2 的动态平衡，维持细胞正常的生长发育。CAT 通常以四聚体的形式发挥功能，其在四聚体形式下的活性最强，而单体形式的酶活性最弱。因此，CAT 聚合状态能够直接改变其酶活性，调节 ROS 清除能力，改变植物的耐盐碱性（Li et al, 2015）。CAT 对 H_2O_2 的亲和力较低（$K_m = 300 \sim 400$ mM），但是其酶活性很高，是其他酶的数百倍，所以一般认为 CAT 主要参

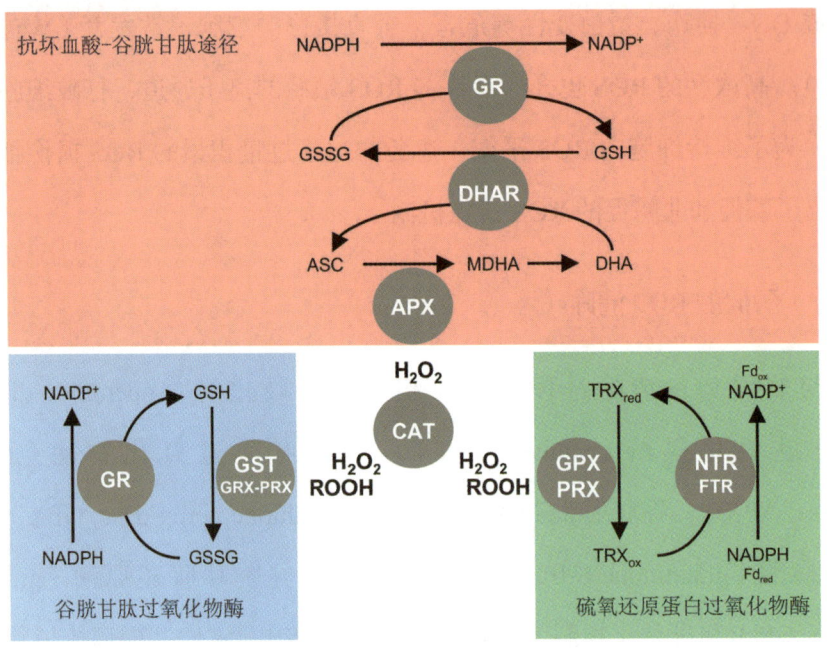

图1-2　细胞内酶促过氧化氢清除过程（Mhamdi et al, 2010）

与逆境胁迫下的 ROS 清除过程，在逆境胁迫响应中起重要作用。水稻中 CAT 家族通常包括 CatA、CatB 和 CatC 3 个成员。其中，CatA 的过氧化氢酶活性很低，而是作为亚硝基氧化酶参与植物的氮氧化还原。另外 2 个家族成员 CatB 和 CatC 则保留了过氧化氢酶能力，维持体内的 H_2O_2 动态平衡（Chen et al, 2020）。CatB 和 CatC 由于其表达模式和组织特异性的不同分别参与到不同胁迫响应过程中：CatC 主要参与水稻的盐胁迫响应（Zhou et al, 2018; 邓勇 等, 2021），而 CatB 主要参与水稻的干旱和高温胁迫响应（刘珊 等, 2020）。

（二）非酶促的 ROS 清除

参与非酶促 ROS 清除过程的主要是一些抗氧化物质，包括抗坏血酸（ascorbate, AsA）、谷胱甘肽（glutathione, GSH）、维生素 E（α-tocopherol）和类黄酮（flavonoids）等（You et al, 2015），它们分布在不同的亚细胞结构中，以应对各种不同类型的胁迫产生的 ROS。

GSH 在过氧化物酶体、线粒体和叶绿体中的积累，能够提高植物在盐胁迫下的耐受能力（Bose et al, 2014）。盐胁迫下，外源 GSH 可以提高水稻叶绿体中活性氧清除系统中 SOD、APX、GR 的活性以及 AsA、GSH 的含量，降低叶绿体中 H_2O_2 和丙二醛（MDA）的含量，从而降低叶绿体膜脂过氧化的水平，缓解盐胁迫对叶绿体膜的伤害（华春 等, 2004）。同样，外源 GSH 处理可以提高玉米幼苗的抗氧化能力和光合性能，缓解盐胁迫造成的伤害（单长卷 等, 2017）。有研究发现，与正常栽培条件相比，水稻盐胁迫敏感品种在盐胁迫处理下的 AsA 在叶片和发育穗中的含量分别降低 92% 和 95%，而耐盐品种在叶片和发育穗中的含量仅分别降低 54% 和 64%（Gerona et al, 2019）。

抗坏血酸合成关键酶鸟苷 – 甘露糖焦磷酸化酶基因 *VTC1* 突变体中的 AsA 合成减少，使得植物对盐胁迫超敏感（王娟, 2013）。外源维生素 E 可以增强盐胁迫下青绿苔草的光合电子传递效率，提高光化学效率，增强植株的耐盐性（叶艳然, 2017）。同时，施用外源 AsA 和维生素 E 能有效缓解盐胁迫诱导的小麦叶片的衰老（Farouk, 2011）。

类黄酮的积累也能增强植物的耐盐碱性。例如，在拟南芥中过表达葡萄的转录因子基因 *VvbHLH1* 能提高类黄酮的积累量，提高转基因植株的耐盐性（Wang et al, 2016）。

此外，脯氨酸除了前述的作为有机渗透调节物质外，还是蛋白质合成的基本原料和膜结构的重要组成部分，也是 ROS 的非酶促清除分子的重要一员（Verbruggen et al, 2008; Rejeb et al, 2014）。

最近，我们研究团队还发现核黄素（维生素 B2）也参与了水稻盐胁迫响应的调控（未发表结果，其具体机理还有待研究）：当水稻体内缺乏核黄素时，体内 ROS 含量升高，对盐胁迫更为敏感。

五、胞内铵毒害的消除

目前，关于植物铵毒害的研究主要集中于外界（如土壤或水体）NH_4^+ 浓度过高对植物造成的毒害（Esteban et al, 2016）。其消除铵毒害的方法主要包括以下

5 种方式：中和植物根系周围土壤的酸性 pH，降低根对 NH_4^+ 的吸收；提高植物的光照幅度，可以有效改善植物对高浓度 NH_4^+ 的耐受性；增施钾肥，提高土壤养分中 K^+ 的含量，可以减少 NH_4^+ 的吸收，有效地缓解铵毒害；NH_4^+ 与 NO_3^- 混用，可以缓解铵毒害症状；施用外源碳源，可以缓解铵毒害。例如，在水稻幼苗期施用 γ-氨基丁酸，能降低水稻幼苗对 NH_4^+ 的净吸收量，缓解幼苗的铵毒害症状（马晓玲，2014）。

植物在盐碱和干旱等逆境胁迫下，细胞内也会积累大量的 NH_4^+，导致产生胞内铵毒害。因此，NH_4^+ 的同化能力对减轻植物盐碱等逆境胁迫非常重要（Thu Hoai et al, 2003）。植物体存在 2 条不同的氨同化途径：谷氨酰胺合成酶（GS）/谷氨酸合酶（GOGAT）途径，是高等植物对 NH_4^+ 具有高亲和力的主要氨同化途径，需要消耗 ATP（Lea et al, 1974）；谷氨酸脱氢酶（GDH）途径，是对 NH_4^+ 具有低亲和力的辅助氨同化途径，但不需要消耗 ATP（Lea et al, 1974; Qiu et al, 2009）（图 1-3）。在高等植物中，胞内 NH_4^+ 的再固定和利用主要由 GS/GOGAT 途径完成，而 GDH 只是起辅助作用，只有当 GOGAT 受限时 GDH 才参与 NH_4^+ 的再固定和利用（Hodges et al, 2016）。GDH 是一个对逆境胁迫响应的酶，能

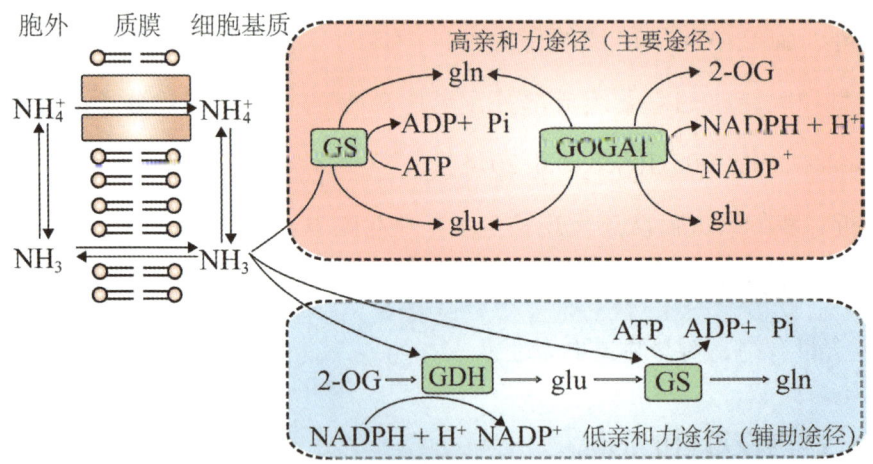

图1-3 植物的氨同化途径［改编自Vo 等（2013）的文献］

GS 为谷氨酰胺合成酶，GOGAT 为谷氨酸合酶，GDH 为谷氨酸脱氢酶，
2-OG 为 α-酮戊二酸，Pi 为磷酸。

再同化因干旱和盐碱等胁迫甚至光呼吸产生的 NH_4^+，也可帮助同化过多的外源 NH_4^+，在消除胞内铵毒害中起着非常重要的作用（Abiko et al, 2005）。GDH 虽然可催化还原氨化和氧化脱氨的可逆反应，但是在非正常生长条件下，GDH 更趋向于催化还原氨化（即氨同化）反应。在盐胁迫下，耐盐水稻 GDH 的氨同化活性比盐敏感水稻品种更高（Kumar et al, 2000）。耐铵盐豌豆品种的根部 GDH 的氨化活性也显著高于铵盐敏感品种（Lasa et al, 2002）。因此，提高植物细胞中 GDH 的氨同化活性能有效缓解或消除胞内铵毒害，增强植物的耐逆性。与高等植物相比，细菌和真菌等低等生物 GDH 的氨同化能力更强，其铵毒害的消除能力也更强（龚茵茵 等，2021）。许多研究表明，将低等生物 GDH 基因导入植物可提高其干旱和盐碱胁迫的耐受能力。例如，将细菌的 GDH 基因（*gdh*）分别转入烟草和玉米，得到了忍受高铵盐和抗除草剂的烟草和高抗旱性的玉米（Stewart et al, 1995; Melo-Oliveira et al, 1996）。将稻瘟菌的 *MgGDH* 转入水稻，获得了耐干旱和高氮利用率的水稻新材料，其失水率和气孔开度比未转化对照显著降低（Zhou et al, 2015）。最近，将亮白曲霉的 *AcGDH* 异源表达于水稻，发现其转基因植株的胞内铵含量显著降低，提高了水稻对干旱和碱胁迫的耐受性（Yan et al, 2021）。目前，外源 GDH 用于作物耐盐碱性改良的研究仍然较少，但是可以为育种者提供一种耐盐碱遗传改良的新策略。

除了以上盐碱胁迫的应对措施外，有一些盐生植物还可以通过改变代谢途径以适应盐分胁迫。例如，盐生植物日中花（*Mesembryanthemum crystanimum*）在低盐度下是典型的 C3 植物。如果外界盐度增大，则其光合途径向景天酸代谢（CAM）途径转变，能有效减少白天呼吸损耗水分以适应盐胁迫环境。这种转变的机理，主要是 Cl^- 活化细胞中磷酸烯醇式丙酮酸羧化酶（PEPCase）而抑制 1, 5- 二磷酸核酮糖（RuBP）羧化酶导致的（Cushman et al, 1989）。有的盐生植物如长滨藜（*Atriplex lentiformis*）在盐胁迫下也可以从 C3 转变成 C4 光合途径（Zhu et al, 1999）。

第3节　植物盐碱胁迫下的基因表达及信号转导

植物的耐盐碱性是一个受多基因调控的复杂性状，其分子机制非常复杂，涉及大量基因的诱导表达、多种蛋白质和酶的协同作用，以及多条信号转导途径。在受到环境中的盐碱胁迫时，植物会及时感知所受的盐碱胁迫，引起体内许多基因的表达发生改变，其编码蛋白质的积累量也会相应改变，从而参与体内离子平衡调控和活性氧的清除等，从一定程度上适应不良环境的影响。其中，植物体内的一些重要激素也参与盐碱胁迫响应的调控。总之，植物感受盐碱胁迫并作出反应的过程是通过一系列复杂的信号识别与转导的机制来完成的。

一、植物对盐碱胁迫的感知

植物通常通过细胞受体感知外界的刺激或逆境胁迫，然后经一系列的信号转导途径而引起细胞的应答反应，从而适应或躲避外界环境刺激。在盐碱胁迫的感知过程中，盐碱诱导的细胞内钙离子（Ca^{2+}）浓度增加一直被认为是植物感知盐碱胁迫的主要方式。Ca^{2+} 是细胞内十分重要的离子，除了作为一种重要的营养元素，还作第二信使参与植物生长发育和逆境响应的调控（Harper et al, 2004）。植物拥有的多个亚家族蛋白激酶受到 Ca^{2+} 的影响，包括 CDPKs（calcium-dependent protein kinases）、CRKs（CDPK-related kinases）、CaMKs（calmodulin-dependent kinases）、CCaMKs（Ca^{2+} and calmodulin-activated kinases）、CBKs（CaM-binding kinases）、CIPKs（Ca^{2+}-independent kinases）和 SnRK3s 等（Harper et al, 2004）。这一系列钙调蛋白和钙离子蛋白激酶承担起细胞内的钙离子信号识别和信号放大的功能，当细胞内的 Ca^{2+} 浓度发生变化时，会调节钙离子相关蛋白激酶的活性，将信号传递到细胞的各个地方。如此多的钙离子相关蛋白和蛋白激酶，构成了细胞内复杂的钙离子信号网络，承担着细胞内甚至细胞间多种信号交流的重任

（Dodd et al, 2010）。植物在遭受盐碱等胁迫时，胞质内的 Ca^{2+} 浓度会迅速增加而激活胞内钙离子响应相关的蛋白，从而激活盐碱胁迫响应信号通路（Knight et al, 1997）。另外，G 蛋白也被认为参与了植物盐胁迫的感知过程。植物在遭受盐胁迫时，其胞内 Na^+ 与 K^+ 稳态失衡，盐离子受体会感知盐胁迫使胞质内 Ca^{2+} 浓度增加，然后 Ca^{2+} 会诱导 G_α 蛋白 XLG 与 $G_{\beta\gamma}$ 蛋白调节下游的胁迫响应基因如 *HKT1*、*NHX1*、*SZF1/2* 的表达，从而引起细胞死亡以及抵抗胁迫的表型（Wu et al, 2018）。近年来发现，Na^+ 能够结合到细胞膜的糖基肌醇磷酸神经酰胺（glycosyl inositol phosphorylceramide, GIPC）鞘脂上，影响钙离子门控通道的开闭，调控胞外 Ca^{2+} 的内流，表明 GIPC 可能是植物感受 Na^+ 的受体，在植物的盐胁迫响应中起重要调控作用（Jiang et al, 2019）。

　　渗透胁迫和氧化胁迫是植物遭受盐碱胁迫后所面临的主要次生胁迫，植物可通过感知这些次生胁迫信号而响应盐碱胁迫。例如，拟南芥基因 *OSCA1* 编码的未知质膜蛋白能够感知山梨醇模拟的渗透胁迫，引起细胞内 Ca^{2+} 信号加强，从而引发后续的渗透胁迫响应（Yuan et al, 2014），因此猜测该类蛋白在感知由盐胁迫引起的渗透胁迫方面也起着重要作用。ROS 是生物有氧代谢产生的副产物，其中 H_2O_2 是 ROS 的主要存在形式。H_2O_2 也是近年来研究很多的一个信号分子，其作为一个重要的信号分子参与植物的生长发育和胁迫响应调控中。植物遭受盐碱胁迫时会诱导 H_2O_2 的产生，然后 H_2O_2 会启动相应的信号转导过程以调节植物的逆境胁迫响应（Mittler, 2017）。H_2O_2 会改变蛋白质上的半胱氨酸残基而影响蛋白质的功能。最初学者鉴定到了几个能够感受 H_2O_2 的受体蛋白，主要是一些离子通道蛋白和效应蛋白（Klüsener et al, 2000; Waszczak et al, 2018; Yi et al, 2016）。最近，在拟南芥中发现了一个位于细胞膜上的类受体蛋白激酶 HPCA1（hydrogen-peroxide-induced Ca^{2+} increases 1）能够作为 H_2O_2 的特异性受体，位于 HPCA1 受体结构域中的半胱氨酸残基能够感受 H_2O_2 并激活其激酶活性，影响体内的 Ca^{2+} 浓度，从而参与植物对盐等胁迫的响应（Wu et al, 2020）。

二、盐碱胁迫调控的基因表达

（一）盐胁迫调控的基因表达

转录因子作为基因表达中最重要的一类调控因子，通过与目的基因的启动子结合而调控目的基因的转录，在植物生长发育和逆境响应中扮演着十分重要的角色（何欢 等，2018）。许多转录因子如 MYB、NAC、AP2/ERF、WRKY、bZIP 等都参与了植物的盐碱胁迫响应过程（Zhu et al，2018）。MYB 转录因子家族是植物中最大的转录因子家族之一，在植物的盐碱胁迫响应中起着重要的调控作用。例如，小麦 R2R3 型 MYB 转录因子 TaODORANT1 的表达受到盐胁迫等逆境胁迫的诱导，*TaODORANT1* 过表达株系在盐胁迫下的 ROS 清除能力显著提高，Na^+ 积累明显低于野生型（Wei et al，2017）。大豆 MYB 家族转录因子 GmMYB68 的表达受到盐胁迫的诱导，且 *GmMYB68* 的过表达植物对盐碱胁迫的耐受力显著提高（He et al，2020）。水稻 MYB 家族转录因子 OsMYBc 能够直接和 $Na^+ - K^+$ 协同转运蛋白基因 *OsHKT1;1* 的启动子结合并激活后者的转录，提高水稻在盐胁迫下的 Na^+ 平衡调节能力，增强水稻对盐胁迫的耐受力（Wang et al，2015）。NAC 转录因子是高等植物特有的转录因子，在植物的盐胁迫响应中发挥重要的调控作用。例如，过表达 *TnNAC13* 能够增强拟南芥 SOD 和 POD 的表达，从而提高拟南芥对盐胁迫的耐受力（Wang et al，2017）。菊花 *DgNAC1* 的表达受到盐胁迫、脱落酸（ABA）的诱导，在烟草中过表达 *DgNAC1* 能够增强盐胁迫下胁迫响应基因的表达，从而增强烟草的耐盐性（Liu et al，2011）。在水稻中过表达 *OsNAC022* 能够提高 ABA 相关和胁迫响应相关的基因表达，从而提高对干旱和盐胁迫的耐受能力（Hong et al，2016）。在水稻中过表达 *SNAC1* 能够调节 *OsDREB1B* 的转录，从而提高对盐胁迫的耐受力（Tao et al，2011）。AP2/ERF 家族转录因子 RAP2.6 的表达受到盐胁迫等环境胁迫的诱导，且 RAP2.6 能够调节拟南芥 *AtABI4* 和胁迫响应相关基因的转录，从而提高拟南芥对盐胁迫的耐受力（Zhu et al，2010）。烟草中的 AP2 转录因子家族蛋白 OPBP1 受到盐胁迫的诱导高表达，进一步激

活 *PR-1a* 和 *PR-5d* 等胁迫响应相关基因的表达，从而增强烟草对盐胁迫和生物胁迫的抵抗能力（Guo et al, 2004）。在水稻中过表达烟草 *OPBP1* 也能够显著提高对盐胁迫和病原菌胁迫的耐受力（Chen et al, 2008）。WRKY 转录因子家族主要参与植物的生物胁迫和非生物胁迫的响应。例如，棉花 GhWRKY39 的表达受到盐胁迫的诱导，进一步激活 *APX*、*CAT*、*GST* 和 *SOD* 等抗氧化相关基因的表达，提高盐胁迫下的 ROS 清除能力，增强棉花的盐胁迫耐受力（Shi et al, 2014）。玉米 ZmWRKY58 的表达受到干旱、盐等非生物胁迫的诱导，在水稻中过表达 *ZmWRKY58* 能够显著增强水稻对盐胁迫的耐受力（Cai et al, 2014）。水稻 OsWRKY45 的表达受到 ABA 的调控，进一步抑制 *RD22*、*Rab16D*、*Rab21D* 和 *SNAC1* 的表达，从而调节水稻的抗病性和耐盐性（Tao et al, 2011）。大豆中 bZIP 转录因子家族中的 GmbZIP15 能够调节 *GmSAHH1*、*GmWRKY12* 和 *GmABF1* 的转录，从而调节大豆对盐胁迫和干旱胁迫响应（Zhang et al, 2020）。水稻中 bZIP 转录因子 OsABI5 的转录受到盐胁迫和 ABA 的诱导，然后 OsABI5 能够结合到启动子上的 G-box 区域并激活胁迫响应相关基因的转录，从而提高水稻对盐胁迫的耐受力（Zou et al, 2008）。OsbZIP71 能够结合到 *OsNHX1* 和 *COR413-TM1* 的启动子上并调控其表达，从而改变水稻对盐胁迫的耐受力（Liu et al, 2014）。此外，通过对 ROS 相关数据分析发现，拟南芥中有 1 500 多个转录因子对单线态氧、H_2O_2、羟基自由基等 ROS 有响应（Gadjev et al, 2006）。ROS 主要通过提高转录因子表达量、增加转录因子稳定性、增强转录因子结合 DNA 能力等方面来调节转录因子的功能，进一步调节逆境响应相关基因表达，改善植物抗逆性（Marinho et al, 2004）。例如，水稻中转录因子 OsNAC2 能够结合到 ROS 清除基因 *OsCOX11* 的启动子上并促进其转录，大量表达的 *OsCOX11* 能够清除逆境下积累的 ROS，提高水稻的盐胁迫耐受能力（Mao et al, 2014）。

　　DNA 甲基化是一种表观遗传修饰，其不仅能够通过甲基化基因启动子区域影响转录因子的结合，从而调控基因的转录，而且可以沉默转座子以增强基因组的稳定性（Zhang et al, 2018）。在逆境胁迫下，植物会通过调节体内甲基转移酶

的活性来改变植物基因组 DNA 甲基化程度，而 DNA 甲基化程度又能够影响相关基因的转录表达，最终影响植物的耐盐碱性（Lukens et al, 2007），且研究表明盐碱胁迫诱导的 DNA 甲基化可以被遗传至下一代（Jiang et al, 2014; Wibowo et al, 2016）。有研究分析了盐碱胁迫下棉花中的 DNA 甲基化程度变化，发现碱胁迫下的 DNA 甲基化程度显著高于盐胁迫，表明在盐胁迫下 DNA 的去甲基化有利于增强植物的耐盐性，而碱胁迫下更多地通过 DNA 甲基化来调节基因转录以应对碱胁迫（Cao et al, 2011）。大豆在受到盐胁迫时，MYB、bZIP 和 AP2 转录因子家族基因的甲基化程度也会发生改变，进而影响这些转录因子的表达以调控大豆的盐胁迫响应（黄菲 等，2013）。拟南芥中的钠离子转运蛋白 AtHKT1 的表达也受到 DNA 甲基化修饰的调控，在甲基转移酶 MET-1 突变体中，AtHKT1 的表达也受到影响，从而改变了拟南芥的耐盐性（Kankel et al, 2003; Beak et al, 2011）。

miRNAs（microRNAs）是一类 19 ~ 24 个核苷酸的 RNA 序列，是一种普遍存在于生物界的基因转录后调控手段（Cao et al, 2010）。一个 miRNA 往往能够靶向多个基因，使得其成为一种高效经济的基因表达调控手段，在植物的生长发育和胁迫响应中发挥着重要的调控作用。近年来关于 miRNA 参与植物盐碱胁迫的研究取得了不小的进展。在蒺藜苜蓿（*Medicago truncatula*）中通过小 RNA 测序发现了 876 种 miRNA，并用实时定量 PCR 验证发现 81 种 miRNA 的表达受到盐胁迫的调控、129 种受到碱胁迫的调控，表明 miRNA 在植物的盐碱胁迫响应中发挥重要作用（Cao et al, 2018）。盐胁迫会改变 *miR395a* 的表达，改变其靶基因 *bHLH130* 的表达，从而调节植物对盐胁迫和渗透胁迫的耐受力（Cao et al, 2018）。*miR408* 的表达受到碱胁迫的诱导，能够通过调节 *BBLP* 的表达来调节植物的盐碱胁迫响应（Ma et al, 2015）。大豆 *miR172* 能够靶向转录因子基因 *AP2* 并调节其转录，从而改变大豆对盐胁迫的耐受力；在拟南芥中过表达 *gma-miR172c* 可以提高拟南芥对盐胁迫和干旱胁迫的耐受能力（Li et al, 2016）。在剪股颖中过表达水稻 *miR319* 和 *miR528* 能够显著增强其干旱和盐胁迫耐受能力（Zhou et al, 2013; Yuan et al, 2015）。在水稻中过表达 *osa-MIR396c* 降低了水稻对盐碱胁迫的耐受力，表明 *osa-MIR396c* 是水稻盐碱胁迫耐受力的负调控因子（Gao et al, 2010）。水稻 *osa-MIR396* 的表达也受到盐碱胁迫的影响，在拟南芥中过表达水稻 *osa-MIR396* 使得拟南芥对盐碱胁迫的敏感性增强，表明 *osa-MIR396* 也是水稻盐碱胁迫耐受力的负调控因子（Gao et al, 2011）。拟南芥中的 *miR169* 能够调控其靶基因核因子 NF-Y 的表达，从而调控拟南芥对干旱和盐胁迫的抗性（Xu et al, 2014）。此外，还有 *miR156*、*miR398*、*miR172*、*miR169* 和 *miR528* 等被报道参与植物的盐碱胁迫响应中（Sunkar et al, 2012; Jerome Jeyakumar et al, 2020）。

（二）碱胁迫调控的基因表达

碱胁迫下的基因表达调控也离不开转录因子的参与，如 WRKY、AP2、NAC、ARF 等转录因子不仅参与植物的盐胁迫响应，也参与植物的碱胁迫响应。大豆 WRKY 家族转录因子 GsWRKY15 通过调控 H^+-*Ppase*、*NADP-ME*、*KIN1*、*RD29A* 等基因的表达来维持细胞内的 pH 稳态，从而提高植物的碱胁迫耐受力（朱娉慧 等, 2017）。羊草碱胁迫下的转录分析发现，WRKY 转录因子家族受到碱胁迫的诱导，进一步调控 *SOD* 等氧化还原基因的转录表达，调节植物的碱胁迫响应。羊草中的 AP2 转录因子家族的表达也受到碱胁迫的诱导，AP2 转录因子在羊草碱胁迫响应中发挥重要的调控作用（董园园 等, 2017）。小麦中的 NAC 类转录因子基因 *TaNTL5* 的表达受到碱胁迫的调控，*TaNTL5* 进一步调控 ABA 响应相关基因的表达，从而提高小麦的碱胁迫耐受力，暗示 ABA 在植物的碱胁迫响应中起到着重要作用（袁佳睿, 2016）。生长素响应因子 ARF（auxin response factor）是一类调控生长素响应基因表达的转录因子。小麦生长素响应因子 TaARF9 的表达还受到碱胁迫的调控，TaARF9 可以进一步调控 *RBOHD* 等基因的表达而调节体内 ROS 的动态平衡，从而提高小麦的盐胁迫耐受力（袁佳睿, 2016）。此外，大豆 TIFY 转录因子家族 GsTIFY6B 不仅参与植物激素 ABA 和茉莉酸甲酯（MeJA）信号通路，而且受到碱胁迫的诱导，表明 GsTIFY6B 可能通过调控 ABA 和 MeJA 信号通路来调节大豆的盐碱胁迫响应（阎文飞 等, 2018）。

DNA 甲基化不仅参与植物的盐胁迫响应，而且在植物的碱胁迫响应中发挥重要作用。对向日葵盐碱胁迫下的 DNA 甲基化水平分析发现，碱胁迫下 DNA 甲基化变化率显著高于盐胁迫下的变化，这也从表观遗传学层面证明盐胁迫和碱胁迫是两种性质不同的胁迫（刘杰 等，2013）。有意思的是，有研究发现碱胁迫下棉花 DNA 甲基化程度显著高于盐胁迫下的，表明在盐胁迫下 DNA 的去甲基化有利于增强植物的耐盐性，而碱胁迫下更多地通过 DNA 甲基化来调节基因转录以应对碱胁迫（Cao et al, 2011）。水稻中盐碱胁迫也引起 DNA 甲基化程度的变化，耐盐基因的 DNA 甲基化以升高为主，而碱胁迫处理下耐碱基因的 DNA 甲基化程度降低，且盐碱胁迫诱导的 DNA 甲基化变化可以通过减数分裂遗传给下一代（冯奇志，2008）。

microRNAs 在植物的碱胁迫响应中也起着至关重要的作用。例如，大豆 *miR398* 的表达受到碱胁迫等非生物胁迫的诱导，在碱胁迫处理 12 小时后其表达量提高了 4 倍，*miR398* 进一步调控其靶基因 Cu/Zn 超氧化物歧化酶和细胞色素 C 氧化亚基 V 编码基因的表达，从而提高 ROS 清除能力，增强大豆的碱胁迫耐受力（Zhu et al, 2011; Sun et al, 2020）。*miR408* 的表达受到碱胁迫的诱导，能够通过调节 *BBLP* 的表达来调节植物的盐碱胁迫响应。在水稻和拟南芥中过表达 *osa-MIR396* 均降低了转基因植株对盐碱胁迫的耐受力，表明 *osa-MIR396* 是盐碱胁迫耐受力的负调控因子（Gao et al, 2010; Gao et al, 2011）。

三、SOS 信号途径参与的盐胁迫响应调控

（一）SOS 信号转导通路

SOS 信号途径是由朱健康及其合作者首先在拟南芥中鉴定发现的，他们通过筛选拟南芥突变体库筛选到了 3 个对盐胁迫超敏感的 SOS（salt overly sensitive）突变体并定位了其突变基因，分别命名为 SOS1、SOS2 和 SOS3（Qiu et al, 2004）。后续研究表明，SOS1 是位于细胞质膜上的钠氢反向转运泵，能够将胞浆中的 Na^+ 排出胞外；SOS2 是一个蛋白激酶，能够磷酸化并激活 SOS1 的活性，提高 Na^+ 排出能力；SOS3 是一个钙离子结合蛋白，能够结合 Ca^{2+} 并激活 SOS2 的

激酶活性，从而激活 SOS 信号途径。以上 3 个蛋白就是 SOS 信号途径的核心元件，对于植物 Na^+/K^+ 稳态的调节是至关重要的（Zhu et al, 2016）。钙结合蛋白 SOS3 是植物体内 Ca^{2+} 初级感受器，而钙信号会响应外界的盐浓度，因此 SOS3 可以通过感知胞质内的钙信号从而响应盐胁迫。SOS2 是属于 SnRK3 家族的丝氨酸 / 苏氨酸蛋白激酶，可以直接与 SOS3 结合并且被激活（Zhu et al, 1998）。在拟南芥中，SOS2 激酶被 NaCl 特异性激活，KCl 或甘露醇并不能使其激活（Lin et al, 2009）。SOS1 是植物中第一个被发现的在盐胁迫条件下可以特异地向胞外转运 Na^+ 的钠氢反向转运泵（Qiu et al, 2002）。SOS1 主要在根部表皮细胞和木质部薄壁组织细胞表达，位于 SOS2 的下游，可以被 SOS2 磷酸化并激活。活化的 SOS1 能将 Na^+ 排出植物细胞，维持胞质内 Na^+/K^+ 的稳态（Shi et al, 2002）。尤其是近年来发现，细胞膜的糖基肌醇磷酸神经酰胺（GIPC）鞘脂作为盐离子的感受器能够特异性结合 Na^+，影响钙离子门控通道的开闭，调控胞外 Ca^{2+} 的内流，在植物的盐胁迫响应中起重要调控作用（Jiang et al, 2019）。因此，植物对外界环境的盐胁迫主要是通过 GIPC—Ca^{2+}—SOS3—SOS2—SOS1 信号途径进行响应的，从而调节 Na^+ 的外排以及胞内 Na^+ 的稳态（赵怀玉 等, 2020）。

随着研究的深入，越来越多的 SOS 信号途径元件被发现和解析（图 1-4）（Yang et al, 2018）。例如，磷脂酶 PLD1 催化产生的磷脂酸 PA 能够和 MAPK6 结合并激活后者的激酶活性，激活的 MAPK6 会进一步磷酸化并激活 SOS1（Yu et al, 2010）。SCaBP8 和 SOS3 一起将 Ca^{2+} 信号传递到 SOS 信号途径中（Qiu et al, 2004）。14-3-3 和 GI（gigantea）能够结合到 SOS2 上并抑制后者的激酶活性，磷酸酶 PP2C 和 ABI2（ABA insensitive 2）也能够和 SOS2 相互作用并抑制 SOS2 的激酶活性，从而关闭或减弱 SOS 信号途径（Zhou et al, 2014）。伴侣蛋白 J3（DnaJ homolog 3）会调控蛋白激酶 PKS5/24 的激酶活性，PKS5/24 会进一步抑制质子泵 AHA 的活性，从而影响 SOS1 的转运能力（Yang et al, 2010）。这一系列的发现使我们对于 SOS 信号途径的理解更为透彻，对于其在植物盐胁迫响应中的作用的研究更加深入。

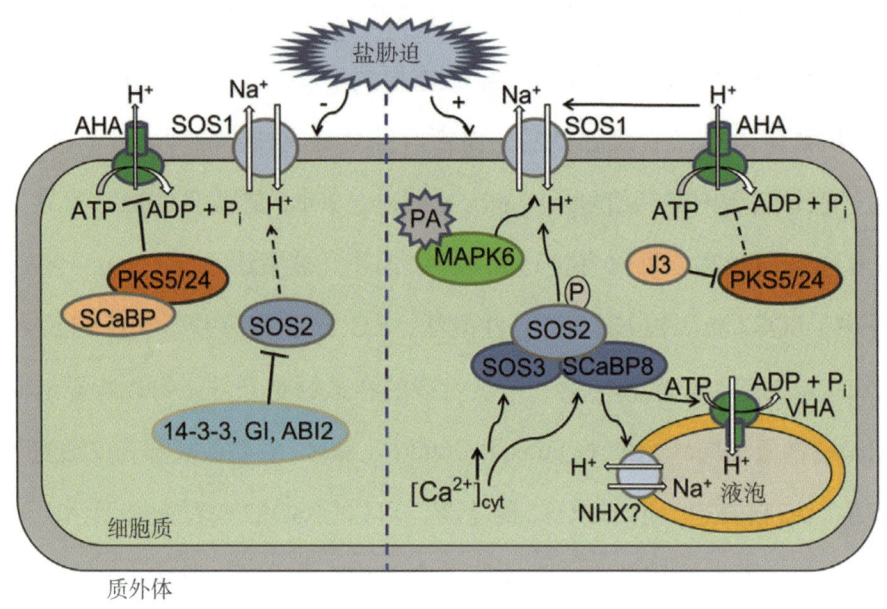

图1-4 SOS信号途径参与的植物细胞内离子平衡调控（Yang et al, 2018）

（二）SOS信号途径参与的体内离子平衡调控

盐胁迫下，植物细胞中会积累大量的 Na^+，维持细胞内的 Na^+ 稳态十分重要，而 SOS 信号通路在维持盐胁迫下细胞内的 Na^+ 稳态中起关键作用。近年来关于 SOS 信号通路的研究取得了巨大的进展（Yang et al, 2018）。在正常条件下，14-3-3 蛋白和 GI（gigantea）蛋白会和 SOS2 相互作用，并抑制 SOS2 的激酶活性（Zhou et al, 2014）。在盐胁迫下，高浓度的 Na^+ 会使得胞内 Ca^{2+} 浓度急剧增加，升高的 Ca^{2+} 会被 SOS3 和 ScaBP8（SOS2-like-binding protein）识别并激活蛋白激酶 SOS2 的激酶活性（Qiu et al, 2004）。激活的 SOS2 再去磷酸化 SOS1 并提高后者的转运活性，泵出细胞内高浓度的 Na^+（Quan et al, 2007）。SOS3-SOS2 复合体除了可以激活细胞膜上的 SOS1 转运蛋白，还可以激活位于液泡膜上 NHX 钠氢反转蛋白和 ATP 质子泵，将胞质中的高浓度 Na^+ 转运到液泡中储存起来（Jarvis et al, 2014）。钙离子信号通过激活 SOS3-SOS2 蛋白复合体，分别磷酸化并激活细胞膜和液泡膜上的钠离子转运蛋白，将 Na^+ 排出细胞或者在液泡中贮存起来，维持细胞内的 Na^+ 稳态，提高植物对盐胁迫的耐受能力。位于细胞膜上的 ATP 依赖的质子泵对于细胞内 pH 和质子势的维持十分重要，质子梯度对于 SOS1 正常行使功能是必不可少的（Euglsang et al, 2007）。正常条件下，ScaBP1/CBL2-PKS5/CIPK11 和 ScaBP1/CBL2-PKS24/CIPK14 激酶复合体会抑制 ATP 依赖质子泵的活性，维持胞内正常的 pH 稳态。盐胁迫下伴侣蛋白 J3 会和蛋白激酶 PKS5（SOS2-like protein 5）相互作用并激活 H^+-ATPase 的活性，促进胞内 Na^+ 的排出（Yang et al, 2010）。此外，拟南芥中的 MEKK1-MKK2-MPK4/MPK6 蛋白激酶级联磷酸化也参与盐胁迫响应中（Teige et al, 2004）。盐胁迫下，磷脂酶 PLD1（phospholipase D）产生的磷脂酸（phosphatidic acid, PA）能够与 AtMPK6 相互作用，并激活 AtMPK6 的激酶活性，然后激活的 AtMPK6 能够进一步磷酸化并激活 SOS1 钠氢反向转运泵的活性，提高拟南芥的耐盐性（Yu et al, 2010）。

四、盐碱胁迫下活性氧代谢及调控机理

（一）ROS 产生及其调节机制

通常 ROS 被认为是有氧代谢的副产物，主要包括超氧阴离子（$O_2^{\cdot-}$）、过氧化氢（H_2O_2）、羟基自由基（-OH）和单线态氧（$^1O_2$）等，其产生的主要部位是线粒体和叶绿体中的电子传递链。电子传递到 O_2 时，就会产生 ROS，而且逆境胁迫会加剧 ROS 积累（Waszczak et al, 2018）。Mittler 等（2011）总结了植物体内 ROS 产生的 10 种方式，包括光合作用及呼吸作用电子传递链、NADPH（nicotinamide adenine dinucleotide phosphate）氧化酶、光呼吸作用、胺氧化和细胞壁损伤过氧化物酶等。其中，锚定在细胞膜上的 NADPH 氧化酶，也被称作呼吸爆发氧化酶（respiratory burst oxidase homologues, RBOHs），在 ROS 产生中起着关键作用（Suzuki et al, 2011）。

研究表明，植物 RBOHs 的结构与其 ROS 产生能力紧密相关。其 C 端含有 FAD（flavin adenine dinucleotide）和 NADPH 结合结构域，以及与哺乳动物 NADPH 相类似的 6 次跨膜结构域（Kimura et al, 2012）。与哺乳动物不同的是，

植物中 RBOH 的 N 端包含一个 Ca^{2+} 结合的 EF-hand 结构域和一个可以磷酸化修饰的位点，对 RBOH 的 ROS 产生能力起着关键调节作用（Drerup et al, 2013）。RBOH 被激活以后，会产生大量的超氧阴离子（$O_2 \cdot^-$），随后 $O_2 \cdot^-$ 在超氧化物歧化酶（SOD）催化下形成 H_2O_2。这类由细胞膜产生的 H_2O_2，可以作为重要的信号分子参与细胞生长发育和逆境响应过程（Zhu et al, 2016）。拟南芥 RBOHs 的 ROS 产生能力的调节机制主要为蛋白质磷酸化修饰调节、Ca^{2+} 调节和 Ca^{2+} 依赖的蛋白激酶调节。植物受到外界刺激时，细胞内 Ca^{2+} 浓度会因细胞外 Ca^{2+} 内流而迅速升高，升高的 Ca^{2+} 会和 RBOH 的 Ca^{2+} 结合位点结合，从而激活其 ROS 产生活性（Monshausen et al, 2009）。

RBOH 并不是 ROS 的唯一来源，植物中还存在着其他 ROS 产生途径，主要是一些响应逆境胁迫的氧化酶。例如，草酸氧化酶（oxalate oxidase）参与植物根细胞对干旱胁迫响应时的 ROS 产生过程（Voothulurn et al, 2013）。过氧化物酶（peroxidases, PRX）在植物响应逆境胁迫后 ROS 的产生中扮演重要角色，如拟南芥 PRX33 和 PRX34 主要参与植物防御反应中 ROS 的产生（Daudi et al, 2012）。在拟南芥中，酪氨酸受体激酶 EF-TU RECEPTOR（EFR）在感受到外界病虫害入侵时，能通过磷酸化和去磷酸化调节体内 ROS 产生相关酶类的活性，促进细胞内 ROS 积累来激活体内的防御反应（Macho et al, 2014）。这些酶的不同响应方式，使得植物在不同胁迫下产生 ROS 的种类也不尽相同，有助于植物分辨不同类型的胁迫信号，以做出相应响应。

（二）ROS 清除及其调节机制

ROS 在植物生长发育中扮演着十分重要的角色，正常条件下浓度较低，主要作为信号分子调节植物的生长发育，而当植物受到逆境胁迫时，体内 ROS 会急剧积累，高浓度 ROS 会直接影响细胞正常发育（Waszczak et al, 2018）。为了维持细胞内 ROS 平衡，使之处于无害的浓度，当受到逆境胁迫时，植物可以通过一系列生理生化机制来调节 ROS 清除酶类的活性或抗氧化类物质的量来清除植物体内过量积累的 ROS，从而提高植物抗逆性。

　　蛋白质翻译后水平修饰是调节蛋白质功能的重要方式，对植物的生长发育和逆境响应有着十分重要的意义（Liang et al, 2018）。磷酸化修饰是蛋白质翻译后修饰的主要方式之一，而且是一个可逆的过程，通过蛋白激酶（protein kinase）和蛋白磷酸酶（protein phosphotase）对目标蛋白的丝氨酸/苏氨酸或酪氨酸残基分别进行磷酸化和去磷酸化，从而影响目标蛋白的构象、定位和稳定性等来调节目标蛋白的功能，在细胞信号转导中起着分子开关作用。几乎所有的信号通路都需要磷酸化修饰参与，在植物的逆境快速响应中发挥着重要功能（Day et al, 2016）。蛋白激酶也参与植物抗氧化胁迫（图 1-5）。例如，小麦和拟南芥中的蛋白激酶 p46-MAPK 能够作为细胞内 ROS 平衡的感受器，当 ROS 平衡被打破以

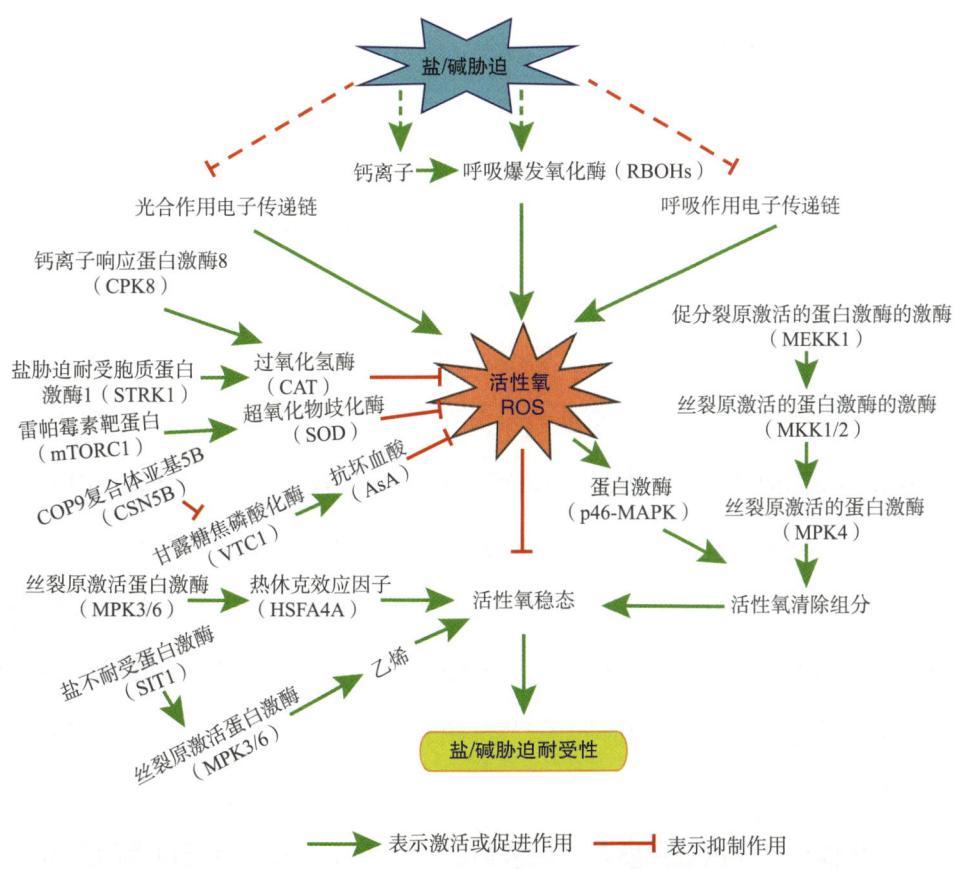

图1-5　蛋白翻译后修饰参与盐碱胁迫下植物体内ROS稳态维持

后会激活 p46-MAPK，影响下游抗氧化胁迫相关信号通路（Livanos et al, 2014）。拟南芥中的 MEKK1-MKK1/MKK2-MPK4 的级联磷酸化反应在 ROS 和水杨酸（SA）诱导的胁迫响应信号通路中起关键作用，能够调节 ROS 清除酶类的活性以维持逆境胁迫下 ROS 的动态平衡，增强植物耐逆性（Pitzschke et al, 2009）。拟南芥蛋白激酶 MPK3 和 MPK6 能够磷酸化并激活热休克效应因子 HSFA4A 来调节 ROS 的动态平衡，从而提高拟南芥的耐盐性（Perez-Salamo et al, 2014）。水稻类受体蛋白激酶 SIT1 能够磷酸化并激活 MPK3/6，调节细胞内乙烯的合成和 ROS 的积累，在水稻盐胁迫响应中发挥重要的调控作用（Li et al, 2014）。在拟南芥中，干旱胁迫促进过氧化氢酶 3（CAT3）的 261 位点的丝氨酸残基（Ser261）被激酶 CPK8 磷酸化，激活 CAT3 的酶活性而使耐旱性增强（Zou et al, 2015）。在水稻中，一个正调控耐盐性的类受体胞质激酶 STRK1 被克隆和鉴定，其能在盐胁迫条件下将过氧化氢酶 C（CatC）的 210 位点的酪氨酸残基（Tyr210）磷酸化，并激活 CatC 的酶活性，清除因盐胁迫诱导积累的过量 H_2O_2 以维持体内 ROS 平衡，从而提高水稻耐盐性（Zhou et al, 2018）。超氧化物歧化酶 1（SOD1）的活性也受到磷酸化修饰调节，其 39 号位点丝氨酸残基（Ser39）被 mTORC1 复合体磷酸化，磷酸化的 SOD1 酶活性显著提高，可以清除过量的 ROS 以维持体内 ROS 平衡（Tsang et al, 2018）。丝裂原活化蛋白激酶（mitogen-activated protein kinase, MAPK）在细胞内信号传导中扮演着十分重要的角色，也在 ROS 代谢中发挥着重要作用。在拟南芥中，MPK3 和 MPK6 能够将 ERF6 磷酸化，增加 ERF6 的稳定性，并进一步促进抗氧化相关基因的表达，提高植物抵抗生物和非生物胁迫的能力（Wang et al, 2010; Meng et al, 2013）。此外，一些研究表明，植物体内磷酸酶表达量和功能也会受到 ROS 调节（Konert et al, 2015），说明磷酸酶也会参与 ROS 清除代谢调节中去，但其具体调节机制有待进一步研究，而且是将来研究的一个重要方向。

泛素化修饰是体内蛋白质翻译后修饰的另一重要手段，对蛋白质的定位、调节和降解都起着重要作用（Dye et al, 2007）。人的过氧化氢酶（CAT）可以被泛素化修饰，而且该过程还受磷酸化调节。CAT 的 231 号和 386 号位点酪氨酸残基被激酶复合体 c-Abl/Arg 磷酸化后，可以促进 CAT 的泛素化途径降解，导致胞内 H_2O_2 含量升高，加速细胞凋亡（Cao et al, 2003）。在非酶促 ROS 清除机制中，抗坏血酸作为一种重要的抗氧化物质，其合成关键酶鸟苷－甘露糖焦磷酸化酶（GDP-Man pyrophosphorylase, GMP 或 VTC1）的稳定性也受到泛素化调节。例如，拟南芥的光形态建成因子 COP9 复合体中的亚基 5B（COP9 signalosome subunit 5B, CSN5B）能够和 VTC1 互作，促进 VTC1 的泛素化降解，减少抗坏血酸合成，使得植株的 ROS 清除能力降低，表现出对盐胁迫更为敏感（Wang et al, 2013）。我们研究组在水稻中也发现类似机制：水稻 OsCSN5 能与 VTC1 互作，促进 VTC1 的泛素化降解，减少抗坏血酸合成，使得 *OsCSN5* 过表达株系对盐和氧化胁迫更为敏感，而其敲除突变体 oscsn5 却表现出较强的盐和氧化胁迫耐受性（龚茵茵, 2020）。除此之外，其他蛋白质修饰方式也参与 ROS 的清除调节，如 SUMO 化、氧化修饰、棕榈酰化等也能影响相关蛋白的酶活性或定位来调节体内 ROS 动态平衡。如前面提到的类受体胞质激酶 STRK1，通过 N- 端 5、10 和 14 号位点的半胱氨酸残基棕榈酰化修饰而定位于细胞质膜，正调控水稻耐盐性，当把其 N- 端 5、10 和 14 号位点的半胱氨酸突变为丙氨酸时，突变的 STRK1 无法被棕榈酰化而定位于细胞质中，其过表达株系的强耐盐性消失（Chou et al, 2018）。除了磷酸化、泛素化和棕榈酰化等蛋白水平的修饰外，在拟南芥中还存在着一种含环指结构域的蛋白 NCA1，类似分子伴侣蛋白一样与过氧化氢酶 2（CAT2）结合，并通过构象改变增加 CAT2 的稳定性和酶活性，从而提高植株的逆境胁迫耐受能力（Li et al, 2015）。这种类似于分子伴侣的蛋白质对蛋白功能的影响也为植物耐逆性分子机制研究提供了一种新思路。

五、植物激素参与的盐碱胁迫信号调控

（一）脱落酸参与的盐碱胁迫响应

脱落酸（abscisic acid, ABA）是一种异戊二烯类植物激素，调节种子的成熟

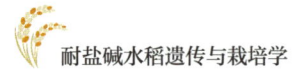

及休眠、种子的萌发、气孔保卫细胞的开闭、ROS 的清除、幼苗生长以及果实成熟等生理过程，并参与植物对干旱、盐和低温等逆境胁迫的响应。例如，在水稻中已鉴定出 73 个逆境诱导基因，其中 43 个基因受 ABA 诱导（Xu et al, 2018）。另外，在拟南芥中鉴定的 245 个 ABA 诱导基因中，63%（155 个）、54%（133 个）和 10%（25 个）的基因还分别受干旱、高盐和低温胁迫诱导（Shen et al, 2014）。这些结果表明，ABA 响应与非生物胁迫信号通路之间存在显著的串扰，特别是在干旱和高盐胁迫下。例如，ABA 和茉莉酸（JA）在控制气孔关闭中起着关键作用，被认为是植物在胁迫下的快速反应。有趣的是，导致气孔关闭的 ABA 和 JA 信号转导途径共享重叠的信号元件，还有一些高表达 NCED（ABA 生物合成的关键调控基因）突变体表现出较好的干旱适应性，而 ABA 缺乏的拟南芥突变体在干旱或盐胁迫下表现不佳，甚至死亡（Ismail et al, 2014）。有研究表明，盐敏感性伴随着 ABA 的延迟积累，ABA 作为重要信使在调节植物对不同环境胁迫适应性响应中起着信号中介的作用（Ismail et al, 2014）。

正常情况下，ABA 抑制苗和根的生长，以保存更多的自由水。但是在一些特殊情况下，ABA 可促进根的伸长，使根系获取土壤更深层的水分。在植物胚胎发育过程中，ABA 逐渐累积，并参与调控种子的发育、储能物质的积累、种子休眠及种子成熟等过程。在种子即将发芽前，种子内的 ABA 浓度会在吸水之前快速下降，而外源 ABA 能抑制种子的萌发及幼苗生长，因此 ABA 被认为是一种与胁迫相关且对植物生理调控过程起着关键作用的激素。ABA 的感知和信号通路已经在拟南芥和其他物种中得到了解析（图 1-6）。ABA 受体为可溶性蛋白 PYR/PYL/RCAR，为 150～200 个氨基酸残基的可溶性蛋白家族，它们有共同的保守起始域。当与 ABA 结合时，拟南芥 PYR1 的构象变为更紧凑和对称的二聚体构象（Hubbard et al, 2010）。植物通过蛋白磷酸酶 2C（PP2C，主要是 ABI1、ABI2 以及与 ABI 的同源蛋白 HAB1 和 HAB2）来抑制 ABA 信号传递，如 ABI 通过去磷酸化而负向调节下游激酶。然而，植物响应环境或发育信号时，ABA 被合成并与受体 PYR1 结合，该受体反过来与 PP2Cs 结合，导致其构象变化而

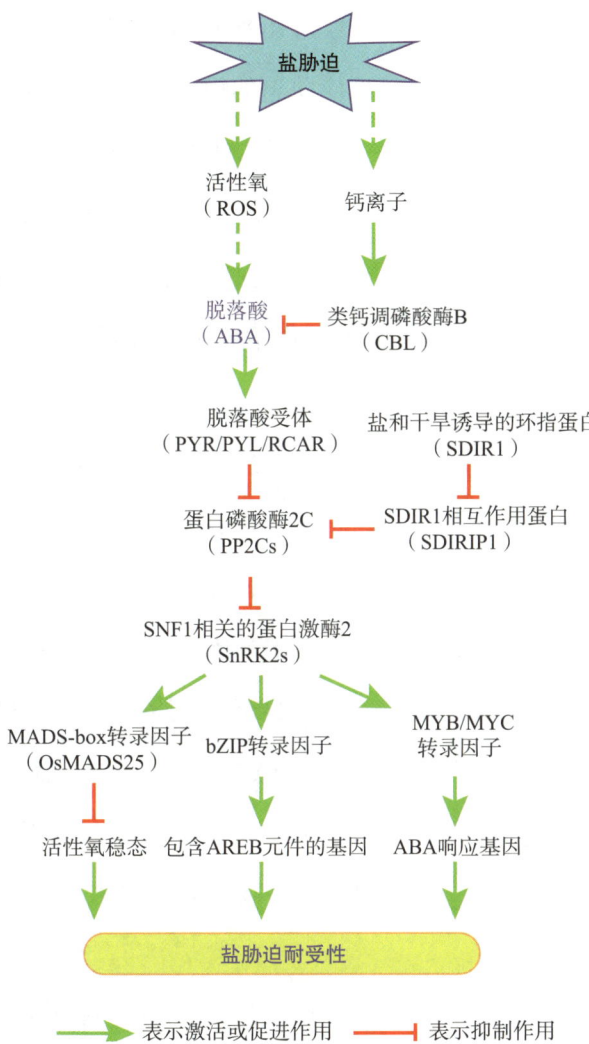

图1-6　脱落酸参与植物盐碱胁迫耐受性调控

被抑制磷酸酶活性，从而解除对下游 ABA 依赖激酶（OST1/SnRK2.6/SRK2E、SnRK2.2 和 SnRK2.3）的抑制（Park et al, 2009）。释放的 SnRK2 能够磷酸化下游因子，如大多数含有 ABA 响应启动子元件的渗透胁迫响应基因、bZIP 转录因子（如 ABI5）、离子通道（如 SLAC1、KAT1）和 NADPH 氧化酶等（Joshi-Saha et al, 2011）。ABA 还可以激活下游编码酶的基因，这些酶可以通过生物合成来调节细胞渗透压，如水分胁迫诱导的梨叶甜菜碱、脯氨酸和细胞伴侣蛋白（脱水蛋白和类 LEA 蛋白），以保护蛋白质和细胞膜（Ismail et al, 2014）。

盐胁迫会通过钙离子（Ca^{2+}）信号和 ROS 信号增加植物细胞的 ABA 合成并调节 ABA 的状态。ABA 被认为是响应胁迫的第一个激素，而 ROS 能促进 ABA 合成和信号转导。一氧化氮（NO）被发现是 ABA 信号转导的次级信使，该分子提供了氧化和植物激素信号转导之间的交叉对话，因为来自质膜 NADPH 氧化酶活性的 ROS 对于 ABA 诱导的信号传递也是必不可少的（Hancock et al, 2011）。Ca^{2+} 被认为是细菌、植物和动物细胞中最普遍的第二信使，在植株中 Ca^{2+} 是通过类钙调神经磷酸酶 B（calcineurin B-like，CBL）抑制 ABA 的合成和信号传递。Ca^{2+} 信号是由离子从细胞外空间（植物中的细胞壁或质外体）通过质膜中的几个不同通道流入或流出形成的，其中一些是机械敏感的，而另一些是电压门控的。如果不能及时消散胞质 Ca^{2+} 信号，将强烈干扰重要的应激激素 JA 和 ABA 的信号状态（Ismail et al, 2014）。此外，ABA 还会通过 ROS 或 IP_3 募集诱导胞内 Ca^{2+} 浓度的升高。OsMADS25 是一个重要的转录调控因子，通过 ABA 调节途径介导 ROS 清除，调节水稻的耐盐性。OsMADS25 通过与谷胱甘肽 S- 转移酶基因 *OsGST4* 和脯氨酸生物合成关键基因 *OsP5CR* 的启动子结合并激活它们的表达，提高了抗氧化酶活性，增加了渗透保护溶质脯氨酸的积累，增强了水稻的耐盐性（Xu et al, 2018）。

ABA 还介导了一些由 G 蛋白突变所导致的干旱和盐胁迫响应。在保卫细胞中，ABA 减少了 K^+ 的内流，降低了保卫细胞的膨压，导致气孔关闭，抑制了光诱导的气孔开放。异源三聚体 G 蛋白由 G_α、G_β 和 G_γ 三个亚基组成，作为一种保守的信号蛋白在真核生物中起着分子开关的作用，参与调节植物对高盐、干旱、极端温度和强光等环境胁迫的适应（Wu et al, 2018）。在稳定状态下，G_α 亚基结合鸟苷二磷酸（GDP），与专有的 $G_{\beta\gamma}$ 二聚体结合形成非活性复合物。当 G_α 上的 GDP 交换为鸟苷三磷酸（GTP）时，结合 GTP 的 G_α 从 $G_{\beta\gamma}$ 二聚体上解离，然后调节下游效应蛋白的活性。在动物中，含 7 次跨膜结构域的 G 蛋白偶联受体（GPCRs）主要调节异源三聚体 G 蛋白的活性；在植物中，异源三聚体 G 蛋白的主要调节因子是含单个跨膜结构域的类受体激酶，而不是所推测的 GPCRs

如 G 蛋白偶联受体 1（GCR1）。与类受体激酶相反，含 7 次跨膜结构域的 G 蛋白信号转导调节因子（RGS）负向调节质膜上 G 蛋白的活性（Tunc-Ozdemir et al, 2016; Yu et al, 2018）。典型的种子植物含有 2 种类型的 G_α [典型 G_α 和非典型的超大 G_α（XLG）]、1 种类型的 G_β 和 3 种类型的 G_γ。拟南芥基因组包含 1 个典型的 G_α（GPA1）、3 个 XLG（XLG1，XLG2，XLG3）、1 个 G_β（AGB1）和 3 个 G_γ（AGG1，AGG2，AGG3）基因（Wu et al, 2018）。拟南芥 gpa1 突变体降低了对 ABA 抑制气孔开放的敏感性（Wang et al, 2001）。突变体 gcr1 对 ABA 抑制的气孔开放表现出超敏反应，表明 GCR1 和 GPA1 在保卫细胞的 ABA 信号转导中具有相反的作用（Pandey et al, 2004; Pandey et al, 2006）。ABA 除调节 K^+ 内向通道外，还可诱导保卫细胞 Ca^{2+} 通道开放。在 gpa1 突变体中，ABA 诱导的 Ca^{2+} 通道开放被抑制，从而导致 ROS 的产生减少以响应 ABA（Zhang et al, 2011）。然而，gpa1 突变体对 H_2O_2 表现出与野生型同样的表型，抑制气孔开放，促进气孔关闭，表明 GPA1 调节 ABA 信号的接收和 ROS 的产生，从而抑制 Ca^{2+} 通道的激活。相反，agg1、agg2 突变体，以及 agg1、2 双突变体在保卫细胞的气孔运动中都表现出对 ABA 与野生型相同的表型，而 agg3 突变体在气孔开放和内向 K^+ 通道的抑制中对 ABA 表现出超敏反应（Chakravorty et al, 2011）。这些研究结果表明，$G_{\beta\gamma}$ 二聚体在植物的 ABA 信号转导中是必需的。有意思的是，水稻和玉米中的 G_α 功能缺失突变体在高浓度 NaCl 培养条件下减缓了叶片的衰老、叶绿素的降解和离子渗漏率（Urano et al, 2014）。在水稻中过表达 G_γ 亚基基因 RGG1 能显著提高耐盐性，而且对水稻产量没有影响（Swain et al, 2017）。我们推测，这些 G 蛋白所介导的植物盐胁迫响应均与 ABA 有直接或间接的关系。

泛素化在植物 ABA 信号转导中起着重要作用。拟南芥蛋白 SDIRIP1 可选择性地调控下游转录因子基因 ABI5 的表达，以调控 ABA 介导的种子萌发和盐胁迫响应。同时，一个受盐和干旱诱导的 E3 泛素连接酶 SDIR1 能将 SDIRIP1 泛素化修饰，然后通过 26S 蛋白酶体途径调节 SDIRIP1 的稳定性，从而参与盐胁迫响应和 ABA 信号转导（Zhang et al, 2007; Zhang et al, 2015）。另外，核孔蛋白

NUP85 和其他核孔蛋白也参与调控植物对 ABA 和盐胁迫的响应。在 *nup85* 突变体和其他核孔蛋白突变体（如 *nup160* 和 *hos1*）中，受 ABA 和盐诱导的 *RD29A*、*COR15A* 和 *COR47* 等几个胁迫响应基因的表达一直受到显著抑制（Zhu et al, 2017）。以上研究结果均表明，ABA 不愧为植物响应胁迫的第一激素，在植物的耐逆性（尤其是耐干旱和盐胁迫）调控方面发挥重要作用，其合成和信号转导途径均在盐胁迫响应中发挥着功能。

（二）乙烯参与的盐碱胁迫响应

乙烯是一种气态植物激素，在衰老中起重要作用，同时也受到干旱、涝渍、高温、低温、盐和病原体入侵等胁迫诱导。细胞内乙烯浓度超过阈值水平会增加 ROS 的积累，导致细胞死亡，而适当乙烯浓度可以激活 ROS 清除系统，提高植物对胁迫的耐受力。因此，乙烯在植物生长发育和胁迫响应中发挥着重要作用。

乙烯合成是通过著名的杨氏循环来实现的（图 1-7），其中氨基环丙烷羧酸（ACC）合成酶（ACS）是乙烯生物合成的关键酶和限速酶，其调控对乙烯的生物合成具有十分重要的作用。*ACS* 转录分析发现，在拟南芥的所有 12 个 *ACSs* 中，*ACS5* 和 *ACS7* 基因表达受到盐胁迫的诱导，*ACS6* 受到乙烯、生长素、LiCl、NaCl、臭氧等诱导表达，表明盐处理会增加乙烯的合成，通过添加乙烯或者乙烯前体能显著增加拟南芥的耐盐性（Achard et al, 2006）。这些研究表明，盐胁迫可以促进植物体内乙烯的合成，从而调节植物的耐盐性。然而有研究发现，拟南芥 *acs7* 突变体的乙烯合成显著降低，而其耐盐性却显著增强，表明增加乙烯含量会提高植物对盐胁迫的敏感性（Dong et al, 2011）。因此，乙烯的动态平衡在植物盐胁迫响应中发挥十分复杂的功能。

乙烯在植物盐胁迫响应中起着双重作用，而乙烯信号通路正调控植物的耐盐性。目前，乙烯信号通路的研究已经相当清楚（图 1-7），主要包括位于内质网膜上的乙烯受体（ETR1、ETR2、ERS1、ERS2 和 EIN4）、信号途径抑制因子（CTR1、EIN2）、转录因子 EIN3/EIL1 以及下游的功能基因（Wang et al, 2007）。

乙烯与内质网膜上的受体 ETR1 结合，从而使 CTR1 失活，进而抑制针对 EIN3 转录因子蛋白的信号转导级联反应。因此，乙烯促进 EIN3 在细胞核中的积累，EIN3 与其目标基因的启动子结合，从而引发一系列不同的乙烯反应。

　　拟南芥中有 5 个亚型的乙烯受体，都参与了拟南芥的乙烯反应，但它们又不是完全的功能冗余，可能分别在不同的发育过程中发挥作用。拟南芥突变体 etr1 和 ein4 对盐胁迫的耐受力显著降低，etr2 突变体的盐敏感性也增加，但是它们在盐胁迫下种子萌发速率表现完全相反。深入研究发现，这种萌发速率的差异不是

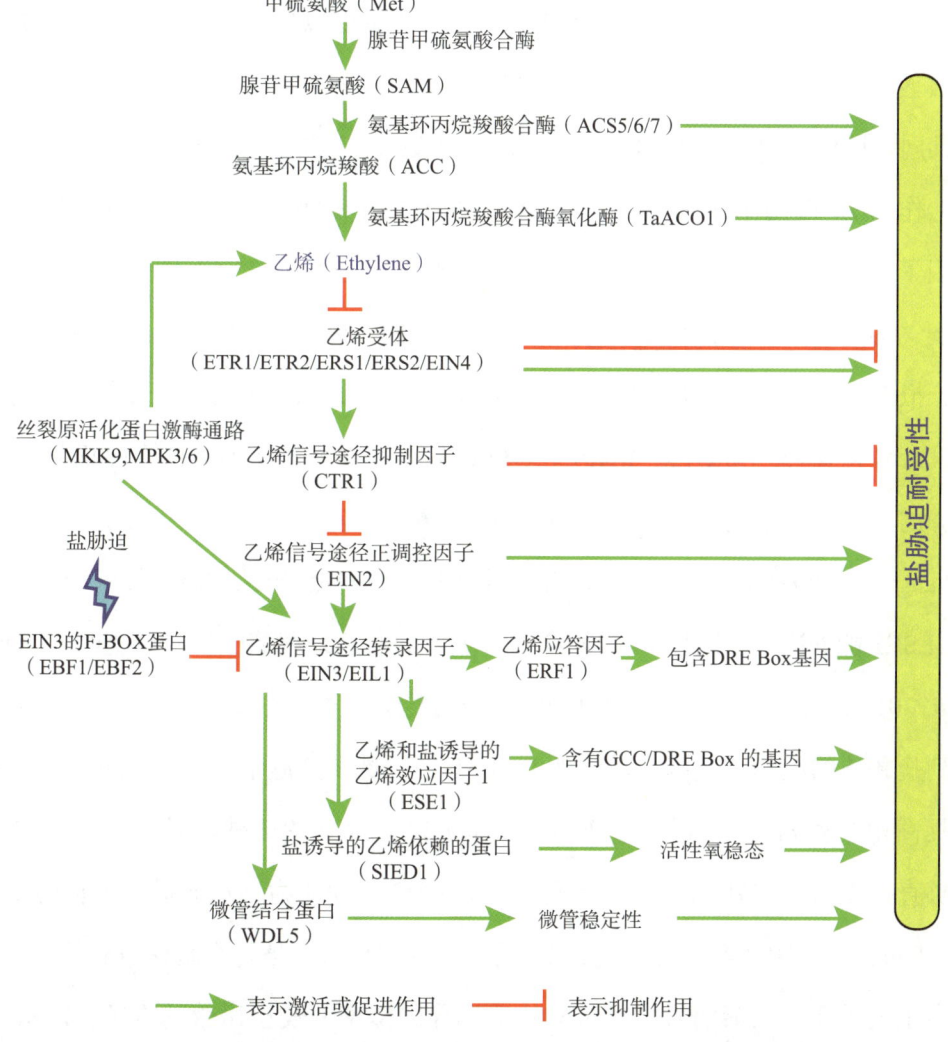

图1-7　乙烯参与植物盐碱胁迫耐受性调控［图片改编自Kazan等（2015）的文献］

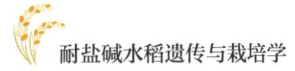

乙烯信号造成的，而是由于 ETR1 和 EIN4 还参与了 ABA 的生物合成，使得其与 *etr2* 突变体在盐胁迫下的萌发速率产生差异（Wang et al, 2007; Wilso et al, 2014）。在拟南芥中过表达烟草 Ⅱ 型乙烯受体基因 *NTHK1* 激活了盐反应基因 *AtERF4* 和 *Cor6.6* 的表达，导致拟南芥对盐胁迫敏感。作为乙烯信号通路抑制因子的 CTR1 突变以后，拟南芥的耐盐性显著提高，说明 CTR1 是一个耐盐性的负调控因子（Kieber et al, 1993）。过量的土壤 Na^+ 可以刺激乙烯诱导的土壤耐盐性，ETO1（ethylene overproducer1）功能的缺失通过 ETR1-CTR1 乙烯信号通路改善地上部 Na^+/K^+ 动态平衡来增强植物耐盐性（Chen et al, 2011; Qiao et al, 2012; Cooper, 2013）。作为乙烯信号通路的正调控因子 EIN2 突变以后，不仅提高了拟南芥的盐敏感性，同时也提高了对 ABA 的敏感性，表明其可能通过 ABA 和乙烯信号通路共同调控植物的耐盐性（Qiao et al, 2012; Wen et al, 2012; Cooper, 2013）。

作为 EIN2 的下游信号组分，DNA 结合蛋白 EIN3 是乙烯信号通路的正调控因子，同时也是植物耐盐性的正调控因子。拟南芥 *ein3* 突变体的耐盐性显著减弱，而 EIN3 结合的 F-box 蛋白 EBF1 和 EBF2 突变以后，EIN3 的稳定性增加，拟南芥的耐盐性增强（Guo et al, 2003）。此外，作为乙烯信号受体的下游组分，MAPK 通路（MKK、MKK9 和 MPK3/6）可以增加 EIN3 的活性而增强拟南芥的耐盐性，这些基因突变（*mkk9, mpk3/6*）会造成拟南芥对盐胁迫高度敏感（Zhang et al, 2021）。在 EIN3 调控的基因中，有一些编码乙烯响应转录因子。例如，ESE1 能够进一步调控 *RD29A* 和 *COR15A* 的表达来调节植物的耐盐性（Zhang et al, 2011）。ERF1 是另一个受 EIN3 调控的转录因子，在盐胁迫下 ERF1 能够结合到盐胁迫响应相关基因启动子的 DRE-box 区域，并激活这些基因的转录，从而提高植物耐盐性（An et al, 2018）。除了以上提到的 2 种转录因子，EIN3 还能够直接激活 SIED1 的表达，提高植物的 ROS 清除能力，从而提高植物的耐盐性（Peng et al, 2014）。此外，皮层微管重组的调控对于植物细胞在高盐条件下的生存至关重要，乙烯信号能促进盐胁迫诱导的拟南芥皮层微管的重组。EIN3 可以促进微管稳定蛋白 WDL5 的表达来调节微管的重组以响应盐胁迫（Dou et al,

2018）。这些结果都表明，乙烯在植物的耐逆性调控方面发挥重要作用，且越来越多的实验证明无论是乙烯合成还是信号转导途径，其各个组分都在盐胁迫响应中发挥着功能（图 1-7）。

（三）茉莉酸参与的盐碱胁迫响应

茉莉酸（JA）是一类脂肪酸衍生物的植物激素，广泛参与调控植物防御反应和形态发育相关的多种生物学过程。近年来，越来越多的研究发现茉莉酸不仅在植物防御病原菌和病虫害过程中发挥重要作用，也在植物的非生物胁迫响应中发挥调控作用。例如，外源施 JA 和茉莉酸甲酯（MeJA）能增加胁迫条件下棉花种子根的水分含量和活性，增加种苗渗透调节物质的含量，减少盐胁迫造成的氧化损伤，从而提高棉花种子在盐胁迫条件下的萌发能力（杨艺 等，2015）。水稻种子在盐胁迫下，当添加 MeJA 后其萌发率和发芽势都显著提高，表明 JA 正调控植物对盐胁迫的耐受性（庞延军 等，2006）。

JA 的生物学合成是由硬脂酸通过叶绿体、过氧化物酶体和胞质中的一系列酶连续催化完成的，其合成受到盐等胁迫的诱导（图 1-8）。小麦 *TaAOC1*（*Allene oxide cyclase 1*）编码一个参与 α - 亚麻酸代谢途径的丙二烯氧化物环化酶（JA 合成酶之一），其表达受到 MYC2 的调控。在拟南芥中过表达 *TaAOC1* 能显著增强转基因植株的耐盐性（Zhao et al, 2014）。小麦 TaOPR1（12-oxophytodienoate reductase 1）也是 JA 合成途径中的一个重要酶，在拟南芥中过表达其编码基因 *TaOPR1* 能够促进 JA 合成，然后 JA 提高 SOD、POD、CAT 和 APX 等抗氧化酶的活性以清除盐胁迫下产生的过量 ROS，从而提高拟南芥的耐盐性（Wei et al, 2013）。系统素是一种能够促进 JA 合成的植物激素，其过表达番茄的耐盐性显著提高（Orsini et al, 2010）。这些结果表明，JA 是一种正调控植物耐盐性的植物激素。然而，水稻中的 OsCYP94C2b 能够催化活性 JA 变成非活性 JA，在水稻中过表达该酶后却能够显著提高水稻的耐盐性（Hazman et al, 2019）。番茄 *res*（*restored cell structure by salinity*）突变体在正常条件下，其根中积累茉莉酸，表现出重要

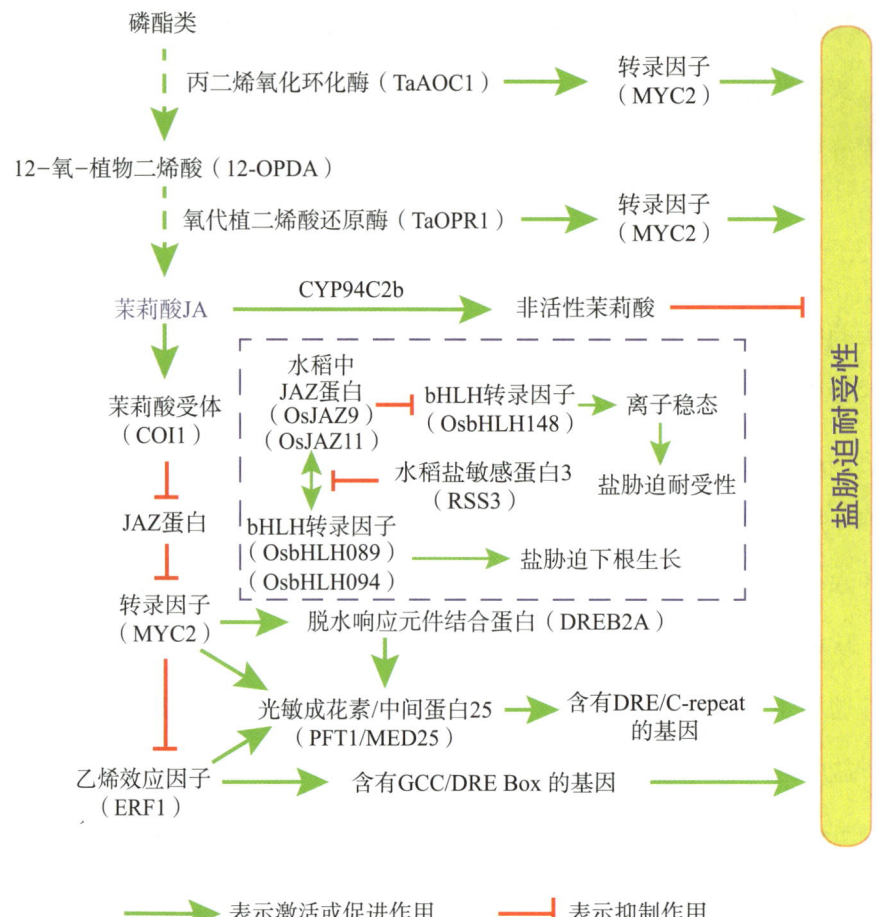

图1-8　茉莉酸参与植物盐碱胁迫耐受性调控［图片改编自Kazan等（2015）的文献］

的形态变化和细胞解体，导致细胞内部紊乱而产生明显的生长抑制作用。当 *res* 突变体植株在盐胁迫下生长时，这些细胞解体和生长抑制表型却消失了。进一步研究发现，JA 信号通路在盐胁迫前于 *res* 突变体的根中被激活，其在对照条件下的转录水平甚至高于盐胁迫条件下的转录水平（Garcia-Abellan et al, 2015）。这些研究结果均表明，JA 在植物的耐盐性调控方面发挥重要而复杂的作用，既可以正调控植物耐盐性，也可以负调控植物的耐盐性。

在 JA 信号转导中，活性茉莉酸与异亮氨酸偶联物（JA-Ile）能够被 COI1-JAZ 茉莉酸受体复合体感受，然后激活 F-box 蛋白 COI1 将转录抑制因子 JAZ 泛素化降解，解除 JAZ 对 JA 信号通路中的关键转录因子 MYC2 和 bHLH 的抑制而激活下游靶基因的转录，激活 JA 相关基因的表达（Fonseca et al, 2007; Thines et al, 2007; Yan et al, 2007; Chung et al, 2009）。JA 信号转导过程也在植物的盐胁迫响应中起重要作用（图 1-8）。例如，*OsJAZ9* 是水稻 TIFY 基因家族中 JAZ 亚家族的成员，抑制 *OsJAZ9* 表达的水稻植株对 JA 更敏感。OsJAZ9 通过 JAS 结构域与 OsbHLH062 等多种 bHLH 转录因子相互作用，OsbHLH062 能与离子转运蛋白基因（如 *OsHAK21*）的启动子中 E-box 结合并激活其表达，改变植物体内离子（特别是 K^+）稳态，调节植物耐盐性。OsJAZ9 还能通过与 OsNINJA 和 OsbHLH 形成转录调控复合体，调节 JA 应答基因在水稻盐胁迫中的表达，从而调节植物的 JA 和盐胁迫响应（Wu et al, 2015）。转录调节亚基 PFT1/MED25 能够与转录因子 ERF1 和 MYC2 相互作用，正调控 JA 响应基因的表达来调控植物的非生物胁迫响应。PFT1/MED25 也可以与调节非生物胁迫的 DREB2A 互作，*pft1/med25* 双突变体对盐胁迫的耐受性降低，表明 PFT1/MED25 在拟南芥 JA 信号和耐盐的过程中起到一个正向调控子的作用（Chen et al, 2012）。

RSS3 作为一种核因子是水稻盐胁迫下根生长所必需的。RSS3 功能丧失突变体在正常条件下只轻度抑制细胞伸长，但在盐胁迫下会引起严重的根生长抑制。RSS3 主要在根尖表达，与 OsbHLH094 和 OsbHLH089 转录因子相互租用，也可以与 OsJAZ9 和 OsJAZ11 相互作用，并且能够与 OsbHLH089 及 OsJAZ9 形成三元复合物，以调控 JA 响应基因的表达，在盐胁迫条件下维持根细胞以适当速率伸长的机制中起着至关重要的作用（Toda et al, 2013）。以上研究结果均表明，茉莉酸在植物的生物和非生物逆境响应中均发挥重要作用，尤其是在盐胁迫响应方面，其合成和信号转导途径均不同程度参与了调控（图 1-8）。然而，关于茉莉酸参与植物盐碱胁迫调控的分子机制和网络的研究还有许多空白需要填补，尤其是参与碱胁迫调控方面几乎没有报道。

除了以上 ABA、乙烯和 JA 等 3 种植物激素参与盐碱胁迫响应外，其他植物激素如赤霉素（gibberellic acid, GA）、细胞分裂素（cytokinin, CK）和水杨酸（salicylic acid, SA）等也不同程度参与盐胁迫响应，协同调控植物在最适生

长条件和逆境胁迫下的转变及其生长和发育过程，最终使植物适应环境（Liu et al, 2021）。例如，水稻 GA 分解代谢途径的关键酶 OsGA2ox5 和 OsCYP71D8L 能够降低体内活性 GA 的积累，从而抑制植物生长而提高耐盐性（Shen et al, 2014; Zhou et al, 2020）。在拟南芥中，植株中 CK 含量较低则表现出较高的耐盐性（Nishiyama et al, 2011），而在茄子（*Solanum melongena*）中施加外源 CK 却能显著提高耐盐性（Xu et al, 2014）。水稻致病相关蛋白 RSOsPR10 受到 JA、乙烯和 SA 信号的拮抗调控，并能显著提高植物的耐盐性（Takeuchi et al, 2016; Yamamoto et al, 2018）。总之，各种植物激素在协同调控植物于最适生长条件和逆境胁迫间的转变过程中均起着重要作用，当环境适宜时就促进植物生长和发育，而处于盐碱等逆境胁迫时则抑制生长以适应胁迫环境，但是其参与盐碱胁迫调控的分子机制和网络还有待进一步解析。另外，目前在植物盐碱胁迫下的基因表达及信号转导分子机制的研究方面，更多的研究集中于盐胁迫，而碱胁迫的研究很少，其可能的原因是碱胁迫对植物造成伤害的原因更复杂，其分子机制解析难度也更大。因此，在将来的植物耐盐碱基础研究中，除了加大耐盐胁迫研究之外，还应积极发掘耐碱优质功能基因，并解析其分子机制或调控网络。

参考文献

陈万超 . 2011. 三种经济植物抗碱生理机制研究［D］. 东北师范大学 .

陈晓亚，汤章城 . 2012. 植物生理与分子生物学［M］. 北京 : 高等教育出版社 .

陈展宇，常雨婷，邓川，等 . 2017. 盐碱生境对甜高粱幼苗抗氧化酶活性和生物量的影响［J］. 吉林农业大学学报，39（1）：15–19.

楚乐乐，罗成科，田蕾，等 . 2019. 植物对碱胁迫适应机制的研究进展［J］. 植物遗传资源学报，20（04）：836–844.

单长卷，杨天佑 . 2017. 谷胱甘肽对盐胁迫下玉米幼苗抗氧化特性和光合性能的影响［J］.

西北农业学报，26（02）：185-191.

邓勇，刘聪，田野，等 .2021. 过表达 *OsCatC* 基因水稻的获得及其耐盐性机理分析［J］. 西北植物学报，41（1）：1-8.

董园园，李晓薇，姚娜，等 .2017. 盐碱胁迫下羊草转录因子的转录组分析［J］. 北方园艺，（7）：115-120.

冯奇志 .2018. 盐碱胁迫诱导的水稻 DNA 甲基化变异［D］. 东北师范大学植物学 .

高战武，刘晶，刘权昱，等 .2018. 燕麦幼苗对两种碱性盐（NaHCO$_3$ 和 Na$_2$CO$_3$）胁迫的适应性形态和生理响应［J］. 植物学研究，7（06）：611-626.

龚茵茵 .2020.CSN5 通过调节 AsA 的稳态介导水稻盐胁迫响应的分子机制［D］. 湖南大学 .

龚茵茵，燕璐，林建中，等 .2021. 低等生物谷氨酸脱氢酶基因用于作物遗传改良的研究进展［J］. 生命科学研究，25（1）：31-38.

龚子同，陈志诚，骆国保，等 .1999. 中国土壤系统分类参比［J］. 土壤，（2）：2-8.

龚子同 .2014. 中国土壤地理［M］. 北京：科学出版社 .

拱玉书 .2002. 西亚考古史：1842-1939［M］. 北京：文物出版社 .

郝文凤，董娇，路秋爽，等 .2020. 盐碱地改良的植被选择研究［J］. 安徽农学通报，26（22）：119-122.

何欢，高嵩，吕庆雪，等 .2018. 玉米 *ZmNAC6* 基因克隆及盐碱逆境胁迫下的表达分析［J］. 分子植物育种，16（5）：1377-1381.

华春，王仁雷，刘友良 .2014. 外源 AsA 对盐胁迫下水稻叶绿体活性氧清除系统的影响［J］. 作物学报，30（7）：692-696.

黄菲，李雪梅，王文生，等 .2013.DNA 甲基化在植物抗逆反应中的研究进展及其育种应用［J］. 中国农业科技导报，（6）：83-91.

鞠淼 .2008. 盐及盐碱混合条件对燕麦胁迫作用的比较［D］. 东北师范大学 .

孔旭晖，高丽霞 .1992. 印度的盐碱地造林［J］. 世界林业研究，（1）：95.

李芳兰，罗成科，路旭平，等 .2021. 水稻耐碱生理和遗传机制研究现状与展望［J］. 植物遗传资源学报，22（02）：283-292.

李景鹏，陈艳辉，张鑫，等 .2020. 盐碱胁迫对稻米部分理化指标的影响［J］. 北方水稻，50（06）：5-8.

李志萍，张文辉，崔豫川 .2015.NaCl 和 Na$_2$CO$_3$ 胁迫对栓皮栎种子萌发及幼苗生长的影响［J］. 生态学报，35（03）：742-751.

刘聪，董腊嫒，林建中，等 .2019. 逆境胁迫下植物体内活性氧代谢及调控机理研究进展［J］.生命科学研究,23（03）:253–258.

刘杰,孙虎,李云玲.2013.盐碱胁迫对向日葵DNA甲基化的影响［C］.第四届中华农圣文化国际研讨会,山东寿光.

刘珊,赵李剑,刘聪,等.2020.水稻*OsCatB*敲除突变体的构建及耐逆性初步分析［J］.生命科学研究,24（4）:301–309.

刘奕嫩,于洋,方军.2018.盐碱胁迫及植物耐盐碱分子机制研究［J］.土壤与作物,7（2）:201–211.

马晨,马履一,刘太祥,等.2010.盐碱地改良利用技术研究进展［J］.世界林业研究,23（02）:28–32.

马晓玲.2014.γ–氨基丁酸（GABA）缓解水稻铵毒害现象及机理研究［D］.南京农业大学.

毛庆莲,王胜.2020.国内盐碱地治理趋势探究浅析［J］.湖北农业科学,59（S1）:02–306.

庞延军,戎鑫,施丽丽.2006.外源茉莉酸甲酯缓解盐对水稻种子萌发的抑制作用［J］.华南农业大学学报,27（1）:113–116.

任鹏飞,尚丽霞,蔡勤安,等.2019.植物耐碱性研究进展及其在大豆中的应用展望［J］.大豆科学,38（06）:977–985.

石德成,尹尚君,杨国会,等.2002.碱胁迫下耐碱植物星星草体内柠檬酸特异积累现象［J］.植物学报,44（5）:537–540.

宋静茹,杨江,王艳明,等.2017.黄河三角洲盐碱地形成的原因及改良措施探讨［J］.安徽农业科学,45（27）:95–97.

王才林,张亚东,赵凌,等.2019.耐盐碱水稻研究现状、问题与建议［J］.中国稻米,25（01）:1–6.

王娟.2013.泛素–蛋白酶体相关调节因子CSN5B和OsEIP1的功能分析［D］.中国农业科学院.

王梦飞,滑璐玢.2018.LEA蛋白及其在作物抗逆过程中的作用［J］.北方农业学报,46（04）:70–76.

王绍林,李珣,王彤,等.2020.辽宁滨海稻区耐盐碱水稻生理基础研究［Z］.辽宁省盐碱地利用研究所,50:1–7.

魏征,屠乃美,易镇邪.2019.盐碱地对水稻的胁迫效应及其改良与高效利用的研究进展［J］.湖南生态科学学报,6（04）:45–52.

肖柏.2011.盐碱地能变天使的魔鬼［J］.中国国家地理,（4）:146–151.

徐华华.2010.盐碱胁迫对虎尾草有机酸代谢、光合及荧光特性的影响［D］.东北师范大学植物学.

许盼云,吴玉霞,何天明.2020.植物对盐碱胁迫的适应机理研究进展［J］.中国野生植物资源,39（10）:41-49.

阎文飞,程凡升,姜新强,等.2018.野大豆盐碱胁迫相关 GsTIFY6 B 基因克隆及表达特性分析［J］.华北农学报,33（4）:82-89.

颜宏,赵伟,盛艳敏,等.2005.碱胁迫对羊草和向日葵的影响［J］.应用生态学报,16（8）:1497-1501.

杨春武,石德成.2009.有机酸在水稻抗碱过程中的生理作用［C］.2009 中国作物学会学术年会,中国广东广州.

杨少辉,季静,王罡,等.2006.盐胁迫对植物影响的研究进展［J］.分子植物育种,S1:139-142.

杨升,张华新,张丽.2010.植物耐盐生理生化指标及耐盐植物筛选综述［J］.西北林学院学报,25（03）:59-65.

杨艺,常丹,王艳,等.2015.盐胁迫下茉莉酸（JA）及茉莉酸甲酯（MeJA）对棉花种子萌发及种苗生化特性的影响［J］.种子,34（1）:8-13,18.

叶艳然.2017.外源 α-生育酚提高青绿苔草耐盐性生理机制的研究［D］.山东农业大学.

易善军,孙振元,韩蕾,等.2011.植物耐碱机理及相关基因研究进展［J］.世界林业研究,24（1）:28-32.

袁佳睿.2016.小麦碱胁迫应答基因 TaARF9 和 TaNTL5 的功能研究［D］.山东大学.

云雪雪,陈雨生.2020.国际盐碱地开发动态及其对我国的启示［J］.国土与自然资源研究,1:84-87.

张国栋,等.2019.盐碱地稻作改良［M］.济南:山东科学技术出版社.

张强,赵文娟,陈卫峰,等.2018.盐碱地修复与保育研究进展［J］.天津农业科学,24（04）:65-70.

赵福庚,何龙飞,罗庆云.2004.植物逆境生理生态学［M］.北京:化学工业出版社.

赵怀玉,林鸿宣.2020.植物响应盐碱胁迫的分子机制［J］.土壤与作物,9（2）:103-113.

赵可夫.1997.盐生植物［J］.植物学报,（4）:2-13.

赵可夫,李法曾,樊守金,等.1999.中国的盐生植物［J］.植物学通报,（3）:10-16.

朱娉慧,陈冉冉,于洋,等.2017.碱胁迫相关基因 GsWRKY15 的克隆及其转基因苜蓿的耐碱性分析［J］.作物学报,43（9）:1319-1327.

朱祖义,等.2005.元.尚书句解［M］.长春:吉林出版集团有限责任公司.

Abiko T, Obara M, Ushioda A, et al. 2005. Localization of NAD−isocitrate dehydrogenase and glutamate dehydrogenase in rice（*Oryza sativa*）roots: Candidates for providing carbon skeletons to NADH−glutamate synthase［J］. Plant and Cell Physiology, 46（10）: 1724−1734.

Achard P, Cheng H, De Grauwe L, et al. 2006. Integration of plant responses to environmentally activated phytohormonal signals［J］. Science, 311（5757）: 91−94.

Ajay S. 2018. Salinization of agricultural lands due to poor drainage: A viewpoint［J］. Ecological Indicators, 95.

An J, Wang X, Li Y, et al. 2018. EIN3−LIKE1, MYB1, and ethylene response factor 3 act in a regulatory loop that synergistically modulates ethylene biosynthesis and anthocyanin accumulation［J］. Plant Physiology, 178（2）: 808−823.

Apel K, Hirt H. 2004. Reactive oxygen species: metabolism, oxidative stress, and signal transduction［J］. Annual review of plant biology, 55（1）: 373−399.

Ariz I, Asensio A C, Zamarreño A M, et al. 2013. Changes in the C/N balance caused by increasing external ammonium concentrations are driven by carbon and energy availabilities during ammonium nutrition in pea plants: the key roles of asparagine synthetase and anaplerotic enzymes［J］. Physiologia Plantarum, 148（4）: 522−537.

Baek D, Jiang J, Chung J, et al. 2011. Regulated *AtHKT1* gene expression by a distal enhancer element and DNA methylation in the promoter plays an important role in salt tolerance［J］. Plant and Cell Physiology, 52（1）: 149−161.

Bassam N E, Dambroth M, Loughman B C. 1990. Genetic aspects of plant mineral nutrition［M］. Genetic Aspects of Plant Mineral Nutrition.

Bassil E, Blumwald E. 2014. The ins and outs of intracellular ion homeostasis: NHX−type cation/H^+ transporters［J］. Current Opinion in Plant Biology, 22: 1−6.

Becker D, Hoth S, Ache P, et al. 2003. Regulation of the ABA−sensitive *Arabidopsis* potassium channel gene *GORK* in response to water stress［J］. FEBS Letters, 554（1−2）: 119−126.

Bose J, Rodrigo−Moreno A, Shabala S. 2014. ROS homeostasis in halophytes in the context of salinity stress tolerance［J］. Journal of Experimental Botany, 65（5）: 1241−1257.

Britto D T, Kronzucker H J. 2002. NH_4^+ toxicity in higher plants: a critical review［J］. Journal of Plant Physiology, 159（6）: 567−584.

Brugnoli E, Lauteri M. 1991. Effects of salinity on stomatal conductance, photosynthetic capacity, and carbon isotope discrimination of salt−tolerant（*Gossypium hirsutum* L.）and salt−sensitive（*Phaseolus vulgaris* L.）C3 non−halophytes［J］. Plant Physiol, 95（2）: 628−635.

Brumbarova T, Bauer P, Ivanov R. 2015. Molecular mechanisms governing Arabidopsis iron uptake［J］. Trends in Plant Science, 20（2）: 124−133.

Byrt C S, Zhao M, Kourghi M, et al. 2017. Non−selective cation channel activity of aquaporin AtPIP2;1 regulated by Ca^{2+} and pH［J］. Plant, Cell and Environment, 40（6）: 802−815.

Cai R, Zhao Y, Wang Y, et al. 2014. Overexpression of a maize *WRKY58* gene enhances drought and salt tolerance in transgenic rice［J］. Plant Cell, Tissue and Organ Culture, 119（3）: 565−577.

Cao C, Leng Y, Liu X, et al. 2003. Catalase is regulated by ubiquitination and proteosomal degradation. Role of the c−Abl and Arg tyrosine kinases［J］. Biochemistry, 42（35）: 10348−10353.

Cao C, Long R, Zhang T, et al. 2018. Genome−wide identification of microRNAs in response to salt/alkali stress in *Medicago truncatula* through high−throughput sequencing［J］. International Journal of Molecular Sciences, 19（12）: 4076.

Cao D. 2011. Methylation sensitive amplified polymorphism（MSAP）reveals that alkali stress triggers more DNA hypomethylation levels in cotton（*Gossypium hirsutum* L.）roots than salt stress［J］. African Journal of Biotechnology.

Cao W, Liu J, He X, et al. 2007. Modulation of ethylene responses affects plant salt−stress responses［J］. Plant Physiology, 143（2）: 707−719.

Chakravorty D, Trusov Y, Zhang W, et al. 2011. An atypical heterotrimeric G−protein γ−subunit is involved in guard cell K^+−channel regulation and morphological development in Arabidopsis thaliana［J］. Plant Journal, 67（5）: 840−851.

Chan K X, Phua S Y, Crisp P, et al. 2016. Learning the languages of the chloroplast: retrograde signaling and beyond［J］. Annual Review of Plant Biology, 67.

Chapman V J. 1976. Coastal vegetation［M］. Coastal vegetation.

Cheeseman J M. 1988. Mechanisms of salinity tolerance in plants［J］. Plant Physiology, 87（3）.

Chen L, Wu R, Feng J, et al. 2020. Transnitrosylation mediated by the non−canonical catalase ROG1 regulates nitric oxide signaling in plants［J］. Developmental Cell, 53（4）: 444−457.

Chen R, Binder B M, Garrett W M, et al. 2011. Proteomic responses in *Arabidopsis thaliana* seedlings treated with ethylene［J］. Molecular BioSystems, 7（9）: 2637−2650.

Chen R, Jiang H, Li L, et al. 2012. The *Arabidopsis* mediator subunit MED25 differentially regulates jasmonate and abscisic acid signaling through interacting with the MYC2 and ABI5 transcription factors［J］. Plant cell, 24（7）: 2898−2916.

Chen T H H, Murata N. 2011. Glycinebetaine protects plants against abiotic stress: mechanisms and biotechnological applications［J］. Plant Cell and Environment, 34（1）: 1−20.

Chen X, Guo Z. 2008. Tobacco OPBP1 enhances salt tolerance and disease resistance of transgenic rice［J］. International Journal of Molecular Sciences, 9（12）: 2601−2613.

Chung H S, Niu Y, Browse J, et al. 2009. Top hits in contemporary JAZ: An update on jasmonate signaling［J］. Phytochemistry, 70（13）: 1547−1559.

Cooper B. 2013. Separation anxiety: An analysis of ethylene−induced cleavage of EIN2［J］. Plant Signaling and Behavior, 8（7）: e24721.

Cushman J C, Meyer G, Michalowski C B, et al. 1989. Salt stress leads to differential expression of two isogenes of phosphoenolpyruvate carboxylase during crassulacean acid metabolism induction in the common ice plant［J］. Plant Cell, 1（7）: 715−725.

Daudi A, Cheng Z, O Brien J A, et al. 2012. The apoplastic oxidative burst peroxidase in Arabidopsis is a major component of pattern−triggered immunity［J］. Plant Cell, 24（1）: 275−287.

Day E K, Sosale N G, Lazzara M J. 2016. Cell signaling regulation by protein phosphorylation: a multivariate, heterogeneous, and context−dependent process［J］. Current Opinion in Biotechnology, 40: 185−192.

Demidchik V. 2018. ROS−activated ion channels in plants: biophysical characteristics, physiological functions and molecular nature［J］. International Journal of Molecular Sciences, 19（4）: 1263.

Dodd A N, Kudla J, Sanders D. 2010. The language of calcium signaling［J］. Annual Review of Plant Biology, 61（1）: 593−620.

Dong H, Zhen Z, Peng J, et al. 2011. Loss of ACS7 confers abiotic stress tolerance by modulating ABA sensitivity and accumulation in *Arabidopsis*［J］. Journal of Experimental Botany, 62（14）: 4875−4887.

Dou L, He K, Higaki T, et al. 2018. Ethylene signaling modulates cortical microtubule reassembly in response to salt stress ［ J ］. Plant Physiology, 176 (3): 2071–2081.

Drerup M M, Schlücking K, Hashimoto K, et al. 2013. The calcineurin B–like calcium sensors CBL1 and CBL9 together with their interacting protein kinase CIPK26 regulate the *Arabidopsis* NADPH oxidase RBOHF ［ J ］. Molecular Plant, 6 (2): 559–569.

Dye B T, Schulman B A. 2007. Structural mechanisms underlying posttranslational modification by ubiquitin–like proteins ［ J ］. Annual Review of Biophysics and Biomolecular Structure, 36 (1): 131–150.

Ehret D L S U, Redmann R E, Harvey B L, et al. 1990. Salinity–induced calcium deficiencies in wheat and barley ［ J ］. Plant and Soil, 128 (2): 143–151.

Esteban R, Ariz I, Cruz C, et al. 2016. Review: Mechanisms of ammonium toxicity and the quest for tolerance ［ J ］. Plant Science, 248: 92–101.

Farouk S. 2011. Ascorbic acid and α –Tocopherol minimize salt–induced wheat leaf senescence ［ J ］. Journal of Stress Physiology and Biochemistry, 7 (3): 58–79.

Finazzi G, Petroutsos D, Tomizioli M, et al. 2015. Ions channels/transporters and chloroplast regulation ［ J ］. Cell Calcium, 58 (1).

Flowers T J, Munns R, Colmer T D. 2015. Sodium chloride toxicity and the cellular basis of salt tolerance in halophytes ［ J ］. Annals of Botany, 115 (3): 419–431.

Fonseca S, Lozano F M, Adie B, et al. 2007. The JAZ family of repressors is the missing link in jasmonate signalling ［ J ］. Nature, 448 (7154): 666–671.

Fuglsang A T, Guo Y, Cuin T A, et al. 2007. *Arabidopsi*s protein kinase PKS5 inhibits the plasma membrane H^+–ATPase by preventing interaction with 14–3–3 protein［ J ］. Plant cell, 19 (5): 1617–1634.

Gad M, Nobuhiro S, Sultan C Y, et al. 2010. Reactive oxygen species homeostasis and signalling during drought and salinity stresses ［ J ］. Plant, Cell and Environment, 33 (4).

Gadjev I, Vanderauwera S, Gechev T S, et al. 2006. Transcriptomic footprints disclose specificity of reactive oxygen species signaling in *Arabidopsis* ［ J ］. Plant Physiology, 141 (2): 436–445.

Gao P, Bai X, Yang L, et al. 2010. Over–expression of *osa–MIR396c* decreases salt and alkali stress tolerance ［ J ］. Planta, 231 (5): 991–1001.

Gao P, Bai X, Yang L, et al. 2011. *osa–MIR393*: a salinity–and alkaline stress–related microRNA gene ［ J ］. Molecular Biology Reports, 38 (1): 237–242.

Garcia-Abellan J O, Fernandez-Garcia N, Lopez-Berenguer C, et al. 2015. The tomato *res* mutant which accumulates JA in roots in non-stressed conditions restores cell structure alterations under salinity [J]. Physiologia Plantarum, 155 (3): 296−314.

Gerona M E B, Deocampo M P, Egdane J A, et al. 2019. Physiological responses of contrasting rice genotypes to salt stress at reproductive stage [J]. Rice Science, 26 (4): 207−219.

Greenway H, Munns R. 1980. Mechanisms of salt tolerance in Nonhalophytes [J]. Annual Review of Plant Physiology, 31 (1): 149−190.

Guo H, Ecker J R. 2003. Plant responses to ethylene gas are mediated by SCF (EBF1/EBF2) −dependent proteolysis of EIN3 transcription factor [J]. Cell, 115 (6): 667−677.

Guo K M, Babourina O, Christopher D A, et al. 2010. The cyclic nucleotide−gated channel AtCNGC10 transports Ca^{2+} and Mg^{2+} in *Arabidopsis* [J]. Physiologia Plantarum, 139 (3): 303−312.

Guo Z, Chen X, Wu X, et al. 2004. Overexpression of the AP2/EREBP transcription factor OPBP1 enhances disease resistance and salt tolerance in tobacco [J]. Plant Molecular Biology, 55 (4): 607−618.

Hachiya T, Inaba J, Wakazaki M, et al. 2021. Excessive ammonium assimilation by plastidic glutamine synthetase causes ammonium toxicity in *Arabidopsis thaliana* [J]. Nature Communications, 12 (1): 4944.

Hancock J T, Neill S J, Wilson I D. 2011. Nitric oxide and ABA in the control of plant function [J]. Plant Science, 181 (5): 555−559.

Hanin M, Ebel C, Ngom M, et al. 2016. New insights on plant salt tolerance mechanisms and their potential use for breeding [J]. Frontiers in Plant Science, 7: 1787.

Hariadi Y, Marandon K, Tian Y, et al. 2011. Ionic and osmotic relations in quinoa (*Chenopodium quinoa* Willd.) plants grown at various salinity levels [J]. Journal of Experimental Botany, 62 (1): 185−193.

Harper J F, Breton G, Harmon A. 2004. Decoding Ca^{2+} signals through plant protein kinases [J]. Annual Review of Plant Biology, 55 (1): 263−288.

Hasegawa P M, Bressan R A, Zhu J, et al. 2000. Plant cellular and molecular responses to high salinity [J]. Annual Review of Plant Physiology and Plant Molecular Biology, 51: 463−499.

Hayat S, Hayat Q, Alyemeni M N, et al. 2012. Role of proline under changing environments: A review [J]. Plant Signaling and Behavior, 7 (11): 1456−1466.

Hazman M, Sühnel M, Schäfer S, et al. 2019. Characterization of jasmonoyl–isoleucine (JA–Ile) hormonal catabolic pathways in rice upon wounding and salt stress [J]. Rice, 12 (1): 1–14.

He Y, Dong Y, Yang X, et al. 2020. Functional activation of a novel R2R3–MYB protein gene, *GmMYB68*, confers salt–alkali resistance in soybean (*Glycine max* L.)[J]. Genome, 63 (1): 13–26.

Hocq L, Pelloux J, Lefebvre V. 2017. Connecting homogalacturonan–type pectin remodeling to acid growth [J]. Trends in Plant Science, 22 (1): 20–29.

Hodges M, Dellero Y, Keech O, et al. 2016. Perspectives for a better understanding of the metabolic integration of photorespiration within a complex plant primary metabolism network [J]. Journal of Experimental Botany, 67 (10): 3015–3026.

Holldampf B, Barker A V. 1993. Effects of ammonium on elemental nutrition of red spruce and indicator plants grown in acid soil [J]. Communications in Soil Science and Plant Analysis, 24 (15/16): 1945–1957.

Hong Y, Devaiah S P, Bahn S C, et al. 2009. Phospholipase D epsilon and phosphatidic acid enhance *Arabidopsis* nitrogen signaling and growth [J]. Plant journal, 58 (3).

Hong Y, Zhang H, Huang L, et al. 2016. Overexpression of a stress–responsive NAC transcription factor gene *ONAC022* improves drought and salt tolerance in rice [J]. Frontiers in Plant Science, 7: 4.

Hubbard K E, Nishimura N, Hitomi K, et al. 2010. Early abscisic acid signal transduction mechanisms: newly discovered components and newly emerging questions [J]. Genes and Development, 24 (16): 1695–1708.

Iordachescu M, Imai R. 2008. Trehalose biosynthesis in response to abiotic stresses [J]. Journal of Integrative Plant Biology, 50 (10): 1223–1229.

Isayenkov S V, Maathuis F J M. 2019. Plant salinity stress: many unanswered questions remain [J]. Frontiers in Plant Science, 10: 80.

Ishikawa T. 2018. Xylem ion loading and its implications for plant abiotic stress tolerance [M]. Science Direct.

Ishimaru Y, Suzuki M, Tsukamoto T, et al. 2006. Rice plants take up iron as an Fe^{3+}–phytosiderophore and as Fe^{2+} [J]. Plant Journal, 45 (3): 335–346.

Ismail A, Takeda S, Nick P. 2014. Life and death under salt stress: same players, different timing? [J]. Journal of Experimental Botany, 65 (12): 2963–2979.

Jabnoune M, Espeout S, Mieulet D, et al. 2009. Diversity in expression patterns and functional properties in the rice HKT transporter family [J]. Plant Physiology, 150(4): 1955−1971.

James R A, Davenport R J, Munns R. 2006. Physiological characterization of two genes for Na$^+$ exclusion in durum wheat, *Nax1* and *Nax2* [J]. Plant Physiology, 142(4): 1537−1547.

Jarvis D E, Ryu C, Beilstein M A, et al. 2014. Distinct roles for SOS1 in the convergent evolution of salt tolerance in *Eutrema salsugineum* and *Schrenkiella parvula* [J]. Molecular Biology and Evolution, 31(8): 2094−2107.

Jayakannan M, Bose J, Babourina O, et al. 2013. Salicylic acid improves salinity tolerance in *Arabidopsis* by restoring membrane potential and preventing salt−induced K$^+$ loss via a GORK channel [J]. Journal of Experimental Botany, 64(8): 2255−2268.

Jerome Jeyakumar J M, Ali A, Wang W, et al. 2020. Characterizing the role of the miR156−SPL network in plant development and stress response [J]. Plants, 9(9): 1206.

Jiang C, Mithani A, Belfield E J, et al. 2014. Environmentally responsive genome−wide accumulation of de novo *Arabidopsis thaliana* mutations and epimutations [J]. Genome Research, 24(11): 1821−1829.

Jiang Z, Zhou X, Tao M, et al. 2019. Plant cell−surface GIPC sphingolipids sense salt to trigger Ca^{2+} influx [J]. Nature, 572(7769): 341.

Zhang J, Shi H. 2013. Physiological and molecular mechanisms of plant salt tolerance [J]. Photosynthesis Research, 115(1).

Joshi−Saha A, Valon C, Leung J. 2011. Abscisic acid signal off the starting block [J]. Molecular plant, 4(4): 562−580.

Kankel M W, Ramsey D E, Stokes T L, et al. 2003. *Arabidopsis* MET1 cytosine methyltransferase mutants [J]. Genetics, 163(3): 1109−1122.

Kazan K. 2015. Diverse roles of jasmonates and ethylene in abiotic stress tolerance [J]. Trends in Plant Science, 20(4): 219−229.

Kieber J J, Rothenberg M, Roman G, et al. 1993. *CTR1*, a negative regulator of the ethylene response pathway in *Arabidopsis*, encodes a member of the Raf family of protein kinases [J]. Cell, 72(3): 427−441.

Kimura S, Kaya H, Kawarazaki T, et al. 2012. Protein phosphorylation is a prerequisite for the Ca^{2+}−dependent activation of *Arabidopsis* NADPH oxidases and may function as a trigger for the positive feedback regulation of Ca^{2+} and reactive oxygen species [J]. Biochimica et

Biophysica Acta. Molecular Cell Research, 1823（2）: 398−405.

Klüsener B, Pei Z, Benning G, et al. 2000. Calcium channels activated by hydrogen peroxide mediate abscisic acid signalling in guard cells［J］. Nature, 406（6797）: 731−734.

Knight H, Trewavas A J, Knight M R. 1997. Calcium signalling in *Arabidopsis thaliana* responding to drought and salinity［J］. Plant Journal, 12（5）: 1067−1078.

Konert G, Rahikainen M, Trotta A, et al. 2015. Subunits B′ γ and B′ ζ of protein phosphatase 2A regulate photo−oxidative stress responses and growth in *Arabidopsis thaliana*［J］. Plant, Cell and Environment, 38（12）: 2641−2651.

Krogmann D W, Jagendorf A T, Avron M. 1959. Uncouplers of spinach chloroplast photosynthetic phosphorylation［J］. Plant Physiology, 34（3）: 272−277.

Kronzucker H J, Britto D T. 2011. Sodium transport in plants: a critical review［J］. New Phytologist, 189（1）: 54−81.

Kubala S, Wojtyla Ł, Quinet M, et al. 2015. Enhanced expression of the proline synthesis gene P5CSA in relation to seed osmopriming improvement of *Brassica napus* germination under salinity stress［J］. Journal of Plant Physiology, 183: 1−12.

Kumar R G, Shah K, Dubey R S. 2000. Salinity induced behavioural changes in malate dehydrogenase and glutamate dehydrogenase activities in rice seedlings of differing salt tolerance［J］. Plant science, 156（1）: 23−34.

Lasa B, Frechilla S, Aparicio−Tejo P M, et al. 2002. Role of glutamate dehydrogenase and phosphoenolpyruvate carboxylase activity in ammonium nutrition tolerance in roots［J］. Plant Physiology and Biochemistry, 40（11）: 969−976.

Lauchli A. 1984. Strategies for crop improvement［J］. Salinity Tolerance in Plants.

Lea P J, Miflin B J. 1974. Alternative route for nitrogen assimilation in higher plants［J］. Nature, 251（5476）: 614−616.

Li C, Wang G, Zhao J, et al. 2014. The receptor−like kinase SIT1 mediates salt sensitivity by activating MAPK3/6 and regulating ethylene homeostasis in rice［J］. Plant Cell, 26（6）: 2538−2553.

Li J, Liu J, Wang G, et al. 2015. A chaperone function of NO CATALASE ACTIVITY1 is required to maintain catalase activity and for multiple stress responses in *Arabidopsis*［J］. Plant cell, 27（3）: 908−925.

Li L, Lin H, Chao D, et al. 2005. A rice quantitative trait locus for salt tolerance encodes a

sodium transporter［J］. Nature Genetics, 37（10）: 1141−1146.

Li W, Wang T, Zhang Y, et al. 2016. Overexpression of soybean *miR172c* confers tolerance to water deficit and salt stress, but increases ABA sensitivity in transgenic *Arabidopsis thaliana* ［J］. Journal of Experimental Botany, 67（1）: 175−194.

Liang X, Zhou J. 2018. Receptor−like cytoplasmic kinases: central players in plant receptor kinase−mediated signaling［J］. Annual Review of Plant Biology, 69（1）: 267−299.

Liao Z, Woodard H J, Hossner L R. 1994. The relationship of soil and leaf nutrients to rice leaf oranging［J］. Journal of Plant Nutrition, 17（10）: 1781−1802.

Lin H, Yang Y, Quan R, et al. 2009. Phosphorylation of SOS3−like calcium binding protein 8 by SOS2 protein kinase stabilizes their protein complex and regulates salt tolerance in *Arabidopsis*［J］. Plant Cell, 21（5）: 1607−1619.

Liu C, Mao B, Ou S, et al. 2014. OsbZIP71, a bZIP transcription factor, confers salinity and drought tolerance in rice［J］. Plant Molecular Biology, 84（1）: 19−36.

Liu C, Mao B, Yuan D, et al. 2021. Salt tolerance in rice: Physiological responses and molecular mechanisms［J］. The Crop Journal.

Liu Q, Xu K, Zhao L, et al. 2011. Overexpression of a novel chrysanthemum NAC transcription factor gene enhances salt tolerance in tobacco［J］. Biotechnology Letters, 33（10）: 2073−2082.

Liu Y, Wang L, Xing X, et al. 2013. ZmLEA3, a multifunctional group 3 LEA protein from maize（*Zea mays* L.）, is involved in biotic and abiotic stresses［J］. Plant and Cell Physiology, 54（6）: 944−959.

Livanos P, Galatis B, Gaitanaki C, et al. 2014. Phosphorylation of a p38−like MAPK is involved in sensing cellular redox state and drives atypical tubulin polymer assembly in angiosperms［J］. Plant, Cell and Environment, 37（5）: 1130−1143.

Lukens L N, Zhan S. 2007. The plant genome's methylation status and response to stress: implications for plant improvement［J］. Current Opinion in Plant Biology, 10（3）: 317−322.

Ma C, Burd S, Lers A. 2015. miR408 is involved in abiotic stress responses in *Arabidopsis*［J］. Plant Journal, 84（1）: 169−187.

Ma L, Zhang H, Sun L, et al. 2012. NADPH oxidase AtRBOHD and AtRBOHF function in ROS−dependent regulation of Na^+/K^+ homeostasis in *Arabidopsis* under salt stress［J］. Journal of Experimental Botany, 63（1）: 305−317.

Macho A P, Schwessinger B, Ntoukakis V, et al. 2014. A bacterial tyrosine phosphatase inhibits plant pattern recognition receptor activation [J]. Science, 343 (6178): 1509−1512.

Magalhaes J R, Huber D M, Tsai C, et al. 1992. Evidence of increased ^{15}N−ammonium assimilation in tomato plants supplied with exogenous a−ketoglutarate [J]. Plant Science, 2: 135−141.

Mansour M M F, Ali E F. 2017. Evaluation of proline functions in saline conditions [J]. Phytochemistry, 140: 52−68.

Mao C, Ding J, Zhang B, et al. 2018. OsNAC2 positively affects salt‐induced cell death and binds to the *OsAP37* and *OsCOX11* promoters [J]. Plant Journal, 94 (3): 454−468.

Marinho H S, Real C, Cyrne L, et al. 2014. Hydrogen peroxide sensing, signaling and regulation of transcription factors [J]. Redox Biology, 2 (C): 535−562.

Mäser P, Eckelman B, Vaidyanathan R, et al. 2002. Altered shoot/root Na^+ distribution and bifurcating salt sensitivity in *Arabidopsis* by genetic disruption of the Na^+ transporter AtHKT1 [J]. FEBS Letters, 531 (2): 157−161.

Melo−Oliveira R, Oliveira I C, Coruzzi G M. 1996. Arabidopsis mutant analysis and gene regulation define a nonredundant role for glutamate dehydrogenase in nitrogen assimilation [J]. Proceedings of the National Academy of Sciences, 93 (10): 4718−4723.

Meng X, Zhang S. 2013. MAPK cascades in plant disease resistance signaling [J]. Annual Review of Phytopathology, 51 (1): 245−266.

Mhamdi A, Queval G, Chaouch S, et al. 2010. Catalase function in plants: a focus on Arabidopsis mutants as stress−mimic models [J]. Journal of Experimental Botany, 61 (15): 4197−4220.

Mian A, Oomen R J F J, Isayenkov S, et al. 2011. Over−expression of an Na^+ and K^+ permeable HKT transporter in barley improves salt tolerance [J]. Plant Journal, 68 (3): 468−479.

Min W L, Alisa H, Devany C, et al. 2018. Plant elicitor peptides promote plant defences against nematodes in soybean [J]. Molecular Plant Pathology, 19 (4).

Minhas P. S, Manzoor Q, Yadav R. K. 2019. Groundwater irrigation induced soil sodification and response options [J]. Agricultural Water Management, 215.

Minocha R, Majumdar R, Minocha S C. 2014. Polyamines and abiotic stress in plants: a complex relationship [J]. Frontiers in Plant Science, 5: 175.

Mitsuya S, Takeoka Y, Miyake H. 2000. Effects of sodium chloride on foliar ultrastructure of sweet potato (*Ipomoea batatas* Lam.) plantlets grown under light and dark conditions *in vitro* [J]. Journal of Plant Physiology, 157 (6): 661−667.

Mittler R, Vanderauwera S, Suzuki N, et al. 2011. ROS signaling: the new wave? [J]. Trends in Plant Science, 16(6): 300-309.

Mittler R. 2017. ROS are good [J]. Trends in Plant Science, 22(1): 11-19.

Moller I S, Gilliham M, Jha D, et al. 2009. Shoot Na^+ exclusion and increased salinity tolerance engineered by cell type-specific alteration of Na^+ transport in *Arabidopsis* [J]. Plant Cell, 21 (7): 2163-2178.

Monshausen G B, Bibikova T N, Weisenseel M H, et al. 2009. Ca^{2+} regulates reactive oxygen species production and pH during mechanosensing in Arabidopsis roots [J]. Plant Cell, 21(8): 2341-2356.

Mostofa M G, Hossain M A, Fujita M. 2015. Trehalose pretreatment induces salt tolerance in rice (*Oryza sativa* L.) seedlings: oxidative damage and co-induction of antioxidant defense and glyoxalase systems [J]. Protoplasma, 252(2): 461-475.

Munns R. 2002. Comparative physiology of salt and water stress [J]. Plant, Cell and Environment, 25(2).

Munns R, Tester M. 2008. Mechanisms of salinity tolerance [J]. Annual Review of Plant Biology, 59: 651-681.

Munns R, James R A, Plett D, et al. 2012. Wheat grain yield on saline soils is improved by an ancestral Na^+ transporter gene [J]. Nature Biotechnology, 30(4): 360-364.

Munns R, Gilliham M. 2015. Salinity tolerance of crops - what is the cost? [J]. New Phytologist, 208(3): 668-673.

Munns R, Day D A, Fricke W, et al. 2020. Energy costs of salt tolerance in crop plants [J]. New Phytologist, 225(3).

Nishiyama R, Watanabe Y, Fujita Y, et al. 2011. Analysis of cytokinin mutants and regulation of cytokinin metabolic genes reveals important regulatory roles of cytokinins in drought, salt and abscisic acid responses, and abscisic acid biosynthesis [J]. Plant cell, 23(6): 2169-2183.

Nozoye T, Nagasaka S, Kobayashi T, et al. 2011. Phytosiderophore efflux transporters are crucial for iron acquisition in graminaceous plants [J]. The Journal of Biological Chemistry, 286 (7): 5446-5454.

Olmos E, García De La Garma J, Gomez-Jimenez M C, et al. 2017. Arabinogalactan proteins are involved in salt-adaptation and vesicle trafficking in tobacco by-2 cell cultures [J]. Frontiers in Plant Science, 8: 1092.

Orsini F, Cascone P, De Pascale S, et al. 2010. Systemin-dependent salinity tolerance in tomato: evidence of specific convergence of abiotic and biotic stress responses [J]. Physiologia Plantarum, 138（1）: 10-21.

Pandey S, Assmann S M. 2004. The *Arabidopsis* putative G protein-coupled receptor GCR1 interacts with the G protein [alpha] subunit GPA1 and regulates abscisic acid signaling [J]. Plant cell, 16（6）: 1616.

Pandey S, Chen J, Jones A M, et al. 2006. G-protein complex mutants are hypersensitive to abscisic acid regulation of germination and postgermination development [J]. Plant physiology, 141（1）: 243-256.

Park S, Fung P, Alfred S E, et al. 2009. Abscisic acid inhibits type 2C protein phosphatases via the PYR/PYL family of START proteins [J]. Science, 324（5930）: 1068-1071.

Peng J, Li Z, Wen X, et al. 2014. Salt-induced stabilization of EIN3/EIL1 confers salinity tolerance by deterring ROS accumulation in *Arabidopsis* [J]. PLoS Genetics, 10（10）: e1004664.

Peng Z, Lu Q, Verma D P. 1996. Reciprocal regulation of delta 1-pyrroline-5-carboxylate synthetase and proline dehydrogenase genes controls proline levels during and after osmotic stress in plants [J]. Molecular and General Genetics, 253（3）: 334-341.

Perez-Salamo I, Papdi C, Rigo G, et al. 2014. The heat shock factor A4A confers salt tolerance and is regulated by oxidative stress and the mitogen-activated protein kinases MPK3 and MPK6 [J]. Plant Physiology, 165（1）: 319-334.

Pitzschke A, Djamei A, Bitton F, et al. 2009. A major role of the MEKK1-MKK1/2-MPK4 pathway in ROS signalling [J]. Molecular Plant, 2（1）: 120-137.

Pommerrenig B, Papini-Terzi F S, Sauer N. 2007. Differential regulation of sorbitol and sucrose loading into the phloem of plantago major in response to salt stress [J]. Plant Physiology, 144（2）: 1029-1038.

Qiao H, Shen Z, Carol Huang S, et al. 2002. Processing and Subcellular trafficking of ER-Tethered EIN2 control response to ethylene gas [J]. Science, 338（6105）: 390-393.

Qiu Q S, Guo Y, Dietrich M A, et al. 2002. Regulation of SOS1, a plasma membrane Na^+/H^+ exchanger in *Arabidopsis thaliana*, by SOS2 and SOS3 [J]. Proceedings of the National Academy of Sciences, 99（12）: 8436-8441.

Qiu Q S, Guo Y, Quintero F J, et al. 2004. Regulation of vacuolar Na^+/H^+ exchange in

Arabidopsis thaliana by the salt-overly-sensitive（SOS）pathway［J］. The Journal of Biological Chemistry, 279（1）: 207-215.

Qiu X, Xie W, Lian X, et al. 2009. Molecular analyses of the rice glutamate dehydrogenase gene family and their response to nitrogen and phosphorous deprivation［J］. Plant Cell Reports, 28（7）: 1115-1126.

Quan R, Lin H, Mendoza I, et al. 2007. SCABP8/CBL10, a putative calcium sensor, interacts with the protein kinase SOS2 to protect *Arabidopsis* shoots from salt stress［J］. Plant Cell, 19（4）: 1415-1431.

Rengasamy P. 2006. World salinization with emphasis on Australia［J］. Journal of Experimental Botany, 57（5）: 1017-1023.

Rejeb K B, Abdelly C, Savoure A. 2014. How reactive oxygen species and proline face stress together［J］. Plant Physiology and Biochemistry, 80: 278-284.

Robinson N J, Connolly E L, Procter C M, et al. 1999. A ferric-chelate reductase for iron uptake from soils［J］. Nature, 397（6721）: 694-697.

Roosta H R, Manzari Tavakkoli M, Hamidpour M. 2016. Comparison of different soilless media for growing gerbera under alkalinity stress condition［J］. Journal of Plant Nutrition, 39（8）: 1063-1073.

Rubio F, Nieves Cordones M, Horie T, et al. 2020. Doing 'business as usual' comes with a cost: e valuating energy cost of maintaining plant intracellular K^+ homeostasis under saline conditions［J］. New Phytologist, 225（3）: 1097-1104.

Ruiz K B, Biondi S, Martínez E A, et al. 2016. Quinoa-a model crop for understanding salt-tolerance mechanisms in halophytes［J］. Plant Biosystems, 150（2）: 357-371.

Sakamoto A, Murata N. 2000. Genetic engineering of glycinebetaine synthesis in plants: current status and implications for enhancement of stress tolerance［J］. Journal of Experimental Botany, 51（342）: 81-88.

Santi S, Schmidt W. 2009. Dissecting iron deficiency-induced proton extrusion in *Arabidopsis* roots［J］. New Phytologist, 183（4）: 1072-1084.

Sarvajeet S G, Narendra T. 2010. Reactive oxygen species and antioxidant machinery in abiotic stress tolerance in crop plants［J］. Plant Physiology and Biochemistry, 48（12）.

Schachtman D P, Kumar R, Schroeder J I, et al. 1997. Molecular and functional characterization of a novel low-affinity cation transporter（LCT1）in higher plants［J］. Proceedings of the

National Academy of Sciences, 94（20）: 11079−11084.

Shabala S, Shabala L. 2011. Ion transport and osmotic adjustment in plants and bacteria［J］. Biomolecular Concepts, 2（5）.

Shabala S. 2013. Learning from halophytes: physiological basis and strategies to improve abiotic stress tolerance in crops［J］. Annals of Botany, 112（7）: 1209−1221.

Shabala S, Chen G, Chen Z H, et al. 2020. The energy cost of the tonoplast futile sodium leak［J］. New Phytologist, 225（3）: 1105−1110.

Shen X, Wang Z, Song X, et al. 2014. Transcriptomic profiling revealed an important role of cell wall remodeling and ethylene signaling pathway during salt acclimation in *Arabidopsis*［J］. Plant Molecular Biology, 86（3）: 303−317.

Shi H, Quintero F J, Pardo J M, et al. 2002. The putative plasma membrane Na^+/H^+ antiporter SOS1 controls long−distance Na^+ transport in plants［J］. Plant Cell, 14（2）: 465.

Shi W, Liu D, Hao L, et al. 2014. GhWRKY39, a member of the WRKY transcription factor family in cotton, has a positive role in disease resistance and salt stress tolerance［J］. Plant Cell, Tissue and Organ Culture, 118（1）: 17−32.

Singh N K V C, Nelson D E, Kuhn D, et al. 1989. Molecular cloning of osmotin and regulation of its expression by ABA and adaptation to low water potential［J］. Plant physiology, 90（3）: 1096−1101.

Skopelitis D S, Paranychianakis N V, Paschalidis K A, et al. 2006. Abiotic stress generates ROS that signal expression of anionic glutamate dehydrogenases to form glutamate for proline synthesis in tobacco and grapevine［J］. Plant Cell, 18（10）: 2767−2781.

Stewart G R, Shatilov V R, Turnbull M H, et al. 1995. Evidence that glutamate dehydrogenase plays a role in the oxidative deamination of glutamate in seedlings of *Zea mays*［J］. Australian Journal of Plant Physiology, 22（5）: 805−809.

Sun Z, Shu L, Zhang W, et al. 2020. Cca−miR398 increases copper sulfate stress sensitivity via the regulation of CSD mRNA transcription levels in transgenic *Arabidopsis thaliana*［J］. PeerJ, 8: e9105.

Sunkar R, Li Y, Jagadeeswaran G. 2012. Functions of microRNAs in plant stress responses［J］. Trends in plant science, 17（4）:196−203.

Suo J, Zhao Q, David L, et al. 2017. Salinity response in chloroplasts: insights from gene characterization［J］. International Journal of Molecular Sciences, 18（5）.

Suzuki N, Miller G, Morales J, et al. 2011. Respiratory burst oxidases: the engines of ROS signaling [J]. Current Opinion in Plant Biology, 14 (6): 691-699.

Swain D M, Sahoo R K, Srivastava V K, et al. 2017. Function of heterotrimeric G-protein γ subunit RGG1 in providing salinity stress tolerance in rice by elevating detoxification of ROS [J]. Planta, 245 (2): 367-383.

Sweetlove L J, Mowday B, Hebestreit H F, et al. 2001. Nucleoside diphosphate kinase III is localized to the inter-membrane space in plant mitochondria [J]. FEBS Letters, 508 (2): 272-276.

Székely G, Ábrahám E, Cséplő Á, et al. 2008. Duplicated P5CS genes of *Arabidopsis* play distinct roles in stress regulation and developmental control of proline biosynthesis [J]. Plant Journal, 53 (1): 11-28.

Takeuchi K, Hasegawa H, Gyohda A, et al. 2016. Overexpression of *RSOsPR10*, a root-specific rice PR10 gene, confers tolerance against drought stress in rice and drought and salt stresses in bentgrass [J]. Plant Cell, Tissue and Organ Culture, 127 (1): 35-46.

Tao Z, Kou Y, Liu H, et al. 2011. *OsWRKY45* alleles play different roles in abscisic acid signalling and salt stress tolerance but similar roles in drought and cold tolerance in rice [J]. Journal of Experimental Botany, 62 (14): 4863-4874.

Teige M, Scheikl E, Eulgem T, et al. 2004. The MKK2 pathway mediates cold and salt stress signaling in *Arabidopsis* [J]. Molecular Cell, 15 (1): 141-152.

Thines B, Katsir L, Melotto M, et al. 2007. JAZ repressor proteins are targets of the SCF (COI1) complex during jasmonate signalling [J]. Nature, 448 (7154): 661-665.

Thu Hoai N T, Shim I S, Kobayashi K, et al. 2003. Accumulation of some nitrogen compounds in response to salt stress and their relationships with salt tolerance in rice (*Oryza sativa* L.) seedlings [J]. Plant Growth Regulation, 41 (2): 159-164.

Toda Y, Tanaka M, Ogawa D, et al. 2013. RICE SALT SENSITIVE3 forms a ternary complex with JAZ and Class-C bHLH factors and regulates jasmonate-induced gene expression and root cell elongation [J]. Plant cell, 25 (5): 1709-1725.

Tsang C K, Chen M, Cheng X, et al. 2018. SOD1 phosphorylation by mTORC1 couples nutrient sensing and redox regulation [J]. Molecular Cell, 70 (3): 502-515.

Tunc-Ozdemir M, Urano D, Jaiswal D K, et al. 2016. Direct modulation of heterotrimeric G protein-coupled signaling by a receptor kinase complex [J]. The Journal of Biological

Chemistry, 291（27）: 13918-13925.

Urano D, Colaneri A, Jones A M, et al. 2014. G α -modulates salt-induced cellular senescence and cell division in rice and maize [J]. Journal of Experimental Botany, 65（22）: 6553-6561.

Verbruggen N, Hermans C. 2008. Proline accumulation in plants: a review [J]. Amino Acids, 35（4）: 753-759.

Verslues P E, Agarwal M, Katiyar Agarwal S, et al. 2006. Methods and concepts in quantifying resistance to drought, salt and freezing, abiotic stresses that affect plant water status [J]. Plant Journal, 45（4）: 523-539.

Vo J, Inwood W, Hayes J M, et al. 2013. Mechanism for nitrogen isotope fractionation during ammonium assimilation by *Escherichia coli* K12 [J]. Proceedings of the National Academy of Sciences, 110（21）: 8696-8701.

Voothuluru P, Thompson H, Flint-Garcia S, et al. 2013. Genetic variability of oxalate oxidase activity and elongation in water-stressed primary roots of diverse maize and rice lines [J]. Plant Signaling and Behavior, 8（3）: e23454.

Wang F, Zhu H, Chen D, et al. 2016. A grape bHLH transcription factor gene, *VvbHLH1*, increases the accumulation of flavonoids and enhances salt and drought tolerance in transgenic *Arabidopsis thaliana* [J]. Plant Cell, Tissue and Organ Culture, 125（2）: 387-398.

Wang H, Wu Z, Chen Y, et al. 2011. Effects of salt and alkali stresses on growth and ion balance in rice（*Oryza Sativa* L.）[J]. Plant Soil and Environment, 57: 286-294.

Wang J, Yu Y, Zhang Z, et al. 2013. *Arabidopsis* CSN5B interacts with VTC1 and modulates ascorbic acid synthesis [J]. Plant cell, 25（2）: 625-636.

Wang L, Li Z, Lu M, et al. 2017. ThNAC13, a NAC transcription factor from *Tamarix hispida*, confers salt and osmotic stress tolerance to transgenic *Tamarix* and *Arabidopsis* [J]. Frontiers in Plant Science, 8: 635.

Wang P, Du Y, Li Y, et al. 2010. Hydrogen peroxide-mediated activation of MAP kinase 6 modulates nitric oxide biosynthesis and signal transduction in *Arabidopsis* [J]. Plant Cell, 22（9）: 2981-2998.

Wang R, Jing W, Xiao L, et al. 2015. The rice high-affinity potassium transporter1;1 is involved in salt tolerance and regulated by an MYB-type transcription factor [J]. Plant Physiology, 168（3）: 1076-1090.

Wang X, Ullah H, Jones A M, et al. 2001. G protein regulation of ion channels and abscisic acid signaling in *Arabidopsis* guard cells [J]. Science, 292 (5524): 2070−2072.

Wang Y, Liu C, Li K, et al. 2007. *Arabidopsis* EIN2 modulates stress response through abscisic acid response pathway [J]. Plant Molecular Biology, 64 (6): 633−644.

Wang Y, Berkowitz O, Selinski J, et al. 2018. Stress responsive mitochondrial proteins in *Arabidopsis thaliana* [J]. Free Radical Biology and Medicine, 122.

Waszczak C, Carmody M, Kangasjärvi J. 2018. Reactive oxygen species in plant signaling [J]. Annual Review of Plant Biology, 69 (1): 209−236.

Wei D, Wang M, Xu F, et al. 2013. Wheat oxophytodienoate reductase gene *TaOPR1* confers salinity tolerance via enhancement of abscisic acid signaling and reactive oxygen species scavenging [J]. Plant Physiology, 161 (3): 1217−1228.

Wei Q, Luo Q, Wang R, et al. 2017. A wheat R2R3−type MYB transcription factor TaODORANT1 positively regulates drought and salt stress responses in transgenic tobacco plants [J]. Frontiers in Plant Science, 8: 1374.

Wen X, Zhang C, Ji Y, et al. 2012. Activation of ethylene signaling is mediated by nuclear translocation of the cleaved EIN2 carboxyl terminus [J]. Cell Research, 22 (11): 1613−1616.

Wibowo A, Becker C, Marconi G, et al. 2016. Hyperosmotic stress memory in *Arabidopsis* is mediated by distinct epigenetically labile sites in the genome and is restricted in the male germline by DNA glycosylase activity [J]. eLife, 5.

Wickens G E. 1990. HALOPH: a data base of salt tolerant plants of the world [J]. Academic Press, 19 (3).

Wilson R L, Kim H, Bakshi A, et al. 2014. The ethylene receptors ETHYLENE RESPONSE1 and ETHYLENE RESPONSE2 have contrasting roles in seed germination of *Arabidopsis* during salt stress [J]. Plant Physiology, 165 (3): 1353−1366.

Wu F, Chi Y, Jiang Z, et al. 2020. Hydrogen peroxide sensor HPCA1 is an LRR receptor kinase in *Arabidopsis* [J]. Nature, 578 (7796): 577−581.

Wu H, Ye H, Yao R, et al. 2015. OsJAZ9 acts as a transcriptional regulator in jasmonate signaling and modulates salt stress tolerance in rice [J]. Plant Science, 232: 1−12.

Wu T, Urano D. 2018. Genetic and systematic approaches toward g protein−coupled abiotic stress signaling in plants [J]. Frontiers in Plant Science, 9: 1378.

Wu X, He J, Chen J, et al. 2014. Alleviation of exogenous 6−benzyladenine on two genotypes of eggplant（*Solanum melongena* Mill.）growth under salt stress［J］. Protoplasma, 251（1）: 169−176.

Xu M Y, Zhang L, Li W W, et al. 2014. Stress−induced early flowering is mediated by miR169 in *Arabidopsis thaliana*［J］. Journal of Experimental Botany, 65（1）: 89−101.

Xu N, Chu Y, Chen H, et al. 2018. Rice transcription factor OsMADS25 modulates root growth and confers salinity tolerance via the ABA−mediated regulatory pathway and ROS scavenging［J］. PLoS Genetics, 14（10）: e1007662.

Yamamoto T, Yoshida Y, Nakajima K, et al. 2018. Expression of *RSOsPR10* in rice roots is antagonistically regulated by jasmonate/ethylene and salicylic acid via the activator OsERF87 and the repressor OsWRKY76, respectively［J］. Plant Direct, 2（3）: e49.

Yan L, Gong Y, Luo Q, et al. 2021. Heterologous expression of fungal *AcGDH* alleviates ammonium toxicity and suppresses photorespiration, there by improving drought tolerance in rice［J］. Plant Science, 305: 110769.

Yan Y, Stolz S, Chételat A, et al. 2007. A downstream mediator in the growth repression limb of the jasmonate pathway［J］. Plant Cell, 19（8）: 2470−2483.

Yang C, Shi D, Wang D. 2008. Comparative effects of salt and alkali stresses on growth, osmotic adjustment and ionic balance of an alkali−resistant halophyte *Suaeda glauca*（Bge.）［J］. Plant Growth Regulation, 56（2）: 179−190.

Yang Y, Qin Y, Xie C, et al. 2010. The *Arabidopsis* chaperone J3 regulates the plasma membrane H^+−ATPase through interaction with the PKS5 kinase［J］. Plant Cell, 22（4）: 1313−1332.

Yang Y, Guo Y. 2018. Unraveling salt stress signaling in plants: salt stress signaling［J］. Journal of Integrative Plant Biology, 60（9）: 796−804.

Yi M C, Khosla C. 2016. Thiol−disulfide exchange reactions in the mammalian extracellular environment［J］. Annual Review of Chemical and Biomolecular Engineering, 7（1）: 197−222.

You J, Chan Z. 2015. ROS regulation during abiotic stress responses in crop plants［J］. Frontiers in Plant Science, 6: 1092.

Yu L, Nie J, Cao C, et al. 2010. Phosphatidic acid mediates salt stress response by regulation of MPK6 in *Arabidopsis thaliana*［J］. New Phytologist, 188（3）: 762−773.

Yu Y, Chakravorty D, Assmann S M. 2018. The G protein β−Subunit, AGB1, interacts with

FERONIA in RALF1−regulated stomatal movement [J]. Plant Physiology, 176 (3): 2426−2440.

Yuan F, Yang H, Xue Y, et al. 2014. OSCA1 mediates osmotic−stress−evoked Ca^{2+} increases vital for osmosensing in *Arabidopsis* [J]. Nature, 514 (7522): 367−371.

Yuan S, Li Z, Li D, et al. 2015. Constitutive expression of rice microRNA528 alters plant development and enhances tolerance to salinity stress and nitrogen starvation in creeping bentgrass [J]. Plant Physiology, 169 (1): 576−593.

Zarza X, Atanasov K E, Marco F, et al. 2017. Polyamine oxidase 5 loss−of−function mutations in *Arabidopsis thaliana* trigger metabolic and transcriptional reprogramming and promote salt stress tolerance [J]. Plant, Cell and Environment, 40 (4): 527−542.

Zhang H, Cui F, Wu Y, et al. 2015. The RING finger Ubiquitin E3 ligase SDIR1 targets SDIR1−INTERACTING PROTEIN1 for degradation to modulate the salt stress response and ABA signaling in *Arabidopsis* [J]. Plant Cell, 27 (1): 214−227.

Zhang H, Lang Z, Zhu J K. 2018. Dynamics and function of DNA methylation in plants [J]. Nature Reviews. Molecular Cell Biology, 19 (8): 489−506.

Zhang H, Zhao Y, Zhu J K. 2020. Thriving under stress: how plants balance growth and the stress response [J]. Development Cell, 55 (5): 529−543.

Zhang L, Li Z, Quan R, et al. 2011. An AP2 domain−containing gene, *ESE1*, targeted by the ethylene signaling component EIN3 is important for the salt response in *Arabidopsis* [J]. Plant Physiology, 157 (2): 854−865.

Zhang M, Liu Y, Cai H, et al. 2020. The bZIP transcription factor GmbZIP15 negatively regulates salt−and drought−stress responses in soybean [J]. International Journal of Molecular Sciences, 21 (20): 7778.

Zhang Q, Ma C, Xue X, et al. 2014. Overexpression of a cytosolic ascorbate peroxidase gene, OSAPX2, increases salt tolerance in transgenic alfalfa [J]. Journal of Integrative Agriculture, 13 (11): 2500−2507.

Zhang T Y, Li Z Q, Zhao Y D, et al. 2021. Ethylene−induced stomatal closure is mediated via MKK1/3−MPK3/6 cascade to EIN2 and EIN3 [J]. Journal of Integrative Plant Biology, 63 (7): 1324−1340.

Zhang W, Jeon B W, Assmann S M. 2011. Heterotrimeric G−protein regulation of ROS signalling and calcium currents in *Arabidopsis* guard cells [J]. Journal of Experimental

Botany, 62（7）: 2371−2379.

Zhang Y, Yang C, Li Y, et al. 2007. SDIR1 is a RING finger E3 ligase that positively regulates stress−responsive abscisic acid signaling in *Arabidopsis*［J］. Plant Cell, 19（6）: 1912−1929.

Zhao C, Zhang H, Song C, et al. 2020. Mechanisms of plant responses and adaptation to soil salinity［J］. The Innovation, 1（1）.

Zhao Y, Dong W, Zhang N, et al. 2014. A wheat allene oxide cyclase gene enhances salinity tolerance via jasmonate signaling［J］. Plant Physiology, 164（2）: 1068−1076.

Zhou H, Lin H, Chen S, et al. 2014. Inhibition of the *Arabidopsis* salt overly sensitive pathway by 14−3−3 proteins［J］. Plant cell, 26（3）: 1166−1182.

Zhou J, Li Z, Xiao G, et al. 2020. CYP71D8L is a key regulator involved in growth and stress responses by mediating gibberellin homeostasis in rice［J］. Journal of Experimental Botany, 71（3）: 1160−1170.

Zhou M, Li D, Li Z, et al. 2013. Constitutive expression of a *miR319* gene alters plant development and enhances salt and drought tolerance in transgenic creeping bentgrass［J］. Plant Physiology, 161（3）: 1375−1391.

Zhou Y, Zhang C, Lin J, et al. 2015. Over−expression of a glutamate dehydrogenase gene, *MgGDH*, from *Magnaporthe grisea* confers tolerance to dehydration stress in transgenic rice［J］. Planta, 241（3）: 727−740.

Zhou Y, Liu C, Tang D, et al. 2018. The receptor−like cytoplasmic kinase STRK1 phosphorylates and activates CatC, thereby regulating H_2O_2 homeostasis and improving salt tolerance in rice［J］. Plant Cell, 30（5）: 1100−1118.

Zhu C, Ding Y, Liu H. 2011. MiR398 and plant stress responses［J］. Physiologia Plantarum, 143（1）: 1−9.

Zhu J, Meinzer F. 1999. Efficiency of C4 photosynthesis in Atriplex lentiformis under salinity stress［J］. Functional Plant Biology, 26（1）: 79−86.

Zhu J K, Liu J, Xiong L. 1998. Genetic analysis of salt tolerance in *Arabidopsis*: evidence for a critical role of potassium nutrition［J］. Plant Cell, 10（7）: 1181−1191.

Zhu J K. 2001. Plant salt tolerance［J］. Trends in Plant Science, 6（2）: 66−71.

Zhu J K. 2016. Abiotic stress signaling and responses in plants［J］. Cell, 167（2）: 313−324.

Zhu Q, Zhang J, Gao X, et al. 2010. The *Arabidopsis* AP2/ERF transcription factor RAP2.6

participates in ABA, salt and osmotic stress responses [J]. Gene, 457 (1–2): 1–12.

Zhu Y, Wang B, Tang K, et al. 2017. An *Arabidopsis* nucleoporin NUP85 modulates plant responses to ABA and salt stress [J]. PLoS Genetics, 13 (12): e1007124.

Zhu Y M, Li J N, DuanMu H Z, et al. 2018. Comparative transcriptome profiling of *Glycine soja* roots under salinity and alkalinity stresses using RNA–seq [J]. The Journal of Northeast Agricultural University, 25 (3): 29–43.

Zhu Z, Gerendás J, Bendixen R, et al. 2000. Different tolerance to light stress in NO_3^-–and NH_4^+– grown Phaseolus vulgaris L [J]. Plant Biology, 2 (5): 558–570.

Zou J, Li X, Ratnasekera D, et al. 2015. *Arabidopsis* CALCIUM–DEPENDENT PROTEIN KINASE8 and CATALASE3 function in abscisic acid–mediated signaling and H_2O_2 homeostasis in stomatal guard cells under drought stress [J]. Plant Cell, 27 (5): 1445– 1460.

Zou M, Guan Y, Ren H, et al. 2008. A bZIP transcription factor, OsABI5, is involved in rice fertility and stress tolerance [J]. Plant Molecular Biology, 66 (6): 675–683.

本章作者 刘选明 林建中 刘 聪（*湖南大学*）

第 2 章　水稻耐盐碱性遗传分析

第 1 节　水稻耐盐碱性评价指标

盐碱胁迫是一种重要的非生物胁迫，它对植物的正常生长及农作物的产量性状都存在着显著的抑制作用，因此被视为导致作物产量下降的重要因子。水稻各个时期对碱胁迫的耐受性基本与耐盐性一致（祁栋灵 等，2007）。

水稻耐盐性是一个复杂的综合性状，其评价指标多种多样，不同生长发育时期耐盐性的评价指标也有所不同。在水稻耐盐遗传分析研究中，幼苗期耐盐评价指标大致可以分成形态、生长和生理指标三大类。形态指标分析主要是通过观察盐胁迫后水稻植株叶尖、叶片、分蘖、整个植株的生长受抑和死亡程度等来评价幼苗的盐害级别（score of salt toxicity of leaves, SST），并调查幼苗在盐胁迫后的存活天数（SDS）。大多数研究参照国际水稻所（IRRI）提出的水稻标准评价系统（standard evaluation system, SES）来评价每个株系幼苗的盐害级别，其中，部分研究根据实验材料和实验设计将评价标准略做修改（Gregorio et al, 1997a）。常用来进行幼苗期耐盐性评价的生长指标主要包括苗高、地上部鲜质量和干质量、根鲜质量和干质量等。评价水稻耐盐性的生理参数较多，其中用于 QTL 分析的主要是和植株离子含量相关的指标，主要包括地上部 Na^+ 含量（SNC）、地上部 K^+ 含量（SKC）、地上部 Na^+/K^+（SNKR）、地下部 Na^+ 含量（RNC）、地下部 K^+ 含量（SKC）、地下部 Na^+/K^+（RNKR）等。有的研究也对盐胁迫后幼苗叶片的叶绿素含量进行了 QTL 分析。水稻种子萌发期耐盐性的评价指标主要有发芽率和发芽势，部分研究会进一步对萌发后幼苗的胚芽和胚根的生长量进行分析。水稻营养生长期的耐盐性评价指标主要是植株生长和生理指标，多数研究分析了植株地上部的生长量和离子含量，而对根部性状研究较少。水稻生殖生长期的耐盐性评价主要是考察水稻与产量相关的农艺性状，如抽穗期、株高、分蘖数、每株穗数、每穗粒数、结实率、千粒重、单株产量等。也有一些研究对盐处理后的水稻叶片（旗叶或所有叶）或秸秆中的 Na^+、K^+、Ca^{2+}、Cl^- 等离子进行了含量测定，并作为生殖生长期耐盐性评价指标。在一些设置了对照组的研究中，除了使用各评价指标的绝对值与对照和处理组各耐盐相关性状进行 QTL 分析比较外，还常以各耐盐性状的相对值（胁迫组数值/对照组数值）或下降率［（对照组－胁迫组）/对照组］作为指标，这样有利于减少植株本身发育差异对表型鉴定的影响。

关于水稻耐碱 QTL 定位研究前期主要集中在水稻发芽期与幼苗前期的耐碱性鉴定，而且水稻苗期耐碱性 QTL 的研究报道主要集中在苗期死叶率与死苗率这两个性状上。后期也多以叶绿素 SPAD 值、苗高、地上部鲜重、地上部干重、地下部干重、叶片碱害级别、地上部 Na^+ 浓度、地上部 K^+ 浓度、地上部 Na^+/K^+、地下部 Na^+ 浓度、根部 Na^+/K^+、地下部鲜重、幼苗存活天数、地下部 K^+ 浓度这14个指标作为苗期耐碱相关性状的表型值进行分析。

第2节　水稻耐盐碱性的遗传特征

一、水稻耐盐性的遗传特征

水稻的耐盐性十分复杂，是典型的数量性状，受多基因控制，且受环境影响很大，遗传力变幅很大。Jones 等（1985）认为水稻苗期耐盐性可能由少数几个基因控制，遗传变异主要来源于加性效应和显性效应，以加性效应为主，没有发现上位性互作。Moeljo（1981）研究盐胁迫下水稻单株死叶率和茎叶干重的遗传变异主要表现为等位基因间的加性效应及互作。AKbar 等（1985）认为：水稻苗期，苗高、地上部 Na^+ 和 Cl^- 含量、茎叶干重、根部干重主要表现为加性效应为主，遗传力较高；而根长和根部 Na^+、Cl^- 含量主要表现为显性效应，且遗传力较低。孙健等（2015）在盐胁迫下检测到 4 个控制苗高和 2 个控制分蘖数的加性 QTL、控制苗高的 3 对上位性 QTL 和控制分蘖数的 1 对上位性 QTL，且这些加性 QTL 和上位性 QTL 均与盐胁迫环境发生互作。顾兴友（2000）利用耐盐品种 Pokkali 和敏盐品种 Peta 配制回交群体，检测到影响水稻苗期耐盐性的 4 个数量性状位点，其增效等位基因均来自耐盐品种，影响成熟期耐盐性的数量性状位点的有利基因来自双亲，RG678 和 RZ400B ～ RZ792 附近的 2 个数量性状位点在全生育期均表达出较强的耐盐性，并且指出水稻苗期和成熟期耐盐性存在共同的遗传基础。郭岩等（1997）通过离体筛选获得的水稻耐盐细胞系，其再生株后代的耐盐性已稳定遗传至第 13 代，回交测试 F2 代耐盐性呈现 3∶1 分离，并推测可能是受一个主效基因影响。前人对水稻耐盐性遗传研究较多，基本都认为耐盐性主要由加性效应和显性效应决定，易受环境影响，遗传力较低，在转基因和突变体中存在单个基因控制耐盐性状的现象。

二、水稻耐碱性的遗传特征

碱胁迫会抑制植物组织器官的生长和分化，加速植物衰老进程。水稻耐碱性是多基因控制的数量性状，遗传基础复杂。目前，相对水稻耐盐作用机理及相关基因的研究报道而言，水稻耐碱性状相关基因的研究报道较少。祁栋灵等（2009a，2009b）对粳稻发芽期、幼苗前期的发芽率、根数、根长、苗高及其相对碱害率进行遗传分析，认为耐碱性基因主要作用方式是超显性或部分显性。程海涛等（2008）则认为耐碱性基因可同时具有上位和加性，并且可能存在多效性、连锁性，在不同遗传背景下加性效应和上位性效应可以相互转化。Liang 等（2015）认为在盐碱环境下共同表达的 7 个与死叶率相关的加性 QTL、3 对与死苗率相关的上位性 QTL 更值得关注。

第3节　水稻耐盐碱性状遗传分析方法

一、分子标记

分子标记（molecular marker）是继形态标记、细胞标记和生化标记之后发展起来的新型遗传标记，是现代分子生物学的基础。目前，已经成功开发出用于遗传图谱构建的分子标记，包括随机扩增多态性标记（random amplified polymorphism DNA, RAPD）、限制性片段长度多态性（restriction fragment length polymorphism, RFLP）、扩增片段长度多态性（amplified fragment length polymorphism, AFLP）、简单序列重复标记（simple sequence repeat, SSR）、酶切扩增多态性序列（cleaved amplified polymorphic sequences, CAPS）、插入/缺失多态性（insertion/deletion, InDel）和单核苷酸多态性（single nucleotide polymorphism, SNP）等。

分子标记的发展方向是共显性、多态性高、难度小、可靠性高、耗时少、成本低，所以 RFLP、RAPD、AFLP、SSR 等第一、二代分子标记正逐渐退出历史舞台，取而代之的是在自然界中广泛存在的 SNP 标记。以水稻为例，Nasu 等（2002）对3个粳稻品种、2个籼稻品种和1个野生稻品种共计417个 DNA 片段进行分析（大约250 kb）共发现2 800个 SNPs，平均每89个碱基就有1个 SNP；Shen 等（2004）通过比较粳稻日本晴（nipponbare）与籼稻品种9311在基因组序列上的差异，建立起一个包含2 182 582个 DNA 的多态性数据库，其中包含了1 703 176个 SNPs 和479 406个 InDels。目前，SNP 检测技术已经实现了高通量自动化，成本低、周期短，使得 SNP 在分子生物学和数量遗传学中起到了至关重要的作用。

二、QTL 作图

基因组作图或数量性状基因座（QTL）作图是检测分子标记与性状之间的连锁关系的重要方法。随着现代分子生物学的发展，QTL 作图方法日益完备。

对于家系连锁群体而言，早期的单标记分析方法（single marker analysis, SMA）是对某一数量性状而言，比较不同基因型的表型均值差异，如果差异显著，说明在该标记附近存在 QTL（Edwards et al, 1987）。Paterson 等（1988）和 Lander 等（1989）指出 SMA 无法估计 QTL 的精确位置的缺点，提出了基于两侧标记的区间作图法（interval mapping, IM），主张根据相对完整的遗传标记图谱计算每个分子标记的似然比对数值（LOD），描绘出 QTL 在染色体上存在可能性的似然图谱。虽然 IM 解决了 SMA 无法确定 QTL 区间的问题，但是如果该染色体存在两个以上连锁的 QTL，会极大地影响 LOD 值，从而造成 QTL 定位的偏差。Zeng（1993）整合了 SMA 和 IM 存在的问题，提出了多元线性回归与区间作图相结合的复合区间作图（composite interval mapping, CIM），引入极大似然估算法（maximum likelihood estimate, MLE），依据似然比评价显著性，获得可能存在 QTL 的标记区间。植物的数量性状是非常复杂的，不仅有单基因表达调控，基因间的互作、基因与环境的互作也会对表型产生影响。朱军等（1998）提出一种混合模型方法（mixed model approaches, MMA），介绍随机效应的概念，获得基因型效应、基因型与环境互作效应的预测值，再用 IM 或 CIM 分别估计基因型主效应（包括加性效应、显性效应和上位性效应）、基因型与环境互作效应。Wang 等（1999）的混合线性模型（mixed linear model）将 MMA 扩展为可对加性 ×加性、加性 × 显性、显性 × 显性、上位性之间及与环境互作的 QTL 分析，使 QTL 定位方法更加完善。

基因组作图或数量性状基因座（QTL）作图是检测分子标记与性状之间的连锁关系的重要方法。通过利用不同的定位方法包括单标记分析法（Weller et al, 1988）、区间作图法（Lander and Botstein, 1989）、复合区间作图法（Zeng, 1993）

和混合线性模型复合区间作图法（Wang et al, 1999）的统计模型, 分子标记和植物的杂交群体来进行复杂性状的 QTL 分析, 目前在计算效率和稳定性方面都得到了很大的改善。在水稻基因组作图中, 已经成功开发出用于遗传图谱构建的分子标记, 包括随机扩增多态性标记（RAPD）、序列标签位点（STS）、限制性片段长度多态性（RFLP）和简单序列重复标记（SSR）等。使用单核苷酸多态性（SNP）作为基因型数据的分子标记正在成为一种常用的分子标记技术。分子标记的类型和数目可能会直接影响基因型和表型之间的连锁关系。

通过 QTL 的方法已经鉴定了数百个在盐胁迫条件下生长的水稻中的主效和微效 QTLs。在水稻的不同生长发育时期, 比如芽期、苗期、营养生长期、成熟期等不同时期, 都有检测到数目不同的耐盐 QTL（Thomson et al, 2010; Bimpong et al, 2014; Khan et al, 2015; Sushma et al, 2016）。尽管现在已经鉴定了大量与耐盐相关的 QTL, 但是其精细定位和基因克隆的进展还很缓慢, 目前只有极少数的耐盐基因是通过 QTL 定位并克隆的。其中, qSKC-1 是通过耐盐亲本 NonaBokra 与盐敏感亲本 Koshihikari 杂交得到的 F_2 群体中检测到的 QTL（Lin et al, 2004）, 并通过精细定位最终克隆了 SKC1 基因, 主要功能是减少地上部的 Na^+ 含量, 增强耐盐性（Ren et al, 2005）。QTL 定位的主要局限性之一是该方法只能定位较大的基因组区域, QTL 区间内还包含数百个甚至更多基因, 通过精细定位并克隆基因比较困难。

另外, 通过 QTL 作图所用的群体首先需要亲本之间杂交, 然后通过自交或回交的方法使等位基因分离, 从而获得作图群体。这种方法费时费力, 少则数月多则几年才能够构建一套作图群体（Weigel, 2012; Cai and Morishima, 2002）。用于 QTL 分析的作图群体可以分成永久性群体和临时性群体两类。在耐盐性 QTL 分析研究中, 常用的永久性群体以重组自交系（recombinant inbred lines, RILs）和渐渗系（introgression lines, ILs）为主。重组自交系群体亲本组合包括 Jiucaiqing×IR26、Tesanai2×CB、（Nona Bokra×Pokkali）×（IR4630-22-2-5-1-3×IR10167-129-3-4）、IR4630×IR15324、Co39×Moroberekan、

Milyang 23 × Gihobyeo、H359 × Acc 8558、IR29 × Pokkali、Yiai1 × Lishuinuo、CSR11 × MI48、CSR27 × MI48 等。渐渗系群体亲本组合包括 IR64 × Tarom Molaii、明恢 86 × ZDZ057、Ilpumbyeo × Moroberekan、蜀恢 527 × ZDZ057、蜀恢 527 × 特青、明 恢 86 × 特 青、Lemont × 特 青、Pokkali × IR29、Teqing × Oryza rufipogon、Ce258 × IR75862、ZGX1 × IR75862、Tarome-Molaei × Tiqing、Xiushui 09 × IR2061、IR64 × Binam、Nipponbare × Kasalath 等。此外，还有 IR64 × Azucena 和 Zhaiyeqing 8 × Jingxi 17 两个组合的加倍单倍体（doubled haploid, DH）群 体（井 文 等，2017）。利用永久性群体进行耐盐 QTL 定位，可在多年多点进行表型分析，鉴定获得稳定表达、不受生长环境影响的耐盐 QTL，有利于后期相关 QTL 的图位克隆和分子育种应用。但是，在目前的研究中，所使用的大部分永久性群体构建的主要目的不是进行耐盐性分析，亲本中缺乏特别耐盐或感盐的品种，且亲本间耐盐性差异较小，不利于鉴定到主效耐盐位点。仅有少数群体是以优异耐盐品种为亲本来构建的，主要用于耐盐性研究，如由 Jiucaiqing × IR26、（Nona Bokra × Pokkali）×（IR4630-22-2-5-1-3 × IR10167-129-3-4）、IR29 × Pokkali、Pokkali × IR29、CSR11 × MI48、CSR27 × MI48 等组合构建的重组自交系或渐渗系群体。

水稻耐盐种质资源的耐盐 QTL 定位工作，主要是利用临时性群体来进行的。这些群体主要为 F_2 和 F_3 群体，另有少量的 F_4、BC_1F_1、$BC_1F_{2:3}$、$BC_2F_{2:3}$ 群 体。相 关 定 位 群 体 的 亲 本 组 合 包 括 Gharib × Sepidroud、Nona Bokra × Koshihikari、Tarommahali × Khazar、Pokkali × Shaheen Basmati、BRRI Dhan40 × IR61920-3B-22-2-1、Dongnong 425 × Changbai 10、Jiucaiqing × IR26、Sadri × FL478、NERICA-L-19 × Hasawi、Sahel 108 × Hasawi、BG90-2 × Hasawi、IR36 × Pokkali、CSR27 × MI48、Cheriviruppu × Pusa Basmati1、Peta × Pokkali 等，主 要 用 于 对 Gharib、Nona Bokra、Tarommahali、Pokkali、Jiucaiqing、FL478、Hasawi、IR61920-3B-22-2-1、Cheriviruppu、Changbai10、CSR27 等优异水稻耐盐材料的耐盐 QTL 分析。有些研究同时利用两个或多个群体来进行耐盐 QTL

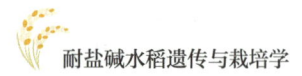

分析，结合多个定位群体来进行 QTL 分析和比较，更有利于寻找到能够稳定表达、受遗传背景影响较小的耐盐位点。

三、突变体的基因定位

在生物和非生物胁迫条件下通过突变体来进行基因定位的方法已经鉴定出了很多关键的基因：主要通过将野生型与突变体同时处于同一种处理水平，鉴定野生型与突变体不同的表型，进而克隆基因（Wang et al, 2012a），或者首先确定突变体的基因，然后通过转基因观察相关表型（Sessions et al, 2002）。因为诱变的效率，通过突变体进行基因克隆的方法在鉴定具有多功能的基因或者检测长度短的基因方面具有局限性。此外，对于多基因控制的表型，通过突变体进行基因克隆的方法会比较困难。

随着水稻参考基因组数据库的建立和功能基因研究的发展，研究者通过物理、化学诱变，以及 T-DNA、转座子（Ac/Ds）、逆转座子（Tos17）等插入元件，开展了大量水稻耐盐 / 盐敏感突变体的创建和筛选，报道的相关突变体近 20 个，也定位了一些与水稻耐盐性相关的基因。在冷或盐胁迫条件下筛选水稻的 T-DNA 插入突变体，发现拟南芥 BIN2 的同源基因，OsGSK1 表现出盐敏感的表型，当该基因被敲除后，敲除突变体表现出对冷、热、盐和干旱胁迫的耐受性增强（Koh et al, 2007）。Huang 等（2009）从耐盐突变体 dst 中克隆了一个控制水稻耐盐性的新型锌指转录因子 DST。DST 通过与活性氧动态平衡相关基因启动子上的 DBS 元件结合来调节这些基因的表达，影响活性氧的积累，从而调节叶片气孔的开度，影响水稻的耐旱性和耐盐性。另外有报道发现对 Na^+ 超敏感的 sos1 突变体，并且进一步研究证实 SOS1 通过将 Na^+ 从细胞质排除至质外体从而提高了耐盐性（Wu et al, 1996; Yang et al, 2009）。Ogawa 等（2011）和 Toda 等（2013）通过盐敏感突变体 rss1 和 rss3 中克隆了耐盐相关基因 RSS1 和 RSS3。RSS1 通过调控细胞周期维持盐胁迫下分生细胞的活力，RSS3 通过调控茉莉酸响应基因的表达维持盐胁迫下根细胞伸长的速率。从 Tos17 插入突变体库中筛选到一个耐盐性增加的突变体家系 hst1，通过 MutMap 技术定位克隆到 OsRR22 基因，这种新型的技术大大提高了耐盐基因的定位效率（Takagi et al, 2015）。通过这些方法还鉴定了 CBLs、CIKPs、钙依赖性蛋白激酶（CPKs）等其他基因的一些成员（Xu et al, 2006; Hwang et al, 2016; Zhang et al, 2005）。

四、基因芯片 / 微阵列

基因芯片 / 微阵列目前在植物的功能基因组学研究中被广泛应用。根据集成芯片上的核酸类型不同可将芯片分为 cDNA、寡核苷酸及基因组片段芯片，这为在单个实验中测量数千个基因的表达提供了一种快速鉴定的方法。通过使用互补 DNA（cDNA）微阵列已经鉴定了数百个与多种性状相关的基因（Liu et al, 2016a; Kawasaki et al, 2001; Hossain et al, 2016）。在拟南芥中，通过由 7 000 个独立基因组构成的全长 cDNA 微阵列分析在干旱、低温和高盐胁迫条件下基因随时间的表达谱，鉴定了许多高度干旱、低温或高盐胁迫诱导型的基因（Seki et al, 2002）。另外，Kreps 等（2002）报道用 8 000 多个探针通过 GeneChip 微阵列分别对叶和根的 RNA 样品进行分析，鉴定了数百个潜在重要的转录组变化。水稻中，早在 2001 年就有报道通过 cDNA 芯片对盐胁迫有明显差异的两个水稻材料进行盐处理条件下的表达谱研究，通过对连续的基因表达变化的扫描并分析大量的基因调控网络，最终确定基因潜在的表达差异，为基因功能的研究及盐胁迫机制提供更加广泛的信息（Kawasaki et al, 2001）。有研究对自然变异群体在盐胁迫下使用改良的微阵列显著性分析，观察到较高数量的基因参与 Na^+、K^+ 在体内的平衡，这些基因包括一些新的基因和具有未知功能的基因（Hossain et al, 2016）。

五、全基因组关联分析（GWAS）

（一）全基因组关联分析的发展

对于自然群体，主要采用基于连锁不平衡的关联分析方法（association analysis）定位 QTL。连锁不平衡（linkage disequilibrium, LD）又称等位基因关联

（allelic association）。如果两个不同位点的等位基因一起出现的频率比理论值高，认为这两个位点处于 LD 状态（Gupta et al, 2005; Flint et al, 2005），届时再将目标性状的表型值与 LD 相关联，便可鉴定出与表型变异密切相关的位点。与传统的家系连锁作图相比，关联分析的作图方法不仅不受家系的双亲限制，而且在精度和数据采集上表现出一定的优势。结合全基因组高密度的 SNP 标记，可以筛选和鉴定与目的性状显著关联的 SNP 标记，甚至可实现数量性状基因座在基因组中的精确定位（Si et al, 2016）。但是在应用关联方法分析自然群体时，虽然可以根据等位基因频率将不同的种质分开，排除群体中最小等位基因频率对定位结果的影响，但是在 LD 分析时，会不可避免地把非连锁的位点估计成较强的 LD，从而可能会得到一些假阳性的关联分析结果。应用关联分析时要根据自然群体和标记密度的不同，根据需要选择合适的统计模型以减少假阳性的关联结果（Svishcheva et al, 2012）。

研究人员开发了全基因组关联分析（Genome Wide Association Study，GWAS）或物理图谱作为研究基因型和表型之间关联的创新方法。与传统基因组作图的主要区别在于 GWAS 能够使用 SNP 作为分子标记，这些标记可以实现数量性状基因座在基因组中的精确定位（Si et al, 2016）。此外，GWAS 可以处理多达几百万个 SNP 和 1 万个天然种质作为关联群体（Lee et al, 2015; Chen et al, 2014），群体遗传多样性丰富，同时可以高效地检测多个基因座及同一基因座内的多个等位基因或所有等位基因（Tuberosa et al, 2005）。通过对不同自然种质资源进行全基因组关联分析，可以筛选和鉴定与目的性状显著关联的 SNP 标记。GWAS 最早被用于人类疾病研究，2001 年，关联分析才开始在植物中应用（Thornsberry et al, 2001），2010 年，水稻研究首次使用了全基因组关联分析（Huang et al, 2010）。近年来，随着越来越多的植物完成全基因组测序以及生物信息学的迅猛发展，关联分析成为国际植物基因组学的研究热点之一。到目前为止，已经涉及水稻（Mccouch et al, 2016）、拟南芥（Atwell et al, 2010）、玉米（Brown, 2011）、小麦（Chen et al, 2016）、大麦（Pasam et al, 2012）和其他作物等物种。GWAS 有助于揭示复杂性状的遗传结构，还可以揭示与水稻驯化、穗部结构、谷粒产量和质量相关以及涉及生物和非生物胁迫条件下的关联位点和关键基因（Zhao et al, 2011; Yano et al, 2016; Thoen et al, 2017; Crowell et al, 2016）。目前通过 GWAS 的方法对耐盐相关性状的研究还停留在关联位点的发掘，对耐盐新基因的克隆研究较少。随着近期水稻 3K 计划的实施，3 000 份水稻核心种质重测序的完成（Wang et al, 2018），基于全基因组重测序的超高密度标记的 GWAS 在水稻耐盐性研究中将会得到迅速发展。

（二）水稻全基因组关联分析的流程

1. 选择自然群体的材料

水稻比起其他的作物，种质资源丰富，世界各地都有栽培种植。据统计世界上可能超过 14 万个稻种，研究者无法对所有的品种进行表型和基因型鉴定。针对这一问题，Brown（2011）提出了核心种质资源的概念，以最少数量的遗传资源最大限度地保存整个资源群体的遗传多样性，同时也代表了整个资源群体的遗传多样性和群体的地理分布。显著提高了全基因组关联分析的效率。Huang（2010）等根据表型和地理位置的差异，从 5 万多份水稻品种中选择出了代表性的 517 份地方水稻品种用于 GWAS 研究。

2. 鉴定目标性状

目标性状的准确性是 GWAS 结果准确的首要条件。在水稻的整个生长周期中，各种各样的环境因素都会对农艺性状产生影响，而且依赖人工测量的农艺性状容易发生主观偏差。因此，在获取目标性状的表型试验中，需要设置有效的生物学重复，甚至多年多点的试验来减少误差的产生，在必要时还需尽量考虑到环境与基因型之间的互作效应。

3. 筛选 SNP

单核苷酸多态性变异（SNP）是由单个碱基突变而形成的基因组序列多态性，是在生物体内普遍存在的变异，是可遗传变异中常见的一种变异类型。SNP

标记具有密度高、稳定性好、便于自动化检测等优点，已经成为植物遗传学领域 GWAS 研究中应用最主要的分子标记。Feltus 等（2004）将具有代表性的日本晴（粳稻）和 9311（籼稻）这两个品种利用 BLAST 比对了它们的基因组序列，结果显示这两个品种的基因组间，每 1 kb 就可以检测到 1.7 个 SNP。SNP 芯片分型和重测序技术是被最早使用于水稻研究的基因分型技术。基因芯片分型技术的方法：首先，从高通量测序数据库筛选可以对水稻全基因组进行全覆盖的 SNP 信息；之后，选择相关的 SNP 芯片并进行设计，将得到的基因芯片与样本基因组杂交。Yamamto 等对粳稻品种越光进行了基因组重测序，之后将重测序获得的结果与前人获得的日本晴（粳稻）的序列进行比对分析后得到了大量 SNP 变异信息，以这些信息为研究基础，设计出了 1917–SNP 基因芯片并对 151 份日本水稻品种进行基因型测定。为了不断提升这一技术的分辨率，人们进行了不懈的努力。McCouch 等（2016）作了含有 44 000 个 SNP 的高分辨率基因芯片，这一研究可以达到基因组平均每 10 kb 的范围内就大概含有 1 个 SNP。此外，为了使基因定位更为精确，960K 芯片也在研发的过程中，这一芯片的分辨率可以达到每 1 kb 的区间内至少可以分布着 1 个 SNP。另一种基因分型技术重测序比 SNP 芯片技术更为直接，可以直接检测出广泛存在的 SNP、稀有的 SNP 及未知变异的 SNP。除此之外，Huang 等（2010）对 517 份水稻地方品种进行了重测序分析，这一分析的结果显示，大约鉴定出共 360 万个 SNP 标记，之后运用了一种新的数据填补方法，成功地构建出了水稻基因组的高密度单倍型图谱。

4. 群体结构和亲缘关系分析

在进行全基因组关联分析时，内部连锁不平衡的程度会由于品种间的群体结构而被增强，导致假关联的发生，影响着全基因组关联分析的准确性。而且在利用全基因组关联分析的方法进行分析时，由于存在一定的群体结构，关联分析的结果产生大量的假阳性，分析结果会受到严重的影响，甚至产生一定的偏差。所以，在进行 GWAS 分析时还要通过各种群体标记进行群体结构的分析，这一分析可以校正试验所用水稻品种的遗传群体结构，并且降低上述这种假阳性的发生概率。常用的群体结构分析软件有 STRUCTURE、ADMIXTURE 等。

5. 连锁不平衡分析

连锁不平衡是在群体内部分属两个或者两个以上的基因座的等位基因不是完全独立的遗传。所在基因组的 LD 水平及等位基因或单倍型频率决定着全基因组关联分析的分辨率。在进行全基因组关联分析时，所需 SNP 的数量及其在基因组上的密度受到 LD 程度的直接影响，若想提高全基因组关联分析的分辨率，就需要缩小 LD 衰减距离，即需要更多的 SNP 标记；相反，若研究的分辨率比较低，说明研究的 SNP 标记较少，导致 LD 衰减距离较大。Huang 等（2010）对 131 份粳稻品种的 LD 衰减距离进行了鉴定，结果为 123 kb；还鉴定了 373 份籼稻品种 LD 衰减距离，为 167 kb，研究所得到的数据与预测的栽培稻的 LD 衰减距离相似。

6. 全基因组关联分析

在对群体结构和染色体 LD 衰减程度进行了综合研究后，将基因型数据和与目的性状相关的表型数据进行关联分析。利用随机选择的一组标记对群体结构（Q）进行估计，然后将其用于基本线性模型（GLM）。混合线性模型（MLM）便以此模型为基础，不同的是加入了亲缘关系矩阵（K），该方法是以 Q 和基因型作为固定变量，K 作为随机变量进行分析。GWAS 主要是通过使用不同统计模型和主成分分析的免费软件包来分析的，多种软件都可以用于关联分析，常用的软件有 TASSEL（trait analysis by aSSociation, evolution and linkage）、GAPIT（genome association and prediction integrated tool）和 GenABEL 等执行 GWAS 的开源软件包。TASSEL 是目前进行全基因组关联分析使用最广泛的分析软件。

TASSEL 软件可以对基因型进行 LD 分析、主成分分析，计算进化分支树，估算缺失数据，进而通过一般线性模型（GLM）或者混合线性模型（MLM）对基因型数据和表型数据进行 GWAS 分析，这些都可以由一个软件实现，其中 GLM 模型没有群体结构的校正假阳性率较高（Yu et al, 2006）。GAPIT 软件可以通过 CMLM、gBLUP、Enriched CMLM 以及 SUPER 多种方法来进行 GWAS

分析，在默认情况下使用先前确定的（CMLM）和群体参数（P3D）（Lipka et al, 2012）。GenABEL 可以添加到不同的统计模型中，如 naive bayes 和 family-based score test for association（FASTA）两种算法。GWAS 中的 naive bayes 统计模型没有考虑群体结构的校正，假阳性率较高，而 FASTA 使用混合线性模型来纠正假阳性关联（Aulchenko et al, 2007）。另外，还有 EMMA（efficient mixed model association）（Kang et al, 2008）、GEMMA（genome-wide EMMA）（Zhou and Stephens, 2012）、FaST-LMM（factored spectrally transformed linear mixed models）（Lippert and Christoph, 2011）等软件可用于 GWAS 分析。分析时根据自然群体和标记密度的不同，根据需要选择合适的软件进行分析，选择合适的统计模型可以减少 GWAS 关联位点的假阳性（Svishcheva et al, 2012）。

第 4 节　水稻耐盐碱相关基因的定位克隆

一、水稻耐盐性 QTL 定位

井文（2017）对已报道的水稻耐盐性 QTL 分析研究进行统计（表 2-1）发现：一半以上是以幼苗期耐盐性为研究目标的。在统计的 47 个水稻耐盐 QTL 分析研究中，共检测到 964 个耐盐相关 QTL。其中，幼苗期耐盐 QTL 数目最多，有 514 个（对），超过总数的一半；种子萌发期、营养生长期和生殖生长期的耐盐 QTL 数目分别为 31、149 和 270 个，各个生长发育时期的耐盐 QTL 在水稻 12 条染色体上均有分布。在有表型贡献率统计的 759 个耐盐 QTL（上位性 QTL 除外）中，单个 QTL 可提供的表型贡献率为 0.02% ~ 81.56%；表型贡献率在 20% 以上的 QTL 有 167 个，占总 QTL 数目的 22.0%。这些表型贡献率较大的耐盐 QTL 主要集中在以下 5 个研究中：Thomson 等（2010）检测到 16 个表型贡献率在 20%以上的幼苗期耐盐 QTL，其中，有 5 个 QTL 的表型贡献率在 50% 以上；钱益亮等（2009）利用 4 个作图群体共检测到 43 个控制幼苗 SST 或 SDS 的 QTL，其中，有 12 个 QTL 的表型贡献率在 20% 以上；Sabouri 等（2008）鉴定到 32 个控制水稻苗期耐盐性不同生长和生理指标的 QTL，其中，有 14 个 QTL 的表型贡献率超过 20%；Bimpong 等（2014）利用 3 个作图群体检测到 75 个水稻生殖期耐盐 QTL，其中，约有一半的 QTL（37 个）的表型贡献率超过 20%；Ammar 等（2009）检测到 25 个表型贡献率在 10% 以上控制幼苗期、营养生长期或生殖生长期耐盐性的 QTL，其中，表型贡献率大于 20% 的有 22 个。

与苗期相比，关于生殖生长期耐盐 QTL 定位的研究报道较少。Hossin 等（2015）发现一个生殖生长期调控地上部 Na^+ 吸收和 Na^+/K^+ 比值的 QTL，位于第 1 染色体上与 Saltol 不同位置处。在盐胁迫下，从耐盐籼稻品种 CSR11T 中鉴定了 3 个单株产量 QTL，分别位于第 1 染色体 32.3、35.0 和 39.5 Mb 处（Tiwari et al, 2016）；Chattopadhyay 等（2020）在第 2 染色体上定位了小穗退化 QTL qDEG-S-2-2 和小穗不育 QTL qSSI-STE2-1，分别占表型变异的 34.4% 和 38.8%，具有 Pokkali 的耐盐等位基因。

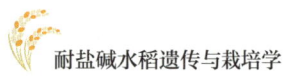

表2-1　已报道的水稻耐盐性QTL

时期	亲本组合	群体类型	耐碱性评价指标	表型贡献率/%	QTL/个	表型贡献率>20%的QTL/个	文献名
种子萌发期	IR64 × Azucena	DH	发芽率，幼苗根长，幼苗干质量，幼苗活力	13.5~19.5	7	0	Prasad et al, 2000
	Jiucaiqing × IR26	RIL	吸胀率，发芽率	6.5~43.7	7	4	Wang et al, 2011
	Gharib × Sepidroud	$F_2/F_{2:4}$	发芽势，发芽率，胚根，胚芽，胚芽鞘的长度，鲜质量和干质量	10.0~21.9	17	2	Mardani et al, 2014
幼苗期	窄叶青8号×京系17	DH	SDS	10.2~38.4	10	2	Gong et al, 1999
	特三矮2号×CB	RIL	SDS	1.5~11.6	4	0	Lin et al, 1998
	组合1	RIL	SNC，SKC，SNKR	—	4	—	Flowers et al, 2000
	IR4630×IR15324	RIL	SNC，SKC，SNKR，地上部Na^+总量，K^+总量，地上部干质量	6.4~19.6	11	0	Koyama et al, 2001
	Tesanai 2 × CB	RIL	存活天数，地上部，根干质量，SNC，SKC，SKNR	4.4~15.0	31	0	Masood et al, 2004
	Nona Bokra × Koshihikari	F_2/F_3	SDS，SNC，SKC，RNC，RKC，地上部，根Na^+总量，根K^+总量	12.4~48.5	11	3	Lin et al, 2004
	Milyang 23 × Gihobyeo	RIL	SST	9.2~27.8	2	1	Lee et al, 2006
	IR64 × Tarom Molaii	IL	SST，SDS，SKC，SNC，RKC，RNC	—	23	—	孙勇等，2007

（续表）

时期	亲本组合	群体类型	耐碱性评价指标	表型贡献率/%	QIL/个	表型贡献率>20%的QTL/个	文献名
	H359×Acc 8558	RIL	SNC	1.68~45.39	13	3	汪斌 等，2007
	Milyang 23×Gihobyeo	RIL	SST	9.1~27.8	2	1	Lee et al，2007
	Tarommahalli×Khazar	F₂/F₃	幼苗存活率，叶绿素含量，根长，地上部长，绿叶面积，茎，根鲜质量，根干质量和地上部干质量，Na⁺总量，K⁺总量，Na⁺/K⁺	9.03~38.22	32	14	Sabouri et al，2008
	Tarommahali×Khazar	F₂/F₃	SST，SNC，SKC，SNKR，地上部干质量	9.03~20.90	14	1	Sabouri et al，2009a
	Ilpumbyeo×Moroberekan	IL	干质量和鲜质量降低率，叶面积降低率，苗高降低率	10.2~13.9	8	0	Kim et al，2009
	蜀恢527×ZDZ057，明恢86×特青，明恢86×ZDZ057，蜀恢527×特青	IL	SST，SDS	8.17~42.18	43	12	钱益亮 等，2009
	Lemont×Teqing	IL	SST，SDS，SKC，SNC	—	36	—	杨静 等，2009
	IR29×Pokkali	RIL	SNC，SKC，RKC，RNKC，苗高，叶绿素含量，幼苗存活率，初始和最终SST	6~67	27	16	Thomson et al，2010
	Teqing×Oryza rufipogon	IL	SST，相对根干质量，相对地上部干质量，相对总干质量	8~26	15	3	Tian et al，2011
	Pokkali×Shaheen Basmati	F₂/F₃	SST，苗高，地上部鲜质量，干质量，SNC，SKC，SNKR，RNC，RKC，RNKR	4.89~10.55	22	0	Javel et al，2011

（续表）

时期	亲本组合	群体类型	耐碱性评价指标	表型贡献率/%	QIL/个	表型贡献率>20%的QTL/个	文献名
	Pokkali × IR29	IL	SST	4.00~18.42	6	0	Ghomi et al, 2013
	Tarome-Molaei × Tiqing	IL	SNC, SKC, SNKR, RNC, RKC, RNKR	9~30	14	4	Ahmadi et al, 2011
	BRRI Dhan40 × IR61920-3B-22-2-1	F_2	SST	12.5~29.0	3	2	Islam et al, 2011
	Xiushui 09 × IR2061-520-6-9	IL	SST, SDS, SKC, SNC, SKNR	5.14~18.89/ 2.60~14.30*	16~21*	0	Cheng et al, 2012
	Jiucaiqing × IR26	RIL	RKC, SNC, SKC, SST	8.5~18.9/~*	13/9*	0	Wang et al, 2012b
	Jiucaiqing × IR26	RIL	RNKR, 苗高, 地上部干质量, 根干质量	7.8~23.9/~*	15/5*	2	Wang et al, 2012b
	Gharib × Sepidroud	F_2/F_4	SST, SNC, SKC, SNKR, 根鲜质量, 根干质量, 地上部干质量, 地上部鲜质量, 总干质量, 根长, 地上部株长, 叶绿素含量	0.02~59.71	41	3	Ghomi et al, 2013
	Ce258 × IR75862, ZGX1 × IR75862	IL	SST, SDS, SKC, SNC	5.13~13.75/ 3.73~8.26*	18/2*	0	Qiu et al, 2015
	Dongnong 425 × Changbai 10	BC_2F_2/ $BCF_{2:3}$	SST, SNC, SKC, RNC, RKC	6.45~17.95	13	0	Zheng et al, 2015

（续表）

时期	亲本组合	群体类型	耐碱性评价指标	表型贡献率/%	QIL/个	表型贡献率>20%的QTL/个	文献名
营养生长期	Yiai 1 × Lishuinuo	RIL	死叶率，死苗率	8.65~27.20	6	1	Liang et al, 2015
	Nipponbare × Kasalath	IL	地上部长，分蘖数，地上部鲜质量	12~41	31	11	Takehisa et al, 2004
	Jiucaiqing × IR26	F_2	SST, SNKR, 地上部干质量	6.7~19.3	7	0	Yao et al, 2005
	Co39 × Moroberekan	RIL	叶Na^+含量，茎鲜质量，叶水分	11.0~26.3	14	3	Haq et al, 2010
	Dongnong 425 × Changbai 10	BC_1F_2/ $BC_1F_{2:3}$ F_2/F_3	RNC, RKC, RNKR, 相对RNC, 相对RKC, RNKR, 相对RNKR	3.61~27.9	50	4	Sun et al, 2014
生殖生长期	Zhaiyeqing 8 × Jingxi 17	DH	有效分蘖数，千粒重，株高，抽穗期，每穗粒数	7.9~40.1	24	3	Gong et al, 1999
	Tarommahalli × Khazar	F_2/F_3	株高，实粒数，空瘪粒数，穗长，分蘖数，穗长，一级分枝数，生物量	8.76~26.83	12	3	Sabouri et al, 2009b
	Sadri × FL478	F_2	抽穗期，株高，穗长，每株穗数，秸秆干质量，每株可育小穗数，每株不育小穗数，每株总小穗数，单株产量，小穗育性，千粒重	4.2~30.0	37	1	Mohammadi et al, 2013

（续表）

时期	亲本组合	群体类型	耐碱性评价指标	表型贡献率/%	QIL /个	表型贡献率>20%的QTL/个	文献名
时期	NERICA-L-19×Hasawi, Sahel108×Hasawi, BG90-2×Hasawi	F_2	SST, 株高, 分蘖数, 抽穗期, 每株穗数, 不育率, 每穗粒数, 千粒重, 穗, 单株产量	6.5~49.5	75	37	Bimpong et al, 2014
	IR36×Pokkali	F_2	Na^+含量, Ca^{2+}含量, 相对Na^+, K^+, Ca^{2+}含量, 相对总离子含量, 相对Ca^{2+}吸收率, 相对Na^+/K^+吸收率	7.69~26.33	14	3	Khan et al, 2015
	Cheriviruppu×Pusa Basmati 1	F_2	株高, 分蘖数, 穗长, 产量, 生物量, 花粉育性, 剑叶相对Na^+含量, Na^+/K^+	3.8~48.7	24	5	Hossain et al, 2015
	IR36×Pokkali	F_2	相对谷粒长宽比, 千粒重, 收获指数, 成熟期, 秸秆重, 秕粒数	11.52-81.56	6	1	Khan et al, 2016
	CSR11×MI48, CSR27×MI48	RIL	谷粒产量胁迫敏感指数	—	55	—	Tiwari et al, 2016
多个生长时期	Peta×Pokkali	BC_1F_1	营养生长期: SST, 苗鲜质量/干质量, 苗Na^+含量	—	4	—	顾兴友等, 2000
			生殖生长期: 茎叶质量, 株高, 分蘖数, 有效穗, 颖花数, 主穗长, 穗重, 粒重, 结实率	—	11	—	
	IR64×Binam	IL	幼苗期: SST, SDS, SKC, SNC	—	13	—	Zang et al, 2008

（续表）

时期	亲本组合	群体类型	耐碱性评价指标	表型贡献率/%	QIL/个	表型贡献率>20%的QTL/个	文献名
	CSR27×MI48	F_2/F_3	营养生长期: 株高, 分蘖数, 鲜质量 幼苗期: SST	—	22	—	Ammar et al, 2009
		F_2	营养生长期: 叶和茎Na^+、Cl^-含量, 茎K^+含量, 叶Na^+/K^+, 茎Na^+/K^+	14.38	1	0	
				11.13~55.72	17	15	
		F_3	生殖生长期: 叶Na^+含量, 叶K^+含量, 叶Na^+/K^+, 叶Cl^-含量	26.26~52.63	7	7	
	CSR27×MI48	RIL	营养生长期: 茎Na^+含量, 叶K^+含量, 叶Cl^-含量	5.86~8.55	4	0	Pandit et al, 2010
			生殖生长期: 秸秆Na^+, K^+含量, 秸秆Na^+/K^+, 小穗育性胁迫敏感指数	7.22~14.05	5	0	

注: 组合 1 表示（Bokra×Pokkali）×（IR4630-22-2-5-1-3×IR10167-129-3-4）。SDS 表示幼苗在盐胁迫后的存活天数, SST 表示幼苗的盐害级别, SNC 表示地上部 Na^+ 含量, SKC 表示地上部 K^+ 含量, SNKR 表示地上部 Na^+/K^+, RNC 表示地下部 Na^+ 含量, RKC 表示地下部 K^+ 含量, RNKR 表示地下部 Na^+/K^+。* 表示主效 QTL/上位性 QTL。

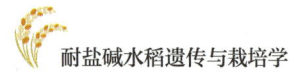

水稻盐胁迫相关性状属于复杂的数量性状，全基因组关联研究（GWAS）方法可以为剖析各种复杂性状的遗传结构和鉴定候选基因等位变异提供强有力的策略。通过高通量测序对 220 个水稻种质进行基因型分型并进行 GWAS 分析，鉴定与 Na^+/K^+ 比值显著相关的 SNPs 位点，发现了盐胁迫相关的新 QTL 位点，还发现 Salto 1 区域（影响水稻苗期 Na^+/K^+ 比）在生殖生长期也负责平衡 Na^+/K^+ 比（Kumar et al, 2015）。另外，通过对 93 个非洲稻地方品种进行全基因组测序共检测了 232 万个 SNPs，对 6 个耐盐性状进行 GWAS 分析，鉴定了 11 个显著关联的基因座，进化分析表明该物种的耐盐性具有与地理差异相关的适应性（Meyer et al, 2016）。Batayeva 等（2018）从水稻 3K 中筛选了 203 个温带粳稻品种并对苗期耐盐性状进行 GWAS 分析，其中有 11 个 QTL 与已知的耐盐基因共定位，还从 5 个新的 QTL 中预测了 6 个与耐盐相关的候选基因。

二、水稻耐碱性 QTL 定位

相对于耐盐性 QTL 定位，水稻耐碱性 QTL 定位的研究较少，主要集中在芽期、幼苗前期和幼苗期，且大部分 QTL 定位结果处于初定位阶段（表 2-2）（李芳兰等，2021）。程海涛等（2008）利用 DH-1 群体检测到与发芽势和相对碱害率相关的 10 个主效 QTL。祁栋灵等（2009）在 Na_2CO_3 胁迫下，以高产 106/ 长白 9 号杂交组合的 200 个 $F_{2:3}$ 株系进行 QTL 定位检测，获得与发芽率相关的 QTL 7 个，与发芽率相对碱害率相关的 QTL 6 个。Qi 等（2008）利用 $F_{2:3}$ 群体定位耐碱相关 QTL 19 个。邹德堂等（2013）以 $F_{2:3}$ 代 180 个家系为作图群体进行耐碱性 QTL 检测，共检测到 16 个 QTL。李宁等（2016）以碱敏感的母本与强耐碱的父本杂交衍生的 $F_{2:3}$ 群体进行苗期耐碱性 QTL 定位，共检测到分布在第 5、7 和 11 号染色体的 3 个 QTL。除了对耐碱形态性状 QTL 进行定位外，有的研究者还对一些耐碱生理性状 QTL 进行了定位分析。例如，Sun 等（2019）以东农 425 和长白 10 号为亲本，利用碱胁迫处理后的 F_7 代 180 个株系组成的 RIL 群体进行 QTL 定位分析，共获得了 23 个与净光合速率、蒸腾速率等光合特性有关的 QTL 位点，分别位于第 1 ~ 9 和 12 号染色体上。目前检测到的绝大多数水稻耐碱 QTL 的表型贡献率较小，精细定位和克隆难度较大。

表2-2　已报道的水稻耐碱性QTL

时期	亲本组合	群体类型	耐碱性评价指标	表型贡献率/%	QIL	染色体	主效QTL	文献
发芽期	高产106×长白9号	RIL	发芽率、相对碱害率	4.05~28.07	13	2、5、6、7、9、10、11、12	qRGC-2、qRGC-6-1等	祁栋灵等，2009b
发芽率和幼苗前期	春江06×TN1	DH	相对发芽势、相对发芽率、相对根数、相对根长、相对苗高、相对苗干重、相对活力指数、相对碱害率	4.12~15.08	14	1~7、10、11	qRRN2、qRRL3、qRRN1、qADS7、qRRL7等	程海涛等，2008
幼苗期	彩稻×WD20342	RIL	幼苗存活天数、Na⁺含量、K⁺含量	6.45~21.24	7	1、2、5、6、7、9、11、12	qSNC3	Li et al, 2017
幼苗期	宜梗1号×丽水稻	RIL	死叶率、死苗率	8.29~33.25	7	1、5	qDLRa5-2、qDSRs8-1等	Liang et al, 2015
幼苗期	东农425×长白10号	RIL	根长、根数	7.04~12.99	3	2、3、5	qARN2	索艺宁等，2018

三、水稻耐盐性基因克隆

近二十年来，在水稻中检测到了大量与耐盐性相关的 QTL，但由于大多数耐盐 QTL 的表型贡献率较小，只有少数效应显著的 QTL 被成功分离或精细定位，目前报道的主要有位于水稻第 1 染色体上的 qSKC-1 和 Saltol 两个位点。qSKC-1 是在耐盐品种 Nona Bokra 与盐敏感品种 Koshihikari 构建的 F_2 群体中检测到的一个控制地上部 K^+ 含量的主效 QTL，解释总表型变异的 40.1%（Lin et al, 2004; Chen et al, 2021）。Ren 等利用图位克隆方法，经 BC_2F_2 群体精细定位和 BC_3F_2 群体高精度连锁分析，将 qSKC-1 限定在 7.4 kb 的染色体区间内，并最终将 qSKC-1 基因分离。该基因编码一个 HKT（high-affinity K^+ transporter）家族的离子转运蛋白（OsHKT1;5），主要存在于水稻根的木质部薄壁细胞中，定位于细胞膜上，具有专一性运输 Na^+ 的功能。该转运蛋白可能主动将 Na^+ 运出木质部，经过其他 Na^+ 转运体的作用，将 Na^+ 从韧皮部运回至根部并排出体外，从而降低地上部 Na^+ 含量，调节地上部 K^+/Na^+ 平衡，提高水稻耐盐性。SKC-1 编码蛋白特异转移 Na^+ 而非 K^+，K^+ 含量的变化是 Na^+ 的竞争引起的（Ren et al, 2005）。然而，最近的电生理数据表明，Na^+ 重吸收发生在野生型植物中，而不是在 NIL（SKC1）植株中，因此质疑 OsHKT1;5 作为转运蛋白在木质部直接运出 Na^+ 的功能作用。相反，OsHKT1;5 表达水平的变化改变了水稻表皮和中柱中参与 K^+ 和 Ca^{2+} 获取及平衡相关的膜转运蛋白的活性，这表明在胁迫条件下其他转运蛋白参与维护植物离子稳态和信号传导的复杂反馈调节活动（Alnayef et al, 2020）。

Gregorio 利用 AFLP 标记对 Pokkali/IR29 组合的 F_8 重组自交系群体进行耐盐 QTL 分析，在水稻第 1 染色体上检测到一个同时控制水稻植株 Na^+、K^+ 含量和 Na^+/K^+ 的主效 QTL，命名为 Saltol。在该群体中，Saltol 位点的 LOD 值大于 14.5，表型贡献率为 64.3% ~ 80.2%（Gregorio et al, 1997b）。随后，Bonilla 等（2002）利用同一作图群体，将 Saltol 定位到 SSR 标记 RM23 和 RM140 之间的染色体区段，并发现 Saltol 位点对 Na^+、K^+ 含量和 Na^+/K^+ 的表型贡献率分别为

39.2%、43.9% 和 43.2%。Niones 等（2004）和 Thomson 等（2010）分别利用以 IR29 为背景、Pokkali 为供体的 BC$_3$F$_4$ 和 BC$_3$F$_5$ 代近等基因系进一步确认了 Saltol 位点在染色体上的位置。此外，由于 Saltol 与 qSKC-1 在染色体上的位置十分相近，二者又均负责调控盐胁迫下水稻植株的 K$^+$/Na$^+$ 平衡，Thomson 等（2010）推测 Saltol 与 qSKC-1 可能编码同一基因（OsHKT1;5），SKC1 基因（OsHKT1;5）可能是 Saltol 片段的功能基因片段。用不同水稻基因型对该 QTL 中相应基因的转录组分析表明，来自斯里兰卡品种的转录因子和信号相关基因的转录水平明显高于盐敏感高产水稻品种 IR64。即使在盐分处理的后期来自斯里兰卡品种也能够诱导这些基因的表达，而敏感的 IR64 在几个小时的胁迫后，转录物丰度下降（Soda et al, 2013; Nutan et al, 2017）。在水稻中，组蛋白基因结合蛋白（OsHBP1b）和锌指转录因子（OsGATA8）都位于 Saltol-QTL 区域，它们通过调控叶绿素生物合成、离子平衡、细胞外环境等相关基因的表达，在水稻幼苗耐盐性中发挥重要作用。

从海稻 86 中鉴定的耐盐性 QTL qST1.1 也定位于 Saltol 区域，与 Nona Bokra 的 SKC1（OsHKT1;5）有相同的氨基酸序列（Wu et al, 2020）。从中国地方品种韭菜青品种中分离到的 QTL-qSE3 具有高亲和力 K$^+$ 吸收转运蛋白（OsHAK21）的功能，有利于盐胁迫下种子萌发和成苗。qSE3 的主要生理机制是提高 K$^+$、Na$^+$ 的吸收和脱落酸（ABA）水平，降低 ROS 水平（He et al, 2019）。通过对与水稻耐盐性相关的各种性状的 QTL 进行全基因组 meta 分析和对水稻耐盐性进行综合 meta 分析，在 Saltol 中发现了 20 多个候选基因和近 20 个 meta-QTL 区域（Islam et al, 2019; Mirdar et al, 2020）。

Huang 等（2009）从中花 11 的 EMS 突变体库中筛选得到了 1 个耐盐突变体，并利用图位克隆的方法克隆了耐盐基因 DST。该基因是耐盐性的负调控因子，编码 1 个转录因子，含有 1 个 C2H2 类锌指结构域。DST 编码蛋白 2 个氨基酸的变异显著降低了该基因的转录激活活性，该基因功能丧失导致氧化氢代谢基因的表达量下降，增加 H$_2$O$_2$ 在保卫细胞中的积累，使气孔关闭，减少水分蒸发，达到

耐盐的目的。Hu 等（2006, 2008）从 IRAT109 的 cDNA 文库中分离了 2 个耐盐基因 *SNAC1* 和 *SNAC2*，这 2 个基因都受到高盐诱导表达，都编码具有反式激活活性的 NAC 转录因子，在超表达植株中，许多逆境相关基因都上调表达。Cheng 等（2014）利用反向遗传学的方法克隆了一个耐盐基因 *OsNAP*，*OsNAP* 定位于细胞核，是 NAC 家族成员，它具有转录激活活性，受高盐诱导表达。与 SNAC1 和 SNAC2 相似的是，这个基因超表达后也会引起许多逆境相关基因上调表达。

四、水稻耐碱性基因克隆

碱胁迫条件下，水稻通过调节体内生理生化反应，进一步改变自身形态以适应碱性环境，最终表现出耐碱性增加，这与水稻体内一些耐碱（相关）基因的转录与调控有关。迄今为止，水稻耐碱基因的挖掘和利用明显落后于盐胁迫研究，目前，从水稻中分离克隆出的耐碱（相关）基因很少（表 2-3）。其中，*ALT1* 基因是从水稻耐碱突变体中图位克隆获得的，*OsLOL5*、*OsCu/Zn-SOD*、*OsAPx2* 和 *OsPPa6* 基因是根据水稻数据库中已有的 cDNA 序列，通过 PCR 扩增获得。*ALT1*、*OsLOL5*、*OsCu/Zn-SOD* 和 *OsAPx2* 基因通过增强抗氧化防御系统参与调控水稻耐碱性（Guo et al, 2014; Guan et al, 2016, 2017, 2012），而 *OsPPa6* 基因通过调节渗透调节物质和代谢物的合成积累，提高转基因水稻的耐碱性（Wang et al, 2019）。谢国生等（2002）克隆了 VB12 不依赖型蛋氨酸合成酶基因（VB12-independent methionine synthase gene），该基因全长 2 740 bp 编码 765 个氨基酸，当水稻受到 Na_2CO_3 胁迫时，其转录活性明显增强，与水稻的碱适应性密切相关。Guo 等（2014）从水稻耐碱突变体 *alt1*（alkaline tolerance 1）中克隆了一个位于细胞核中 *OsALT1* 基因，该基因编码 Snf2 家族染色质重构 ATP 酶的核心亚基，是水稻耐碱性的一个负调控基因，主要参与活性氧的产生、清除和 DNA 修复过程。*alt1* 突变体通过增强抗氧化损伤的防御作用提高对碱胁迫的耐受性。Guan 等（2016）研究表明锌指蛋白 *OsLOL5* 基因在碱胁迫条件下参与氧化调控，通过激活活性氧的解毒途径提高水稻的耐碱性。Wang 等（2019）利用 CRISPR/Cas9

系统获得无机焦磷酸酶 *OsPPa6* 基因突变体，突变体的无机磷、ATP、叶绿素、蔗糖和淀粉、净光合速率、可溶性糖和脯氨酸显著降低，而丙二醛、渗透势和 Na^+/K^+ 比显著增加，说明 *OsPPa6* 基因是水稻重要的渗透调节因子。李宁等（2019）对 295 个粳稻品种进行苗期耐碱度的全基因组关联分析发现，1 个新的耐碱基因 *LOC_Os03g26210*（*OsIRO3*），该基因编码 bHLH 型转录因子，是水稻缺铁反应负调控因子。

表2-3 水稻耐碱（相关）基因克隆与功能分析

基因	编码蛋白	克隆方法	生物学功能	文献
ALT1	染色质重塑ATP酶核心亚基	图位克隆	防御氧化损伤	Guo et al, 2014
OsLOL5	锌指蛋白	PCR扩增	防御氧化损伤	Guan et al, 2016
OsCu/Zn-SOD	超氧化物歧化酶	PCR扩增	防御氧化损伤	Guan et al, 2017
OsAPx2	抗坏血酸过氧化物酶	PCR扩增	防御氧化损伤	Guan et al, 2012
OsPPa6	磷酸焦磷酸酶	PCR扩增	防御氧化损伤	Wang et al, 2019

参考文献

程海涛, 姜华, 颜美仙, 等 . 2008. 两个水稻 DH 群体发芽期和幼苗前期耐碱性状 QTL 定位比较［J］. 分子植物育种, 6（3）: 439-450.

顾兴友, 梅曼彤, 严小龙 . 2000. 水稻耐盐性数量性状位点的初步检测［J］. 中国水稻科学, 14（2）: 65-70.

郭岩, 陈少麟, 张耕耘, 等 . 1997. 应用细胞工程获得受主效基因控制的水稻耐盐突变系［J］. 遗传学报, 24（2）: 122-126.

井文，章文华．2017．水稻耐盐基因定位与克隆及品种耐盐性分子标记辅助选择改良研究进展［J］．中国水稻科学，31（2）：111-123．

李芳兰，罗成科，路旭平，等．2021．水稻耐碱生理和遗传机制研究现状与展望［J］．植物遗传资源学报，22（2）：283-292．

李宁．2019．水稻苗期耐碱 QTL 分析［D］．东北农业大学硕士学位论文．

祁栋灵，郭桂珍，李明哲，等．2007．水稻耐盐碱性生理和遗传研究进展［J］．植物遗传资源学报，（04）：486-493．

祁栋灵，郭桂珍，李明哲，等．2009a．碱胁迫下粳稻幼苗前期耐碱性的数量性状基因座检测［J］．作物学报，35（2）：301-308．

祁栋灵，李丁鲁，杨春刚，等．2009b．粳稻发芽期耐碱性的 QTL 检测［J］．中国水稻科学，23（6）：589-594．

钱益亮，王辉，陈满元，等．2009．利用 BC_2F_3 产量选择导入系定位水稻耐盐 QTL［J］．分子植物育种，7（2）：224-232．

孙健，王敬国，刘化龙，等．2015．盐胁迫下水稻苗高和分蘖数的发育动态 QTL 分析［J］．核农学报，29（2）：0235-0243．

孙勇，藏金萍，王韵，等．2007．利用回交导入系群体发掘水稻种质资源中的有利耐盐QTL［J］．作物学报，33（10）：1611-1617．

索艺宁，张春可，于乔乔，等．2018．盐、碱胁迫下水稻苗期根数和根长的 OTL 分析［J］．华北农学报，33（5）：9-15．

汪斌，兰涛，吴为人．2007．盐胁迫下水稻苗期 Na^+ 含量的 QTL 定位［J］．中国水稻科学，21（6）：585-590．

谢国生，柳夢奎，高野哲夫，等．2002．水稻中与盐碱适应性相关的 VB_{12} 不依赖型蛋氨酸合成酶基因的克隆和表达（英文）［J］．遗传学报，（12）：1078-1084．

杨静，孙勇，程立锐，等．2009．利用双向导入系群体检测遗传背景对耐盐 QTL 定位的影响［J］．作物学报，35（6）：974-982．

朱军．1998．复合数量性状基因定位的混合线性模型方法［M］．北京：中国农业科技出版社．

邹德堂，马婧，王敬国，等．2013．粳稻幼苗前期耐碱性的 QTL 检测［J］．东北农业大学学报，44（1）：12-18．

Ahmadi J, Fotokian M H. 2011. Identification and mapping of quantitative trait loci associated with salinity tolerance in rice（*Oryza Sativa*）using SSR markers［J］. Iran J Biotechnol, 9（1）: 21−30.

Akbar M, Khush Gs, et al. 1985. Genetics of aalt tolerance in rice［A］// Rice Genetics Proceeding of Intemational Rice Genetics Symposium. IRRI, 5: 399−409.

Alnayef M, Solis C, Shabala L, et al. 2020. Changes in expression level of OsHKT1;5 alters activity of membrane transporters involved in K^+ and Ca^{2+} acquisition and homeostasis in salinized rice roots［J］. Int. J. Mol. Sci., 21: 4882.

Ammar M, Pandit A, Singh R, et al. 2009. Mapping of QTLs controlling Na^+, K^+ and Cl^- ion concentrations in salt tolerant indica rice variety CSR27［J］. J Plant Biochem Biot, 18（2）: 139−150.

Atwell S, Huang Y S, Vilhjálmsson B J, et al. 2010. Genome−wide association study of 107 phenotypes in a common set of Arabidopsis thaliana inbred lines［J］. Nature, 465（7298）: 627.

Batayeva D, Labaco B, Ye C, et al. 2018. Genome−wide association study of seedling stage salinity tolerance in temperate japonica rice germplasm［J］. Bmc Genetics, 19（1）: 2.

Bimpong I K, Manneh B, Diop B, et al. 2014. New quantitative trait loci for enhancing adaptation to salinity in rice from Hasawi, a Saudi landrace into three African cultivars at the reproductive stage［J］. Euphytica, 200（1）: 45−60.

Bonilla P, Dvorak J, Mackill D, et al. 2002. RFLP and SSLP mapping of salinity tolerance genes in chromosome 1 of rice（*Oryza sativa* L.）using recombinant inbred lines［J］. Philipp. Agric. Sci., 65: 68−76.

Brown P J. 2011. Genome−wide association study of leaf architecture in the maize nested association mapping population［J］. Nature Genetics, 43（2）: 159−162.

Cai H, Morishima H. 2002. QTL clusters reflect character associations in wild and cultivated rice［J］. Theoretical & Applied Genetics, 104（8）: 1217−1228.

Chen G, Zhang H, Deng Z, et al. 2016. Genome−wide association study for kernel weight−related traits using SNPs in a Chinese winter wheat population［J］. Euphytica, 212（2）: 1−13.

Chen T X, Sergey Shabala, Niu Y N, et al. 2021. Molecular mechanisms of salinity tolerance in rice［J］. The Crop Journal, 9: 506−520.

Chen W, Gao Y, Xie W, et al. 2014. Genome−wide association analyses provide genetic and

biochemical insights into natural variation in rice metabolism [J] . Science Foundation in China, 46 (2) : 20−20.

Chen X, Wang Y F, Lv B, et al. 2014. The NAC family transcription factor OsNAP confers abiotic stress response through the ABA pathway [J] . Plant & cell physiology, 55 (3) : 604−619.

Cheng L, Wang Y, Meng L, et al. 2012. Identification of salt−tolerant QTLs with strong genetic background effect using two sets of reciprocal introgression lines in rice [J] . Genome, 55 (1) : 45−55.

Crowell S, Korniliev P, Falcão A, et al. 2016. Genome−wide association and high−resolution phenotyping link Oryza sativa panicle traits to numerous trait−specific QTL clusters [J] . Nature communications, 7 (1) : 10527.

Dongling Qi, Guizhen Guo, Myung−chul Lee, et al. 2008. Identification of quantitative trait loci for the dead leaf rate and the seedling dead rate under alkaline stress in rice [J] . Journal of Genetics and Genomics, 35 (5) : 299−305.

Edwards M D, Stuber C W, Wendel J F. 1987. Molecular−Marker−Facilitated Investigations of Quantitative−Trait Loci in Maize. I. Numbers, Genomic Distribution and Types of Gene Action [J] . Genetics, 116 (1) : 113−125.

Feltus F A, Wan J, Schulze S R, et al. 2004. An SNP resource for rice genetics and breeding based on subspecies indica and japonica genome alignments [J] . Genome research, 14 (9) : 1812−1819.

Flint−Garcia S A, Thuillet A C, Yu J M, et al. 2005. Maize association population: a high−resolution platform for quantitative trait locus dissection [J] . Plant Journal, 44 (6) : 1054−1064.

Flowers T J, Koyama M L, Flowers S A, et al. 2000. QTL: Their place in engineering tolerance of rice to salinity [J] . J Exp Bot, 51 (342) : 99−106.

Ghomi K, Rabiei B, Sabouri H, et al. 2013. Mapping QTLs for traits related to salinity tolerance at seedling stage of rice (*Oryza sativa* L.) : An agrigenomics study of an Iranian rice population [J] . OMICS, 17 (5) : 242−251.

Gong J, He P, Qian Q, et al. 1999. Identification of salt−tolerance QTL in rice (*Oryza sativa* L.) [J] . Chin Sci Bull, 41 (1) : 68−71.

Gregorio G B, Senadhira D, Mendoz R D. 1997a. Screening rice for salinity tolerance［J］. International Rice Research Institute.

Gregorio G B. 1997b. Tagging salinity tolerance genes in rice using amplified fragment length polymorphism（AFLP）［J］. International Rice Research Institute Repository.

Guan Q G, Liao X, He M L, et al. 2017. Tolerance analysis of chloroplast OsCu/Zn−SOD overexpressing rice under NaCl and NaHCO₃ stress［J］. PLoS ONE, 12（10）: e186052.

Guan Q J, Ma H Y, Wang Z J, et al. 2016. A rice LSD1−like−type ZFP gene OsLOL5 enhances saline−alkaline tolerance in transgenic Arabidopsis thaliana, yeast and rice［J］. BMC Genomics, 17（1）: 142.

Guan Q, Takano T, Liu S. 2012. Genetic transformation and analysis of rice OsAPx2 gene in Medicago sativa［J］. PLoS ONE, 7（7）: e41233.

Guo M X, Wang R C, Wang J, et al. 2014. ALT1, a Snf2 family chromatin remodeling ATPase, negatively regulates alkaline tolerance through enhanced defense against oxidative stress in rice［J］. PloS ONE, 9（12）: el12515.

Gupta P K, Rustgi S, Kulwal P L. 2005. Linkage disequilibrium and association studies in higher plants: Present status and future prospects［J］. Plant Molecular Biology, 57（4）: 461−485.

Haq T U, Gorham J, Akhtar J, et al. 2010. Dynamic quantitative trait loci for salt stress components on chromosome 1 of rice［J］. Functional Plant Biology, 37（7）: 634−645.

He Y, Yang B, He Y, et al. 2019. A quantitative trait locus, qSE3, promotes seed germination and seedling establishment under salinity stress in rice［J］. Plant J., 97: 1089−1104.

Hossain H, Rahman M A, Alam M S, et al. 2015. Mapping of quantitative trait loci associated with reproductive−stage salt tolerance in rice［J］. J. Agron. Crop Sci., 201: 17−31.

Hossain M R, Bassel G W, Pritchard J, et al. 2016. Trait specific expression profiling of salt stress responsive genes in diverse rice genotypes as determined by modified significance analysis of microarrays［J］. Frontiers in Plant Science, 7（28）.

Hu H H, Dai M Q, Yao J L, et al. 2006. Overexpressing a NAM, ATAF, and CUC（NAC）transcription factor enhances drought resistance and salt tolerance in rice［J］. Proceedings of the National Academy of Sciences of the United States of America, 103（35）: 12987−12992.

Hu H H, You J, Fang Y J, et al. 2008. Characterization of transcription factor gene SNAC2 conferring cold and salt tolerance in rice［J］. Plant molecular biology, 67（1）: 169−181.

Huang X Y, Chao D Y, Gao J P, et al. 2009. A previously unknown zinc finger protein, DST, regulates drought and salt tolerance in rice via stomatal aperture control [J] . Genes & development, 23 (15): 1805−1817.

Huang X, Wei X, Sang T, et al. 2010. Genome−wide association studies of 14 agronomic traits in rice landraces [J] . Nature genetics, 42 (11): 961−967.

Hwang J E, Jang D S, Lee K J, et al. 2016. Identification of gamma ray irradiation−induced mutations in membrane transport genes in a rice population by TILLING [J] . Genes & Genetic Systems, 91 (5).

Islam M R, Salam M A, Hassan L, et al. 2011. QTL mapping for salinity tolerance at seedling stage in rice [J] . Emir J Food Agric, 23 (2): 137.

Islam S M, Ontoy J, Subudhi K P. 2019. Meta−analysis of quantitative trait loci associated with seedling−stage salt tolerance in rice (*Oryza sativa* L.) [J] . Plants, 8: 33.

Javed M A, Huyop F Z, Wagiran A, et al. 2011. Identification of QTLs for morph−physiological traits related to salinity tolerance at seedling stage in indica rice [J] . Procedia Environ Sci, 8: 389−395.

Jones M P. 1985. Genetic analysis of salt tolerance in mangrove swamplice [A] // Rice Genetics Proceeding of International Rice Genetics Symposium. IRRI, 5: 41−122.

Kang H M, Zaitlen N A, Wade C M, et al. 2008. Efficient control of population structure in model organism association mapping [J] . Genetics, 178 (3): 1709.

Kawasaki S, Borchert C, Deyholos M, et al. 2001. Gene expression profiles during the initial phase of salt stress in rice [J] . Plant Cell, 13 (4): 889.

Khan M S K, Saeed M, Iqbal J. 2015. Identification of quantitative trait loci for Na$^+$, K$^+$ and Ca^{2+} accumulation traits in rice grown under saline conditions using F$_2$ mapping population [J] . Braz J Bot, 38 (3): 555−565.

Khan M S K, Saeed M, Iqbal J. 2016. Quantitative trait locus mapping for salt tolerance at maturity stage in indica rice using replicated F$_2$ population [J] . Braz J Bot, 1−10.

Kim D M, Ju H G, Kwon T R, et al. 2009. Mapping QTLs for salt tolerance in an introgression line population between japonica cultivars in rice [J] . J Crop Sci Biotech, 12 (3): 121−128.

Koh S, Lee S C, Kim M K, et al. 2007. T−DNA tagged knockout mutation of rice OsGSKI, an orthologue of Arabidopsis BIN2, with enhanced tolerance to various abiotic stresses [J] .

Plant Molecular Biology, 65（4）: 453−466.

Koyama M L, Levesley A, Koebner R M, et al. 2001. Quantitative trait loci for component physiological traits determining salt tolerance in rice［J］. Plant Physiol, 125（1）: 406−422.

Kreps Joel A, Wu Y J, Chang H S, et al. 2002. Transcriptome changes for Arabidopsis in response to salt, osmotic, and cold stress［J］. Plant physiology, 130（4）: 2129−2141.

Kumar V, Singh A, Mithra S V A, et al. 2015. Genome−wide association mapping of salinity tolerance in rice（*Oryza sativa*）［J］. DNA Research, 22（2）: 133−145.

Lander E S, Botstein D. 1989. Mapping mendelian factors underlying quantitative traits using RFLP linkage maps［J］. Genetics, 121（1）: 185−199.

Lee C Y, Kim T S, Lee S, et al. 2015. Concept of genome−wide association studies［M］. Springer Netherlands.

Lee S Y, Ahn J H, Cha Y S, et al. 2006. Mapping of quantitative trait loci for salt tolerance at the seedling stage in rice［J］. Mol Cells, 21（2）: 192−196.

Lee S Y, Ahn J H, Cha Y S, et al. 2007. Mapping QTLs related to salinity tolerance of rice at the young seedling stage［J］. Plant Breeding, 126（1）: 43−46.

Li N, Sun J, Wang J, et al. 2017. QTL analysis for alkaline tolerance of rice and verification of a major QTL［J］. Plant Breeding, 136（6）: 881−891.

Liang J L, Qu Y P, Yang C G, et al. 2015. Identification of QTLs associated with salt or alkaline tolerance at the seedling stage in rice under salt or alkaline stress［J］. Euphytica, 201（3）: 441−452

Lin H X, Zhu M Z, Yano M, et al. 2004. QTLs for Na^+ and K^+ uptake of the shoots and roots controlling rice salt tolerance［J］. Theor. Appl. Genet., 108: 253−260.

Lin H, Yanagihara S, Zhuang J, et al. 1998. Identification of QTL for salt tolerance in rice via molecular markers［J］. Chin J Rice Sci, 12（2）: 72−78.

Lin H, Zhu M, Yano M, et al. 2004. QTLs for Na^+ and K^+ uptake of the shoots and roots controlling rice salt tolerance［J］. Theor Appl Genet, 108（2）: 253−260.

Lipka A E, Tian F, Wang Q, et al. 2012. GAPIT: genome association and prediction integrated tool［J］. Bioinformatics, 28（18）: 2397.

Liu J, Shen J, Xu Y, et al. 2016. Ghd2, a CONSTANS−like gene, confers drought sensitivity through regulation of senescence in rice［J］. Journal of Experimental Botany, 67（19）:

5785-5798.

Mardani Z, Rabiei B, Sabouri H, et al. 2014. Identification of molecular markers linked to salt-tolerant genes at germination stage of rice. Plant Breeding, 133(2): 196-202.

Masood M S, Seiji Y, Shinwari Z K, et al. 2004. Mapping quantitative trait loci(QTLs) for salt tolerance in rice(*Oryza sativa* L.) using RFLPs[J]. Pak J Bot, 36(4): 825-834.

McCouch S R, Wright M H, Tung C W, et al. 2016. Open access resources for genome-wide association mapping in rice[J]. Nature Communications, 7: 10532.

Meyer R S, Choi J Y, Sanches M, et al. 2016. Domestication history and geographical adaptation inferred from a SNP map of African rice[J]. Nature Genetics, 48(9): 1083.

Mirdar Mansuri R, Shobbar Z S, Babaeian Jelodar N, et al. 2020. Salt tolerance involved candidate genes in rice: an integrative meta-analysis approach[J]. BMC Plant Biol., 20: 452.

Moeljo P, lkehashis H. 1981. Inheritance of Salt tolerance in rice[J]. Euphytica, 30: 291-230.

Mohammadi R, Mendioro M S, Diaz G Q, et al. 2013. Mapping quantitative trait loci associated with yield and yield components under reproductive stage salinity stress in rice(*Oryza sativa* L.)[J]. J Genet, 92(3): 433-443.

Nasu S, Suzuki J, Ohta R, et al. 2002. Search for and analysis of single nucleotide polymorphisms(SNPs) in rice(Oryza Sativa, Oryza ruffipogon) and establishment of SNP markers [J]. DNA Research, 9(5): 163171.

Niones J M. 2004. Five mapping of the salinity tolerance gene on chromosome 1 of rice(*Oryza sativa* L.) using near-isogenic lines[J]. International Rice Research Institute Repository.

Nutan K K, Kushwaha H R, Singla-Pareek S L, et al. 2017. Transcriptiondynamics of Sal tol QTL localized genes encoding transcription factors, reveals their differential regulation in contrasting genotypes of rice[J]. Funct. Integr. Genomics, 17: 69-83.

Pandit A, Rai V, Bal S, et al. 2010. Combining QTL mapping and transcriptome profiling of bulked RILs for identification of functional polymorphism for salt tolerance genes in rice(*Oryza sativa* L.)[J]. Mol Genet Genom, 284(2): 121-136.

Pasam R K, Sharma R, Malosetti M, et al. 2012. Genome-wide association studies for agronomical traits in a world wide spring barley collection[J]. Bmc Plant Biology, 12(1): 16.

Paterson A H, Larder E S, Hewitt J D, et al. 1988. Resolution of quantitative traits into mendelian factors, using a complete linkage map of resistance fragment length polymorphisms [J] . Nature, 335: 721−726.

Prasad S R, Bagali P G, Hittalmani S, et al. 2000. Molecular mapping of quantitative trait loci associated with seedling tolerance to salt stress in rice (*Oryza sativa* L.) [J] . Curr Sci, 78 (2): 162−164.

Qiu X, Yuan Z, Liu H, et al. 2015. Identification of salt tolerance−improving quantitative trait loci alleles from a salt−susceptible rice breeding line by introgression breeding [J] . Plant Breeding, 134 (6): 653−660.

Ren Z H, Gao J P, Li L G, et al. 2005. A rice quantitative trait locus for salt tolerance encodes a sodium transporter [J] . Nature Genetics, 37 (10): 1141−1146.

Rogbell J E, Subbaraman N, Karthikeyan C. 1998. Heterosis in rice (*Oryza sativa* L.) under saline stres condition [J] . Crop Res Hisar, 15 (1): 68−72.

Sabouri H, Biabani A. 2009a. Toward the mapping of agronomic characters on a rice genetic map: Quantitative Trait Loci analysis under saline condition [J] . Biotechnology, 8 (1): 144−149.

Sabouri H, Rezai A, Moumeni A, et al. 2009b. QTLs mapping of physiological traits related to salt tolerance in young rice seedlings [J] . Biol Plant, 53 (4): 657−662.

Sabouri H, Sabouri A. 2008. New evidence of QTLs attributed to salinity tolerance in rice [J] . Afr J Biotechnol, 7 (24): 4376−4383.

Seki M, Narusaka M, Ishida J, et al. 2002. Monitoring the expression profiles of 7000 Arabidopsis genes under drought, cold and high−salinity stresses using a full−length cDNA microarray [J] . Plant Journal, 31 (3): 279−292.

Sessions A, Burke E, Presting G, et al. 2002. A high−throughput Arabidopsis reverse genetics system [J] . Plant Cell, 14 (12): 2985−2994.

Shen Y J, Jiang H, Jin J P, et al. 2004. Development of genomewide DNA polymorphism database for map−based cloning of rice genes [J] . Plant Physiology, 135 (3): 1198−1205.

Si L, Chen J, Huang X, et al. 2016. OsSPL13 controls grain size in cultivated rice [J] . Nature Genetics, 48 (4): 447−456.

Soda N, Kushwaha H R, Soni P, et al. 2013. A suite of new genes defining salinity stress tolerance in seedlings of contrasting rice genotypes [J] . Funct. Integr. Genomics, 13: 351−365.

Sun J, Xie D W, Zhang E Y, et al. 2019. QTL mapping of photosynthetic−related traits in rice

under salt and alkali stresses［J］. Euphytica, 215（9）: 147.

Sun J, Zou D, Luan F, et al. 2014. Dynamic QTL analysis of the Na^+ content, K^+ content, and Na^+/K^+ ratio in rice roots during the field growth under salt stress［J］. Biol Plant, 58（4）: 689−696.

Sushma T, Krishnamurthy S L, Vinod K, et al. 2016. Mapping QTLs for Salt Tolerance in Rice （*Oryza sativa* L.）by Bulked Segregant Analysis of Recombinant Inbred Lines Using 50K SNP Chip［J］. Plos One, 11（4）: e0153610.

Svishcheva G R, Axenovich T I, Belonogova N M, et al. 2012. Rapid variance components− based method for whole−genome association analysis［J］. Nature Genetics, 44（10）: 1166− 1170.

Takagi H, Tamiru M, Abe A, et al. 2015. MutMap accelerates breeding of a salt−tolerant rice cultivar［J］. Nature Biotechnology, 33（5）: 445.

Takehisa H, Shimodate T, Fukuta Y, et al. 2004. Identification of quantitative trait loci for plant growth of rice in paddy field flooded with salt water［J］. Field Crop Res, 89（1）: 85−95

Thoen P M, Olivas NHD, Kloth K J, et al. 2017. Genetic architecture of plant stress resistance: multi-trait genome-wide association mapping［J］. The New phytologist, 213（3）: 1346−1362.

Thomson M J, de Ocampo M, Egdane J, et al. 2010. Characterizing the saltol quantitative trait locus for salinity tolerance in rice［J］. Rice, 3: 148−160.

Thornsberry J M, Goodman M M, Doebley J, et al. 2001. Dwarf8 polymorphisms associate with variation in flowering time［J］. Nature genetics, 28（3）: 286−289.

Tian L, Tan L, Liu F, et al. 2011. Identification of quantitative trait loci associated with salt tolerance at seedling stage from Oryza rufipogon［J］. J Genet Genom, 38（12）: 593−601.

Tuberosa R, Frascaroli E, Salvi S, et al. 2005. QTLs for tolerance to abiotic stresses in maize: present status and prospects［J］. Dept Agroenvironm Sci & Technol , 50（3）: 559−569

Wang B, Xie G Q, Liu Z L, et al. 2019. Mutagenesis reveals that the OsPPa6 gene is required for enhancing the alkaline tolerance in rice［J］. Biotech Week, 10: 759.

Wang D L, Zhu J, Li Z K L, et al. 1999. Mapping QTLs with epistatic effects and QTL× environment interactions by mixed linear model approaches［J］. Theoretical & Applied Genetics, 99（7−8）: 1255−1264.

Wang W, Mauleon R, Hu Z, et al. 2018. Genomic variation in 3,010 diverse accessions of Asian cultivated rice [J]. Nature, 557 (7703): 43−49.

Wang Z, Chen Z, Cheng J, et al. 2012a. QTL analysis of Na^+ and K^+ concentrations in roots and shoots under different levels of NaCl stress in rice (*Oryza sativa* L.) [J]. PloS ONE, 7 (12): e51202.

Wang Z, Cheng J, Chen Z, et al. 2012b. Identification of QTLs with main, epistatic and QTL × environment interaction effects for salt tolerance in rice seedlings under different salinity conditions [J]. Theor Appl Genet, 125 (4): 807−815.

Wang Z, Wang J, Bao Y, et al. 2011. Quantitative trait loci controlling rice seed germination under salt stress [J]. Euphytica, 178 (3): 297−307.

Weigel D. 2012. Natural variation in Arabidopsis: from molecular genetics to ecological genomics [J]. Plant physiology, 158 (1): 2−22.

Weller J I , Soller M, Brody T. 1988. Linkage analysis of quantitative traits in an interspecific cross of tomato (lycopersicon esculentum x lycopersicon pimpinellifolium) by means of genetic markers [J]. Genetics, 118 (2): 329−339.

Wu F, Yang F, Yu D. 2020. Identification and validation a major QTL from "Sea Rice 86" seedlings conferred salt tolerance [J]. Agronomy, 10: 410.

Wu S J, Ding L, Zhu J K. 1996. SOS1. a genetic locus essential for salt tolerance and potassium acquisition [J]. Plant Cell, 8 (4): 617.

Xu J, Li H D, Chen L Q, et al. 2006. A protein kinase, interacting with two calcineurin B−like proteins, regulates K^+ transporter AKT1 in Arabidopsis [J]. Cell, 125 (7): 1347−1360.

Yang Q, Chen Z Z, Zhou X F, et al. 2009. Overexpression of SOS (Salt Overly Sensitive) genes increases salt tolerance in transgenic Arabidopsis [J]. Molecular Plant, 2 (1): 22.

Yano K, Yamamoto E, Aya K, et al. 2016. Genome−wide association study using whole−genome sequencing rapidly identifies new genes influencing agronomic traits in rice [J]. Nature Genetics 48, (8): 927.

Yao M, Wang J, Chen H, et al. 2005. Inheritance and QTL mapping of salt tolerance in rice [J]. Rice Sci, 12 (1): 25−32.

Zang J, Yong S, Yun W, et al. 2008. Dissection of genetic overlap of salt tolerance QTLs at the seedling and tillering stages using backcross introgression lines in rice [J]. Sci China C: Life Sci, 51 (7): 583−591.

Zeng Z B. 1993. Theoretical basis for separation of multiple linked gene effects in mapping quantitative trait loci[J]. Proc Natl Acad Sci U S A, 90(23): 10972−10976.

Zhang J H, Jia W, Yang, et al. 2005. Role of ABA in integrating plant responses to drought and salt stresses[J]. Field Crops Research, 97(1): 111−119.

Zhao K, Tung C W, Eizenga G C, et al. 2011. Genome−wide association mapping reveals a rich genetic architecture of complex traits in Oryza sativa[J]. Nature Communications, 2(1): 467.

Zheng H, Zhao H, Liu H, et al. 2015. QTL analysis of Na^+ and K^+ concentrations in shoots and roots under NaCl stress based on linkage and association analysis in japonica rice[J]. Euphytica, 201(1): 109−121.

Zhou X, Stephens M. 2012. Genome−wide efficient mixed−model analysis for association studies[J]. Nature Genetics, 44(7): 821.

本章作者　徐大勇　周振玲（连云港市农业科学院）

刘志霞　张　强（广东省农业科学院水稻研究所）

第 3 章　水稻耐盐碱性的基因编辑

基因编辑技术的发展与应用，无疑是本世纪生物学领域最重要的突破之一。加州大学伯克利分校教授 Jennifer A. Doudna 和德国马普学会病原体研究所教授 Emmanuelle Charpentier，因为在基因编辑技术领域做出的杰出贡献，获得了 2020 年诺贝尔化学奖。而华裔科学家张锋教授获得了基因编辑领域的重要专利。

基因编辑技术是利用序列特异性核酸酶（sequence specific nucleases, SSNs）在特定基因位点产生 DNA 双链或单链断裂，使受体在 DNA 修复过程中产生基因组序列的突变。该技术既服务于基因的功能鉴定，同时由于作物新品种的选育离不开突变体，而相较于已被广泛应用的物理诱变、化学诱变、航空诱变和 T-DNA 随机插入等技术存在突变效率低、突变位点无法控制和后续需要图位克隆鉴定突变位点等弱点，靶向性的基因编辑技术具有快速、高效和精准诸多优势。在水稻耐盐碱性的基础研究及提高水稻盐碱耐受性的应用研究中，基因编辑技术都已经发挥越来越重要的作用，成为基础研究和应用研究不可缺少的工具。

第 1 节　基因编辑工具的发展

水稻的农业性状改良离不开水稻的遗传多样性。传统农业在作物驯化和培育过程中，农人按照生产实践中长期积累的经验，选择具有符合生产生活需要的农艺特性的植株进行留种和杂交选育。在选育过程中，遗传学上的应用带来的基因层面的改变是基于育种目标对应的遗传位点的人为选择带来的。然而，也由于农

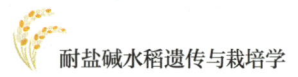

业生产对某一些性状的偏好，驯化的作物较它们的野生祖先在遗传多样性上是有损失的。因而，育种家也利用突变手段为驯化作物引入新的遗传变异。

在自然条件下，虽然作物也有基因突变的产生，然而这个过程太过漫长。为了使驯化的作物获得更丰富的遗传多样性，化学诱变、物理诱变等手段被应用于诱变育种。这类诱变方法产生很多突变体，育种家通过设置目标筛选条件来选择有益性状，进而杂交培育新的品种。诱变育种的方法是行之有效的，然而它也有很多的不足之处：诱变育种产生的序列突变是随机的，产生的表型是无法控制的，并且有效突变位点的鉴定很耗时，在其后汇聚优质性状的过程往往需要几年甚至几十年的时间。这就使育种家渴望能够拥有更加精准和快速的方法来实现对作物基因组的改变和调控。基因编辑工具的发展，开启了作物的精准编辑改造之路。

在过去的 30 年左右，使用可编程的序列特异性核酸酶 SSNs 作为基因编辑工具经历了一系列的发展演化。本节内容首先介绍基因编辑工具进行基因编辑的基本原理，而后介绍基因编辑工具的发展。

一、基因编辑工具的基本原理

（一）基于 DNA 双键断裂（double strand break，DSB）的基因编辑

基因编辑工具的基础构造，包括具有特异性的碱基序列结合功能域以及非特异性的核酸内功能域。工具利用碱基序列功能域引导核酸内切酶在目标基因位点进行切割，引入 DNA 的双键断裂，而后利用机体的 DNA 损伤修复的三个主要途径（Featherstone, 1999; Puchta, 2005），即非同源末端链接（non-homologous end joining, NHEJ）、单链退火（single-strand annealing, SSA）和同源重组（homologous recombination, HR），产生靶向编辑效应（图 3-1）。

NHEJ 途径是一种简单的连接，是一种快速的修复方式，易于出错，在活体内的 DNA 修复中占主导地位。此途径使受损 DNA 可以快速得到连接修复，但是此途径也会带来修复位点产生小片段插入或缺失等突变，被称作 InDel。目前水

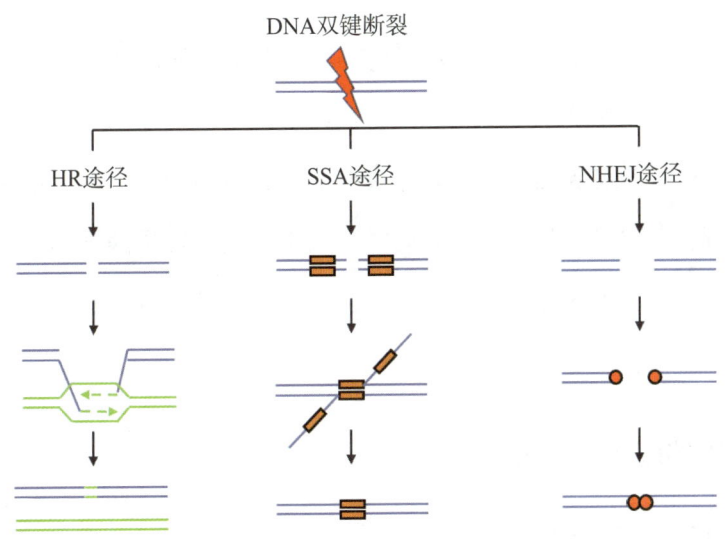

图3-1　DNA修复的HR（同源重组）、SSA（单链退火）、NHEJ（非同源末端链接）途径示意图

稻基因编辑领域的工作利用最多的就是此途径所产生的基因定向敲除。

SSA 途径是当 DSB 的两端临近处有串联的同向重复序列时，重复序列彼此退火配对，从而带来两处重复之间的序列被删除的效果。在基因功能敲除的基因编辑工作中，借助断裂处两端的小 / 微同源序列修复后形成的 InDel 常常可以看到。

HR 途径则是利用 DSB 两端具有同源序列（同源臂）片段作为修复模板（例如姐妹染色体的等位基因），得到与模板相同的修复结果。利用此途径，在同源臂的中间加入目标修饰片段可以进行片段插入、替换等精准编辑。

（二）不依赖 DSB 的基因编辑

为了实现更加精准的编辑效果，避免 DSB 的修复过程带给基因组的不确定性，改造的基因编辑工具不具有核酸酶活性或只具备切口酶活性，引导碱基转换工具到靶位进行单碱基转换，实现更加精准有效的定点突变。

（三）其他扩展应用

利用基因编辑工具的特异性碱基序列识别结合功能域，将其与一个自发转录激活或抑制结构域相连接，成为人工合成转录因子。对于水稻的内源基因过表达，尤其是多基因的过表达，使用人工合成的转录激活因子，可以避免基因克隆的烦琐，达到事半功倍的效果。与此同时，人工合成的转录因子的表达，若使用组织特异性启动子、诱导性启动子等等，可以对目标基因进行时间和空间上的精准调控。

二、基因编辑工具类型

（一）大范围核酸酶（mega nucleases, MNs）

早期的基因编辑工作的成功尝试，是利用显微注射法将编辑模板注入小鼠胚胎干细胞的细胞核，使目标序列通过同源重组修改内生序列（Capecchi, 1989）。然而仅通过同源重组来整合外源基因序列进入内生序列的效率使非常低的。研究表明，DNA 的 DSB 引入大大提高了基因编辑的效率（Rouet, 1994; Cohen-Tannoudji, 1998），并且产物中既有 HR 也有 NHEJ 途径的修复。这项研究在小鼠细胞中表达了一种具有非常高序列特异性的天然限制性核酸内切酶 *I-SceI*。这类限制性核酸内切酶被称作大范围核酸酶，它们识别具有 12 ~ 40 个碱基对的双链 DNA 序列。同样的，在植物细胞的原生质体实验也表明 DSB 对于利用 IIR 途径进行基因编辑的促进作用（Puchta, 1993）。

虽然在使用上，MNs 仍然无法供普通实验室进行低成本的定制化使用，但由于它蛋白小、更精准的靶向性等优点，新一代 MNs 在基因治疗领域的靶向药物的开发方面得到应用。为了利用 MNs 的高特异性，并同时增加它的可定制性，Cellectis、Precision Biosciences 等生物公司也在持续进行 MNs 的改造和开发。

（二）锌指核酸酶（Zinc-finger nucleases, ZFNs）

虽然使用 MNs 在细胞核内对 DNA 进行序列特异性的剪切，的确在基因编辑的领域成为重要的突破，然而 MNs 无法根据实验需要灵活地进行可程序化定制的酶切，因此无法满足自由选择任意基因位点进行修饰的需要。

真正意义上的基因编辑工具，始于 ZFNs 这一人造的嵌合体核酸酶的开发，ZFNs 也被认作第一代基因编辑工具。锌指蛋白是真核细胞基因组存在的最广泛的蛋白类型之一，需要与锌离子结合来稳固蛋白结构，正常发挥功能。这类蛋白很多都是转录因子。

FokI 是一种 type Ⅱ S 型的限制性核酸内切酶，具有 N 端的序列特异性的 DNA 结合域和 C 端的非序列特异性的 DNA 切割域，它识别非对称性的 DNA 序列（上链 5'…GGATG（N）$_9$…3'，下链 3'…CCTAC（N）$_{13}$…5'），在识别序列之外进行剪切。FokI 蛋白的切割域是非特异性的（Li, 1992），并且必须是二聚体状态时才具有酶切活性（Bitinaite, 1998）。

1996 年，Y. Kim 等报告了他们的一项发明（Kim, 1996），将一对锌指蛋白的 DNA 结合域分别连接 FokI 切割域二聚体的一半，形成了人造的核酸内切酶，实现了对目标序列的成功切割。其中，DNA 结合域的每一个"锌指"识别一组特异的三联体碱基，在理论上可以对应任何 64 个密码子中的一个，"锌指"模块串联组合实现任意基因序列的识别。在 FokI 切割域二聚体的两端，分别是 3 个锌指模块来识别 9 个碱基序列，两端一共特异性识别 18 个碱基序列，一般情况平均每 500 bp 基因组中有潜在的可靶向位点（图3-2）。这项技术打开了可编程定制化基因编辑的大门。

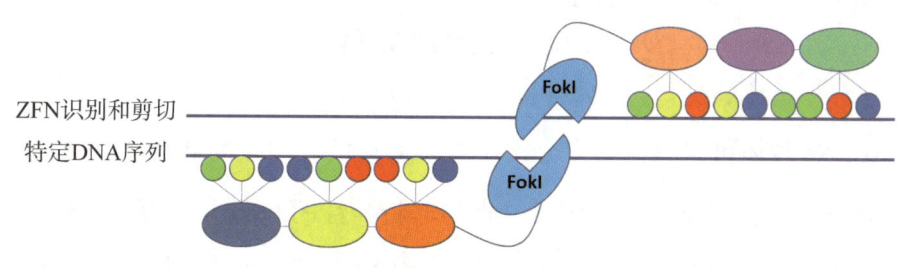

图3-2　ZFNs示意图

（三）转录激活因子样效应物核酸酶（transcription activator-like effector nucleases, TALENs）

TALE 效应子是在一类植物病原菌 *Xanthomonas sp.* 中发现的，TALE 效应子产生的蛋白，通过细菌Ⅲ类分泌系统注入宿主细胞的细胞核，与对应的 DNA 序列结合，激活宿主的某些基因表达，促进细菌的集落形成。TALE 的中心靶向识别结构域具有重复结构，每个重复由 33 ~ 35 个氨基酸序列组成，并且每个重复的序列基本一致，除了 12 和 13 号位点氨基酸的变化，是特异性识别核苷酸的关键部件，被称作 RVD（repeat variable di-residue）（Bonas, 1989）。其中，第 13 位识别特定核苷酸，第 12 位用于稳定 RVD 结构，与 DNA 蛋白质骨架结合（Boch, 2010）。TALENs 技术利用的 TALE 效应子中每个 RVD 基本上只识别专一的单核苷酸〔NI 靶向腺嘌呤（A），HD 靶向胞嘧啶（C），NN 靶向鸟嘌呤（G），NG 靶向胸腺嘧啶（T）〕，通过串联 RVD 一一对应靶向序列的每个核苷酸。与人工合成的 ZFNs 思路类似，在 FokI 切割域二聚体的两侧分别连接一组按照靶向序列设计串联的 TALE 效应子，构成非同源二聚体的人造嵌合体核酸酶，切割两个靶位序列之间的 DNA（Christian, 2010）（图 3-3）。

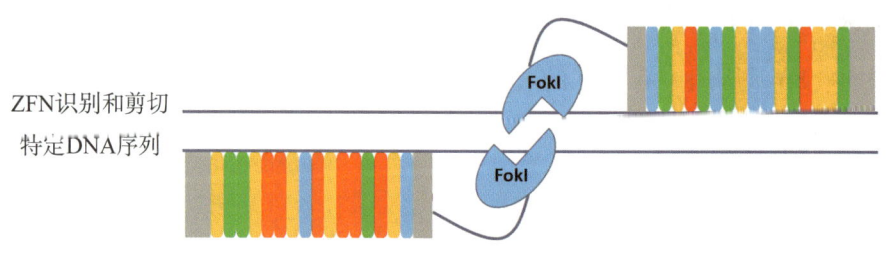

图3-3　TALENs结构示意图

TALENs 载体可以看作是多个模块组合而成的。初级的 RVD 模块构成靶向 DNA 结合域，靶向 DNA 结合域又分别与非特异性的 FokI 切割域二聚体之一进行组合，进而构成整个载体。TALENs 载体的构建充分利用了 Golden Gate 克隆法，就是利用 Type Ⅱ S 型限制性内切酶在识别结合 DNA 位点之外切割成粘性末端的特性，设计出 4 个碱基的特异性互补片段，使近乎重复序列的 RVD 可以按照设计顺序进行彼此连接组装（Cermak，2011）。此方法用于 TALENs 载体搭建省时省力，可以在一个体系中完成多个重复单元模块的组装。ZFNs 载体的搭建往往需要数周的时间，而 TALENs 的载体则可以在几天时间构建成功。TALENs 技术也被认作第二代基因编辑技术。

（四）规律成簇的间隔短回文序列重复及其相关蛋白（clustered regularly interspaced short palindromic repeats and associated protein, CRISPR/Cas）

如果说 ZFNs 和 TALENs 的发明打开了基因编辑真正的大门，那么 CRISPR 体系的发明是将基因编辑工作推向了高潮，也使全社会对于基因编辑领域有了更深入的关注。1987 年，日本科学家首次在研究大肠杆菌的 *iap* 基因时，留意到了特殊的侧翼结构（Ishino，1987）。之后的将近 20 年里，以 F. J. M. Mojica 为代表的数个科研团队逐渐探索清楚了 CRISPR/Cas 系统在原生动物细胞中起到的免疫作用及机理（Mojica，1993; Mojica，1995; Mojica，2000; Jansen，2002; Mojica，2005; Pourcel，2005; Bolotin，2005）。原生动物为了对抗入侵病毒和质粒的侵害，将外源核酸链以片段形式整合进自身染色体，整合后的序列作为一种"免疫记忆"，当再一次遇到与该序列互补的外源核酸序列后，能够对其进行识别、结合和切割。而这种整合后的序列就被称作规律成簇的间隔短回文序列重复（clustered regularly interspaced short palindromic repeat，简称 CRISPR）。

随着研究的不断深入，CRISPR 免疫体系各个组件的作用被逐渐探明，CRISPR 也按照构成的特征分成了不同类型。目前应用得最广泛的是 Class 2 Type Ⅱ 的 CRISPR/Cas9 体系，是由 crRNA、tracrRNA 和 Cas9 蛋白组成的复合体。复合体识别的靶向序列位于一段短 DNA 序列被称作 PAMs（Protospacer Adjacent Motifs）的上游大概 16～20 bp 的序列，crRNA 识别与其互补的外源 DNA 20 个碱基序列，DNA 双链被从 PAM 一端解开，形成 R–Loop，crRNA 将与互补链杂交，而另一条链则保持游离状态，Cas9 的切割位点位于 PAM 上游 3 个核苷酸位置，Cas9 蛋白的 HNH 结构域负责切割与 crRNA 互补配对的那一条 DNA 链，而 RuvC 结构域负责切割另外一条非互补 DNA 链，形成平末端的 DNA 双链断裂。

2012 年夏天，M. Jinek 等（Jennifer A. Doudna 与 Emmanuelle Charpentier 合作）成功解析了 CRISPR/Cas9 基因编辑的工作原理，利用了 Class 2 Type Ⅱ 类型 CRISPR/Cas9 剪切只需一个 Cas 蛋白的特性，证实了在试管中利用 CRISPR/Cas9 体系可以进行靶向的酶切（Jinek, 2012），并进而改造将 crRNA 与 tracrRNA 人工嵌合成为一条 sgRNA（single guide RNA）（图 3-4），引导整个复合体识别和结合靶向序列进而切割。次年初，张锋团队的 L. Cong 等，George M. Church 团队的 P. Mali 等，Jennifer A. Doudna 团队的 M. Jinek 等，将 CRISPR 基因编辑技术应用于哺乳动物和人类细胞（Cong, 2013; Jiang, 2013a, 2013b; Mali, 2013b; Jinek, 2013），而后也应用于植物。CRISPR 基因编辑技术开始全面开花，其中也有众多华人学者在 CRISPR 基因编辑方面脱颖而出（Shan, 2013; Xie, 2013; Mao, 2013; Mali, 2013a; Feng, 2013; Liang, 2013c）。

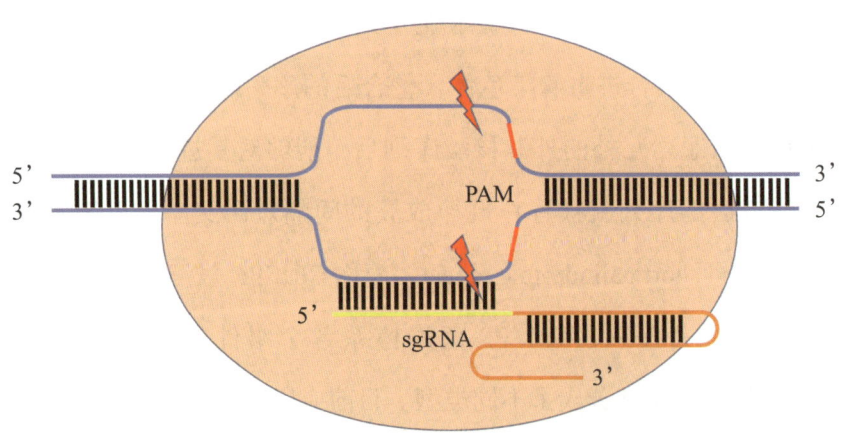

图3-4　CRISPR/Cas9结构示意图

真核细胞的 CRISPR 免疫机制包含了不同的种类以及种类之下划分的类型。按照效应子复合体是单一 Cas 蛋白还是多蛋白，可以把 CRISPR 分成 Class 1 和 Class 2 两大种类（表 3-1）（Dastjerdi, 2019）。目前被改造成为基因编辑工具的基本都来自 Class 2。除了被广为利用的 Type Ⅱ 的 Cas9 蛋白复合体系统之外，Class 2 中 Type Ⅴ 类型的 Cas12a（原称为 Cpf1）体系（Zetsche, 2015; Yin, 2017），体系的体积小更易于遗传转化，识别富 AT 的 DNA 区间，Cas12a 具有双切割活性，由 RuvC 在 PAM 远端的 DNA 双链切割出粘性末端，并且 Cas12a 自身具有 RNA 酶活性，可以移除 crRNA 前体的部分序列，辅助后者产生成熟的 crRNA（Fonfara, 2016）。而 Class 2 的 Type Ⅵ 类型的 Cas13 则靶向攻击 RNA，可用于 RNA 水平的基因编辑（Abudayyeh, 2016）。

表3-1　　　　　　　　　　　　　CRISPR的两大种类

种类	类型	代表核酸酶	基本特征
Class 1	Type Ⅰ	Cas3	核酸酶为多蛋白，靶向目标为DNA
	Type Ⅲ	Cas10	核酸酶为多蛋白，靶向目标为DNA或RNA
	Type Ⅳ	—	缺失核酸酶，整个体系小
Class 2	Type Ⅱ	Cas9	核酸酶为单一Cas蛋白，靶向目标为DNA
	Type Ⅴ	Cas12	核酸酶为单一Cas蛋白，靶向目标为DNA
	Type Ⅵ	Cas13	核酸酶为单一Cas蛋白，靶向目标为RNA

（五）衍生工具

可程序化定制的人造核酸内切酶最直接的功用，就是对靶向核酸序列进行酶切，形成 DSB，在 DNA 修复 DSB 的过程中引入 InDels，InDels 造成移码突变，即基因阅读框架发生变化、下游密码子改变，从而编码完全不同的肽链，使原基因功能失效，从而实现基因敲除。在这个基本功能的基础上，基因编辑也进一步发展，扩展出诸多衍生工具和编辑策略。

1. PAM 限制的突破

CRISPR/Cas9 体系是目前在作物育种领域应用最广泛的基因编辑体系。初代 CRISPR/Cas9 体系的 Cas9 蛋白是从 *Streptococcus pyogenes* 中分离出来的（SpCas9），它识别和结合 PAM 为 NGG 的上游的靶点序列。虽然相比于 ZFN 和

TALEN 体系，CRISPR/Cas9 的靶向识别和结合仅需要一小段 RNA，载体构建也容易了很多，然而 PAM 的存在，仍旧一定程度上限制了靶位点的选择，不能够完全精准地与目标序列结合，成为一种局限。为了突破 PAM 的限制，研究者一方面通过突变的手段，有目的性地改变或降低 SpCas9 对 PAM 识别的特异性，扩展 SpCas9 的兼容性，另一方面大量筛选不同菌株以获取具有其他 PAM 的 Cas 蛋白。

B. P. Kleinstiver 等（2015b）利用定向进化的方法，筛选出 SpCas9-VQR、spCas9-EQR 和 SpCas9-VRER 三个变种，分别识别 NGA、NGAG 和 NGCG 的 PAM 序列。David Liu 实验室在 2018 年利用噬菌体辅助连续进化的方法（phage-assisted continuous evolution，PACE）构建出 SpCas9 的变体，可识别 NG、GAA 和 GAT 的 xCas9（Hu，2018），xCas9 不仅具有更宽泛的 PAM 兼容性，其 DNA 结合的特异性也比野生型的 SpCas9 更高。同年，H. Nishimasu 等（2018）构建出活性更强的 SpCas9-NG 变体，其识别的 PAM 序列拓展至 NG。2020 年，David Liu 团队进一步利用 PACE 技术，构建出了一系列 SpCas9 突变体，将识别的 PAM 序列拓展至 NRNH，这一系列的工作使 SpCas9 及其突变体的工具集合几乎可以摆脱 PAM 的限制（Miller，2020）。同年，B. P. Kleinstiver 课题组又一次将 SpCas9 强势升级成为几乎不受 PAM 限制的 SpRY 体系（Walton，2020）。

由于 CRISPR 系统广泛存在于细菌中，因此很多研究组也展开了对其他菌种的筛选，得到了许多可以应用于基因编辑的 CRISPR 蛋白。这个策略拓宽了 CRISPR 可应用的靶点范围，同时也绕开了专利上的制约。在 *Streptococcus thermophilus* 中的 St1Cas9 识别 NNRNVA 的 PAM，*Staphylococcus aureus* 中的 SaCas9 识别 NNGRRT 的 PAM（Deveau，2008; Horvath，2008; Kleinstiver，2015a，2015b; Ran，2015），F. A. Ran 等筛选出六个比 SpCas9 更小的 Cas 蛋白。B. P. Kleinstiver 等（2015a）也利用定向进化方法将 SaCas9 改造为可以 KKH SaCas9 识别 NNNRRT 的 PAM 序列，比野生型 SaCas9 具有更低的 PAM 特异性，扩展了可应用的靶位序列。张锋团队对大量细菌菌种的筛选过程中，发现了包括 Cpf1（后被命名为 Cas12a）和 C2c2（后被命名为 Cas13a）为成功代表的可用于基因编辑的 Cas 蛋白（Zetsche, 2015; Abudayyeh, 2016）。Cas12a（Cpf1）属于 Class 2 Type V 类型，比 SpCas9 的蛋白尺寸更小，PAM 的特性使 Cas12a 更适用于 AT 丰富区，Cas12a 本身具有双切割活性，由 RuvC 在 PAM 远端的 DNA 双链切割出粘性末端，并且自身具有 RNA 酶活性，可以移除 crRNA 前体的部分序列，辅助产生成熟的 crRNA。而 Class 2 Type Ⅵ 类型的 Cas13a（C2c2）则用于 RNA 编辑。J. A. Doudna 团队从古细菌中筛选出的 Cas14，只有 Cas9 的一半左右大小，无需 PAM 序列，切割单链 DNA（Single-Stranded DNA, ssDNA）（Harrington, 2018）。

2. 多靶点编辑

不同于 ZFN 或 TALEN 技术，每个靶点的基因编辑载体都需要单独构建，CRISPR 体系只需要表达一小段 gRNA 即可引导整个 Cas 蛋白复合体进行靶向基因编辑。因此，在该技术发明的初期，就论述了 CRISPR/Cas9 作为多靶点基因编辑体系的应用可能（Cong, 2013）。2015 年刘耀光研究组开发了同时适用于单子叶植物和双子叶植物的多靶点基因编辑 pYL 系列载体（Ma, 2015），利用多个 RNA polymerase Ⅲ 启动子实现多 sgRNA 的分别表达。在水稻中使用了 OsU3、OsU6a、OsU6b、OsU6c，在拟南芥中使用了 AtU3b、AtU3d、AtU6-1、AtU6-29。利用该体系，实现了一个质粒载体搭载 8 个 sgRNA 表达盒。pYL 体系中各个 sgRNA 由单独的启动子驱动表达，互不干扰，广泛应用在植物的多位点敲除。然而该体系结构比较复杂，需要一系列中间载体，构建起来比较烦琐，费时费力；并且由于每个 sgRNA 均需要单独的启动子，也导致载体体积过大，影响遗传转化效率。同年，谢卡斌、B. Minkenberg 和杨亦农共同利用 tRNA 由真核细胞内源 RNase P 和 RNase Z 识别并在特定位点切割的特性，发明了 tRNA-gRNA 表达体系，该体系使一个 RNA polymerase Ⅲ 启动子表达一连串由 tRNA 间隔的 gRNA，在活体内被 RNase P 和 RNase Z 识别剪切成为成熟的独立 sgRNA（Xie, 2015）。使用 tRNA-gRNA 大大缩小了 gRNA 表达盒的大小。与 tRNA-gRNA 策略类似，M. Kurata 等使用 Csy4 蛋白，将 Csy4 与 Cas9 用 P2A 连接，使 Csy4

和 Cas9 在同一转录启动子和终止子下表达。同时 sgRNA 前体使用同一启动子表达，由 Csy4 可识别的 20 bp 序列为间隔，在活体内 Csy4 进行识别和切割形成成熟 sgRNA（Kurata，2018）。使用这个方法，实现了多达十个 sgRNA 在同一表达盒中表达。但与 tRNA-gRNA 策略相比，这个方法需要额外的 Csy4 的表达，而 tRNA-gRNA 策略利用了真核细胞内源的 RNase P 和 RNase Z 来加工，更加方便。除此之外，Cas12a（Cpf1）自身具有 RNA 酶活性，可以将串联 crRNA 加工成为成熟的 crRNA（Zetsche，2017）。上述多靶点基因编辑体系由图 3-5 展示。

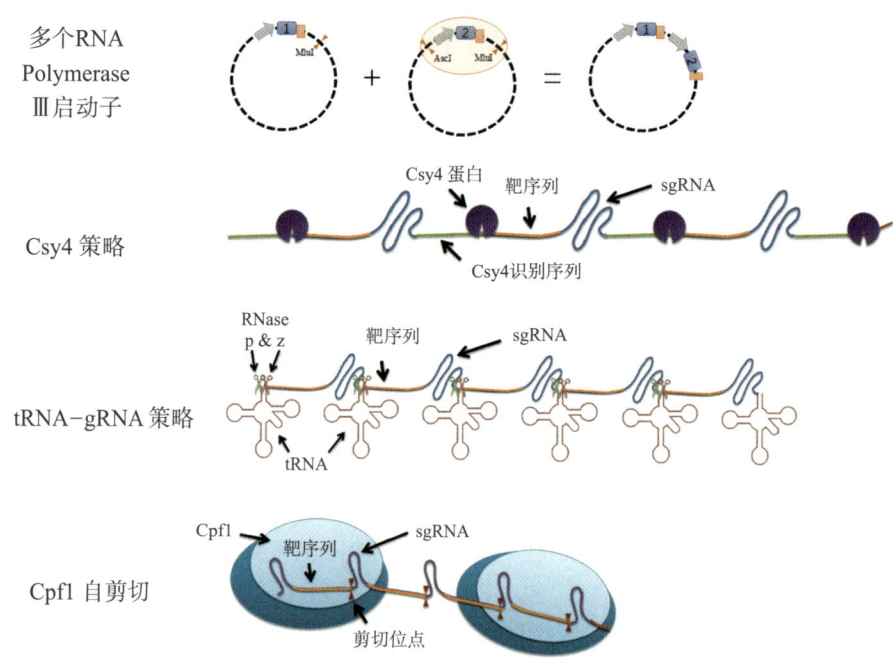

图3-5　多靶点基因编辑体系示意图

3. 精准编辑

然而仅仅对基因进行敲除是不能满足生物学研究者们的。从基因编辑的最初发展，利用 HR 途径进行精准的基因编辑就是一直以来的目标之一。由于 HR 模式在细胞修复中发生率比较低，通常小于 10%，这就增加了基因敲入或片段置换的难度。很多科学家致力于提高 HR 修复的效率。其中方法之一，是通过抑制 NHEJ 途径，使 DNA 修复更多进入 HR 途径。T. Maruyama 等（2015）利用 Scr7

抑制 NHEJ 修复途径上的关键酶 DNA ligase Ⅳ，攻击 DNA ligase Ⅳ 的 DNA 结合域，影响它与双键断裂的 DNA（DSB）结合，在哺乳动物细胞和小鼠实验中，HR 途径修复效率提高了高达 19 倍的效果。V. T. Chu 等（2015）不但试验使用了 Scr7，还通过抑制 NHEJ 的关键分子 KU70 和 KU80，或对 DNA ligase Ⅳ 进行基因沉默，与 Cas9 系统共表达 Ad4（adenovirus 4）的 E1B55K 和 E4orf6，以及 DNA 修复信号通路上的其他信号蛋白，分别提高了 4 ~ 5 倍以及高到 8 倍的 HR 修复效率。C. Yu 等（2015）发现 L755507 和 Brefeldin A 两种小分子可以在小鼠胚胎干细胞中提高 HR 修复效率 2 ~ 3 倍。J. Pinder 等（2015）发现 RS-1 分子在人体胚胎肾细胞中提高 HR 修复效率 3 ~ 6 倍。

HR 途径的 DNA 修复一般发生在细胞周期的 S 期和 G2 期。在动物细胞系中试验，将被编辑的细胞同步于 HR 最活跃的细胞分裂时期，增加 HR 途径被利用的概率。但这个方法目前在植物中还较难应用。

另外一种策略是增加 HR 修复途径中可使用的 DNA 的模板数量，其中利用双生病毒改造而成的被称为 DNA replicon 的系统在植物细胞内大大修复模板的拷贝数，在 TALEN 和 CRISPR 编辑体系下均有应用（Baltes, 2014; Gil-Humanes, 2017）。

4. 碱基编辑

作物的许多农艺性状是由基因上少数几个单碱基突变引起的，通过 DNA 的 HR 修复途径进行精准的基因编辑虽然可行，但是效率较低，并且 DNA 模板往往两端各需要至少几百个碱基的同源臂，因此对于个别碱基的编辑，研究者一直在寻找更加便捷的方式。碱基编辑器应运而生。

2016 年，David R. Liu 实验室 A. C. Komor 等（2016）发明了不需要修复模板的可程序化定制的碱基置换编辑器（base editor, BE）。碱基编辑器的构成：首先将经典的 CRISPR/Cas9 体系的 Cas9 蛋白改造成完全失去酶切功能的 dCas9（dead Cas9），或突变 RuvC 结构域，使 Cas9 只切割 sgRNA 的互补 DNA 链，即只切割 DNA 单链的切口酶 nCas9（Cas9 nickase），而后连接一个胞嘧啶脱氨酶

成为胞嘧啶碱基编辑器（CBE）实现 C 到 T 的转换，或连接腺嘌呤脱氨酶成为腺嘌呤碱基编辑器（ABE）实现 A 到 G 的转换（Gaudelli, 2017）（图 3-6）。该发明也在包括水稻研究在内的植物学领域迅速得到广泛引用（Hua, 2018）。而后不久，使用其他 Cas 蛋白的碱基编辑器也应运而生，包括 Cas12a（Cpf1）和 SaCas9 碱基编辑器等，用来扩展可编辑的序列范围（Li, 2018; Hua, 2019）。

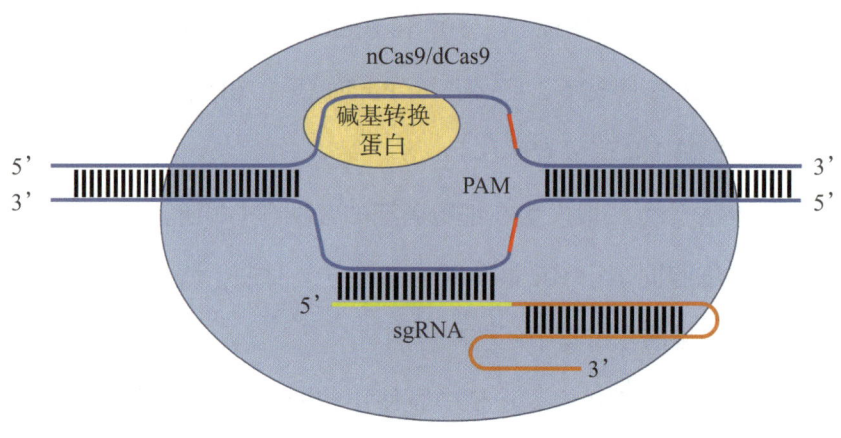

图3-6　碱基编辑器示意图

5. 先导编辑

基因编辑领域近几年的发展中，David Liu 实验室的工作极为亮眼，除了单碱基编辑器，2019 年又重磅推出了先导编辑器（prime editor, PE）（Anzalone, 2019）。单碱基编辑器虽然可以对单个碱基进行转换，然而目前的碱基编辑器仍然无法在四种碱基中随意转换，并且在编辑窗口内的同样目标碱基都有被转换的可能，因此单碱基编辑器并不能完全满足精准编辑的需求。而先导编辑器则克服了这些问题，也不需要 HR 途径编辑的较大尺寸 DNA 修复模板。先导编辑器在 sgRNA 的 3' 端增加一段 RNA 序列，形成 pegRNA，将 nCas9 与逆转录酶融合，形成新的融合蛋白，切割非靶向结合链（图 3-7）。pegRNA 上新增加的 RNA 序列有双重角色，一段序列作为引物结合位点（PBS），与断裂的 DNA 链 3' 末端互补以起始逆转录过程，另一段序列作为逆转录模板，携带了目标点突变或插入

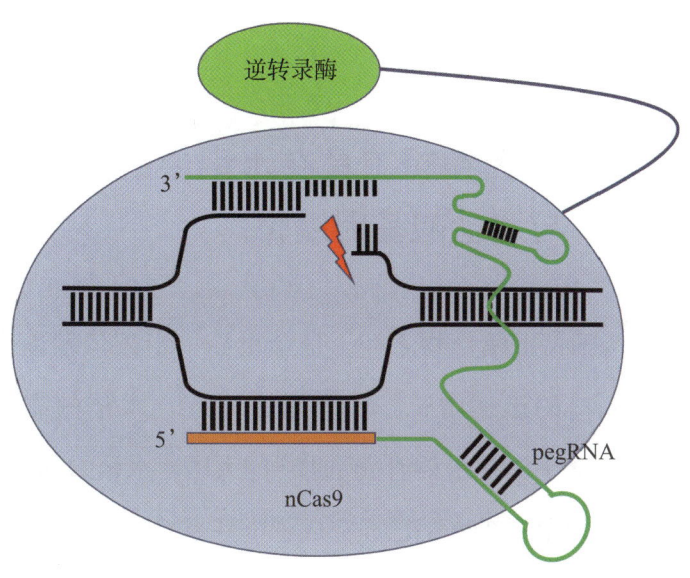

图3-7　先导编辑器示意图

缺失突变以实现精准的基因编辑。PE 编辑器不依赖 DSB 和 DNA 修复模板，便可有效实现所有 12 种碱基转换，还能有效实现多碱基的精准插入（已测试的最多可插入 44 bp）和删除（已测试的最多删除 80 bp）。第一代先导编辑器 PE1 具有基础的结构，PE2 在 PE1 的基础上对逆转录酶进行了优化，PE3 又进一步引入了非编辑链切口用以增加编辑序列的置换，PE3b 设计的 sgRNA 识别编辑后的序列。这一技术在发明公布之后，也同样被迅速应用于包括水稻在内的作物研究和应用领域（Xu, 2020; Lin, 2020; Tang, 2020; Li, 2020）。

6. 表观遗传修饰和人工转录因子

当人造核酸内切酶的酶切功能域进行突变使其丧失酶切功能时，其靶向序列识别结合功能仍然完好，将失去酶切活性的人造核酸内切酶蛋白与表观基因组修饰器、转录抑制因子或转录活化因子连接，可以实现表观遗传修饰或抑制及增强目标基因表达的功能。基因敲除产生的基因功能丧失和转基因方法的过量表达均是不可逆的，与此不同，使用人造表观遗传修饰器和人造转录因子是可逆的，不会对基因组进行永久性的改变，并且当人造转录因子使用组织特异性启动子或可诱导启动子时，便可以对目标基因进行更加精准的时空性的调控。

第 2 节　基因编辑工具在水稻中的广泛应用
与耐盐碱基因编辑

水稻作为世界三大主粮作物之一，是全世界一半人口赖以生存的粮食来源。伴随着亚洲人口的迅速增长，预计到 2050 年，水稻的需求将增加 40%（Milovanovic, 2017）。中国是水稻消费和生产的大国。水稻的基因组较小，只有大约 430 M。有几千个品种的水稻已经完成了全基因组测序，并且序列可公开获得（Wang, 2018）。水稻与其他禾本科植物具有共线性，并且它的遗传转化体系也比较成熟，是优秀的单子叶模式植物。因此，无论是在生产领域还是在科研领域，水稻都具有不可比拟的重要性。

一、基因编辑工具在水稻中的广泛应用

在过去的 10 年多时间，基因编辑领域的研究从雨后春笋般全面涌现，几乎没有一个生物学研究机构不使用这类技术。很多文章都验证了在作物活体内基因编辑工具的有效性，应用成果难以计数。对水稻这个重要的农业作物和模式植物的研究和应用领域也不例外，每一步的技术升级都迅速展开应用和技术拓展，因此基因编辑技术在水稻研究应用领域处于植物学基因编辑的前沿。

（一）第一代、第二代基因编辑工具在水稻中的应用

第一代嵌合体核酸酶的 ZFNs，作为基因编辑技术上的重大突破，在许多动物，以及拟南芥、玉米、烟草等植物中都得到了应用，在水稻中也有一定的应用（Cantos, 2014），但是由于 ZFNs 制备比较烦琐、费用高，专利在少数几家商业企业手中控制，因此第二代 TALENs 技术的出现几乎替代了 ZFN 技术。2012 年使用 TALENs 技术对水稻的 *Os11N3*（也称为 *OsSWEET14*）基因进行靶向突变，

使水稻获得了白叶枯病的抗性（Li, 2012）。使用 TALEN 敲除甜菜碱醛脱氢酶 2（*OsBADH2*）基因后，使香味物质 2AP 积累，提高了水稻的香味（Shan, 2015）。2015 年，朱健康项目组发现，将效率较低（0 ~ 6.6%）的 TALEN 载体 N287C230 的 C 端部分截断，可以将效率提高至 25%（Zhang, 2016）。此外，在 DNA ligase Ⅳ 缺失的情况下，TALEN 的效率大大提高（Nishizawa-Yokoi, 2016）。水稻中的脂肪氧合酶（Lipoxygenases, LOXs）催化含有至少一个顺，顺 -1，4- 戊二烯的多不饱和脂肪酸的氧化，生成氢过氧化物，是影响种子贮存寿命和活力的主要因素。在日本晴中使用 TALEN 敲除 *LOX3* 基因后，在高温高湿制造的人工陈化实验 9 ~ 12 天，突变体种子显示了更高的发芽率，并且种子的农艺性状，包括株高、穗数、穗长、叶长、旗叶长度、每株籽粒数、结实率、千粒重、每株产量等，并没有受到影响（Ma, 2015）。

（二）CRISPR/Cas9 工具在水稻中的应用

从 2012 年开始，随着 CRISPR/Cas9 技术的发明和迅速发展，该技术在人体细胞、模式生物斑马鱼和小鼠等被证明可以有效地进行活体内的基因编辑工作。很快，朱健康团队就将该技术的载体进行植物性优化，在拟南芥原生质体，以及稳定遗传转化的拟南芥和水稻中成功地进行了基因敲除（Feng, 2013）。同时期大批实验室纷纷进行 CRISPR/Cas9 技术在水稻等作物中的应用，包括使用原生质体做瞬时表达，或使用农杆菌介导的稳定遗传转化，均获得成功，证明该系统在作物中的有效性（Xie, 2013; Feng, 2013; Jiang, 2013c; Miao, 2013; Shan, 2013）。其中，将 CRISPR/Cas9 体系通过农杆菌介导的水稻稳定遗传转化，对水稻的 *ROC5*（rice outermost cell-specific gene 5）、*SPP*（stromal processing peptidase）和 *YSA*（young seedling albino）基因进行敲除，得到的靶向基因敲除的纯合型突变体和双等位基因型突变体的比例高达 84%，并且靶向突变向后代稳定遗传（Feng, 2013）。利用 CRISPR/Cas9 体系对水稻四个糖转运蛋白（*OsSWEET11*、*OsSWEET12*、*OsSWEET13* 和 *OsSWEET14*）的敲除，T0 代稳定遗传转化的水稻

苗获得了 87%～100% 的编辑效率，并且全部具有双等位基因突变，同时证明在两个临近靶点间产生了 115～245 bp 的大片段删除（Zhou, 2014）。

与此同时，CRISPR/Cas9 体系也得到了优化改造，例如进行 Cas9 蛋白的密码子优化，细胞核定位信号（nucleic localization signal, NLS）的添加，以及用于农杆菌转化的骨架载体等，使之更加适合在作物中的应用。可用于多靶点编辑的 CRISPR/Cas9 载体工具包括刘耀光研究组开发的同时适用于单子叶植物和双子叶植物的多靶点基因编辑 pYL 系列载体（Ma, 2015），使用多个 RNA polymerase Ⅲ 启动子实现多 sgRNA 的分别表达。谢卡斌、B. Minkenberg 和杨亦农（2015）发明的 tRNA-gRNA 表达体系，利用一个 RNA polymerase Ⅲ 启动子表达一连串由 tRNA 间隔的 gRNA，在活体内被 RNase P 和 RNase Z 识别剪切成为成熟的独立 sgRNA，大大缩小了多靶点 gRNA 的表达盒尺寸。M. Kurata 等（2018）使用 Csy4 蛋白，将一连串的 gRNA 用同一启动子表达，以 Csy4 可识别的 20 bp 序列为间隔，在活体内 Csy4 识别和切割形成成熟 sgRNA。

到目前为止，在水稻基因编辑的研究和应用领域，CRISPR 工具因其便捷性和低成本，已经将第一代和第二代的工具基本完全替代了。有大量的研究通过对水稻的已知基因进行编辑，快速获得大量用于实验室研究目的的性状改变的植株，以及具有实际生产意义的具有抗性、高产、高品质等优良性状的植株。

使用 pYL 系列的 CRISPR/Cas9 体系将粳稻品种 T65 的 *OsWaxy* 基因敲除，降低了米粒中直链淀粉的含量，使普通的粳稻品种成为糯性品种（Ma, 2015; Zhang, 2018）。粳稻品种 Kitaake 中控制胚乳淀粉分支的 *SBEIIb* 基因敲除后，米中的直链淀粉含量提高了 25%，抗性淀粉提高了 9.8%，更有利于糖尿病的防控（Sun, 2017）。将粳稻日本晴的甜菜碱醛脱氢酶 2（*OsBADH2*）基因敲除后，提高了米的香味（Shen, 2017）。

使用 CRISPR/Cas9 靶向敲除粳稻品种 LH422 中粒重的负调节基因 *GW2*、*GW5* 和 *TGW6*，其中双突变体 *gw5tgw6* 将籽粒的长、宽和千粒重分别提高了 11.69%、8.47% 和 12.68%，而三突变体 *gw2gw5tgw6* 更是将籽粒的长、宽和千粒重分别提高了 24.21% ~ 25.32%、19.79% ~ 20.46% 和 27.13% ~ 29.84%（Xu，2016）。在粳稻品种中花 11 号中，靶向敲除调节籽粒数的 *Gn1a* 基因，得到了籽粒数增加的突变体；敲除调节穗型的 *DEP1* 基因，得到了具有更密集的挺立穗的突变体；敲除调节籽粒大小的 *GS3* 基因，得到了更大的籽粒；敲除调节水稻株型的 *IPA1* 基因，靶向突变位点上微小 RNA OsmiR156 识别位点的不同，得到了改变数量的分蘖（Li，2016）。

水稻白叶枯病原细菌 *X. oryzae pv. oryzae* 诱导水稻中糖转运蛋白 *OsSWEET13* 的表达，促进宿主细胞释放糖分供病原菌使用，使用 CRISPR/Cas9 敲除 *OsSWEET13* 增强了水稻抗白叶枯的能力（Zhou，2015）。水稻中乙烯应答因子家族的转录因子 *OsERF922* 敲除后，6 个 T2 代突变系已分离去除转基因成分的纯合体编辑株，在接种稻瘟病病原菌后，叶面受损程度明显低于野生型，并且株高、旗叶长宽、有效穗数、穗长、每穗粒数、结实率及千粒重等农艺性状均没有影响（Wang，2016）。

大米是金属镉的主要饮食来源，因此减少稻米中的镉积累，意义重大。*OsNRAMP5* 基因是金属离子锰和镉的转运蛋白，敲除此基因的华占突变体的籽粒中的镉积累大大降低，并且产量基本没有影响（Tang，2017）。

使用 CRISPR/Cas9 技术将优秀籼稻品种 Kasalath 和特特普中的半矮秆基因 *SD1* 敲除后，获得了更加抗倒伏的矮秆水稻，并且产量得到了提升（Hu，2019）。*Hd2*、*Hd4* 和 *Hd5* 是 Ehd1 开花途径的三个主要抑制基因，负向调节北方水稻品种的生育期。使用 CRISPR/Cas9 敲除这三个基因，得到三个基因之中的不同敲除组合的产品，不同组合的生育期缩短程度有所不同，当三个基因被同时敲除时生育期缩短的程度最大（Li，2017）。这个方法克服了一些生育期过长的南方优良水稻品种难以向北方地区推广的问题。

水稻两系法杂交水稻利用光温敏型雄性不育系在特定光温条件下不能自交结实（花粉败育），可以做母本进行杂交制种，改变光温条件后，育性得到恢复，可正常自交结实进行繁种。温敏核不育基因 *TMS5* 编码一个核酸内切酶 RNase

Z^{S1}，该酶能把 Ub_{L40} 基因的 mRNA 切割降解为短片段。敲除 *TMS5* 使 RNase Z^{S1} 功能丧失，在高温条件下造成 Ub_{L40} 的 mRNA 过度积累，导致花粉败育。利用 CRISPR/Cas9 体系敲除 *TMS5* 成为创制温敏型雄性不育系的方法（Zhou, 2016）。花粉发育的一个 R2R3 MYB 转录调控因子 *CSA* 的突变，可导致水稻在短日照条件下雄性不育，利用 CRISPR/Cas9 创制成功粳稻光敏型雄性不育系（Li, 2016），提供了新的光敏不育系材料基因资源。

水稻的两个亚种籼稻与粳稻之间的杂交，往往会由于亚种间的生殖隔离造成后代结实率下降。在籼稻、粳稻品种中广泛存在 *Sa* 基因座上两个紧密连锁的基因 *SaM* 和 *SaF*，大多数籼稻具有 *SaF-i*/*SaM-i* 基因型，与粳稻的 *SaF-j*/*SaM-j* 基因型在杂交过程中互作，能导致花粉败育。在籼稻中使用 CRISPR/Cas9 敲除 *SaF* 或 *SaM*，成功创制广亲和品种的籼稻，使亚种间的杂种优势得到更广泛的利用（Xie, 2017）。籼稻和粳稻的 *Sc* 等位基因结构发生了很大变异，其中粳型等位基因座 *Sc-j* 仅包含一个花粉发育必需基因，而籼型基因座 *Sc-i* 则存在序列重组和基因拷贝数重复，重复的拷贝数越高，籼粳杂种的不育程度就越严重。使用 CRISPR/Cas9 将籼稻的 *Sc-i* 三个拷贝敲除一至两个，恢复 *Sc-j* 的表达水平和子代育性，减轻籼粳的杂种不亲和性（Shen, 2017）。

（三）CRISPR/Cas12a（Cpf1）工具在水稻中的应用

CRISPR/Cas12a（Cpf1）的 crRNA 比 sgRNA 更短，Cas12a 蛋白也比 Cas9 蛋白更小，更适合多靶点编辑，其 PAM 的特征也使之更适合富 A/T 的基因区域编辑，使之成为 Cas9 体系非常好的补充，是目前 CRISPR 编辑体系中 Cas9 以外应用最广泛的核酸酶。Cas12a 切割 DNA 后形成粘性末端，也增加了 HDR 修复途径发生的概率，有利于 DNA 片段的定点插入和替换。

A. Endo 等（2016）使用的 FnCpf1（*francisella novicida*）蛋白识别比其他已开发的 Cpf1 更小的 PAM（TTN），并对核酸酶蛋白分别进行了应用于双子叶植物的拟南芥密码子优化和应用于单子叶植物的水稻密码子优化。使用该体系在水稻中成功靶向攻击了 *OsDL* 基因，成功获得了无中叶脉的表型，以及攻击 *OsALS*，得到了致死性状。同时该研究发现了 FnCpf1 产生的脱靶编辑。X. Yin 等（2017）使用 Cas9 体系与 LbCpf1（*lachnospiraceae bacterium*）体系同时靶向敲除水稻的气孔发育基因，获得的突变体水稻叶面气孔数量减少了八成，两个体系所选择的靶点分别攻击同一基因的几乎重合的位点，印证了两个体系在植物中作用相当，且两个体系在 10 个近似靶点均未发现脱靶现象。X. Hu 等（2017）同时使用 FnCpf1 和 AsCpf1（*acidaminococcus sp.*），并利用内源 tRNA 的策略加工 crRNA，攻击水稻的 *NAL1*（*narrow leaf1*）和 *LG1*（*liguleless1*）两个基因获得成功，并且在五个近似靶点均未发现脱靶现象。M. Wang 等（2017）比较了水稻中 FnCpf1 和 LbCpf1 在 *OsEPSPS*、*OsBEL* 和 *OsPDS* 三个基因上的表现，在全部六个靶点上 LbCpf1 都比 FnCpf1 具有更高的效率。X. Tang 等（2017）对 AsCpf1 和 LbCpf1 进行了密码子优化，在水稻原生质体中靶向攻击 *OsPDS*、*OsDEP1* 和 *OsROC5*，同样发现 LbCpf1 的表现优于 AsCpf1。M. B. Begemann 等（2017）测试了 FnCpf1 和 LbCpf1 在活体内切割 DNA 后同源重组修复的效率，发现与其他产生平末端切口的体系相比，Cpf1 的同源重组发生效率要更高，且 FnCpf1 效率高于 LbCpf1。S. Li 等（2018）将进行了植物密码子优化的 LbCpf1 进行定点突变，生成 RR 变体，使原本的 TTTV 的 PAMs 扩展为 TYCV，使水稻中可编辑的基因从 96% 提高到了 99.7%。A. A. Malzahn 等（2019）试验了 AsCas12a、FnCas12a 和 LbCas12a 在四个温度下在水稻原生质体中 NHEJ 修复途径的编辑效率，其中 AsCas12a 对温度更为敏感，FnCas12a 和 LbCas12a 的编辑效率也随温度变化，总体来说在 28 ~ 32℃之间的编辑效率要更高。

（四）对水稻的精准基因编辑

虽然使用基因编辑工具进行靶向的基因敲除在作物育种中的应用场景非常广泛，然而对于很多性状的改良，仍然需要更加精准的编辑方法。

T. Li 等（2016）使用 TALEN 技术成功将带有 *OsALS* 基因两个定点突变的模

板 DNA 片段通过 HR 修复途径，创制了抗除草剂的水稻产品并稳定遗传至后代，T1 代苗的形态特征与野生型没有任何差异。与之类似，Y. Sun 等（2016）使用 CRISPR/Cas9 和模板 DNA 改造水稻的 *OsALS* 基因，创制了抗除草剂产品。

J. Li 等（2016）利用 CRISPR/Cas9 对水稻 *EPSPS* 基因的第一和第二内含子同时进行靶向攻击，同时使用带有同样靶位点的模板 DNA，成功创制了抗草甘膦的水稻产品，并且靶向修饰稳定遗传至后代，此方法被称作 intron targeting。

J. Li 等（2017）使用 CRISPR/Cas9 体系基础上改造而成的 CBE 编辑器，对水稻 *OsSBEIIb* 和 *OsPDS* 基因进行靶向的 C 至 T 突变，在两个基因的三个靶点均成功在设计窗口区实现预期的 C 至 T 转变，并且效率要高于 HR 途径的基因编辑以及 intron targeting，但在窗口区也有非预期位点的碱基转变。Y. Lu 和 J. Zhu（2017）使用 CBE 编辑器改造了水稻的提高氮素使用效率的 *NRT1.1B* 基因和矮秆的 *SLR1* 基因。Z. Shimatani 等（2017）使用 CBE 修改水稻 *ALS* 基因，创制了抗农药 IMZ 的水稻。Y. Zong 等（2017）在水稻等作物的原生质体和活体内使用 CBE，对标记基因和内生基因均成功实现了 C 至 T 转变。B. Ren 等（2017）使用水稻 CBE 工具（rBE3）改变了水稻 *IPA1* 基因上 OsmiR156 的识别位点，使水稻具有更好的株型；同时又将 rBE3 的 Cas9 替换为 PAM 更灵活的变种 Cas9n（VQR）成为 rBE4，而后使用 rBE4 将稻瘟病易感型蛋白 pi-ta 编辑为抗性的 Pi-ta。为解决 APOBEC1 偏好 C 的 5' 端为 T，GC 编辑效率非常低的问题，而水稻基因往往富 GC，该团队将鼠的胞嘧啶脱氨酶 APOBEC1 更换为人的胞嘧啶脱氨酶 AID（hAID），并进行水稻密码子优化，编辑了数个基因，证明紧挨着 G 的 C 也得到了有效编辑（Ren, 2018）。C. Li 等（2018）使用 ABE 在水稻中对数个基因成功进行了碱基编辑。F. Yan 等（2018）使用 ABE 成功编辑了水稻 *OsMPK6* 基因的病原菌响应磷酸化位点、*OsMPK13* 基因的转译起始点，以及 *OsSERK2* 和 *OsWRKY45* 基因的病原菌响应位点，同时也在载体中加入 GFP，使转化的愈伤组织可以通过手持的 UV 灯进行跟踪。朱健康团队的 K. Hua 等（2018）构建的 ABE 工具也在水稻的数个基因位点成功实现了目标碱基转换，并且没有发现

InDels。该团队后续又将 CBE 和 ABE 编辑器的 SpCas9 和 SaCas9 进行了改造，变体具有扩展的 PAM，增加了工具应用范围（Hua, 2019）。

先导编辑器 PE 的出现将精准基因编辑又向前推进了一大步，自其发明公布起，作物基因编辑领域的试验便立刻开展。X. Tang 等（2020）在水稻原生质体中开展了试验，将 PE3 和 PE3b 改造为分别具有植物密码子优化及启动子终止子优化的 PPE3-V01 和 PPE3-V02，但获得了比较低效率的编辑，同时也产生了大片段缺失，而后根据 PE2 改造的植物 PPE2 体系则取得了更好的结果。Q. Lin 等（2020）在水稻原生质体中的标记基因编辑试验发现 PPE3 的效率低于碱基编辑器，而 PPE3 或 PPE3b 与 PPE2 在原生质体中编辑水稻内源基因的效率相似，且 Cas9 体系基因敲除效率高的位点并不一定具有高效率的先导编辑效果，对于片段插入，序列越长效率越低。R. Xu 等（2020）在稳定转化苗中按照 PE2 结构设计的植物体系 pPE2 在几个位点中获得了效率差异很大的结果，在试图改进以增加效率而使用 PE3 结构的 pPE3 却得到了更低的效率，而后将 pPE2 体系增加了 surrogate 筛选方法得到了更好的结果。H. Butt 等（2020）使用 PE2 在稳定转化的水稻中成功编辑了 *OsALS*、*OsIPA* 和 *OsTB1* 基因，而使用 PE3 和 tRNA-gRNA 得到了与 PE2 相似的效率。由于在人体细胞实验中，PE3 体系的表现优于 PE2，因此 W. Xu 等（2020）在稳定转化的水稻实验中也选择了先测试 PE3 体系，并成功编辑了 *OsALS*、*OsACC* 和 *OsDEP* 基因。H. Li 等（2020）使用 PE3 策略和 tRNA-gRNA 体系，在水稻中取得了成功的先导编辑。K. Hua 等（2020）在水稻实验中也得出同样的结果，PE3 策略相同的 Sp-PE3 表现不如与 PE2 策略相同的 Sp-PE2。S. Jin 等（2021）在水稻原生质体中测试了 PE2 对错配的容忍度，以及基因组范围内的 pegRNA 相关脱靶效应及 pegRNA 非相关脱靶效应，结果显示基因组范围内 pegRNA 相关脱靶效应很低，并且没有检测到 pegRNA 非相关脱靶效应。2021 年，R. Xu 等（2021）利用先导编辑器对水稻的 *OsACC1* 基因进行关键位点的饱和氨基酸突变，实现定向进化，获得了抗 APP（aryloxy phenoxy propionate，芳氧苯氧丙酸）类除草剂的水稻新种质，为作物基因关键位点的功

能挖掘和作物重要基因充分进化提供了新的技术思路。

二、基因编辑在水稻耐盐碱研究中的应用

水稻对于盐胁迫表现为中度敏感，对盐胁迫的耐受性是受多基因控制的数量性状，在不同生长阶段的耐盐性和耐盐响应调控机制都有所差异。伴随着水稻功能基因组学研究的不断深入，水稻在不同生长阶段的耐盐碱的分子机理，为我们提供了越来越多可以利用基因编辑工具来精准改良水稻耐盐碱性的途径。

水稻的 *OsRR22* 基因编码一个 696 个氨基酸的 B 型反应调节蛋白转录因子，参与细胞分裂素信号转导和代谢。A. Zhang 等（2019）使用 CRISPR/Cas9 在粳稻品种 WPB106 中敲除该基因，并获得 T2 代无转基因成分的纯合突变体，从发芽后两周起，在 0.75% 的 NaCl 溶液中继续生长两周，而后比对突变体与野生型的鲜重、干重和株高，均显示突变体对盐水的耐受性大大提高。水稻中的 DST 蛋白（drought and salt tolerance）是一种锌指蛋白转录因子，在编码序列上具有 N69D 突变的突变体表现出提高叶宽、降低气孔密度，突变体通过改变了的 H_2O_2 平衡增强对盐胁迫和干旱的抗性（Huang, 2009）。半显性的 *DST^reg1* 突变等位基因扰乱了水稻中 DST 控制的细胞分裂素氧化酶基因 *OsCKX2*（cytokinin oxidase 2）的表达，使细胞分裂素在花絮的分生组织聚集，从而增加了穗粒数（Li, 2013）。V. V. S. Kumar 等在印度广受欢迎的水稻大品种 MTU1010 中使用 CRISPR/Cas9 敲除了 *OsDST* 基因，突变体具有更宽的叶面和降低的气孔密度，以及由此带来的脱水条件下增强的叶面保水能力。突变体的 qRT-PCR 结果显示，气孔密度的降低，一部分是由于 *SPCH1*、*MUTE* 和 *ICE1* 基因被负向调节，同时突变体在苗期也表现出了一定程度的渗透压胁迫抗性以及对盐胁迫的高耐受性（Kumar, 2020）。

水稻中含有 AP2/ERF 家族转录因子参与很多非生物胁迫，其中五个 RAV 基因中的 *OsRAV2* 基因被高盐环境诱导，在高盐环境下稳定表达，并且仅受钠离子影响，而在氯化钾、甘露醇导致的高渗透压、低温以及脱落酸条件下，其表达不会被诱导。Y. Duan 等（2016）使用 CRISPR/Cas9 进行定点序列删除的手

段，鉴定了 *OsRAV2* 基因启动子 −664 位的 GT−1 为可能的响应钠离子的调控元件。与 GT−1 元件直接结合的具有三螺旋 DNA 结合域的转录因子 OsGTγ−2 被过表达时，水稻的幼苗在盐胁迫下的发芽率、幼苗生长和存活率都有提高，而使用 CRISPR/Cas9 敲除 *OsGTγ−2* 基因后突变体对盐胁迫呈现超敏感的表型（Liu，2020）。响应盐胁迫的许多转录因子中的 NAC 家族中，水稻的 *OsNAC041* 基因编码其中的 NAC 转录因子，影响着盐胁迫环境下水稻种子的发芽。使用 CRISPR/Cas9 定向敲除 *OsNAC041* 获得的突变体比野生型具有增加的株高，并表现出增加的盐敏感性，RNA−seq 数据表明突变体与野生型相比，具有大量的差异表达基因是参与重要信号通路的基因（Wang，2019）。

拟南芥中的过氧化物酶 Prxs（peroxiredoxins）在细胞内调节过氧化氢的浓度，降低毒性。拟南芥 *At2−CysPrxB*（At5g06290）基因在水稻中的同源基因 *OsPRX2* 在水稻的叶绿体上表达，过表达该基因后导致气孔关闭以及对钾缺乏的抗性增加，而使用 CRISPR/Cas9 敲除该基因后叶片出现严重缺陷，并且在钾缺乏条件下气孔仍然张开（Mao，2018）。

在匍匐翦股颖中过表达水稻的微小 RNA *OsMIR528*，使转化苗呈现出缩短了节间距，增加了分蘖数及挺立生长的表型，同时具有增强的盐胁迫和氮不足的抗性（Yuan，2015）。J. Zhou 等（2017）使用 CRISPR/Cas9 在水稻中敲除了 *OsMIR528*，导致水稻抗盐胁迫的能力降低。

目前从水稻发现多个耐盐相关的数量性状位点 QTL（quantitative trait locus）。SKC1 就是其中首个被克隆的耐盐主效 QTL（Ren，2005），定位于水稻的 1 号染色体，对耐盐表型变异的贡献率超过 40%。SKC1 位点的 *HKT1;5* 基因的高耐盐籼稻品种 Nona Bokra 在盐胁迫情况下，通过调控水稻体内 K+/Na+ 的动态平衡来提高水稻的耐盐性（Shohan，2019）。将 Nona Bokra 与不耐盐品种 Zhonghua 11 的 SKC1 等位基因序列进行比对，发现它们的序列中有一系列的 SNP 位点导致等位基因在第 140 位、184 位、332 位、395 位的氨基酸差异。此外，稻属的唯一盐生植物 *Oryza coarctata*，在该基因具有同样的四个氨基酸差异，很可能是导致 SKC1 等位基因的功能差异的原因。在不耐盐品种的等位基因引入这四个位点，利用精准基因编辑工具可以实现，同时不影响任何内源基因表达。水稻纤维素合成酶基因 *OsCESA9* 的 D387N 氨基酸编码置换，形成的半显性突变体 *sdbc*（semi-dominant brittle culm），与野生型相比，具有降低的纤维素含量、降低的次生壁厚度及增强的植物体酶解糖化性。深入研究表明，OsCESA9[D387N] 与 OsCESA4 和 OsCESA7 蛋白互作，形成了无功能或部分无功能的纤维素合成酶复合体，杂合型突变体表现出了增强的耐盐性，同时产量与倒伏性完全没有影响（Ye, 2021）。该性状同样可以利用精准编辑器进行编辑。

利用基因编辑工具可以直接将目标等位基因编辑为耐盐基因型，比传统育种回交数代获得近等基因系（NIL）的方法可以缩短数年时间，同时保留品种原有的基因表达完全不受影响。

三、基因编辑在水稻耐盐碱研究与应用领域的展望

随着学者对耐盐植物越来越深入的研究，高等植物的耐盐机理已经越来越清晰（Gupta, 2014; Deinlein, 2014; Hanin, 2016; Liang, 2018; Zhao, 2020; Zelm, 2020）。水稻的耐盐性是受多基因控制的，并且在不同的水稻品种及不同的生长阶段涉及的耐盐响应和调控基因也有差异（Chen, 2021; Liu, 2022），提高水稻的耐盐性也需要依靠多个生化反应途径进而综合提高水稻的耐盐性和其他农艺性状。稻属中唯一的盐生植物 *Oryza coarctata* 的细胞核、叶绿体和线粒体的全基因组序列和基因分析，揭示出许多野生稻 *Oryza coarctata* 相比于栽培稻所特有的耐逆特异性等位基因，可以用在栽培稻的改造中进行利用（Mondal, 2018）。而基因编辑工具，无论是在基因功能验证的工作中，还是在基因型改造的工作中，都因其方便和快捷的可操作性，在水稻耐盐碱育种工作中扮演越来越重要的不可或缺的角色。使用基因编辑的方法直接将目标等位基因编辑为耐盐基因型，相比于传统育种进行回交数代获得近等基因系（NIL），可以大大缩短时间，也同时保留品种原有的基因表达完全不受影响。

　　目前水稻的基因编辑工作，将基因编辑工具载体转入水稻的主要方法：农杆菌介导转化法，借助农杆菌侵染使载体的 T-DNA 随机插入水稻基因组进行稳定表达；基因枪介导转化法，利用基因枪将包裹了沾有载体的金属颗粒高速打入输导组织和细胞中；PEG 介导法和电穿孔法，将质粒导入水稻原生质体瞬时表达。而 Cas9/sgRNA 核糖核蛋白复合物（ribonucleoprotein, RNP）是在体外直接人工合成 Cas9 蛋白和 sgRNA，形成复合体导入植物体内，此方法也可以避免载体中的水稻外源基因的插入。RNP 的导入也可以借助纳米材料的包裹导入水稻之中。

　　多样的转化方法，尤其对许多籼稻品种更为重要。籼稻以栽培稻为主，遗传多样性固化，并且约占据了栽培稻种植面积的 80%，更有需要借助基因编辑工具拓展遗传多样性；籼稻较粳稻转化难度更高，多种可选择的遗传转化方法对于籼稻更显出其必要性。

　　水稻中基因编辑载体大多数采用了稳定表达的方法。农杆菌介导法的应用最为广泛，此方法随机插入的拷贝数不定，并且在稳定编辑的株系后代进行转基因元件的分离后，末端产品是否携带外源基因等问题使得基因编辑的作物产品监管经历了很多争论。但伴随着对于作物的基因编辑技术的深入了解，各国针对产品的监管也越来越客观可行。主流看法是，如果最终的产品是通过传统育种手段可以获得并且无外源基因插入，可以被认定为非转基因产品。

　　我国在大力支持生物技术在育种领域的研究与应用过程中，也将监管方法不断细化。我国农业农村部在 2021 年初发布的《2021 年农业转基因生物监管工作方案》，贯彻中央经济工作会议关于"尊重科学、严格监管，有序推进生物育种产业化应用"的决策部署，坚持"两手抓""两促进"，既要加快推进生物育种研发应用，又要依法依规严格监管，严肃查处非法制种、知识产权侵权等违法违规行为，保障农业转基因研发应用健康有序发展。2021 年 12 月 24 日第十三届全国人民代表大会常务委员会第三十二次会议通过了全国人民代表大会常务委员会关于修改《中华人民共和国种子法》的决定，其内容的修改也再次强调和保障加强种业科学技术研究，鼓励育种创新。

2022 年 1 月 24 日，农业农村部发布了为规范农业用基因编辑植物安全评价工作，根据《农业转基因生物安全管理条例》和《农业转基因生物安全评价管理办法》制定的《农业用基因编辑植物安全评价指南（试行）》，明确了农业基因编辑植物及其产品的有效管理方法，为农作物基因编辑产业化应用指明了方向，对于打好种业翻身仗、保障国家粮食安全具有重要的意义。该指南的实施，为基因编辑工具在水稻耐盐碱研究和应用领域的充分发挥提供了保障。

参考文献

Abudayyeh O O, Gootenberg J S, Konermann S, et al. 2016. C2c2 is a single-component programmable RNA-guided RNA-targeting CRISPR effector[J]. Science, 353 (6299): aaf5573.

Anzalone A V, Randolph P B, Davis J R, et al. 2019. Search-and-replace genome editing without double-strand breaks or donor DNA[J]. Nature, 576 (7785): 149-157.

Baltes N J, Gil-Humanes J, Tomas Cermak T, et al. 2014. DNA replicons for plant genome engineering[J]. Plant Cell, 26 (1): 151-163.

Begemann M B, Gray B N, January E, et al. 2017. Precise insertion and guided editing of higher plant genomes using Cpf1 CRISPR nucleases[J]. Sci Rep, 7: 11606.

Bitinaite J, Wah D A, Aggarwal A K, et al. 1998. FokI dimerization is required for DNA cleavage[J]. Proc Natl Acad Sci USA, 95 (18): 10570-10575.

Boch J, Bonas U. 2010. *Xanthomonas* AvrBs3 family-type III effectors: discovery and function[J]. Annu Rev Phytopathol, 48 (1): 419-436.

Bolotin A, Ouinquis B, Sorokin A, et al. 2005. Clustered regularly interspaced short palindrome repeats (CRISPRs) have spacers of extrachromosomal origin[J]. Microbiology, 151 (8): 2551-2561.

Bonas U, Stall R E, Staskawicz B. 1989. Genetic and structural characterization of the avirulence gene *avrBs3* from *Xanthomonas campestris* pv. *Vesicatoria*[J]. Mol Gen Genet, 218: 127-136.

Butt H, Rao G S, Sedeek K, et al. 2020. Engineering herbicide resistance via prime editing in rice［J］. Plant Biotechnol J, 18（12）: 2370−2372.

Cantos C, Francisco P, Trijatmiko K R, et al. 2014. Identification of "safe harbor" loci in indica rice genome by harnessing the property of zinc−finger nucleases to induce DNA damage and repair［J］. Front Plant Sci, 5: 302.

Capecchi M R. 1989. Altering the genome by homologous recombination［J］. Science, 16; 244（4910）: 1288−1292.

Cermak T, Doyle E L, Christian M, et al. 2011. Efficient design and assembly of custom TALEN and other TAL effector−based constructs for DNA targeting［J/OL］. Nucleic Acids Res, 39（12）: e82.

Chen T, Sergey S, Niu Y, et al. 2021. Molecular mechanisms of salinity tolerance in rice［J］. Crop Journal, 9（3）: 506−520.

Christian M, Cermark T, Doyle E L, et al. 2010. Targeting DNA double−strand breaks with TAL effector nucleases［J］. Genetics, 186（2）: 757−761.

Chu V T, Weber T, Wefers B, et al. 2015. Increasing the efficiency of homology−directed repair for CRISPR−Cas9−induced precise gene editing in mammalian cells［J］. Nat Biotechnol, 33（5）: 543−548.

Cohen−Tannoudji M, Robine S, Choulika A, et al. 1998. I−sceI−induced gene replacement at a natural locus in embryonic stem cells［J］. Mol Cell Biol, 18（3）: 1444−1448.

Cong L, Ran F A, Cox D, et al. 2013. Multiplex genome engineering using CRISPR/Cas systems［J］. Science, 339（6121）: 819−823.

Dastjerdi A H, Newman A, Burgio G, et al. 2019. The expanding class 2 CRISPR toolbox: diversity, applicability, and targeting drawbacks［J］. BioDrugs, 33（5）: 503−513.

Deinlein U, Stephan A B, Horie T, et al. 2014. Plant salt−tolerance mechanisms［J］. Trends Plant Sci, 19（6）: 371−379.

Deveau H, Barrangou R, Garneau J E, et al. 2008. Phage response to CRISPR−encoded resistance in *Streptococcus thermophilus*［J］. J Bacteriol, 190（4）: 1390−1400.

Duan Y B, Li J, Qin R Y, et al. 2016. Identification of a regulatory element responsible for salt induction of rice *OsRAV2* through ex situ and in situ promoter analysis［J］. Plant Mol Biol, 90（1−2）: 49−62.

Endo A, Masafumi M, Kaya H, et al. 2016. Efficient targeted mutagenesis of rice and tobacco genomes using Cpf1 from *Francisella novicida*［J］. Sci Rep, 6: 38169.

Featherstone C, Jackson S P. 1999. DNA double-strand break repair［J］. Curr Biol, 9（20）: R759-R761.

Feng Z, Zhang B, Ding W, et al. 2013. Efficient genome editing in plants using a CRISPR/Cas system［J］. Cell Res, 23（10）: 1229-1232.

Fonfara I, Richter H, Bratovič M, et al. 2016. The CRISPR-associated DNA-cleaving enzyme Cpf1 also processes precursor CRISPR RNA［J］. Nature, 532（7600）: 517-521.

Gaudelli N M, Komor A C, Rees H A, et al. 2017. Programmable base editing of A • T to G • C in genomic DNA without DNA cleavage［J］. Nature, 551（7681）: 464-471.

Gil-Humanes J, Wang Y, Liang Z, et al. 2017. High-efficiency gene targeting in hexaploid wheat using DNA replicons and CRISPR/Cas9［J］. Plant J, 89（6）: 1251-1262.

Gupta B, Huang B. 2014. Mechanism of salinity tolerance in plants: physiological, biochemical, and molecular characterization［J］. Int J Genomics, 2014: 701596.

Hanin M, Ebel C, Ngom M, et al. 2016. New insights on plant salt tolerance mechanisms and their potential use for breeding［J/OL］. Front Plant Sci, 7: 1787.

Harrington L B, Burstein D, Chen J S, et al. 2018. Programmed DNA destruction by miniature CRISPR-Cas14 enzymes［J］. Science, 362（6416）: 839-842.

Horvath P, Romero D A, Coûté-Monvoisin A, et al. 2008. Diversity, activity, and evolution of CRISPR loci in *Streptococcus thermophilus*［J］. J Bacteriol, 190（4）: 1401-1412.

Hu J H, Miller S M, Geurts M H, et al. 2018. Evolved Cas9 variants with broad PAM compatibility and high DNA specificity［J］. Nature, 556（7699）: 57-63.

Hu X, Cui Y, Dong G, et al. 2019. Using CRISPR-Cas9 to generate semi-dwarf rice lines in elite landraces［J］. Sci Rep, 9（1）: 19096.

Hu X, Wang C, Liu Q, et al. 2017. Targeted mutagenesis in rice using CRISPR-Cpf1 system［J］. J Genet Genomics, 44（1）: 71-73.

Hua K, Jiang Y, Tao X, et al. 2020. Precision genome engineering in rice using prime editing system［J］. Plant Biotechnol J, 18（11）: 2167-2169.

Hua K, Tao X, Yuan F, et al. 2018. Precise A • T to G • C Base Editing in the Rice Genome［J］. Mol Plant, 11（4）: 627-630.

Hua K, Tao X, Zhu J K. 2019. Expanding the base editing scope in rice by using Cas9 variants［J］. Plant Biotechnol J, 17（2）: 499−504.

Hua K, Tao X, Zhu J K. 2019. Expanding the base editing scope in rice by using Cas9 variants［J］. Plant Biotechnol J, 17: 499−504.

Huang X Y, Chao D Y, Gao J P, et al. 2009. A previously unknown zinc finger protein, DST, regulates drought and salt tolerance in rice via stomatal aperture control［J］. Genes Dev, 23（15）: 1805−1817.

Ishino Y, Shinagawa H, Makino K, et al. 1987. Nucleotide sequence of the *iap* gene, responsible for alkaline phosphatase isozyme conversion in *Escherichia coli*, and identification of the gene product［J］. J Bacteriol, 169（12）: 5429−5433.

Jansen R, Embden J D A V, Gaastra W, et al. 2002. Identification of genes that are associated with DNA repeats in prokaryotes［J］. Mol Microbiol, 43（6）: 1565−1575.

Jiang W, Bikard D, Cox D, et al. 2013a. CRISPR−assisted editing of bacterial genomes［J］. Nat Biotechnol, 31（3）: 233–239.

Jiang W, Bikard D, David Cox, et al. 2013b. RNA−guided editing of bacterial genomes using CRISPR−Cas systems［J］. Nat Biotechnol, 31（3）: 233−239.

Jiang W, Zhou H, Bi H, et al. 2013c. Demonstration of CRISPR/Cas9/sgRNA−mediated targeted gene modification in Arabidopsis, tobacco, sorghum and rice［J/OL］. Nucleic Acids Res, 41（20）: e188.

Jin S, Lin Q, Luo Y, et al. 2021. Genome−wide specificity of prime editors in plants［J］. Nat Biotechnol, 39（10）: 1292−1299.

Jinek M, Chylinski K, Ines Fonfara, et al. 2013. A programmable dual−RNA−guided DNA endonuclease in adaptive bacterial immunity［J］. Science, 337（6096）: 816−821.

Jinek M, East A, Cheng A, et al. 2013. RNA−programmed genome editing in human cells［J/OL］. Elife doi: 10. 7554/eLife. 00471, 2013−01−29.

Kim Y G, Cha J, Chandrasegaran S. 1996. Hybrid restriction enzymes: Zinc finger fusions to *FokI* cleavage domain［J］. Proc Natl Acad Sci USA, 93（3）: 1156−1160.

Kleinstiver B P, Prew M S, Tsai S Q, et al. 2015a. Broadening the targeting range of *Staphylococcus aureus* CRISPR−Cas9 by modifying PAM recognition［J］. Nat Biotechnol, 33（12）: 1293−1298.

Kleinstiver B P, Prew M S, Tsai S Q, et al. 2015b. Engineered CRISPR-Cas9 nucleases with altered PAM specificities[J]. Nature, 523(7561): 481-485

Komor A C, Kim Y B, Packer M S, et al. 2016. Programmable editing of a target base in genomic DNA without double-stranded DNA cleavage[J]. Nature, 533(7603): 420-424.

Kumar V S, Verma R K, Yadav S K, et al. 2020. CRISPR-Cas9 mediated genome editing of *drought and salt tolerance*(*OsDST*) gene in *indica* mega rice cultivar MTU1010[J]. Physiol Mol Biol Plants, 26(6): 1099-1110.

Kurata M, Wolf N K, Lahr W S, et al. 2018. Highly multiplexed genome engineering using CRISPR/Cas9 gRNA arrays[J/OL]. PLoS One, 13(9): e0198714.

Li C, Zong Y, Wang Y, et al. 2018. Expanded base editing in rice and wheat using a Cas9-adenosine deaminase fusion[J]. Genome Biol, 19: 59.

Li H, Li J, Chen J, et al. 2020. Precise modifications of both exogenous and endogenous genes in rice by prime editing[J]. Mol Plant, 13(5): 671-674.

Li J, Meng X, Zong Y, et al. 2016. Gene replacements and insertions in rice by intron targeting using CRISPR-Cas9[J]. Nat Plants, 2: 16139.

Li J, Sun Y, Du J, et al. 2017. Generation of targeted point mutations in rice by a modified CRISPR/Cas9 system[J]. Mol Plant, 10: 526-529.

Li L, Wu L P, Chandrasegaran S. 1992. Functional domains in *Fok I* restriction endonuclease[J]. Proc Natl Acad Sci USA, 89(10): 4275-4279.

Li M, Li X, Zhou Z, et al. 2016. Reassessment of the four yield-related genes *Gn1a*, *DEP1*, *GS3*, and *IPA1* in rice using a CRISPR/Cas9 system[J]. Front Plant Sci, 7: 377.

Li Q, Zhang D, Chen M, et al. 2016. Development of japonica photo-sensitive genic male sterile rice lines by editing carbon starved anther using CRISPR/Cas9[J]. J Genet Genomics, 43(6): 415-419.

Li S, Zhang X, Wang W, et al. 2018. Expanding the scope of CRISPR/Cpf1-mediated genome editing in rice[J]. Mol Plant, 11(7): 995-998.

Li S, Zhao B, Yuan D, et al. 2013. Rice zinc finger protein DST enhances grain production through controlling *Gn1a*/*OsCKX2* expression[J]. Proc Natl Acad Sci USA, 110(8): 3167-3172.

Li T, Liu B, Chen C Y, et al. 2016. TALEN-Mediated Homologous Recombination Produces

Site—Directed DNA Base Change and Herbicide—Resistant Rice［J］. J Genet Genomics, 43（5）: 297—305.

Li T, Liu B, Spalding M H, et al. 2012. High—efficiency TALEN—based gene editing produces disease—resistant rice［J］. Nat Biotechnol, 30（5）: 390—392.

Li X, Wang Y, Liu Y, et al. 2018. Base editing with a Cpf1—cytidine deaminase fusion［J］. Nat Biotechnol, 36（4）: 324—327.

Li X, Zhou W, Ren Y, et al. 2017. High—efficiency breeding of early—maturing rice cultivars via CRISPR/Cas9—mediated genome editing［J］. J Genet Genomics, 44（3）: 175—178.

Liang W, Ma X, Wan P, et al. 2018. Plant salt—tolerance mechanism: A review［J］. Biochem Biophys Res Commun, 495（1）: 286—291.

Lin Q, Zong Y, Xue C, et al. 2020. Prime genome editing in rice and wheat［J］. Nat Biotechnol, 38（5）: 582—585.

Liu C, Mao B, Yuan D, et al. 2022. Salt tolerance in rice: Physiological responses and molecular mechanisms［J］. Crop Journal, 10（1）: 13—25.

Liu X, Wu D, Shan T, et al. 2020. The trihelix transcription factor *OsGTγ-2* is involved adaption to salt stress in rice［J］. Plant Mol Biol, 103（4—5）: 545—560.

Lu Y, Zhu J K. 2017. Precise Editing of a Target Base in the Rice Genome Using a Modified CRISPR/Cas9 System［J］. Mol Plant, 10（3）: 523—525.

Ma L, Zhu F, Li Z, et al. 2015. TALEN—based mutagenesis of lipoxygenase LOX3 enhances the storage tolerance of rice（*Oryza sativa*）seeds［J/OL］. PLoS One, 10（12）: e0143877.

Ma X, Chen X, Jin Y, et al. 2018. Small molecules promote CRISPR—Cpf1—mediated genome editing in human pluripotent stem cells［J］. Nat Commun, 9（1）: 1303.

Ma X, Zhang Q, Zhu Q, et al. 2015. A robust CRISPR/Cas9 system for convenient, high—efficiency multiplex genome editing in monocot and dicot plants［J］. Mol Plant, 8（8）: 1274—1284.

Mali P, Esvelt K M, Church G M. 2013a. Cas9 as a versatile tool for engineering biology［J］. Nat Methods, 10（10）: 957—963.

Mali P, Yang L, Esvelt K M, et al. 2013b. RNA—guided human genome engineering via Cas9［J］. Science, 339（6121）: 823—826.

Malzahn A A, Tang X, Lee K, et al. 2019. Application of CRISPR—Cas12a temperature sensitivity for improved genome editing in rice, maize, and Arabidopsis [J]. BMC Biol, 17(1): 9.

Mao X, Zheng Y, Xiao K, et al. 2018. *OsPRX2* contributes to stomatal closure and improves potassium deficiency tolerance in rice [J]. Biochem Biophys Res Commun, 495 (1): 461−467.

Mao Y, Zhang H, Xu N, et al. 2013. Application of the CRISPR−Cas system for efficient genome engineering in plants [J]. Mol Plant, 6 (6): 2008−2011.

Maruyama T, Dougan S K, Truttmann M C, et al. 2015. Increasing the efficiency of precise genome editing with CRISPR−Cas9 by inhibition of nonhomologous end joining [J]. Nat Biotechnol, 33 (5): 538−542.

Miao J, Guo D, Zhang J, et al. 2013. Targeted mutagenesis in rice using CRISPR−Cas system [J]. Cell Res, 23 (10): 1233−1236.

Miller S M, Wang T, Randolph P B, et al. 2020. Continuous evolution of SpCas9 variants compatible with non−G PAMs [J]. Nat Biotechnol, 38 (4): 471−481.

Milovanovic V, Smutka L. 2017. Asian countries in the global rice market [J]. Acta Univ Agric Silvic Mendelianae Brun, 65 (2): 679−688.

Mojica F J M, Díez−Villaseñor C, García Martínez J, et al. 2005. Intervening sequences of regularly spaced prokaryotic repeats derive from foreign genetic elements [J]. J Mol Evol, 60 (2): 174−182.

Mojica F J, Diez−Villasenor C, Soria E, et al. 2000. Biological significance of a family of regularly spaced repeats in the genomes of Archaea, Bacteria and mitochondria [J]. Mol Microbiol, 36 (1): 244 246.

Mojica F J, Ferrer C, Juez G, et al. 1995. Long stretches of short tandem repeats are present in the largest replicons of the Archaea *Haloferax mediterranei* and *Haloferax volcanii* and could be involved in replicon partitioning [J]. Mol Microbiol, 17 (1): 85−93.

Mojica F J, Juez G, Rodríguez−Valera F. 1993. Transcription at different salinities of *Haloferax mediterranei* sequences adjacent to partially modified *PstI* sites [J]. Mol Microbiol, 9 (3): 613−621.

Mondal T K, Rawal H C, Chowrasia S, et al. 2018. Draft genome sequence of first monocot−halophytic species *Oryza coarctata* reveals stress−specific genes [J]. Sci Rep, 8 (1): 13698.

Nishimasu H, Shi X, Ishiguro S, et al. 2018. Engineered CRISPR-Cas9 nuclease with expanded targeting space[J]. Science, 361（6408）: 1259-1262.

Nishizawa-Yokoi A, Cermak T, Hoshino T, et al. 2016. A defect in DNA Ligase4 enhances the frequency of TALEN-mediated targeted mutagenesis in rice [J]. Plant Physiol, 170（2）: 653-666.

Pinder J, Salsman J, Dellaire G. 2015. Nuclear domain 'knock-in' screen for the evaluation and identification of small molecule enhancers of CRISPR-based genome editing [J]. Nucleic Acids Res, 43（19）: 9379-9392.

Pourcel C, Salvignol G, Vergnaud G. 2005. CRISPR elements in Yersinia pestis acquire new repeats by preferential uptake of bacteriophage DNA, and provide additional tools for evolutionary studies[J]. Microbiology, 151（3）: 653-663.

Puchta H, Dujon B, Hohn B. 1993. Homologous recombination in plant cells is enhanced by in vivo induction of double strand breaks into DNA by a site-specific endonuclease[J]. Nucleic Acids Res, 21（22）: 5034-5040.

Puchta H. 2005. The repair of double-strand breaks in plants: mechanisms and consequences for genome evolution[J]. J Exp Bot, 56（409）: 1-14.

Ran F A, Cong L, Yan W X, et al. 2015. *In vivo* genome editing using *Staphylococcus aureus* Cas9[J]. Nature, 520（7546）: 186-191.

Ren B, Yan F, Kuang Y, et al. 2017. A CRISPR/Cas9 toolkit for efficient targeted base editing to induce genetic variations in rice[J]. Sci China Life Sci, 60: 516-519.

Ren B, Yan F, Kuang Y, et al. 2018. Improved base editor for efficiently inducing genetic variations in rice with CRISPR/Cas9-guided hyperactive hAID mutant [J]. Mol Plant, 11: 623-626.

Ren Z, Gao J, Li L, et al. 2005. A rice quantitative trait locus for salt tolerance encodes a sodium transporter[J]. Nat Genet, 37（10）: 1141-1146.

Rouet P, Smih F, Jasin M. 1994. Introduction of double-strand breaks into the genome of mouse cells by expression of a rare-cutting endonuclease[J]. Mol Cell Biol, 14（12）: 8096-8106.

Shan Q, Wang Y, Li J, et al. 2013. Targeted genome modification of crop plants using a CRISPR-Cas system[J]. Nat Biotechnol, 31（8）: 686-688.

Shan Q, Zhang Y, Chen K, et al. 2015. Creation of fragrant rice by targeted knockout of the

OsBADH2 gene using TALEN technology [J] . Plant Biotechnol J, 13 (6) : 791−800.

Shen L, Hua Y, Fu Y, et al. 2017. Rapid generation of genetic diversity by multiplex CRISPR/ Cas9 genome editing in rice [J] . Sci China Life Sci, 60 (5) : 506−515.

Shen R, Wang L, Liu X, et al. 2017. Genomic structural variation−mediated allelic suppression causes hybrid male sterility in rice [J] . Nat Commun, 8: 1310.

Shimatani Z, Kashojiya S, Takayama M, et al. 2017. Targeted base editing in rice and tomato using a CRISPR−Cas9 cytidine deaminase fusion [J] . Nat Biotechnol, 35 (5) : 441−443.

Shohan M U S, Sinha S, Nabila F H, et al. 2019. HKT1;5 transporter gene expression and association of amino acid substitutions with salt tolerance across rice genotypes [J/OL] . Front Plant Sci, 10: 1420.

Sun Y, Jiao G, Liu Z, et al. 2017. Generation of high−amylose rice through CRISPR/Cas9− mediated targeted mutagenesis of starch branching enzymes [J] . Front Plant Sci, 8: 298.

Sun Y, Zhang X, Wu C, et al. 2016. Engineering herbicide−resistant rice plants through CRISPR/ Cas9−mediated homologous recombination of acetolactate synthase [J] . Mol Plant, 9 (4) : 628−631.

Tang L, Mao B, Li Y, et al. 2017. Knockout of *OsNramp5* using the CRISPR/Cas9 system produces low Cd−accumulating *indica* rice without compromising yield [J] . Rep, 7: 14438.

Tang X, Lowder L G, Zhang T, et al. 2017. A CRISPR−Cpf1 system for efficient genome editing and transcriptional repression in plants [J] . Nat Plants, 3: 17018.

Tang X, Sretenovic S, Ren Q, et al. 2020. Plant prime editors enable precise gene editing in rice cells [J] . Mol Plant, 13 (5) : 667−670.

Walton R T, Christie K A, Whittaker M N, et al. 2020. Unconstrained genome targeting with near−PAMless engineered CRISPR−Cas9 variants [J] . Science, 368 (6488) : 290−296.

Wang B, Zhong Z, Zhang H, et al. 2019. Targeted mutagenesis of nac transcription factor gene, *OsNAC041*, leading to salt sensitivity in rice [J] . Rice Sci, 26 (2) : 98−108.

Wang F, Wang C, Liu P, et al. 2016. Enhanced rice blast resistance by CRISPR/Cas9−targeted mutagenesis of the ERF transcription factor gene *OsERF922* [J/OL] . PLoS One, 11 (4) : e154027.

Wang M, Mao Y, Lu Y, et al. 2017. Multiplex gene editing in rice using the CRISPR−Cpf1 system [J] . Mol Plant, 10 (7) : 1011−1013.

Wang W, Mauleon R, Hu Z, et al. 2018. Genomic variation in 3, 010 diverse accessions of Asian cultivated rice[J]. Nature, 557(7703): 43−49.

Xie K, Minkenberg B, Yang Y. 2015. Boosting CRISPR/Cas9 multiplex editing capability with the endogenous tRNA−processing system[J]. Proc Natl Acad Sci USA, 112(11): 3570−3575.

Xie K, Yang Y. 2013. RNA−guided genome editing in plants using a CRISPR−Cas system[J]. Mol Plant, 6(6): 1975−1983.

Xie Y, Niu B, Long Y, et al. 2017. Suppression or knockout of *SaF/SaM* overcomes the *Sa*−mediated hybrid male sterility in rice[J]. J Integr Plant Biol, 59(9): 669−679.

Xu R, Li J, Liu X, et al. 2020. Development of plant prime−editing systems for precise genome editing[J/OL]. Plant Commun, 1(3): 100043.

Xu R, Liu X, Li J, et al. 2021. Identification of herbicide resistance OsACC1 mutations via in planta prime−editing−library screening in rice[J]. Nat Plants, 7(7): 888−892.

Xu R, Yang Y, Qin R, et al. 2016. Rapid improvement of grain weight via highly efficient CRISPR/Cas9−mediated multiplex genome editing in rice[J]. J Genet Genomics, 43(8): 529−532.

Xu W, Zhang C, Yang Y, et al. 2020. Versatile nucleotides substitution in plant using an improved prime editing system[J]. Mol Plant, 13(5): 675−678.

Yan F, Kuang Y, Ren B, et al. 2018. Highly efficient A • T to G • C base editing by Cas9n guided tRNA adenosine deaminase in rice[J]. Mol Plant, 11:631−634.

Ye Y, Wang S, Wu K, et al. 2021. A semi−dominant mutation in OsCESA9 improves salt tolerance and favors field straw decay traits by altering cell wall properties in rice[J]. Rice (N Y), 14(1): 19.

Yin X, Biswal A K, Dionora J, et al. 2017. CRISPR−Cas9 and CRISPR−Cpf1 mediated targeting of a stomatal developmental gene *EPFL9* in rice[J]. Plant Cell Rep, 36(5): 745−757.

Yuan S, Li Z, Li D, et al. 2015. Constitutive expression of rice *microRNA528* alters plant development and enhances tolerance to salinity stress and nitrogen starvation in creeping bentgrass[J]. Plant Physiol, 169(1): 576−593.

Zelm E V, Zhang Y, Testerink C. 2020. Salt tolerance mechanisms of plants[J]. Annu Rev Plant Biol, 71: 403−433.

Zetsche B, Gootenberg J S, Abudayyeh O O, et al. 2015. Cpf1 is a single RNA-guided endonuclease of a class 2 CRISPR-Cas system [J]. Cell, 163 (3): 759-771.

Zetsche B, Heidenreich M, Mohanraju P, et al. 2017. Multiplex gene editing by CRISPR-Cpf1 through autonomous processing of a single crRNA array [J]. Nat Biotechnol, 35 (1): 31-34.

Zhang A, Liu Y, Wang F, et al. 2019. Enhanced rice salinity tolerance via CRISPR/Cas9-targeted mutagenesis of the *OsRR22* gene [J]. Mol Breed, 39 (3): 1-10.

Zhang H, Gou F, Zhang J, et al. 2016. TALEN-mediated targeted mutagenesis produces a large variety of heritable mutations in rice [J]. Plant Biotechnol J, 14 (1): 186-194.

Zhang J, Zhang H, Botella J R, et al. 2018. Generation of new glutinous rice by CRISPR/Cas9-targeted mutagenesis of the *Waxy* gene in elite rice varieties [J]. J Integr Plant Biol, 60 (5): 369-375.

Zhao C, Zhang H, Song C, et al. 2020. Mechanisms of plant responses and adaptation to soil salinity [J/OL]. Innovation (Camb), 1 (1): 100017.

Zhou H, He M, Li J, et al. 2016. Development of commercial thermo-sensitive genic male sterile rice accelerates hybrid rice breeding using the CRISPR/Cas9-mediated TMS5 editing system [J]. Sci Rep, 6: 37395.

Zhou H, Liu B, Weeks D, et al. 2014. Large chromosomal deletions and heritable small genetic changes induced by CRISPR/Cas9 in rice [J]. Nucleic Acids Res, 42 (17): 10903-10914.

Zhou J, Deng K, Cheng Y, et al. 2017. CRISPR-Cas9 based genome editing reveals new insights into microRNA function and regulation in rice [J/OL]. Front Plant Sci, 8: 1598.

Zhou J, Peng Z, Long J, et al. 2015. Gene targeting by the TAL effector PthXo2 reveals cryptic resistance gene for bacterial blight of rice [J]. Plant J, 82 (4): 632-643.

Zong Y, Wang Y, Li C, et al. 2017. Precise base editing in rice, wheat and maize with a Cas9-cytidine deaminase fusion [J]. Nat Biotechnol, 35: 438-440.

本章作者 尹晓佳 万吉丽 李儒剑（青岛海水稻研究发展中心）

第 4 章　耐盐碱水稻基因资源挖掘与利用

第 1 节　水稻耐盐碱组学研究

水稻是中国乃至世界的主要粮食作物，盐碱胁迫是许多农作物产量和地理分布的主要环境限制因子。世界上 2.3 亿 hm^2 的灌溉土地中约有 4 500 万 hm^2（20%）已经受盐影响（Kaashyap et al, 2017）。土壤中高盐造成植物根系外的渗液增加、Na^+ 与 Cl^- 毒害增加、细胞膜的稳定性减弱、氧化毒害增加，干扰植物养分吸收，影响水稻种子发芽、幼苗生长及种子的育性，最终造成作物减产。对于大部分水稻品种来说，盐敏感阈值约为 3‰，而土地饱和浸出液的盐浓度超过 4‰时，土地才被认为是盐碱地（Rengasamy, 2006）。农作物种植在盐碱化的土壤中，为了生长发育就必须与土壤中的盐分竞争水分、对抗离子毒害和营养失衡、克服恶劣的土壤环境，从而导致产量下降（Munns et al, 2008; Shrivastava et al, 2015）。研究水稻耐盐性状的遗传变异及其分子机制、培育耐盐品种，可以在保持高产、稳产的同时扩大栽培面积，具有重要理论意义与实际应用价值。

水稻全基因组测序的完成为水稻耐盐研究提供了宝贵的数据资源。首个完成全基因组测序的水稻品种是粳稻日本晴（*Oryza sativa* L.）（International Rice Genome Sequencing Project, 2005）。随着测序技术的发展与水稻遗传研究的需要，籼稻品种 9311（International Rice Genome Sequencing Project, 2005）、珍汕 97（ZS97）和明恢 63（MH63）（Zhang et al, 2016）、蜀恢 498（R498）（Du et al, 2017）的基因组相继被测序完成。野生稻是现代栽培稻的祖先种，具有一些优势的抗性特征如耐旱、耐寒、抗病抗虫及耐盐等，野生稻基因组蕴含了大量的优势

基因。对野生稻品种非洲栽培稻（Wang et al, 2014）、短花药野生稻（Chen et al, 2013）、尼瓦拉野生稻、短舌头野生稻、展颖野生稻、南方野生稻（Zhang et al, 2014）全基因组测序也陆续完成。上述水稻基因组的测序完成为水稻基因组与遗传学分析提供了宝贵的数据参考。

随着新一代测序技术的飞速发展，测序的成本显著降低。组学技术在水稻耐盐碱的遗传学研究中应用越来越广泛，组学研究的方向主要包括基因组学研究、转录组学研究、蛋白质组学研究及代谢组学等研究。

一、水稻耐盐碱性状的基因组学研究

基因组学（genomics）是以 DNA 测序技术为核心，结合生物信息学技术对基因组进行分析的科学。其研究内容主要包括两个方面，一是以全基因组测序组装为目标的结构基因组学（structural genomics），二是以功能基因定位为目标的功能基因组学（functional genomics）。随着籼稻、粳稻及非洲野生稻全基因组测序的完成，水稻基因组学的研究重心转移到功能基因的鉴定，旨在挖掘优异等位基因（allele）的资源，提升水稻的品质、抗性与产量等。水稻耐盐基因挖掘的基因组学方法主要包括全基因组关联分析（Genome-Wide Association Studies, GWAS）方法和集团分离分析（Bulked Segregant Analysis, BSA）方法。全基因组关联分析方法通过对生物群体的表型与分子标记关联的一种基因定位方法。全基因关联分析方法是一种相对周期短、高效的基因定位方法，如氮素高效利用基因 *NLP4*（Yu et al, 2021）和 *NPF 6.1*（Tang et al, 2019）。集团分离分析的方法先通过构建分离群体，对群体中的极端个体进行混合测序，通过分析等位基因频率差鉴定该群体中等位基因或 QTL，如基因 *OsSAP16*（Lei et al, 2020）。

全基因组关联分析在水稻耐盐优异等位基因挖掘上发挥了重要作用。水稻耐盐是一个复杂的生物过程，涉及水稻萌发、生长、发育及繁殖。因此，全基因关联分析的表型性状调查可安排在水稻的生长、发育时期。在水稻苗期耐盐调查的性状包括水稻（根部、芽部）中的钠离子、钾离子及钠钾比，地上部分的鲜重、干重，以及种子的萌发率等。在水稻的生长及发育时期，耐盐性状调查包括水稻的单株产、灌浆率、有效花穗、有效分蘖、株高比、千粒重等。调查水稻生长发育时期的 4 个性状鉴定水稻群体中 44 个显著的 SNP，其中 20 个显著的 SNP 与细胞中钠钾比率相关，分别位于水稻的 1 号、4 号、6 号及 7 号染色体上，大部分关于钠钾比的 SNP 主要位于 1 号染色体的基因座。在水稻的苗期表型关联分析中鉴定到该基因，在生殖期的表型关联分析中也鉴定该基因，因此该基因在水稻耐盐生殖期发挥了重要的作用（Kumar et al, 2015）。使用全基因组关联分析的方法鉴定了 7 个 SNP 与耐盐响应的 QTLs，并应用于分子标记辅助育种中（Bimpong et al, 2014）。水稻叶鞘中盐分含量为性状进行关联分析，成功地定位该性状相关的 SNP 和候选基因（图 4-1）（Neang et al, 2020）。

集团分离分析的方法在水稻基因定位中广泛应用。随着 BSA 分析策略的不断发展，BSA-seq 技术也在逐步改进。多种分析方法应运而生，主要包括 Mutmap（Takagi et al, 2015）、QTL-seq（Sugihara et al, 2022; Takagi et al, 2013a）、Mutmap +（Fekih et al, 2013）及 Mutmap-Gap（Takagi et al, 2013b）等，其中 Mutmap 在水稻耐盐基因定位中发挥了重要的作用。2011 年日本发生地震和海啸后，2 万多公顷水稻良田被海水淹没造成土壤盐渍化。为培育耐盐碱水稻，使用甲基硫磺乙酯（EMS）对水稻群体进行诱变构建了 6 000 个突变系，结合 Mutmap 定位方法发现了一个耐盐的突变基因 *Hst1*（hitmebore salt tolerance

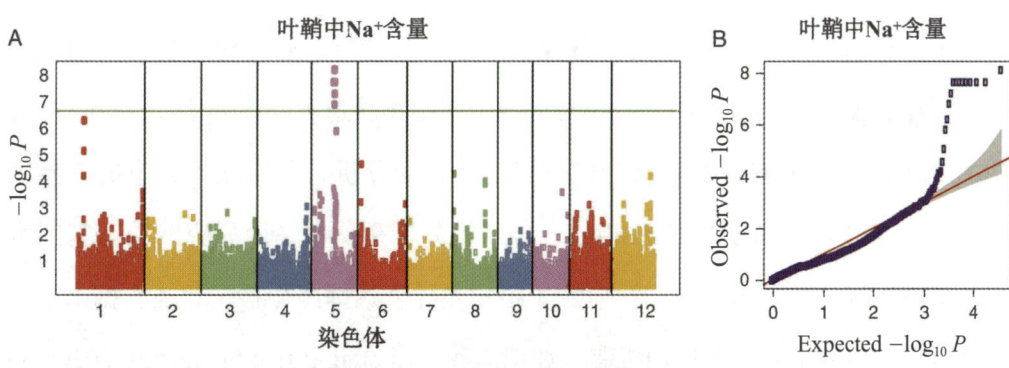

图4-1　全基因组关联分析结果

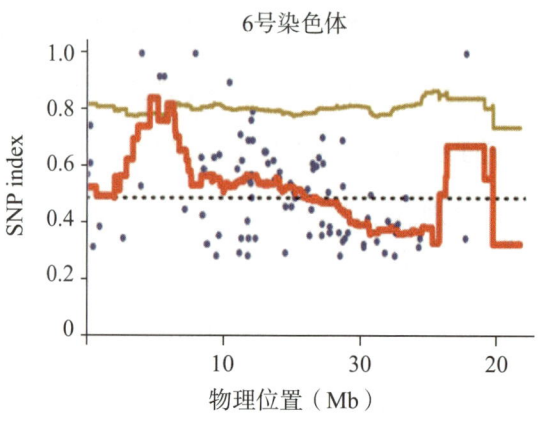

图4-2　Mutmap分析结果

1)，利用该基因培育出耐盐的新品种"Kaijin"，与原始突变体相比只有201个SNP的差异（图4-2）。该项目仅仅花费两年时间就培育出耐盐的新品种并用于生产实践（Takagi et al, 2015）。耐盐基因 *OsPP2CB* 定位是利用 BSA-seq 分析技术，在1号染色体上定位到6个耐盐候选 QTLs，根据启动子和开放阅读框的序列多态性鉴定出32个候选基因。结合转录组差异表达分析基因分析，其中的 *OsPP2CB* 基因在水稻苗期盐处理高表达，因此该基因被鉴定为苗期耐盐基因，为水稻耐盐育种提供了重要的遗传资源（Sun et al, 2019a）。

二、水稻耐盐碱性状的转录组学研究

转录组（transcriptome）广义的定义是指在某个生理条件下，某个瞬时细胞内所有转录产物的集合，包括 mRNA、tRNA、rRNA、snRNA 等。狭义的转录组是指细胞内所有 mRNA 的集合。常规转录组实验分析，通常对生物材料的不同时间（生长发育不同时间段、生物胁迫或者非生物胁迫不同时间段）、空间（不同的个体、材料）或者时空结合进行采样并转录分析，鉴定该条件下的差异表达基因。与 BSA-seq 分析方法相比，转录组分析是从单基因研究转向全基因水平的基因挖掘。转录组分析广泛应用于植物差异表达基因分析，旨在发掘未知功能基因在某些特定处理下作用机制，如拟南芥（Li et al, 2016; Seok et al, 2020; Gu et al, 2018）、水稻（Satturu et al, 2021; Wang et al, 2020; Phule et al, 2019）、玉米

（Wang et al, 2019; Bo et al, 2020; Thakare et al, 2014）、小麦（Ma et al, 2016; Benny et al, 2019）等。

水稻全基因测序的完成为转录组分析提供高质量的参考基因组，测序费用的降低促进了植物转录组水平的研究。水稻在盐胁迫的条件下，不同组织或者发育阶段的差异表达基因被鉴定（Wang et al, 2020）。Ganie 等统计水稻盐协迫下的差异表达基因（Ganie et al, 2019），详见图 4-3。

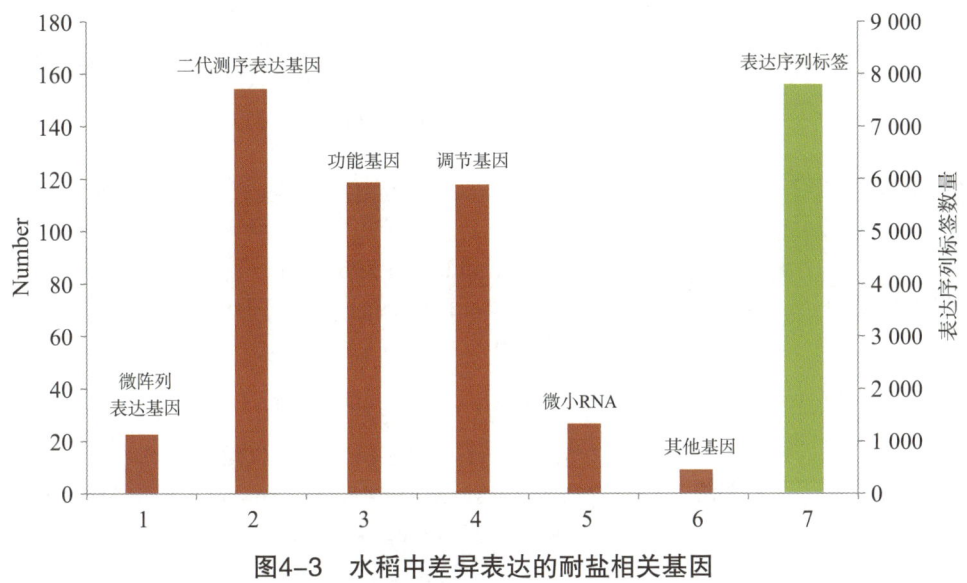

图4-3　水稻中差异表达的耐盐相关基因

水稻耐盐转录组分析中，水稻材料的选择也是一个重要的条件。Raheleh 等人选取了一种耐盐性较好的籼稻品种 FL478 的重组自交系作为分析的材料。为了解该品种材料的遗传背景，将该品种材料的亲本 IR29 与 FL478 相比较，分析该品种的耐盐优势基因。两个材料中差异表达基因主要参与盐胁迫信号的转导、钾离子的运输、渗透性调节以及 ROS（reactive oxygen species）反应进行盐胁迫响应（Kim et al, 2009）。野生稻材料也蕴含大量的优异基因。东乡野生稻（*oryza rufipogon* Griff.）是现代栽培稻的祖先，具有较强的非生物胁迫抗性，如耐寒、耐旱、抗虫及耐盐等。为探究该水稻耐盐的优异基因及分子机制的解析，Zhou 等人同时对日本晴、东乡野生稻进行盐胁迫处理，并进行测序、定量及差异表达

基因分析，差异表达基因包括两个 NAC 基因（ONAC048、ONAC068）和 3 个 WRKY 基因（WRKY22、WRKY24、WRKY108）（Zhou et al, 2016）。表 4-1 收集了水稻盐协迫处理下的转录组测序数据。

表4-1 已公开表达基因列表

GEO编号	品种	测序平台	表达条件
GDS1383	FL478, IR29	Affymetrix Rice Genome Array	7.4 dS/m
GSE52353	日本晴	Agilent-028911 Oryza sativa eArray-N30［condensed version］, Agilent-015241 Rice Gene Expression Microarray	100 mM
GSE48395	日本晴, Pokkali	Agilent-042118 MSU 7 - Rice	250 mM
GSE31874	Nakdong	Rice NimbleGen 390K tiling array（2006-11-14_ggb_rap1_3tile_101706）	400 mM
GSE28209	中华 11	Affymetrix Rice Genome Array	200 mM
GSE27884	日本晴	Agilent-015241 Rice Gene Expression 4x44K Microarray（Feature Number version）	150 mM
GSE20746	日本晴	Agilent-015241 Rice Gene Expression 4x44K Microarray（Feature Number version）	150 mM
GSE11175	中华 11	Affymetrix Rice Genome Array	100 mM, 140 mM
GSE14403	FL478, Pokkali, IR63731, IR29	Affymetrix Rice Genome Array	7.4 dS/m
GSE6901	IR64	Affymetrix Rice Genome Array	200 mM
GSE6533	明恢 63	Rice Genome Oligo Set V1.0	200 mM
GSE4438	M103, Agami, IR29, IR63731	Affymetrix Rice Genome Array	7 dS/m
GSE3053	FL478, IR29	Affymetrix Rice Genome Array	7.4 dS/m
GSE16108	CSR27, MI48	Affymetrix Rice Genome Array	150 mM

（续表）

GEO编号	品种	测序平台	表达条件
GSE6600	FR13A, IR24	Agilent-012106 Rice Oligo Microarray G4138A（Feature Number version）	150 mM
GSE7530	日本晴	RICE oligo microarray ver1	150 mM
GSE26357	日本晴	Illumina Genome Analyzer（Oryza sativa）	400 mM
GSE32065	Nakdong	Rice_135k_tiling_V2 array	400 mM
GSE34724	Cocodrie	Arizona_Rice_45K_array	150 mM
GSE32973	日本晴	Illumina Genome Analyzer（Oryza sativa），Illumina Genome Analyzer II（Oryza sativa）	300 mM
GSE13735	FL478, IR29	Affymetrix Rice Genome Array	60 mM
GSE8380	D11UM 1−1, D11UM 7−2, D11UM 47−21, 牡丹江 8	Affymetrix Rice Genome Array	150 mM

以基因表达作为表型，结合基因组学研究表达数量性状基因座（expression QTLs, eQTL）（Liu et al, 2011, 2020）。调控基因表达水平的 eQTL 可分为顺式作用 eQTL 和反式作用 eQTL。顺式作用 eQTL 位于本基因区域，是该基因本身的差别引起的 mRNA 水平变化；反式作用 eQTL 是定位到其他基因组区域，表明其他基因的差别控制该基因 mRNA 水平的差异。eQTL 就是把基因表达作为一种性状，研究遗传变异与基因表达的相关性。eQTL 分析已应用在水稻节间伸长（Kuroha et al, 2017）、铬含量（Lee et al, 2019）等分析，eQTL 也可应用于耐盐分析，为水稻耐盐机制解析提供新途径。

三、水稻耐盐碱性状的蛋白质组学研究

蛋白质组学（proteomic）是以蛋白质为研究对象，研究生物材料中的细胞、

组织或整个材料中蛋白质组成、结构、修饰及变化规律的科学。蛋白质是生命活动的主要承担者，直接参与生命过程，因此在植物胁迫响应中蛋白质发挥了至关重要的作用。蛋白质组学在识别植物逆境胁迫适应的关键特征方面具有巨大的潜力。水稻是一种甜土植物，在盐胁迫条件下植物的蛋白质组成发生改变，响应盐胁迫提升水稻的耐盐性。蛋白质组学研究揭示水稻耐盐反应生化过程的机制。

盐胁迫伤害之一是造成细胞渗透势的降低，从而对细胞产生大量的机械压力，尤其影响细胞膜与细胞骨架。通过对水稻根部质膜蛋白质变化的分析，鉴定出一种新的 ABA 反应蛋白和质膜蛋白，以及其他 18 个与盐胁迫相关盐胁迫响应蛋白（Chen et al, 2009）。在其他的研究中也有类似的发现，水稻品种 IR651 的质膜上发现了 8 个与盐胁迫相关的蛋白，为提升水稻耐盐性提供了优质的基因资源（Nohzadeh Malakshanyah et al, 2007）。植物采用程序性死亡（programmed cell death, PCD）来适应非生物胁迫。Chen 等人在线粒体蛋白质组分析中发现，8 个差异表达蛋白与细胞程序性死亡相关，包括一些电子传递链上的蛋白质。在细胞程序性死亡的早期阶段，高盐引起线粒体氧化损害电子传递蛋白（Chen et al, 2009）。

对盐敏感品种水稻 Dalseongaengmi-44 与耐盐品种水稻 Dongjin 的蛋白质组进行差异分析发现有不同的差异生理特征参数，其中上调的蛋白有 23 个响应蛋白质，包括转录因子与功能蛋白（Lee et al, 2011）。水稻叶片蛋白质表达谱分析中，鉴定出 32 个盐胁迫调控蛋白质，包括活化酶、铁蛋白、磷酸甘油酯激酶、超氧化物歧化酶等（Parker et al, 2006）。这些蛋白在盐胁迫的条件下，在介导水稻叶片光合作用、细胞周期循环、碳代谢和铁平衡中发挥了重要的作用。Zhang 等鉴定出一种质外蛋白，在水稻盐胁迫早期阶段大量积累（Zhang, 2014）。同样的，Naqvi 通过蛋白质表达谱差异分析发现，37 个差异表达蛋白在芽中参与抗氧化、碳水化合物代谢及蛋白质加工等（Naqvi et al, 2009）。水稻在盐胁迫条件下，细胞质体在生理和代谢过程中至关重要。通过分析水稻蛋白质表达谱，可能揭示水稻生化反应过程的新机制，从而开辟新的研究领域。这些蛋白也可能为水稻耐盐基因挖掘提供可能。

四、水稻耐盐碱性状代谢组学研究

代谢组学（metabolomics）是对特定时间和环境条件下的生物体、器官、组织或细胞所有内源性小分子（分子量小于 1 000）的定性、定量及其动态变化研究的科学。这些内源性小分子是细胞代谢和调控过程的终产物（代谢物），代谢物水平是生物系统对环境变化和遗传修饰的终端响应，生物体的表型是代谢物水平最终的表现（Zhang et al, 2013）。根据研究目标及意图不同，将代谢物分析分为 4 个层面：代谢物靶向分析，主要针对某个或某几个特定组分代谢物的分析；代谢轮廓分析，主要针对特定代谢物及特定代谢途径中相关代谢物的定性定量分析；代谢组学，主要针对某一限定条件下特定生物样品中所有代谢物的定性定量分析；代谢指纹分析，不分离鉴定具体单一组分，通过比较代谢图谱对样品进行快速分类（如表型快速鉴定）（李焕勇 等, 2016）。

完整的代谢组学研究流程（图 4-4）包括样品的收集和预处理，代谢物提取、分离、检测和采集，数据分析，以及对生命现象的解释，整个过程都要求尽可能保留、呈现更多的代谢物信息（雷刚 等, 2017; 滕中秋 等, 2011）。植物产生的代谢物的多样性远远超过动物和微生物，且代谢物浓度相差 7 ~ 9 个数量级，故对这些代谢物分析需要高灵敏、高效、高分辨、高通量的分析平台。核磁共振（nuclear magnetic resonance, NMR）是一种高通量、无偏、样品预处理最简单、需要样品量少的分析平台，且易于进行实时、动态检测和代谢物结构鉴定。但

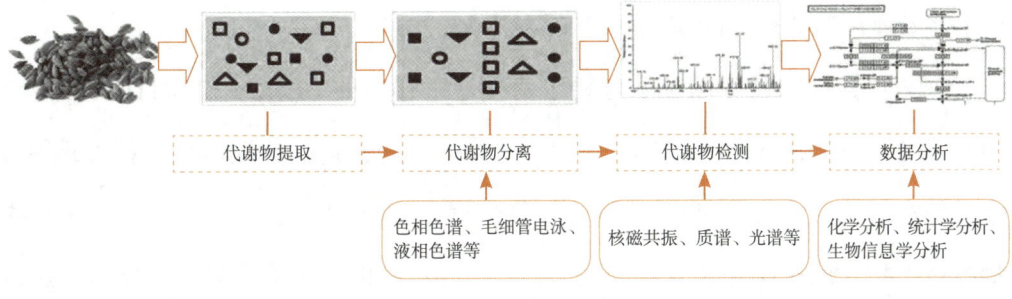

图4-4　代谢组学研究流程

NMR 检测的动态范围小，灵敏度较低，在植物代谢组研究中应用较少。气相色谱与质谱联用（gas chromatography mass spectrometry, GC-MS）是最先应用于大规模植物代谢组研究的技术，具有高灵敏、高分辨能力，并且有标准的化合物数据库可用来检索和比对。但 GC-MS 不适合分析热不稳定、不易挥发、分子量较大及强极性的代谢物，需要在分析前对样品进行衍生化处理。毛细管电泳与质谱联用（capillary electrophoresis mass spectrometry, CE-MS）对代谢物的分离是基于它们的荷质比，因此对于强极性、带电代谢物的分析是一种有效的手段；其快速高效，无须对样品进行预处理，且毛细管的预浓缩功能可进一步增加检测的灵敏度。液相色谱与质谱联用（liquid chromatography mass spectrometry, LC-MS）可分离热不稳定、不易挥发、分子量较大的代谢物，尤其对生物碱、皂苷、酚酸及多胺等植物次生代谢物的分析更有优势；其具有高灵敏、高分辨和高效等优点，在植物代谢组学研究中的应用越来越广泛（王瑛 等，2018）。

植物在受到盐胁迫之后，会通过合成可溶性糖〔蔗糖、果糖、复合糖（如果聚糖和海藻糖）〕、多元醇（如甘露醇和山梨醇等）、脯氨酸、甘氨酸甜菜碱等有机亲和性溶质来进行渗透调节，也会合成抗坏血酸、谷胱甘肽和类黄酮等抗氧化物质（滕中秋 等，2011）。

水稻作为模式植物，在基因组、转录组及蛋白质组层面都有大量研究，而代谢物是位于基因和蛋白调控下游的终产物，其组成和含量直接影响着表型。利用代谢组学方法研究这些化合物，并结合其他组学可以更好地揭示水稻响应盐胁迫的分子机制，解析基因功能。因此，代谢组学将成为水稻对盐胁迫、基因修饰响应机制及基因功能研究的重要手段（雷刚 等，2017）。

气相色谱与质谱联用技术分析了两种盐敏感品种（Sujala 和 MTU 7029）和两种耐盐品种（Bhutnath 和 Nona bokra）幼苗对盐胁迫的代谢响应。盐处理对 4 个品种水稻幼苗叶片保守的初级代谢产物（糖、多元醇、氨基酸、有机酸和某些嘌呤衍生物）的影响存在差异。然而，盐诱导产生的衍生物有显著差异。在盐胁迫下，两种耐盐品种的血清素水平均升高。这两个耐盐品种经盐处理后，信号分子都有所增加。耐盐品种还能提高阿魏酸和香草酸的含量。在盐敏感品种中，肉桂酸衍生物、4- 羟基肉桂酸和 4- 羟基苯甲酸在叶片中升高（Gupta et al, 2017）。

气相色谱与质谱联用技术分析耐盐品系 FL478 和盐敏感品系 IR64 在盐胁迫时间序列下代谢产物的变化。在盐胁迫和对照条件下，测定了两种基因型叶片和根中的 92 种主要代谢产物。盐胁迫下代谢产物受时间、组织特异性和基因型依赖性的调控。糖和氨基酸（AAs）在两种基因型的叶片和根中均显著增加，而有机酸（OAs）在根中增加、在叶片中减少。与 IR64 相比，FL478 在两种组织中糖和 AAs 含量增加更明显，而 OAs 含量下降更明显（Zhao et al, 2014）。

为了深入了解水稻幼苗耐盐的生理和分子机制，研究了两个相关基因型 IR64 和 PL177 在盐胁迫和盐＋脱落酸（ABA）条件下的表型、代谢和转录组响应。PL177 表现出较低的盐害，盐胁迫诱导两种水稻基因型的许多主要代谢物普遍，芽中多种糖和脯氨酸的积累、根中尿囊素的积累。这主要是由于 ABA 介导的基因抑制这些代谢产物在盐下的降解。在 PL177 中，盐特异性上调的基因参与了多种盐耐受性通路，包括 ABA 介导的细胞脂质和脂肪酸代谢过程，细胞质运输、液泡隔离、芽的解毒、细胞壁重塑，以及根的氧化还原反应。结合遗传和转录组证据确定提高 PL177 耐盐性的候选基因（Wang et al, 2016）。

第 2 节　耐盐碱关键调控基因及其调控网络

一、耐盐基因和离子平衡

对大多数高等植物来说，在盐渍土壤中 Na^+ 浓度过高是造成植物受离子毒害的主要原因（Mark et al, 2003）。土壤中过高的盐分会导致植物生长受到抑制，这是因为外界过高的盐浓度造成细胞内 Na^+ 浓度过高，这被称为离子毒害。细胞

缓解离子毒害的主要方式是消除过多的 Na^+，主要包含 3 个机制：降低 Na^+ 吸收，将 Na^+ 区域化，Na^+ 外排。

Na^+ 进入细胞可以通过 K^+ 通路。植物中 K^+ 通道有高亲和 K^+ 转运蛋白和低亲和 K^+ 转运蛋白。AKT1 是低亲和 K^+ 转运蛋白，根据 Na^+ 和 K^+ 浓度，可以转运 Na^+，也可以转运 K^+（Schachtman et al, 1997）。植物将 Na^+ 排出细胞外，缓解离子毒害是借助膜上的 Na^+/H^+ 逆向转运蛋白。H^+-ATPase 和 H^+-pyrophosphatase 存在膜上，为 Na^+/H^+ 逆转运蛋白提供 H^+ 梯度和能量，从而使细胞内 Na^+ 外排。H^+-ATPase 用 ATP 水解产生能量把 H^+ 泵出细胞外，从而产生一个电化学的 H^+ 梯度（Reinhold et al, 1984）。植物还有一个消除 Na^+ 毒害的机制是将 Na^+ 区域化在液泡中。该过程涉及液泡膜上的 Na^+/H^+ 逆向转运蛋白 NHX 家族，中间提供动力的主要是液泡膜上焦磷酸酶（V-H^+-Pase）和 H^+-ATP 酶（V-H^+-ATPase）（Formentini et al, 2017）。研究表明，盐胁迫可上调 *AtNHX1* 的表达，在保卫细胞中 *AtNHX1* 基因表达量最高（Krishnamurthy et al, 2019）。盐碱地生长的植物减轻盐害，普遍采用将大量盐离子区域化在液泡中这一策略，这不仅会使植物获得高渗透势，也可以使植物避免高浓度盐离子带来的伤害。南京农业大学水稻所克隆了编码微管蛋白 OsTUB1 的 *SHS1* 基因，阐明了微管蛋白在盐协迫中稳定离子平衡的作用机制。研究发现 OsTUB1/OsKinesin13A 在盐协迫下可以稳定钠离子转动蛋白 OsHKT1;5，进而维持离子平衡，保护水稻免受盐协迫毒害（Chen et al, 2022）。

植物耐盐的能力取决于多种生化途径，导致渗透动态代谢产物、自由基和特定蛋白质的产生以控制离子和水通量，从而为清除氧自由基提供支持并维持离子稳态。所以，需要确定耐盐性的潜在生化机制，为植物育种者提供适宜的指标。但盐胁迫已经影响许多细胞内物质，如核酸、蛋白质、碳水化合物和氨基酸。已经报道了几个关于在各种盐胁迫耐受性中的 QTL 的研究。例如通过使用耐盐和盐敏感水稻品种分析耐盐性 QTL，鉴定编码高亲和性 K^+ 转运蛋白（HKT）型钠转运蛋白 SKC1（Ren et al, 2005）。

二、抗氧化胁迫基因

植物的呼吸作用过程与氧气的关系密切，而这个过程产生 ROS 是不可避免的。ROS 主要是指一类化学性质活泼、氧化能力很强的含有氧元素物质的总称。在植物体内，ROS 的类型主要有超氧阴离子（$O_2 \cdot^-$）、过氧化氢（H_2O_2）、羟基自由基（$-OH$）和单线态氧（$^1O_2$）、脂质过氧基（$ROO-$）等。当植物受到外界胁迫时，体内 ROS 平衡被打破，植物体内 ROS 的积累增多，过量的 ROS 会使细胞膜脂过氧化，膜的结构遭到破坏。

植物在长期的进化过程中，进化出了一套复杂的抗氧化防御机制，包括酶促系统和非酶促系统。酶促系统包括过氧化物酶、过氧化氢酶、谷胱甘肽过氧化物酶、超氧化物歧化酶、NADPH 氧化酶和抗坏血酸过氧化物酶等，这几类酶可以有效清除包括盐胁迫和其他逆境胁迫带来的 ROS 伤害。这几类抗氧化酶共同维持着植物体内活性氧水平在一定范围内，降低植物受外界不良环境的影响。非酶促系统包括类黄酮、谷胱甘肽、抗坏血酸、维生素及一些硫基（$-SH$）的低分子量化合物。这些物质可以直接同 ROS 类物质进行反应，将它们还原。BAHD 酰基转移酶超家族的命名是由其家族中 4 个具有代表性的酶（BEAT、AHCT、HCBT、DAT）的首字母命名的。这四个代表性的酶分别是来自仙女扇的苯甲醇 O- 乙酰基转移酶（BEAT），来自龙胆的花青素 O- 羟化肉桂酰基转移酶（AHCT），来自石竹的邻氨基苯甲酸 N- 羟基肉桂酰 / 苯甲酰转移酶（HCBT），来自长春花的去乙酰基文多灵 4-O- 酰基转移酶（DAT）（Li et al, 2020a; St-Pierre et al, 2000）。

三、抗渗透胁迫基因及其耐盐机制

植物在盐胁迫条件下，受外界高浓度 Na^+ 的影响，细胞外的渗透压高于细胞内的渗透压，植物不能从土壤中吸水反而失水，造成植物的生理干旱。植物响应这种外界胁迫会关闭气孔，减弱光合作用，植物的生长便被抑制。为了应对外界胁迫，植物的渗透调节系统通过合成积累渗透调节物质来维持体内较高的渗透

势，减弱植物体内的水分外流，进而增加叶片气孔导度，维持植物体内正常的生长代谢。渗透调节有无机渗透调节和有机渗透调节两种方式。无机渗透调节主要是通过调节 Na⁺ 和 K⁺ 在细胞内外的浓度，进而改变胞内离子强度、pH 及渗透压等，维持细胞内渗透压的稳定（Türkan et al, 2009）。有机渗透调节主要是合成脯氨酸、甜菜碱和可溶性糖等有机渗透物质。

胚胎发育晚期丰富蛋白（LEA 蛋白）存在于动物和植物中，保护其他蛋白质免受与低温干燥或渗透胁迫的聚集（Hand et al, 2011）。由于在成熟的植物种子中发现该蛋白，所以该蛋白叫 late embryogenesis abundant protein（LEA 蛋白），但是据报道这些蛋白质是组成型表达的，或响应于植物组织中的应激而表达的（Hand et al, 2011; Liu et al, 2011）。在盐胁迫中，LEA 蛋白可以和下游基因互作增强其耐盐性（Sun et al, 2019b）。同时，LEA 蛋白也受上游转录因子的调控，如拟南芥中 ABR 受 ABA 响应因子 ABI5 的负调控，从而调控植物生长发育（Su et al, 2016）。最近的研究显示，LEA 蛋白可以通过调控水孔蛋白的自噬降解增强植物耐旱性（图 4-5）。

尽管前人对 LEA 蛋白的功能已经做了大量研究，但其在耐盐中的具体机制仍不清楚，尤其是在耐盐中如何行使渗透保护作用还是未知的，并且对其优异等位基因的利用也是空白。

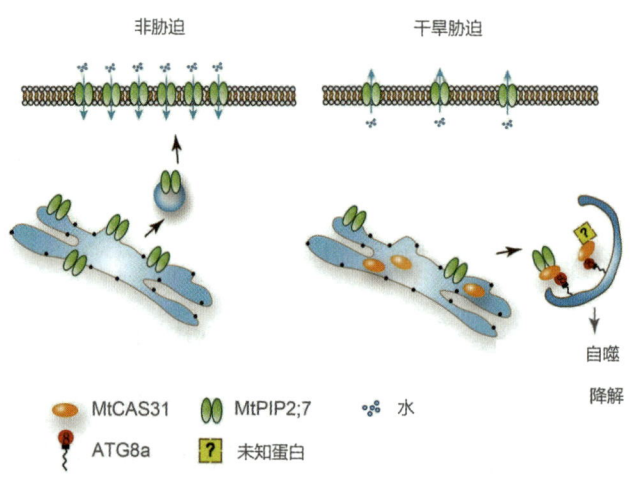

图4-5　MtCAS31调控水孔蛋白自噬降解

四、植物对盐胁迫信号的响应

植物处在逆境条件下时，依靠信号来感知这种胁迫，并将其整合和加工，传导给细胞。在盐胁迫的短时间内，植物体内的各个"部门"接收到盐胁迫信号，做出相应的应对措施，来减缓盐胁迫对植物造成的伤害。

（一）与 Ca^{2+} 相关的信号转导

在盐胁迫下，Na^+ 通过膜上的离子通道进入细胞，导致膜极化状态变小或静息电位向膜内负值减小，膜去极化，这会激活质膜上的 Ca^{2+} 通道，引起 Ca^{2+} 内流。植物体内的高渗感受器倾向于同 Ca^{2+} 耦合，这说明高渗胁迫可能被 Ca^{2+} 通道感知。Hagai 等人研究认为 Ca^{2+} 信号在响应盐胁迫的信号体系中起了重要作用。

（二）与 SOS 相关的信号响应

拟南芥盐敏感突变体的研究发现了一条特异的盐信号传递途径——SOS 信号传导途径（Zhu, 2002）。SOS 信号传导途径的核心元件主要包含 SOS1、SOS2 和 SOS3。SOS1 是一个单拷贝的质膜型 Na^+/H^+ 逆向转运蛋白（Shi et al, 2000），SOS3 编码一个钙调磷酸酶 B-like 蛋白（CBL）（Ishitani et al, 2000; Jiping et al, 1998），SOS2 编码与 CBL 互作的蛋白激酶家族（CIPK）的成员（Guo et al, 2001; Lin et al, 2009; Quan et al, 2007）。当植物刚感应到盐胁迫时，高浓度的 Na^+ 引起细胞内 Ca^{2+} 升高，SOS3 感应到 Ca^{2+} 信号，促使 SOS2 与 SOS3 相互作用形成 SOS2-SOS3 复合体，SOS2 被激活，激活的 SOS2 磷酸化质膜上的 Na^+/H^+ 逆向转运蛋白 SOS1，SOS1 磷酸化后其自身的 Na^+ 交换活性被激活，把细胞内的 Na^+ 排出细胞外（Yang et al, 2018）。

（三）与 MAPK 级联信号

MAPKs 级联系统是研究植物响应外界胁迫比较多的信号传导机制之一。

MAPKs 级联系统主要是由一类激酶类蛋白质组成的（Pitzschke et al, 2009）。每一个 MAPKs 级联反应由三个核心蛋白组成，分别是 MAPKKKs、MAPKKs、MAPKs。该级联反应将细胞外信号传导到细胞内是通过连续的磷酸化反应。当植物响应到外界信号后，细胞外信号可以激活 MAPKKK，其可以磷酸化 MAPKK 的丝氨酸和苏氨酸残基以激活 MAPKK，MAPKK 可以磷酸化 MAPK 的苏氨酸和络氨酸残基以激活 MAPK，处于激活状态的 MAPKs 又可以磷酸化细胞内的受体，从而将植物感受到的胁迫信号传导到细胞内，植物细胞会对这些信号做出应急响应（Rentel et al, 2004）。

第3节　耐盐碱与农艺性状的相互作用

一、耐盐碱和产量

盐胁迫时水稻生长会受到抑制，生理功能受损，生长缓慢，生育期受到影响，可能出现无法正常抽穗结实的现象，从而导致水稻的产量下降。水稻的产量构成因素主要包含有效分蘖数、每穗粒数、千粒重、结实率等（周根友 等，2018）。前人研究发现，盐胁迫下水稻的产量、每穗粒数、千粒重均显著下降。盐碱条件下水稻产量的下降与穗数和穗重均有关，其中穗重和每穗粒数对产量的影响是最大的。由此推测盐胁迫对水稻造成危害主要发生在孕穗期和灌浆期，在这两个时期对水稻的生长发育造成了巨大的损伤，导致水稻穗发育受到影响，从而导致产量的下降。研究发现，随着盐碱浓度的增加，水稻的每穗结实率、千粒重也是显著下降的。低盐浓度下水稻产量性状影响不显著，但是盐碱浓度的增加最终会导致水稻的结实率、千粒重等显著下降，从而引起水稻产量的下降。盐碱田也会导致水稻的有效分蘖的下降。种植在盐碱田的水稻由于多种产量相关性状受到影响（表4-2），最终导致产量的下降（赵鹏 等, 2020）。

表4-2   **盐胁迫下水稻产量相关因素的变化**

盐逆境	品种	产量(kg/m²)	单位面积穗数 （穗/m²）	每穗粒数 （粒）	千粒重 （g）
S_0	V_1	1.316±0.153a	275.1±26.7b	165.4±8.6a	28.9±0.6a
	V_2	1.127±0.135a	343.3±15.1a	128.4±10.6b	25.1±0.2b
	V_3	1.188±0.314a	340.3±12.0a	126.2±12.8b	24.8±0.3b
	V_4	0.931±0.083b	332.7±10.3a	108.1±7.2b	25.8±0.1b
平均值		1.140	322.8	132.0	26.2
S_1	V_1	0.523±0.126a	281.2±12.9c	76.0±9.1a	25.1±1.5a
	V_2	0.481±0.099a	327.7±14.0a	62.6±11.0a	22.7±2.4b
	V_3	0.401±0.068a	319.7±4.6ab	61.8±9.4a	20.3±0.2c
	V_4	0.443±0.037a	305.7±7.6b	68.6±5.4a	21.2±0.8bc
平均值		0.462	308.6	67.2	22.3
变异来源					
F值	S	103.90**	7.39	293.06**	62.90**
	V	5.01**	31.35**	23.08**	33.69**
	S×V	2.87	2.40	11.61**	2.64

注：不同字母（a、b 等）表示品种间差异显著（$P<0.05$），*、** 分别表示差异达显著或极显著水平（$n=3$，新复极差法）。S_0 表示含盐量 0 g/kg，S_1 表示含盐量 3 g/kg，V_1 表示通粳 981，V_2 表示盐粳 12，V_3 表示盐稻 10 号，V_4 表示南粳 5055。

二、耐盐碱和品质

盐胁迫除了会对水稻的产量造成影响外，对水稻的品质也会造成很大的影响。前人研究发现，在盐胁迫条件下，水稻的加工品质会受到很大的影响，水稻的糙米率、精米率、整精米率均降低，并随着盐浓度的升高降幅增大，其中整精米率受盐碱胁迫的影响最大，糙米率受影响最小（表 4-3）（步金宝 等，2012）。其主要原因可能是水稻在灌浆期受盐碱影响较大，盐碱环境影响水稻的灌浆速度和时间，从而使籽粒密度减小，加工品质变差。在盐碱田中水稻的外观品质也会

出现很大的变化，盐胁迫条件下水稻的垩白度和垩白粒率也会发生变化，随着盐浓度的增加水稻出现了垩白度增大的现象（周婵婵 等，2017）。稻米蛋白质是人体蛋白质的重要来源，其蛋白质含量虽然较低，但极易为人体消化和吸收，是稻米主要的营养品质指标。盐胁迫下水稻的蛋白质含量显著增大，在一定的盐浓度条件下蛋白质含量的增大会增加水稻的食味值（宋双 等，2020）。人们认为，蛋白质含量越大，稻米在碾磨过程中的破损越轻（Lee et al, 2010）。盐碱田中水稻的蛋白质含量的增大提升了水稻的营养品质，还会改变水稻的食味值，提高水稻的口感，所以适宜浓度的盐碱田有助于提升水稻的品质。因此，增大盐胁迫下稻米蛋白质含量是稻米品质的重要指标之一，特别是在营养方面。此外，盐碱田中稻米的淀粉含量也会发生变化。目前对于盐胁迫影响水稻直链淀粉含量有不同的结果。前人研究发现随着随土壤盐度的不断升高，稻米的直链淀粉含量略有增大但不显著（罗成科 等，2017）。但是有人研究出现不同的结果，例如，在一项测定控制环境下种植的耐盐水稻品种籽粒直链淀粉含量的研究中，盐处理条件水平下直链淀粉含量减小（Rao et al, 2017）。前人研究发现盐胁迫下水稻的直链淀粉含量的变化出现不同的结果，可能是使用的水稻品种的不同和盐处理浓度不一样导致的。水稻的直链淀粉含量对于水稻的蒸煮食味品质是非常重要的，水稻在盐碱条件下淀粉含量的变化还需要进一步的研究。

目前水稻耐盐相关研究主要集中在耐盐种质资源的筛选、耐盐基因的发掘、耐盐 QTLs 定位以及盐胁迫后的生理反应等方面（Goswami et al, 2017）。人们已经鉴定了一些耐盐相关基因如 *SKC1*（Ren et al, 2005）、*DST*（Huang et al, 2010）、*RR22* 和 *qSE3*（He et al, 2019）等，对水稻的耐盐基因及其相关耐盐机制有了一定的了解。但是还没有报道哪些耐盐基因参与调控盐胁迫下稻的分蘖、穗粒数和千粒重的变化，对于盐胁迫如何影响水稻品质的分子机制更是知之甚少。水稻的产量性状和品质性状对于水稻的生产和加工是至关重要的，了解盐胁迫下水稻的产量和品质的变化有助于培育高产优质的耐盐水稻品种。

表4-3　盐胁迫下稻米品质性状的变化

盐逆境	品种	糙米率(%)	精米率(%)	整精米率(%)	长宽比	垩白粒率(%)	垩白度(%)	蛋白质含量(%)	直链淀粉含量(%)
S_0	V_1	84.35±0.38b	72.24±0.68c	62.55±5.26a	1.74±0.03a	30.10±1.89c	9.53±0.66b	8.64±0.37b	14.25±0.70a
	V_2	84.26±0.17b	75.40±0.38b	67.71±6.18a	1.71±0.01a	19.76±1.75d	5.40±0.14c	10.04±0.08a	14.99±0.60a
	V_3	85.76±0.42a	77.24±0.66a	67.73±1.64a	1.62±0.03b	100.00±0.00a	60.31±0.97a	8.56±0.09b	1.90±0.96c
	V_4	84.64±0.19ab	75.41±0.43b	62.06±5.66a	1.49±0.02c	48.35±3.55b	12.69±1.17b	9.75±0.09a	8.94±0.39b
平均值		84.75	75.07	54.38	16.40	49.55	21.95	9.24	10.02
S_1	V_1	83.64±0.75a	73.55±1.09b	42.09±2.36b	1.72±0.06a	17.81±2.78c	5.56±1.28c	10.05±0.54c	11.62±1.24a
	V_2	83.95±0.92a	75.51±1.14a	63.28±3.05a	1.65±0.04b	17.41±3.41c	3.70±0.58c	11.20±0.22b	12.85±0.26a
	V_3	83.27±0.76a	74.37±0.83ab	56.88±5.90a	1.61±0.03b	100.00±0.00a	69.74±0.72a	12.45±0.66a	2.31±0.78c
	V_4	83.91±0.25a	74.51±0.75ab	55.27±3.64a	1.51±0.04c	72.59±7.54b	17.33±6.26b	10.97±0.22b	7.85±0.70b
平均值		83.69	74.49	54.38	16.20	51.95	24.08	11.17	8.66
变异来源 F值	S	58.86**	12.91*	95.11**	1.70	2.33	4.20	199.06**	42.94**
	V	1.16	17.86**	11.87**	59.53**	1 227.52**	1 310.12**	26.96**	357.43**
	S×V	5.31**	8.23**	4.64*	2.04	51.78**	15.24**	33.99**	5.55**

注：表中符号意义同表 4-2。

第 4 节　耐盐碱水稻种质资源的搜集与利用概况

一、水稻耐盐碱种质资源的搜集

南京农业大学水稻研究所收集水稻种质资源并筛选获得 276 份籼稻资源。江苏省农业科学院粮食作物研究所从国际水稻所、日本、韩国，以及我国辽宁、吉林、广东等省份引进水稻资源 1 500 余份，其中引进日本水稻资源 40 份、韩国水稻资源 39 份。扬州大学水稻产业工程技术研究院先后从国内外引进水稻种质资源 1 901 份，涉及 6 个亚群，即籼型（IND）、热带粳型（TEJ）、温带粳型（TRJ）、奥斯稻型（AUS）、香稻型（ARO）及混合型（ADM），随后又从美国康奈尔大学 Susan R. McCouch 教授和国际水稻研究所先后引进来自世界各地的水稻种质 350 份，各种质均已具备较高密度的 SNP 标记基因型数据。江苏沿海地区农科所水稻研究室先后引进、搜集或委托鉴定国内外水稻种质资源一共 3 349 份。

二、水稻耐盐种质资源的利用

（一）作为亲本育种在耐盐水稻新品种选育上的利用

水稻耐盐新品种选育是水稻育种的一个重要研究方向。目前，水稻耐盐育种仍然以常规育种为主，主要是以筛选鉴定的耐盐种质为亲本，利用传统的人工杂交或辅之以回（复）交等方法，将耐盐基因导入优良水稻品种中，再通过多年多代的盐胁迫筛选鉴定，选育综合性状优良的耐盐品种，并在生产上大面积推广应用。

1939 年，斯里兰卡育成世界第一个强耐（抗）盐水稻品种 Pokkali，1945 年获得推广。1943 年，印度相继育成并推广耐盐水稻品种 Kala Rata l-24、Nona Bokra、Bhura Rata 4-10、M114（80-85）。孟加拉育成了耐盐水稻品种 BRI、BR203-26-2、Sail 等。1970 年以来，国际水稻研究所相继育成了 IR46、

IR4422-28-5、IR4630-22-2-5-1-3、CSR23 等耐盐水稻品种。其中，CSR23 已在菲律宾地区开展了多年的田间试验，2004 年被印度官方引种，可在 pH 为 2～10、盐度（电导率）为 8 dS/m 的条件下生长且产量可达 300 kg/m^2（Singh et al, 2006）。泰国育成了耐盐水稻品种 FL530，美国育成了耐盐水稻品种美国稻，日本育成了耐盐水稻品种万太郎米、关东 51、滨稔、筑紫晴、兰胜（洪立洲 等, 2015）。韩国育成了 Dongjinbyeo（东津稻）、Ganchukbyeo（开拓稻）、Gyehwabyeo（界火稻）、Ilpumbyeo（一品稻）、Seomjimbyeo（蟾津稻）、Nonganbyeo（农安稻）（张所兵 等, 2013）。俄罗斯育成了 VNIIR8207、Fontan 等 16 份耐盐水稻品种（吴其褒 等, 2008）。

我国东部地区省份的相关农业科研单位利用沿海独特的地理位置以及土壤含盐量较高的优势，采用常规育种手段，在盐胁迫条件下进行耐盐种质筛选和品种选育，成效显著。辽宁省盐碱地利用研究所从 20 世纪 70 年代开展滨海中度、重度盐碱地耐盐水稻育种研究，获得辽盐系列，如辽盐 2 号、辽盐 241、辽盐 16、辽盐 3 号、辽盐 28、辽盐 282、辽盐糯等耐盐水稻品系（Yeo et al, 1986）；1984 年该所育成高耐盐籼型水稻品系盐 81-210，1989～2009 年育成了抗盐 100 号、盐粳 29、盐丰 47、盐粳 456、盐粳 218，2011 年以来又先后育成了富友 33、盐粳 228、桥科 951、盐粳 50、盐粳 237、桥科 951、盐粳 933、盐粳 22、盐粳 927、盐粳 939、盐两优 2818 等耐盐常规（杂交）粳稻品种（组合），其中盐丰 47、桥科 951 先后通过国家品种审定。江苏沿海地区农业科学研究所从 20 世纪 70 年代从事耐盐水稻育种研究，于 1987 年育成并通过江苏品种审定的耐盐中籼稻盐籼 156，此后又相继育成盐稻 10 号、盐稻 12 号等耐盐中粳稻品种，以及江苏沿江地区农业科学研究所育成通粳 981。江苏省连云港市农业科学院育成了连粳 2 号等耐盐水稻品种。此外，由我国相关育种单位及育种家利用已有的耐盐种质或通过常规育种的方法，获得的耐受一定浓度盐分的水稻品种还有东农 363、长白 6 号、长白 7 号、长白 9 号、长白 10 号、长白 13 号、窄叶青 8 号、特三矮 2 号、绥粳 5 号、津粳杂 2 号、吉粳 84 号、津稻 1229、津糯 6 号、津源 101 等（程

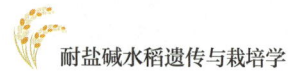

保山 等 , 2016; 张启星 1989)。

(二)生物技术与常规育种相结合

随着组织培养和转基因等现代生物技术的进步，国内外育种家逐渐将这些先进技术应用到耐盐水稻育种中，并取得了显著的成效。国外，Bimpong 等采用分子标记辅助选择法，选育出 16 个含耐盐基因 *Saltol* 的水稻新品系，并在西非地区进行着大面积的田间试验（Bimpong et al, 2016）。Punyawaew 等采用分子标记辅助回交法，将水稻 FL530 中耐盐基因 *Saltol* 导入 KDMl105 中，获得 50 多个水稻新品系，并已在泰国北部高盐地区对携带 *Saltol* 基因的杂交系 BC2F7 进行耐盐性试验（Punyawaew et al, 2016）。国内，陈香兰利用水稻成熟胚为外植体，通过盐胁迫条件下组织培养与盐碱池筛选等方法，选育出 7 份耐盐性较强的水稻新品系，其中 647-4 表现出耐盐碱、抗病、高产等特点（陈香兰，1992）。中国水稻研究所采用基因枪法和农杆菌法将 *CMO*、*BADH*、*mtld*、*gutD* 和 *SAMDC* 基因导入水稻并获得转基因植株及其后代，得到同时转以上 5 个基因的高度耐盐品系，并获得米质好、农艺性状优、产量较对照提高 10% 以上、能耐 1.0% NaCl 的株系 5 个（中国水稻研究所，2004）。李自超等将源于大肠杆菌 mtlD（1- 磷酸甘露醇脱氢酶）的基因导入旱稻，在含 1% NaCl 的 MS 培养基上转基因植株生长速率明显大于对照，在含 0.75% NaCl 的盆中转基因植株能够正常生长（李自超 等 , 2004）。吉林省农业科学院利用花药培养法将 *BADH* 基因转入水稻后，增加了甜菜碱的合成，提高了水稻的耐盐性，获得一批耐盐性强的转基因水稻材料（吉林省农业科学院，2005）。顾红艳等选用津原 101（组合为中作 321/ 辽盐 2 号 / 辽盐 2 号）幼穗为外植体，在盐胁迫下，通过组织培养获得耐盐株系，并经多代鉴定，育成耐盐抗旱水稻品种津原 85，于 2005 年通过国家品种审定（顾红艳 等 , 2007）。

天津市农业生物技术研究中心研究了 *TPSP* 基因和胆碱氧化酶基因（*COX*）对籼稻耐盐性的影响，发现 *TPSP* 基因能够提高籼稻的耐盐能力，筛选出能稳定遗传、耐盐能力比受体品种显著提高的籼稻和粳稻株系 R80、W0603 和 W0604，粳稻耐盐能力超过 0.3% NaCl 水平（天津市农业生物技术研究中心，2009）。海

南大学分离了 *AtBOS* 基因，通过该基因的 CDs 构建了 P35S 启动子驱动的植物超量表达载体，并通过农杆菌介导转化水稻品种明恢 63，获得 8 个转基因株系，经耐盐性验证，获得了稳定遗传的转基因耐盐水稻品系（海南大学, 2010）。

杭州市农业科学研究院等单位利用双向电泳技术筛选到水稻盐胁迫差异表达蛋白并进行质谱分析和数据库比对，建立了基于蛋白质组学技术的高效耐盐基因筛选技术，鉴定出 *OsCYP2*、*OsCSP1* 等 6 个具有耐盐功能的基因。通过转基因技术结合生理生化分析，发现转 *OsCYP2* 基因植株在盐胁迫下 SOD、CAT、APX 等活性增强，活性氧积累降低，膜脂过氧化水平下降；再利用全生育期海水（盐度为 0.5% ~ 1.6%）灌溉方式筛选出 11 个耐盐的转 *OsCYP2* 基因水稻株系，在盐碱地（pH 为 8.9 ~ 9.2）条件下筛选出 12 个耐盐碱的转基因株系（杭州市农业科学研究院 等, 2013）。海南大学林栖凤团队将耐盐芦苇 DNA 通过花粉管通道法导入 9311、盐恢 559，筛选出结实率达 80% 的材料 3 份（海湘 016、海湘 030、海湘 121），在全生育期以 0.5% 左右 NaCl 胁迫下，部分材料仍可获得一定产量（Lin et al, 1998）。

第 5 节　水稻耐盐新种质的鉴定与创新

一、水稻耐盐种质资源的鉴定方法

根据祁栋灵等人对水稻萌发期、苗期和成株期耐盐等级划分方法，我们在 2016 ~ 2019 年对以上两部分种质资源材料进行了耐盐性筛选和鉴定。具体过程如下：

（一）萌发期耐盐性鉴定和筛选

将所有品种水稻种子置于 45℃恒温干燥箱中 24 h 以打破休眠，然后在 30℃人工气候箱中浸种 24 h。将充分吸胀的种子转移到垫有滤纸的塑料培养皿中，每个培养皿置 30 粒种子，分为两组：一组加入 3 mL 12‰ NaCl，一组加入 3 mL 蒸

馏水。每组重复三次。将培养皿放入人工气候箱中，温度设置为恒温30℃，光照14 h，湿度75%。每天补充一次水分，每隔一天用盐溶液和蒸馏水分别洗一次盐处理组和对照组以保持盐浓度。

发芽率测定：所有品种每两天记录一次发芽粒数，即记录盐处理后第2、4、6和8天时发芽粒数。芽长等于种子长度的一半、根长等于种子长度则视为发芽。发芽相关指标计算方法如下：

$$发芽率（\%）=（最终发芽粒数/供试粒数）\times 100$$

$$发芽势（\%）=（规定时间内发芽数/供试粒数）\times 100$$

水稻萌发期耐盐性等级划分：参考祁栋灵等人对水稻萌发期耐盐等级划分方法（祁栋灵 等,2005），选择第8天发芽率计算相对盐害率，计算公式如下：

$$相对盐害率（\%）=［（对照发芽率-处理发芽率）/对照发芽率］\times 100$$

根据相对盐害率的大小，以20%的级差将所有水稻种质分为1~9级进行评价，如表4-4所示。

表4-4　　　　　　　　　　　相对盐害率分级标准

级别	相对盐害率（%）	耐盐/碱性
1	0.0~20.0	极强
3	20.1~40.0	强
5	40.1~60.0	中
7	60.1~80.0	弱
9	80.1~100.0	极弱

（二）苗期耐盐性鉴定和筛选

将所有品种水稻种子于45℃处理24 h以打破休眠，然后放入清水中在室温下浸泡3~4天，待种子露白后，选取胚根长度一致的种子，胚部朝下放入底部剪开的96孔PCR板中。每板4个品种，每个品种放置2行，记录各品种的摆放位置和顺序。将PCR板编号后放入周转箱（42 cm×30 cm×11.5 cm）内的有机玻璃架（38 cm×11 cm×7.5 cm）上，每个周转箱放置 2 个架子，每个架子可放置 4 个 PCR 板。然后加入清水，每个周转箱的水深以距离 PCR 板底部 1 cm 左右为宜。最后用浸湿的纱布覆盖于 PCR 板上以保持种子发芽所需湿度，待种子的根伸入水中时可移除纱布。以上过程均在实验室内完成。待幼苗长至 1 叶 1 心时，将其搬至玻璃温室中，并加入 1/4 IRRI 营养液（表 4-5）继续培养，3 天后换成 1/2 IRRI 营养液，再 3 天后换成全营养液。以后每 3 天换一次营养液，保持营养液 pH 为 5.5。待幼苗长至 3 叶 1 心时分为两组进行处理：一组在营养液中加入 0.8% NaCl 进行盐处理，一组只加营养液作为对照组。

表4-5　　　　　　　　　　水稻IRRI营养液配方

大量元素	终浓度（mM）	使用盐类	分子量（g/mol）	母液（×10³）用量（g·L⁻¹）
N	2.5	（1.25 mM）NH_4NO_3	80.04	100
P	0.3	KH_2PO_4	136.09	40.83
K	1	（0.35 mM）K_2SO_4	174	60.9
Ca	1	$CaCl_2 \cdot 2H_2O$	111	111
Mg	1	$MgSO_4 \cdot 7H_2O$	246.5	246.5
SiO_2	0.5	$Na_2SiO_3 \cdot 9H_2O$	284.2	142.1

微量元素	终浓度（μM）	使用盐类	分子量（g/mol）	母液（×10³）用量（g·L⁻¹）
Mn	9	$MnCl_2 \cdot 4H_2O$	197.92	1.781
Mo	0.39	$Na_2MoO_4 \cdot 2H_2O$	241.95	0.0944
B	20	H_3BO_3	61.83	1.2366
Zn	0.77	$ZnSO_4 \cdot 7H_2O$	287.56	0.2214
Cu	0.32	$CuSO_4 \cdot 5H_2O$	249.68	0.0799
Fe	20	$FeSO_4 \cdot 7H_2O$ + Na_2-EDTA	278.02	5.57

Fe 的制备：溶解 5.57 g $FeSO_4 \cdot 7H_2O$ 于 200 mL 蒸馏水，再另溶解 7.45 g Na_2-EDTA 于 200 mL 蒸馏水中，加热 Na_2-EDTA（大约 70℃），加入 $FeSO_4 \cdot 7H_2O$，不断搅拌，然后于 70℃恒温箱中螯合 2 h，冷却后定容至 1 L，储于棕色瓶中，使用时每升营养液加 1 mL 母液。

叶片叶绿素含量、死叶率和死亡率测定：在盐处理第 2、4、6 和 8 天用叶绿素计和厘米尺分别测定长势一致的幼苗最上面一片完全展开叶的叶绿素含量和死叶率，在盐处理第 6 天和 8 天记录死亡率。盐处理组和对照组均重复 3 次。

苗期株高、鲜重和干重测定：在盐处理第 8 天，用厘米尺测量所有品种株高，用电子天平分别称量地上部和根的鲜重。分别取地上部和根的鲜样，用 80℃恒温箱烘干 2 ~ 3 天，称量地上部和根的干重。以上每个指标均重复 3 次。

水稻苗期耐盐性等级划分：根据祁栋灵等人对叶片死亡率的分级标准（祁栋灵 等，2005），选择第 4 天平均死叶率以 20% 的级差分为 1 ~ 9 级，对水稻苗期耐盐性进行评价，如表 4-6 所示。

表4-6 平均死叶百分率分级标准

级别	平均死叶百分率（%）	耐盐/碱性
1	0.0 ~ 20.0	极强
3	20.1 ~ 40.0	强
5	40.1 ~ 60.0	中
7	60.1 ~ 80.0	弱
9	80.1 ~ 100.0	极弱

（三）成株期耐盐性鉴定和筛选

成株期试验采用盆栽方式在扬州大学生物科学院的大棚中进行。在水稻整个生殖生长期间，晴天时将塑料薄膜卷起，模拟自然环境的温度、光照及通风情况等，雨天时将塑料薄膜放下，防止雨水稀释盆栽中盐浓度。具体过程如下：

育苗：在大田中进行。将营养土与普通土按 1：3 比例混匀，装入 15 L 塑料桶中，加水湿润。

移栽：将 30 日龄幼苗按顺序移栽到装有土的塑料桶中，每桶 6 株幼苗，待返青后去除 2 株，每桶只保留 4 株苗。每个品种均设置清水作为对照。

管理：每天观察水稻生长状况，并根据植株总量来确定整个生长期的施肥量，定期浇水施肥，喷施农药防治病虫害，灌浆后搭建尼龙网防麻雀。

盐处理：待水稻长至孕穗期即剑叶完全展开时，加入 5‰ NaCl 进行盐处理。

叶绿素含量和死叶率测定：在盐处理第 7、14、21 天时，用叶绿素计和米尺分别测定水稻剑叶和倒 2 叶的叶绿素含量和死叶率，每片叶片分别测定上、中、下处叶绿素含量，求平均值。每个处理重复 3 次。

叶片 Na^+、K^+ 含量测定：在盐处理 14 天时，分别取对照组与盐处理组各 3 株水稻的倒 3 叶，在恒温干燥箱 105℃杀青 15 min，然后调至 70℃过夜烘干至恒重，干燥保存。然后用 FZ102 型微型植物试样粉碎机将叶片进行粉碎，过 40 目筛后装入自封袋中密封保存。称取 0.1 g 样品置于带塞试管中，然后向试管内加入 10 mL 100 mM 的醋酸，90℃水浴 2 h，冷却后 5 000 rpm 离心 15 min，将上清液移至 10 mL 离心管中保存。每个样品重复 3 次。随后根据原子吸收分光光度计的测定范围，将原液稀释一定的倍数，用 Perkin Elemer 公司型号为 Pin AAcle 900 F 的火焰原子吸收分光光度计测定 Na、K 元素含量。最后根据测得的 Na、K 元素含量计算离子运输选择性比率（transport selectivity ration, TS），计算公式如下：

$$TS（X，Na^+）= a \text{ 器官}（X/Na^+）/ b \text{ 器官}（X/Na^+）$$

式中：a、b 代表根、茎或叶；X 代表各种阳离子含量，如 K^+ 含量。TS 越大，说明 a 器官从 b 器官中选择性运输 X 离子的能力越强。

穗长和结实率测定：待水稻成熟后，取盐处理组和对照组各 3 个主穗，用厘米尺测量穗长，并计算结实率。

水稻成株期耐盐性等级划分：参考祁栋灵等人（2005）对水稻耐盐等级划分方法，计算公式如下：

相对盐害率（%）=［（对照死叶率 − 处理死叶率）/ 对照死叶率］× 100

根据相对盐害率的大小，以 20% 的级差将所有水稻种质分为 1 ~ 9 级进行评价，如表 4-7 所示。

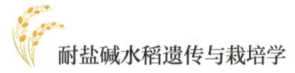

表4-7   相对盐害率分级标准

级别	相对盐害率（%）	耐盐/碱性
1	0.0～20.0	极强
3	20.1～40.0	强
5	40.1～60.0	中
7	60.1～80.0	弱
9	80.1～100.0	极弱

二、耐盐水稻种质鉴定与创新

优良的耐盐核心种质是选育耐盐水稻新品种的基因资源。国内外科研单位和水稻育种工作者先后筛选了一批耐盐性较好的水稻种质，为水稻耐盐性品种选育提供了良好的种质资源。20世纪30年代以来，国外就开始耐盐水稻种质筛选研究工作。1970年以来，国际水稻研究所（IRRI）从9 000份水稻品种和家系中，鉴定出10份耐盐水稻品种，包括Pokkali、Getu Annapuma、Nona Bokra、Irs8085、PSBRc50、XianchoV（爪哇稻）等（胡时开 等，2010）。

我国耐盐水稻种质筛选和新材料创制研究亦取得显著进展。中国于1976年开展水稻的耐盐性研究工作，虽略迟于国外，但进展较快。1985年，江苏省农业科学院赵守仁等与国际水稻研究所合作，在国际水稻研究所提供的500多份耐盐水稻材料中筛选出水稻耐盐品种80-85。随后，中国农业科学院从2 808份外引水稻中，筛选出103个耐盐品种（籼稻27份，粳稻76份，有的耐盐性高于Pokkali），其中81-210、农林72、美国稻这3个品种在江苏沿海地区可大面积种植。吴荣生等从太湖流域粳稻地方品种中，发现如韭菜青、老黄稻、黄粳糯和红芒香粳糯等耐盐种质（吴荣生 等,1989）。中国水稻研究所筛选出了芒水稻3、毛稻、大芒稻、高粱稻等耐盐品种。蒋荷等研究发现，咸占、兰胜、窄叶青8号、80-85、红芒香粳糯、芒尖、一品稻、蟾津稻、开拓稻、竹广29、东津稻等耐盐种质。江苏省农业科学院先后对2 000多份国内外水稻种质资源进行了耐盐性鉴定与评价，先后鉴定筛选出一批有应用价值的耐盐水稻种质材料 114 份，如 80-85、筑紫晴、红芒香粳福、白谷子、竹系 26、乌咀子和盐丰 47 等（蒋荷 等，1995）。方先文等用 0.8% NaCl 溶液和国际水稻研究所水稻耐盐性 9 级评价方法筛选获得苗期极端耐盐品种 6 份（方先文 等，2004）。张国新等在盐胁迫条件下，发现"垦稻 95-4"芽期耐盐能力最高，为强耐盐品种（张国新 等 2007）。胡婷婷等研究发现延 317、吉农大 30、垦稻 2012、抗盐 100、特三矮、窄叶青 8 号、东津稻、盐丰 47 等品种耐盐性较好（胡婷婷 等，2009）。贾宝艳等研究表明盐胁迫条件下，以发芽率为评价指标，沈稻 4 号、四丰 43、辽选 180、珍优 1 号、珍优 2 号 5 个品种具有较强的耐盐能力；以发芽指数作为评价指标，辽盐 166、奥羽 316、珍优 2 号、珍优 1 号、辽盐 188、沈农 9209、四丰 43 等 7 个品种具有较高的耐盐性（贾宝艳 等，2013）。孙焱以黑龙江寒地粳稻 65 份水稻种质为试验材料，以浓度为 6 dS/m 的 NaCl 溶液进行灌溉，连续两年进行耐盐性鉴定，发现吉粳 88、长白 10、长白 17、空育 131、龙稻 5、吉粳 106 等 15 个品种为耐盐品种（孙焱，2014）。2014 年广东湛江陈日胜发现一种可以在沿海滩涂盐碱地上生长的半野生稻品种海稻 86，该品种在广东湛江地区种植平均亩产 75～150 kg，具有良好的耐盐性。

　　近期，南京农业大学章文华团队通过从 EMS 和 ^{60}Co-γ 射线诱变的水稻突变体库中筛选到耐盐性显著提高的突变体 3 个（*rst1*、*rst2* 和 *rst3*）。筛选到萌发期、芽期、苗期、分蘖期、成株期中 2 个发育阶段耐盐性较强的核心种质 14 份（Saturn、Sultani、Palmyra、BR24、Sabharaj、WAB 501-11-5-1、Chang Ch'Sang Hsu Tao、Kiang-Chou-Chiu、M.Biatec、矮浙九选、西龙 1-16、油六稻、七丝早 3、中育 1 号）。江苏省农业科学院王才林团队通过苗期 5‰ NaCl 盐溶液鉴定，筛选到耐盐性达到抗水平的种质有 36 份，如 W006、香粳 49、02428 等；连云港市农业科学院筛选到耐盐强的耐盐核心种质 3 份（黄板所、芭蕉根白、安宁旱谷）；湖北省农业科学院筛选到耐盐性达到 1 级的核心种质有 13 份（RAFFAELLO、Hung Co Man、Azerbaidjanica、WC 4431、SADRI MASALINSKIJ、AZ ROS 637、武藏黄金、芦苇稻、IR9761-40-3-2、IR2058-85-3-3、FR462、CR222MW10、

5m940）。江苏沿海地区农业科学研究所孙明法团队通过对国内外搜集的 1 000 份材料进行全生育期 3‰ NaCl 盐溶液鉴定，筛选到全生育期耐盐性达到耐盐核心种质 10 份，其中耐盐性达到 4‰ ~ 4.5‰ 水平的 1 份（津原 89-1），耐盐性达到 5‰ 水平的 5 份（盐稻 16Z38、盐稻 830、广红 3 号、热盐 1 号、盐籼优 1393），达到耐盐性 6‰ ~ 8‰ 水平的 4 份（NY562、NY623、NY626、NY642）。南京农业大学王春明课题组利用分子标记辅助选择方法，将鉴定耐盐关键位位点导入常规主栽培品种中，创制耐盐新种质南农盐籼 2 号、CSSL44、ND2205、ND2355、ND2608。江苏省农业科学院粮食作物研究所王才林课题组将鉴定耐盐关键位位点 *qSE3* 和 *GSS1* 基因等导入常规主栽培品种，如 IR26、宁稻 1 号等，其中以 IR26 为遗传背景的 2 份（如耐盐材料南农盐籼 2 号、CSSL44），以宁稻 1 号为遗传背景的 3 份（ND2205、ND2355、ND2608）。扬州大学左示敏课题组利用鉴定的国外耐盐种质与江苏已知的具有较好耐盐性的粳稻品种 1414 和抗盐 2 号进行杂交、回交，在 BC_1F_2 回交世代，并将相关群体种植在盐城金海岛盐碱地试验基地，并于后期进行了常规育种选育，初步筛选出 73 个株系，其中扬农粳 18-3095、扬农粳 3284 综合农艺性状及耐盐性表现突出。

2015 年由江苏沿海地区农业科学研究所牵头主持的国家科技支撑计划项目，与国内主要几家耐盐水稻育种单位联合攻关，通过用筛选出的耐盐资源与大面积推广的优良品种杂交等常规方法创制了一大批新的耐盐水稻新品种（品系），详细见表 4-8。本章后文附有"国内新育成耐盐水稻新品种简介""国内耐盐水稻相关专利"及"水稻耐盐性鉴定标准"。

表4-8   **新创制耐盐水稻新种质**

品种名称	品种类型	创制单位	主要特性
盐稻15198	粳稻	江苏沿海地区农业科学研究所	耐盐、不抗病、高产
盐稻15608	粳稻	江苏沿海地区农业科学研究所	耐盐、抗病、高产
盐稻15925	粳稻	江苏沿海地区农业科学研究所	耐盐、抗病、高产
盐稻16Z38	粳稻	江苏沿海地区农业科学研究所	耐盐、抗病、高产

（续表）

品种名称	品种类型	创制单位	主要特性
盐稻1382	粳稻	江苏沿海地区农业科学研究所	耐盐、抗病、高产
盐稻1367	粳稻	江苏沿海地区农业科学研究所	耐盐、抗病、高产
盐稻1626	粳稻	江苏沿海地区农业科学研究所	耐盐、抗病、高产
盐稻1333	粳稻	江苏沿海地区农业科学研究所	耐盐、抗病、高产
盐稻1075	粳稻	江苏沿海地区农业科学研究所	耐盐、不抗病、高产
盐稻5228	粳稻	江苏沿海地区农业科学研究所	耐盐、不抗病、高产
盐稻16Z43	粳稻	江苏沿海地区农业科学研究所	耐盐、不抗病、高产
盐稻16Z50	粳稻	江苏沿海地区农业科学研究所	耐盐、不抗病、高产
盐稻16Z55	粳稻	江苏沿海地区农业科学研究所	耐盐、不抗病、高产
盐稻2302	粳稻	江苏沿海地区农业科学研究所	耐盐、抗病、高产
盐稻5210	粳稻	江苏沿海地区农业科学研究所	耐盐、抗病、高产
盐稻2007	粳稻	江苏沿海地区农业科学研究所	耐盐、抗病、高产
盐稻2333	粳稻	江苏沿海地区农业科学研究所	耐盐、抗病、高产
盐稻036	粳稻	江苏沿海地区农业科学研究所	耐盐、抗病、高产
盐稻830	粳稻	江苏沿海地区农业科学研究所	耐盐、抗病、高产
盐稻1640	粳稻	江苏沿海地区农业科学研究所	耐盐、不抗病、高产
盐稻178	粳稻	江苏沿海地区农业科学研究所	耐盐、抗病、高产
盐稻236	粳稻	江苏沿海地区农业科学研究所	耐盐、不抗病、高产
盐糯5152	粳稻	江苏沿海地区农业科学研究所	耐盐、抗病、高产
盐稻5152	粳稻	江苏沿海地区农业科学研究所	耐盐、抗病、高产
盐稻236	粳稻	江苏沿海地区农业科学研究所	耐盐、不抗病、高产
盐稻1278	粳稻	江苏沿海地区农业科学研究所	耐盐、不抗病、高产
盐稻13293	粳稻	江苏沿海地区农业科学研究所	耐盐、抗病、高产
抗2	粳稻	江苏沿海地区农业科学研究所	耐盐、不抗病、高产
盐稻17-1	粳稻	江苏沿海地区农业科学研究所	耐盐、不抗、高产

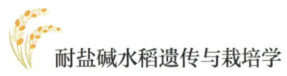
（续表）

品种名称	品种类型	创制单位	主要特性
盐稻17-2	粳稻	江苏沿海地区农业科学研究所	耐盐、不抗病、高产
盐稻17-3	粳稻	江苏沿海地区农业科学研究所	耐盐、不抗病、高产
18ZNYP20	粳稻	江苏沿海地区农业科学研究所	耐盐、不抗病、高产
宁5713	粳稻	青岛海水稻研究发展中心有限公司	耐盐、抗病、高产
南粳5713	粳稻	江苏省农业科学院	耐盐、抗病、高产
南粳505	粳稻	江苏省农业科学院	耐盐、抗病、高产
南粳5718	粳稻	江苏省农业科学院	耐盐、抗病、高产
南粳2728	粳稻	江苏省农业科学院	耐盐、抗病、高产
南粳9008	粳稻	江苏省农业科学院	耐盐、抗病、高产
南粳9108	粳稻	江苏省农业科学院	耐盐、抗病、高产
南粳1414	粳稻	江苏省农业科学院	耐盐、不抗病、高产
南粳1425	粳稻	江苏省农业科学院	耐盐、抗病、高产
通粳981	粳稻	江苏沿江地区农业科学研究所	耐盐、抗病、高产
连鉴5号	粳稻	连云港市农业科学院	耐盐、抗病、高产
津原89	粳稻	天津市原种场	耐盐、抗病、高产
津原89-2	粳稻	天津市原种场	耐盐、抗病、高产
津原89-1	粳稻	天津市原种场	耐盐、抗病、高产
武运粳27ck	粳稻	武进农业科学研究所	抗病、高产
淮稻5号ck	粳稻	淮安市农业科学院	抗病、高产
盐籼优1393	籼稻	江苏沿海地区农业科学研究所	耐盐、抗病、高产
镇籼优1393	籼稻	江苏沿海地区农业科学研究所	耐盐、抗病、高产
盐稻160	籼稻	江苏沿海地区农业科学研究所	耐盐、抗病、高产
荃优973	籼稻	江苏沿海地区农业科学研究所	耐盐、抗病、高产
盐稻3931	籼稻	江苏沿海地区农业科学研究所	耐盐、抗病、高产

（续表）

品种名称	品种类型	创制单位	主要特性
盐两优31393	籼稻	江苏沿海地区农业科学研究所	耐盐、抗病、高产
盐荃优1393	籼稻	江苏沿海地区农业科学研究所	耐盐、抗病、高产
荃香优1393	籼稻	江苏沿海地区农业科学研究所	耐盐、抗病、高产
盐优5607	籼稻	江苏沿海地区农业科学研究所	耐盐、抗病、高产
盐稻398	籼稻	江苏沿海地区农业科学研究所	耐盐、抗病、高产
海湘030	籼稻	海南大学	耐盐、抗病、高产
盐黄华占	籼稻	江苏沿海地区农业科学研究所	耐盐、抗病、高产
热盐1号	籼稻	中国农业科学院热带作物研究所	耐盐、抗病、高产
连鉴23号	籼稻	连云港市农业科学院	耐盐、抗病、高产
固广油占	籼稻	广东省农业科学院	耐盐、抗病、高产
广红3号	籼稻	广东省农业科学院	耐盐、抗病、高产
华荃优187	籼稻	江苏大丰华丰种业有限公司	耐盐、抗病、高产
5优42	籼稻	江苏省农业科学院	耐盐、抗病、高产
华内优086	籼稻	江苏大丰华丰种业有限公司	耐盐、抗病、高产

国内新育成耐盐水稻新品种简介

一、镇籼优1393

1. 品种来源

镇籼优1393系盐城明天种业科技有限公司、江苏沿海地区农业科学研究所合作，以镇籼1A与盐恢1393配组育成的优质高产、抗病三系杂交籼稻新品种。2019年通过国家农作物品种审定，审定编号：国审稻20190005。

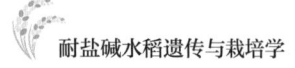

2. 特征与特性

全生育期 139.7 天，比对照丰两优 4 号迟熟 3.1 天。主要农艺性状表现：每亩有效穗数 16.4 万穗，株高 136.1 cm，穗长 24.7 cm，每穗总粒数 176.6 粒，结实率 79.6%，千粒重 28.6 g。抗性两年综合表现：稻瘟病综合指数年度分别为 5.1 级、4.8 级，穗瘟损失率最高级为 9 级；白叶枯病 3 级；褐飞虱 9 级；抽穗期耐热性 5 级。米质：糙米率 81.0%，整精米率 43.4%，长宽比 2.9，垩白粒率 54%，垩白度 9.0%，透明度 2 级，碱消值 5.0 级，胶稠度 73 mm，直链淀粉含量 21.7%，综合评级为国标等外、部标普通。耐盐性 3‰水平。

二、盐稻 1626

1. 品种来源

盐稻 1626 系江苏沿海地区农业科学研究所下属盐城明天种业科技有限公司与中国科学院遗传与发育生物学研究所合作，以盐稻 8 号为母本、以武运粳 8 号为父本杂交育成的优质高产、抗病、耐盐、中熟中粳稻新品种。

2. 特征与特性

全生育期 151.5 天，比对照徐稻 3 号晚熟 0.9 天。主要农艺性状综合表现：每亩有效穗 22.2 万穗，株高 88.7 cm，穗长 15.5 cm，每穗总粒数 138.1 粒，结实率 87.8%，千粒重 26.3 g。抗性两年综合表现：稻瘟病综合指数年度分别为 4.3 级、3.3 级，穗瘟损失率最高级为 3 级；条纹叶枯病 5 级。米质：糙米率 85.0%，整精米率 71.8%，长宽比 1.7，垩白粒率 17%，垩白度 4.3%，透明度 1 级，碱消值 7.0，胶稠度 62 mm，直链淀粉含量 15.0%，综合评级为部标优质 3 级。耐盐性 3‰水平。

三、盐糯 5152

1. 品种来源

盐糯 5152 是江苏沿海地区农业科学研究所与中国科学院遗传与发育生物学研究所合作，以镇稻 88 为母本、以 06 中预 4（盐稻 10 号）为父本杂交育成的产量潜力高、稻米品质优、综合抗性较强、适应性较广的适合苏中稻区种植的迟熟中粳（糯）稻新品种。

2. 特征与特性

全生育期 148.8 天，比对照淮稻 5 号迟熟 0.5 天。主要农艺性状综合表现：株高 97.3 cm，比对照淮稻 5 号高 1 cm 左右；每亩 22.9 万穗，每穗总粒数 125 粒，结实率 89.4%，千粒重 27.3 g。抗性两年综合表现：稻瘟病综合指数为 2.5，穗颈瘟损失率最高级为 3 级，抗性评价为中抗（MR）；条纹叶枯病人工接种鉴定发病率为29.29%，抗病等级为 5 级（MS）；高抗纹枯病（HR）。米质主要指标两年综合表现：糙米率 84.0%，整精米率 74.4%，长宽比 1.7，垩白粒率 1%，垩白度为糯米，胶稠度100 mm，直链淀粉含量 1.5%，优质评级达部颁优质 3 级。耐盐性 3‰水平。

四、连鉴 5 号

1. 品种来源

连鉴 5 号系连云港市农业科学院配置"（446/RJ1）/07 万 109"杂交组合，选育而成的中熟中粳稻新品种。

2. 特征与特性

全生育期两年区试平均值为 148.3 天，比对照徐稻 3 号早熟 4.2 天。主要农艺性状综合表现：每亩有效穗数 20.6 万穗，株高 84.6 cm，穗长 16.2 cm，每穗总粒数148.8 粒，结实率 89.0%，千粒重 24.8 g。两年耐盐性综合表现：苗期耐盐性鉴定分别为 3 级、3 级，全生育期鉴定分别为 1 级、3 级，耐盐性较强。两年抗性综合表现：稻瘟病综合指数分别为 5 级、5 级，穗瘟损失率最高为 5 级；白叶枯病 5 级；高抗纹枯病。米质：整精米率 72.1%，长宽比 1.7，垩白度 4.6%，胶稠度 64.5 mm，直链淀粉含量 14.7%，国标优质 3 级。

五、连鉴 6 号

1. 品种来源

连鉴 6 号系连云港市农业科学院配置"W028/连 96-1"杂交组合，选育而成的中熟中粳稻新品种。

2. 特征与特性

连鉴 6 号株型紧凑，穗型较大，分蘖力较强，整齐度好，后期熟期转色较好，抗倒性中等。全生育期 150.4 天，比对照徐稻 3 号早熟 0.2 天。农艺性状综合表现：有效穗数 18.6 万穗，株高 81.5 cm，每穗总粒数 135.7 粒，结实率 92.5%，千粒重 25.3 g。耐盐性综合表现：苗期耐盐性鉴定为 2 级，全生育期鉴定为 2 级，耐盐性强。抗性综合表现：稻瘟病综合指数为 4.5 级，穗瘟损失率最高为 3 级；白叶枯病 5 级；抗纹枯病。米质：整精米率 72.7%，长宽比 1.7，垩白度 4.8%，胶稠度 80 mm，直链淀粉含量 16.4%，达国标优质 3 级。

六、连鉴 23 号

1.品种来源

连鉴 23 号系连云港市农业科学院以连 5041S 为母本、以 5HR13 为父本测配育成的两系杂交籼稻新品种。

2.特征与特性

连鉴 23 号全生育期 153 天左右。株型集散适中，分蘖力较强，群体整齐度较好，抗倒性较强，成穗率高，穗型较大，穗层整齐，着粒密度中等，叶姿较挺，后期转色好。农艺性状综合表现：株高 124 cm，平均每亩有效穗数 16.8 万穗，穗长 26.8 cm，每穗总粒数为 206.1 粒，结实率 75.8%，千粒重 26.7 g。2018 年，耐盐性表现：5‰盐浓度下苗期耐盐级别为 3 级，3‰盐浓度下全生育期鉴定为 3 级，耐盐性较强。抗性综合表现：稻瘟病综合指数为 4.75 级，穗瘟损失率均为 5 级，白叶枯病 5 级。米质：糙米率 82.5%，精米率 74.5%，整精米率 64.5%，长宽比 3.8，垩白粒率 6%，垩白度 0.6%，胶稠度 72.0 mm，直链淀粉含量 13.6%，达国标 3 级。

七、盐籼优 1393

1.品种来源

盐籼优 1393 系江苏沿海地区农业科学研究所以荃 79A 为母本，与自育恢复系盐恢 1393 测配育成的三系杂交籼稻新品种。

2.特征与特性

全生育期 140.0 天，比对照丰两优 4 号早熟 2.9 天。主要农艺性状两年综合表现：每亩有效穗数 18.5 万穗，株高 110.7 cm，穗长 22.1 cm，每穗总粒数为 151.7 粒，结实率 82.8%，千粒重 25.4 g。耐盐性两年综合表现：苗期耐盐性鉴定分别为 1 级、3 级，全生育期鉴定分别为 1 级、1 级，耐盐性强。抗性两年综合表现：稻瘟病综合指数分别为 5 级、3.75 级，穗瘟损失率最高为 5 级；白叶枯病 3 级，抗纹枯病。米质主要指标两年综合表现：整精米率 61.1%，长宽比 3.2，垩白粒率 27.5%，4 垩白度 3.2%，胶稠度 69 mm，直链淀粉含量 13.5%，稻米品质为普通稻米。

八、荃优 973

1.品种来源

荃优 973 系江苏沿海地区农业科学研究所以荃 9311A 为母本，与自育恢复系盐恢 73 测配育成的三系杂交籼稻新品种。

2. 特征与特性

全生育期为 142.8 天，比对照盐籼 156 迟熟 1.8 天。主要农艺性状两年综合表现：每亩有效穗数 16.6 万穗，株高 102.2 cm，穗长 21.8 cm，每穗总粒数为 131.8 粒，结实率 78.8%，千粒重 27.4 g。耐盐碱性两年表现：5‰盐浓度下苗期耐盐级别为 3 级、1 级，3‰盐浓度下全生育期鉴定分别为 1 级、5 级，耐盐性中等。抗性两年表现：稻瘟病综合指数分别为 3.75 级、6.0 级，穗瘟损失率最高分别为 3 级、5 级，白叶枯病分别为 3 级、5 级。米质主要指标表现：2018 年初试，整精米率 49.2%，长宽比 3.2，垩白粒率 15.0%，垩白度 1.6%，胶稠度 70.0 mm，直链淀粉含量 17.2%；米质达部标等级，为普通稻米。

九、盐稻 160

1. 品种来源

盐稻 160 系江苏沿海地区农业科学研究所以 02428/IR50// 盐 213 中间材料为母本，与明恢 63 杂交育成的常规中籼稻新品种。

2. 特征与特性

全生育期为 140.0 天，比对照盐籼 156 迟熟 2 天。主要农艺性状表现：每亩有效穗数 16.7 万穗，株高 105.1 cm，穗长 21.3 cm，每穗总粒数为 135.1 粒，结实率 84.8%，千粒重 27.4 g。耐盐性：5‰盐浓度下苗期耐盐级别分别为 2 级、3 级，3‰盐浓度下全生育期鉴定分别为 2 级、1 级，耐盐性较强。抗性两年表现：稻瘟病综合指数分别为 5 级、3.75 级，穗瘟损失率分别为 5 级、3 级，白叶枯病均为 5 级。米质主要指标两年综合表现：整精米率 54.9%，长宽比 3.1，垩白粒率 10%，垩白度 1.5%，胶稠度 67.0 mm，直链淀粉含量 15.3%；米质达部标等级，为普通稻米。

十、盐田育 3 号

1. 品种来源

盐田育 3 号系连云港市农业科学院以连 3456 母本、以盐 30194 为父本杂交育成的中粳耐盐新品种。

2. 特征与特性

全生育期 141.6 天，比对照盐稻 12 号短 5.7 天。农艺性状综合表现：株高 87.6 cm，每亩有效穗为 20.0 万穗，每穗总粒数为 124.7 粒，结实率 89.4%，千粒重

26.6 g。经江苏省农业科学院植物保护研究所鉴定：穗颈瘟损失率 3 级，稻瘟病综合抗性指数 4.0，中抗稻瘟病，中感白叶枯病、条纹叶枯病，感纹枯病。耐盐性鉴定：5‰盐浓度下芽期至苗期耐盐性鉴定为 5 级，3‰盐浓度下分蘖期至成熟期鉴定为 5 级，全生育期耐盐性综合鉴定为 5 级，耐盐性中等。米质理化指标：根据国家农业农村部食品质量监督检验测试中心（武汉）2020 年检测：整精米率 67.7%，垩白粒率 22%，垩白度 4.8%，胶稠度 60 mm，直链淀粉含量 15.1%，长宽比 1.7，国家标准 3 级。

十一、盐田育 4 号

1. 品种来源

盐田育 4 号系连云港市农业科学院以连 9823 为母本、以连 96−1 为父本杂交育成的中粳耐盐糯稻新品种。

2. 特征与特性

全生育期 142.8 天，比对照盐稻 12 号短 1.8 天。农艺性状综合表现：株高 89.4 cm，每亩有效穗为 19.3 万穗，每穗总粒数 142.8 粒，结实率 89.3%，千粒重 24.9 g。抗性表现：穗颈瘟损失率 1 级，稻瘟病综合抗性指数 2.0，抗稻瘟病，中感白叶枯病、条纹叶枯病，抗纹枯病。耐盐性鉴定：5‰盐浓度下芽期至苗期耐盐性鉴定为 5 级，3‰盐浓度下分蘖期至成熟期鉴定为 5 级，全生育期耐盐性综合鉴定为 5 级，耐盐性中等。米质指标：整精米率 63.3%，胶稠度 100 mm，直链淀粉含量 1.4%，长宽比 1.7，国家标准 3 级。

十二、盐稻 18 号

1. 品种来源

盐稻 18 号系盐城明天种业科技有限公司、江苏沿海地区农业科学研究所以徐稻 3 号为母本、以盐稻 9 号为父本杂交育成的属中粳耐盐新品种。

2. 特征与特性

全生育期 146.8 天，比对照盐稻 12 号短 0.6 天。农艺性状综合表现：株高 85.7 cm，每亩有效穗为 20.6 万穗，每穗总粒数 132.1 粒，结实率 88.7%，千粒重 25.2 g。抗性表现：穗颈瘟损失率 5 级，稻瘟病综合抗性指数 5.0，中感稻瘟病、白叶枯病、条纹叶枯病，抗纹枯病。耐盐性鉴定结果：5‰盐浓度下芽期至苗期耐盐性鉴定为 5 级，3‰盐浓度下分蘖期至成熟期鉴定为 5 级，全生育期耐盐性综合鉴定为 5 级，耐盐性中等。米质指标：整精米率 74.1%，垩白粒率 7%，垩白度 2.9%，胶稠度 67 mm，直链淀粉含量 14.8%，长宽比 2.1，国家标准 3 级。

十三、盐稻 830

1. 品种来源

盐稻 830 系江苏沿海地区农业科学研究所以武 99-5 为母本、以徐稻 3 号为父本杂交育成的中粳稻耐盐新品种。

2. 特征与特性

全生育期为 146.8 天，比对照早熟 2.4 天。主要农艺性状综合表现：每亩有效穗数为 20.4 万穗，株高 94.1 cm，穗长 15.8 cm，每穗总粒数 122.8 粒，结实率 87.4%，千粒重 25.8 g。耐盐性综合表现：5‰盐浓度下苗期耐盐级别分别为 3 级、2 级，3‰盐浓度下全生育期鉴定分别为 2 级、2 级，耐盐性较强。抗性两年表现：稻瘟病综合指数分别为 4 级、4.75 级，穗瘟损失率均为 3 级；白叶枯病均为 5 级，条纹叶枯病 5 级。米质指标：整精米 71.8%，长宽比 2.0，垩白粒率 12.5%，垩白度 1.7%，胶稠度 68 mm，直链淀粉含量 15.0%，米质达部标等级为 1 级。

十四、NYJ7011

1. 品种来源

NYJ7011 系江苏省农业科学院粮食作物研究所以沈农 9903 为母本、以盐丰 47 为父本杂交育成的中粳稻耐盐新品种。

2. 特征与特性

全生育期为 147.0 天，比对照早熟 2.2 天。主要农艺性状表现：每亩有效穗数为 19.0 万穗，株高 88.1 cm，穗长 15.4 cm，每穗总粒数 121.4 粒，结实率 86.5%，千粒重 25.8 g。耐盐性综合表现：5‰盐浓度下苗期耐盐级别分别为 2 级、5 级，3‰盐浓度下全生育期鉴定为 2 级、3 级，耐盐性强。抗性两年表现：稻瘟病综合指数均为 5.0 级，穗瘟损失率最高均为 5 级；白叶枯病均为 5 级，条纹叶枯病分别为 3 级、5 级。米质主要指标：整精米率 71.4%，长宽比 1.8，垩白粒率 37%，垩白度 3.0%，胶稠度 74 mm，直链淀粉含量 16.8%，达国家米质等级为 2 级。

十五、盐稻 16Z38

1. 品种来源

盐稻 16Z38 系江苏沿海地区农业科学研究所、中国科学院遗传与发育生物学研

究所以盐稻 3872 为母本、以徐稻 3 号为父本杂交育成的中粳稻耐盐新品种。

2. 特征与特性

全生育期 150.3 天，比徐稻 3 号（CON）早熟 2.2 天。主要农艺性状：每亩有效穗数 18.0 万穗，株高 91.2 cm，穗长 17.0 cm，每穗总粒数 156.2 粒，结实率 82.4%，千粒重 24.6 g。耐盐性两年综合表现：苗期耐盐性鉴定分别为 3 级、2 级，全生育期鉴定分别为 3 级、2 级，耐盐性较强。抗性两年综合表现：稻瘟病综合指数分别为 5 级、4.5 级，穗瘟损失率最高为 5 级；白叶枯病 7 级；抗纹枯病。米质指标：整精米率 74.3%，长宽比 2.0，垩白粒率 17.5%，垩白度 2.6%，胶稠度 62.5 mm，直链淀粉含量 16.4%，达国标优质 3 级。

十六、南粳 9008

1. 品种来源

南粳 9008 系江苏省农业科学院粮食作物研究所以盐丰 47T 为母本、以南粳 46 为父本杂交育成的中粳稻耐盐新品种。

2. 特征与特性

全生育期 153.7 天，比徐稻 3 号（CON）迟熟 1.3 天。主要农艺性状表现：每亩有效穗数 20.0 万穗，株高 90.6 cm，穗长 14.6 cm，每穗总粒数 130.7 粒，结实率 85.9%，千粒重 23.6 g。耐盐性两年综合表现：苗期耐盐性鉴定分别为 3 级、3 级，全生育期鉴定分别为 3 级、3 级，耐盐性较强。抗性两年综合表现：稻瘟病综合指数分别为 3.75 级、4.75 级，穗瘟损失率最高为 3 级；白叶枯病 5 级；高抗纹枯病。米质主要指标：整精米率 71.8%，长宽比 1.7，垩白粒率 33.5%，垩白度 4.6%，胶稠度 72.5 mm，直链淀粉含量 9.4%，为低直链淀粉含量品种。

十七、宁 5713

1. 品种来源

宁 5713 系青岛海水稻研究发展中心有限公司以南粳 46 为母本、以宁 5046 为父本杂交育成的中粳稻耐盐新品种。

2. 特征与特性

全生育期 153.8 天，比徐稻 3 号（CON）迟熟 1.4 天。主要农艺性状表现：每亩有效穗数 20.9 万穗，株高 84.8 cm，穗长 14.3 cm，每穗总粒数 123.0 粒，结实率 84.2%，千粒重 24.4 g。耐盐性两年综合表现：苗期耐盐性鉴定分别为 3 级、3 级，全生育期鉴定分别为 3 级、3 级，耐盐性较强。抗性两年综合表现：稻瘟病综合指数分别为 5 级、4.75 级，穗瘟损失率最高为 5 级；白叶枯病 5 级；抗纹枯病。米质主要指标：整精米率 69.9%，长宽比 1.8，垩白粒率 31.5%，垩白度 4.8%，胶稠度 76.0 mm，直链淀粉含量 9.3%，为低直链淀粉含量品种。

十八、华荃优 187

1. 品种来源

华荃优 187 系江苏大丰华丰种业股份有限公司以荃 9311A 为母本、以华恢 87 为父本杂交育成的三系杂交籼稻新品种。

2. 特征与特性

全生育期 141.7 天，比丰两优 4 号（CON）早熟 1.1 天。主要农艺性状表现：每亩有效穗数 16.0 万穗，株高 109.0 cm，穗长 23.2 cm，每穗总粒数 148.4 粒，结实率 77.4%，千粒重 28.1 g。耐盐性两年综合表现：苗期耐盐性鉴定分别为 3 级、3 级，全生育期鉴定分别为 2 级、2 级，耐盐性较强。抗性两年综合表现：稻瘟病综合指数分别为 5 级、3.75 级，穗瘟损失率最高为 5 级；白叶枯病 3 级；感纹枯病。米质主要指标：整精米率 57.4%，长宽比 3.1，垩白粒率 30%，垩白度 5.4%，胶稠度 57 mm，直链淀粉含量 21.9%，为等外品种。

十九、5 优 42

1. 品种来源

5 优 42 系江苏省农业科学院粮食作物研究所以 5680A 为母本、以 R42 为父本杂交育成的三系杂交籼稻新品种。

2. 特征与特性

全生育期 139.0 天，比丰两优 4 号（CON）早熟 3.9 天。主要农艺性状表现：每亩有效穗数 18.5 万穗，株高 107.8 cm，穗长 23.4 cm，每穗总粒数 155.4 粒，结实率 76.7%，千粒重 24.4 g。耐盐性两年综合表现：苗期耐盐性鉴定分别为 2 级、3 级，全生育期鉴定分别为 2 级、2 级，耐盐性较强。抗性两年综合表现：稻瘟病综合指数分别为 5 级、4.75 级，穗瘟损失率最高为 5 级；白叶枯病 5 级；感纹枯病。米质主要指标：整精米率 60.7%，长宽比 3.1，垩白粒率 8%，垩白度 1.0%，胶稠度 70 mm，直链淀粉含量 13.1%，为等外品种。

二十、盐稻 12 号

1. 品种来源

盐稻 12 号由江苏沿海地区农业科学研究所以盐稻 8 号 / 盐稻 9 号杂交育成的迟熟中粳稻耐盐新品种。

2. 特征与特性

全生育期 156 天，较对照淮稻 9 号迟熟 4 天左右；株型较紧凑，长势较旺，穗型较大，分蘖力较强，叶色绿色，群体整齐度好，后期熟色较好，抗倒性较强，省区试农艺性状平均结果：每亩有效穗 20.8 万穗，每穗实粒数 128.6 粒，结实率 89.0%，千粒重 26.0 g 左右，株高 103.4 cm。接种鉴定：中感穗颈瘟，中感白叶枯病，中感纹枯病、条纹叶枯病。米质理化指标：整精米率 66.8%，垩白率 14%，垩白度 0.8%，胶稠度 84 mm，直链淀粉含量 15.5%，达到国标二级优质稻谷标准。盐稻 12 号为国家耐盐碱水稻黄淮粳稻组区试耐盐对照品种。

国内耐盐水稻相关专利

1. "水稻品种耐盐性评价方法"发明专利

2. "一种香型高档优质水稻的快速培育方法"发明专利

3. "水稻耐盐基因 *SKC1* 基因内特异 SNP 共显性分子标记引物及应用"发明专利

4. "水稻强耐盐高活力基因 *qSE3* 的分子标记及其应用"发明专利

5. "水稻种子快速萌发 QTL *qGS11* 的分子标记及其应用"发明专利

6. "水稻种子耐盐萌发主效 QTL 位点 *qGR2* 的分子标记及其应用"发明专利

7. "一种水稻黑条矮缩病抗性的规模化定量强化接种鉴定方法"发明专利

8. "一种三系杂交水稻不育系的快速培育方法"发明专利

9. "一种水稻全生育期耐盐性鉴定的栽培装置法"实用新型专利

10. "一种高通量简易水稻苗期水培装置"实用新型专利

11. "一种水稻水培装置"实用新型专利

12. "沿海滩涂仓房空气换气流量计"实用新型专利

13. "滩涂盐碱地有机肥抛洒机"实用新型专利

14．"滩涂生态环境因子监测装置"实用新型专利

15．"一种稻田灌溉水渠自动疏通设备"专利申请

16．"一种提高水稻苗期耐盐性的方法"专利申请

17．"一种组成型激活态小 G 蛋白及其在水稻耐盐方面的应用"专利申请

18．"一种可大量筛选水稻苗期耐盐种质的方法"专利申请

19．"OsCKX7 蛋白质及其编码基因在调控植物纹枯病抗性中的应用"专利申请

20．"一种水稻全生育期耐盐性鉴定评价方法"专利申请

21．"沿海滩涂重盐土三合一脱种一体化栽培方法"专利申请

22．"滨海粉沙质重盐土水稻三干法种植方式"专利申请

水稻耐盐性鉴定标准
- - - - - - - - - - - - - - -

1. 江苏省地方标准《水稻品种（系）耐盐性鉴定技术规程》

2. 盐城市地方标准《水稻耐盐性鉴定技术规程》

3. 中华人民共和国农业行业标准《水稻耐盐性鉴定技术规程》

参考文献

步金宝, 赵宏伟, 刘化龙, 等 . 2012. 盐碱胁迫对寒地粳稻产量形成机理的研究［J］. 农业
　现代化研究, 33（4）: 4.

陈香兰 . 1992. 应用组织培养方法选育耐盐碱水稻新品种［J］. 生物技术, 000（005）: 26-28.

程保山, 袁彩勇, 罗伯祥, 等 . 2016. 水稻耐盐性的遗传及育种研究进展［J］. 安徽农学通报,
　22（17）: 4.

方先文, 汤陵华, 王艳平 . 2004. 耐盐水稻种质资源的筛选［J］. 植物遗传资源学报, 5（3）: 4.

顾红艳, 于福安, 魏天权, 等 . 2007. 耐盐碱水稻新品种津原 85 选育及栽培技术［J］. 农业
　科技通讯, （1）: 2.

海南大学 . 2010. 导入外源 DNA 选育水稻新品系的研究［Z］. 海口 .

杭州市农业科学研究院, 中国水稻研究所, 吉林农业大学, 等 . 2013. 水稻耐盐基因高效筛选
　　及转基因材料创制：13001100［Z/OL］. http://www.tech110.net/portal.php?mod=view&aid=
　　3824012.

洪立洲, 刘兴华, 王茂文 . 2015. 江苏沿海特色盐土农业技术［M］. 南京：南京大学出版社,
　　1-17.

胡时开, 陶红剑, 钱前, 等 . 2010. 水稻耐盐性的遗传和分子育种的研究进展［J］. 分子植
　　物育种, 8（4）：12.

胡婷婷, 刘超, 王健康, 等 . 2009. 水稻耐盐基因遗传及耐盐育种研究［J］. 分子植物育种,
　　7（1）：7.

吉林省农业科学院 . 2005. 利用基因工程技术创造耐盐粳稻新种质：20051208［Z/OL］.
　　http://www.tech110.net/portal.php mod=view&aid=3249144.

贾宝艳, 周婵婵, 孙晓雪, 等 . 2013. 辽宁省水稻种质资源的耐盐性鉴定评价［J］. 作物杂志,
　　（4）：6.

蒋荷, 孙加祥, 汤陵华 . 1995. 水稻种质资源耐盐性鉴定与评价［J］. 江苏农业科学,（4）：2.

雷刚, 黄英金 . 2017. 代谢组学在水稻研究中的应用进展［J］. 中国农业科技导报, 19（7）：9.

李焕勇, 杨秀艳, 唐晓倩, 等 . 2016. 植物响应盐胁迫组学研究进展［J］. 西北植物学报,
　　036（012）：2548-2557.

李自超, 张新春, 张丽, 等 . 2004. 转 mtlD 基因旱稻的耐盐性研究［J］. 中国农业大学学报,
　　9（6）：38-43.

罗成科, 肖国举, 张峰举, 等 . 2017. 不同浓度复合盐胁迫对水稻产量和品质的影响［J］. 干
　　旱区资源与环境, 31（1）：5.

宋双, 马凌霄, 刘中卓 . 2018. 高盐浓度对水稻产量及食味品质的影响［J］. 北方水稻, 48（3）：4.

孙焱 . 2014. 寒地粳稻种质资源耐盐性筛选鉴定研究［D］. 东北农业大学 .

滕中秋, 付卉青, 贾少华, 等 . 2011. 植物应答非生物胁迫的代谢组学研究进展［J］. 植物生
　　态学报, 35（1）：9.

天津市农业生物技术研究中心 . 2009. 利用外源基因提高水稻耐盐性：津 20090590［Z/OL］.
　　http://www.tech 110.net/portal.php mod=view&aid=3660457.

王瑛, 李金霞 . 2018. 代谢组学技术在植物生态学研究中的应用 . 草业科学, 35（10）：19.

吴其褒, 胡国成, 柯登寿, 等 . 2008. 俄罗斯水稻种质资源的苗期耐盐鉴定［J］. 植物遗传

资源学报,9(1):4.

吴荣生,王志霞,蒋荷,等.1989.太湖流域稻种资源耐盐性筛选鉴定[J].江苏农业科学,(1):2.

张国新,张晓东,张亚丽.2007.盐胁迫下水稻种子发芽特性及耐盐性评价[J].现代农业科技,(14):2.

张启星.1989.国内外水稻耐盐育种研究概况[J].河北农垦科技,(1):6.

张所兵,张云辉,林静,等.2013.水稻全生育期耐盐资源的初步筛选[J].中国农学通报,29(036):63-68.

赵鹏,孙书洪,薛铸.2020.盐分胁迫对水稻产量影响试验研究[J].节水灌溉,9.

中国水稻研究所.2004.耐盐转基因水稻的分子生物学研究[Z/OL].http://www.tech110.net/portal.php?mod=view&aid 3473118.

周婵婵,王术,黄元财,等.2017.不同水稻品种产量和品质对盐碱胁迫的响应[J].种子,36(11):5.

周根友,翟彩娇,邓先亮,等.2018.盐逆境对水稻产量、光合特性及品质的影响[J].中国水稻科学,32(2):146-154.

Benny J, Pisciotta A, Caruso T, et al. 2019. Identification of key genes and its chromosome regions linked to drought responses in leaves across different crops through meta-analysis of RNA-Seq data[J]. BMC Plant Biol, 19(1): 194.

Bimpong I K, Manneh B, El-Namaky R, et al. 2014. Mapping QTLs Related to Salt Tolerance in Rice at the Young Seedling Stage using 384-plex Single Nucleotide Polymorphism SNP, Marker Sets[J]. Molecular plant breeding, 5.

Bimpong I K, Manneh B, Sock M, et al. 2016. Improving salt tolerance of lowland rice cultivar 'Rassi' through marker-aided backcross breeding in West Africa[J]. Plant Science, 242: 288-299.

Bo C, Chen H, Luo G, et al. 2020. Maize WRKY114 gene negatively regulates salt-stress tolerance in transgenic rice[J]. Plant Cell Rep, 39(1): 135-148.

Chen G, Xuan W, Zhao P, et al. 2022. OsTUB1 confers salt insensitivity by interacting with Kinesin13A to stabilize microtubules and ion transporters in rice[J/OL]. New Phytol, https://nph.onlinelibrary.wiley.com/doi/pdf/10.1111/nph.18282.

Chen J, Huang Q, Gao D, et al. 2013. Whole-genome sequencing of Oryza brachyantha reveals

mechanisms underlying Oryza genome evolution［J］. Nat Commun, 4: 1595.

Chen X, Wang Y, Li J, et al. 2009. Mitochondrial proteome during salt stress-induced programmed cell death in rice［J］. Plant Physiol Biochem, 47（5）: 407-415.

Cheng Y, Qi Y, Zhu Q, et al. 2009. New changes in the plasma-membrane-associated proteome of rice roots under salt stress［J］. Proteomics, 9（11）: 3100-3114.

Du H, Yu Y, Ma Y, et al. 2017. Sequencing and de novo assembly of a near complete indica rice genome［J］. Nat Commun, 8: 15324.

Dunn W B, Ellis D I. 2005. Metabolomics: Current analytical platforms and methodologies［J］. TrAC Trends in Analytical Chemistry, 24（4）: 285-294.

Fekih R, Takagi H, Tamiru M, et al. 2013. MutMap+: genetic mapping and mutant identification without crossing in rice［J］. PLoS One, 8（7）: e68529.

Formentini L, Ryan A J, Gálvez-Santisteban M, et al. 2017. Mitochondrial H^+-ATP synthase in human skeletal muscle: contribution to dyslipidaemia and insulin resistance［J］. Diabetologia, 60（10）: 2052-2065.

Ganie S A, Molla K A, Henry R J, et al. 2019. Adva nces in understanding salt tolerance in rice［J］. Theoretical Applied Genetics,（130）.

Goswami K, Tripathi A, Sanan-Mishra N. 2017. Comparative miRomics of Salt-Tolerant and Salt-Sensitive Rice［J］. J Integr Bioinform, 14（1）.

Gu J, Xia Z, Luo Y, et al. 2018. Spliceosomal protein U1A is involved in alternative splicing and salt stress tolerance in Arabidopsis thaliana［J］. Nucleic Acids Res, 46（4）: 1777-1792.

Guo Y, Halfter U, Ishitani M, et al. 2001. Molecular characterization of functional domains in the protein kinase SOS2 that is required for plant salt tolerance［J］. Plant Cell, 13（6）: 1383-1400.

Gupta P, De B. 2017. Metabolomics analysis of rice responses to salinity stress revealed elevation of serotonin, and gentisic acid levels in leaves of tolerant varieties［J］. Plant Signal Behav, 12（7）: e1335845.

Hand S C, Menze M A, Toner M, et al. 2011. LEA proteins during water stress: not just for plants anymore［J］. Annu Rev Physiol, 73: 115-134.

He Y, Yang B, He Y, et al. 2019. A quantitative trait locus, qSE3, promotes seed germination and seedling establishment under salinity stress in rice［J］. Plant J, 97（6）: 1089-1104.

Huang X, Wei X, Sang T, et al. 2010. Genome−wide association studies of 14 agronomic traits in rice landraces [J]. Nat Genet, 42 (11): 961−967.

International Rice Genome Sequencing Project. 2005. The map−based sequence of the rice genome [J]. Nature, 436 (7052): 793−800.

Ishitani M, Liu J, Halfter U, et al. 2000. SOS3 function in plant salt tolerance requires N− myristoylation and calcium binding [J]. Plant Cell, 12 (9): 1667−1678.

Jiping L, Jian−Kang Z. 1998. A calcium sensor homolog required for plant salt tolerance [J]. Science, 280 (5371): 1943−1945.

Kaashyap M, Ford R, Bohra A, et al. 2017. Improving Salt Tolerance of Chickpea Using Modern Genomics Tools and Molecular Breeding [J]. Curr Genomics, 18 (6): 557−567.

Kim S H, Bhat P R, Cui X, et al. 2009. Detection and validation of single feature polymorphisms using RNA expression data from a rice genome array [J]. BMC Plant Biol, 9: 65.

Krishnamurthy P, Vishal B, Khoo K, et al. 2019. Expression of AoNHX1 increases salt tolerance of rice and Arabidopsis, and bHLH transcription factors regulate AtNHX1 and AtNHX6 in Arabidopsis [J]. Plant Cell Rep, 38 (10): 1299−1315.

Kumar V, Singh A, Mithra S V, et al. 2015. Genome−wide association mapping of salinity tolerance in rice (*Oryza sativa*) [J]. DNA Res, 22 (2): 133−145.

Kuroha T, Nagai K, Kurokawa Y, et al. 2017. eQTLs Regulating Transcript Variations Associated with Rapid Internode Elongation in Deepwater Rice [J]. Front Plant Sci, 8: 1753.

Lee D−G, Woong P K, Young A J, et al. 2011. Proteomics analysis of salt−induced leaf proteins in two rice germplasms with different salt sensitivity [J]. Canadian Journal of Plant Science, 91 (2): 337−349.

Lee I S, Lee J O, Ge L. 2010. Comparison of terrestrial laser scanner with digital aerial photogrammetry for extracting radges in the rice paddies [J]. Empire Survey Review, 41 (313): 253−267.

Lee S B, Kim G J, Kim K W, et al. 2019. Functional Haplotype and eQTL Analyses of Genes Affecting Cadmium Content in Cultivated Rice [J]. Rice (N Y), 12 (1): 84.

Lei L, Zheng H, Bi Y, et al. 2020. Identification of a Major QTL and Candidate Gene Analysis of Salt Tolerance at the Bud Burst Stage in Rice (*Oryza sativa* L.). Using QTL−Seq and RNA− Seq [J]. Rice (N Y), 13 (1): 55.

Li Q, Jin C, Wang G, et al. 2020a. Enhancement of endogenous SA accumulation improves poor-nutrition stress tolerance in transgenic tobacco plants overexpressing a SA-binding protein gene [J]. Plant Sci, 292: 110384.

Li S, Fan C, Li Y, et al. 2016. Effects of drought and salt-stresses on gene expression in Caragana korshinskii seedlings revealed by RNA-seq [J]. BMC Genomics, 17: 200.

Li X, Liu Q, Feng H, et al. 2020b. Dehydrin MtCAS31 promotes autophagic degradation under drought stress [J]. Autophagy, 16 (5): 862-877.

Lin H, Yanagihara S, Zhuang J, et al. 1998. Identification of QTL for salt tolerance in rice via molecular markers [J]. Zhongguo shuidao kexue, 12 (2): 72-78.

Lin H, Yang Y, Quan R, et al. 2009. Phosphorylation of SOS3-LIKE CALCIUM BINDING PROTEIN8 by SOS2 protein kinase stabilizes their protein complex and regulates salt tolerance in Arabidopsis [J]. Plant Cell, 21 (5): 1607-1619.

Liu Y, Chakrabortee S, Li R, et al. 2011. Both plant and animal LEA proteins act as kinetic stabilisers of polyglutamine-dependent protein aggregation [J]. FEBS Lett, 585 (4): 630-634.

Ma X, Gu P, Liang W, et al. 2016. Analysis on the transcriptome information of two different wheat mutants and identification of salt-induced differential genes [J]. Biochem Biophys Res Commun, 473 (4): 1197-1204.

Mark T, Romola D. 2003. Na^+ Tolerance and Na^+ Transport in Higher Plants [J]. Annals of Botany, (5): 503-527.

Munns R, Tester M. 2008. Mechanisms of salinity tolerance [J]. Annu Rev Plant Biol, 59: 651-681.

Naqvi S, Raza S Q, Hyder M Z, et al. 2009. Sub-cellular distribution of two salt-induced peptides in roots of Oryza sativa L. var Nonabokra [J]. AFRICAN JOURNAL OF BIOTECHNOLOGY, 8 (18): 4613-4617.

Neang S, de Ocampo M, Egdane J A, et al. 2020. A GWAS approach to find SNPs associated with salt removal in rice leaf sheath [J]. Ann Bot, 126 (7): 1193-1202.

Nohzadeh Malakshah S, Habibi Rezaei M, Heidari M, et al. 2007. Proteomics reveals new salt responsive proteins associated with rice plasma membrane [J]. Biosci Biotechnol Biochem, 71 (9): 2144-2154.

Parker R, Flowers T J, Moore A L, et al. 2006. An accurate and reproducible method for proteome profiling of the effects of salt stress in the rice leaf lamina [J]. J Exp Bot, 57 (5):

1109-1118.

Phule A S, Barbadikar K M, Maganti S M, et al. 2019. RNA-seq reveals the involvement of key genes for aerobic adaptation in rice［J］. Sci Rep, 9（1）: 5235.

Pitzschke A, Djamei A, Bitton F, et al. 2009. A major role of the MEKK1-MKK1/2-MPK4 pathway in ROS signalling［J］. Mol Plant, 2（1）: 120-137.

Punyawaew K, Suriya-Arunroj D, Siangliw M, et al. 2016. Thai jasmine rice cultivar KDML105 carrying Saltol QTL exhibiting salinity tolerance at seedling stage［J］. Molecular Breeding, 36（11）: 150.

Quan R, Lin H, Mendoza I, et al. 2007. SCABP8/CBL10, a putative calcium sensor, interacts with the protein kinase SOS2 to protect Arabidopsis shoots from salt stress［J］. Plant Cell, 19（4）: 1415-1431.

Rao P S, Mishra B, Gupta SR. 2013. Effects of Soil Salinity and Alkalinity on Grain Quality of Tolerant, Semi-Tolerant and Sensitive Rice Genotypes［J］. Rice Science,（4）: 8.

Reinhold L, Seiden A, Volokita M. 1984. Is modulation of the rate of proton pumping a key event in osmoregulation?［J］. Plant Physiol, 75（3）: 846-849.

Ren Z H, Gao J P, Li L G, et al. 2005. A rice quantitative trait locus for salt tolerance encodes a sodium transporter［J］. Nat Genet, 37（10）: 1141-1146.

Rengasamy P. 2006. World salinization with emphasis on Australia［J］. J Exp Bot, 57（5）: 1017-1023.

Rentel M C, Lecourieux D, Ouaked F, et al. 2004. OXI1 kinase is necessary for oxidative burst-mediated signalling in Arabidopsis［J］. Nature, 427（6977）: 858-861.

Satturu V, Kudapa H B, Muthuramalingam P, et al. 2021. RNA-Seq based global transcriptome analysis of rice unravels the key players associated with brown planthopper resistance［J］. Int J Biol Macromol, 191: 118-128.

Schachtman D P, Kumar R, Schroeder J I, et al. 1997. Molecular and functional characterization of a novel low-affinity cation transporter（LCT1）in higher plants［J］. Proc Natl Acad Sci USA, 94（20）: 11079-11084.

Seok H Y, Nguyen L V, Van Nguyen D, et al. 2020. Investigation of a Novel Salt Stress-Responsive Pathway Mediated by Arabidopsis DEAD-Box RNA Helicase Gene AtRH17 Using RNA-Seq Analysis［J］. Int J Mol Sci, 21（5）.

Shi H, Ishitani M, Kim C, et al. 2000. The Arabidopsis thaliana salt tolerance gene SOS1 encodes a putative Na$^+$/H$^+$ antiporter［J］. National Academy of Sciences,（12）.

Shrivastava P, Kumar R. 2015. Soil salinity: A serious environmental issue and plant growth promoting bacteria as one of the tools for its alleviation［J］. Saudi J Biol Sci, 22（2）: 123−131.

Singh R K, Gregorio G B. 2006. CSR23: a new salt−tolerant rice variety for India［J］. International Rice Research Institute Repository, 31（1）.

St−Pierre B, Luca V D. 2000. Evolution of Acyltransferase Genes: Origin and Diversification of the BAHD Superfamily of Acyltransferases Involved in Secondary Metabolism［J］. Recent Advances in Phytochemistry, 34（00）: 285−315.

Su M, Huang G, Zhang Q, et al. 2016. The LEA protein, ABR, is regulated by ABI5 and involved in dark−induced leaf senescence in Arabidopsis thaliana［J］. Plant Sci, 247: 93−103.

Sugihara Y, Young L, Yaegashi H, et al. 2022. High−performance pipeline for MutMap and QTL−seq［J］. PeerJ, 10: e13170.

Sun B R, Fu C Y, Fan Z L, et al. 2019a. Genomic and transcriptomic analysis reveal molecular basis of salinity tolerance in a novel strong salt−tolerant rice landrace Changmaogu［J］. Rice （N Y）, 12（1）: 99.

Sun M, Shen Y, Yin K, et al. 2019b. A late embryogenesis abundant protein GsPM30 interacts with a receptor like cytoplasmic kinase GsCBRLK and regulates environmental stress responses. Plant Sci, 283: 70−82.

Takagi H, Abe A, Yoshida K, et al. 2013a. QTL−seq: rapid mapping of quantitative trait loci in rice by whole genome resequencing of DNA from two bulked populations［J］. Plant J, 74 （1）: 174−183.

Takagi H, Tamiru M, Abe A, et al. 2015. MutMap accelerates breeding of a salt−tolerant rice cultivar［J］. Nat Biotechnol, 33（5）: 445−449.

Takagi H, Uemura A, Yaegashi H, et al. 2013b. MutMap−Gap: whole−genome resequencing of mutant F$_2$ progeny bulk combined with de novo assembly of gap regions identifies the rice blast resistance gene Pii［J］. New Phytol, 200（1）: 276−283.

Tang W, Ye J, Yao X, et al. 2019. Genome−wide associated study identifies NAC42−activated nitrate transporter conferring high nitrogen use efficiency in rice［J］. Nat Commun, 10（1）: 5279.

Thakare D, Yang R, Steffen J G, et al. 2014. RNA−Seq analysis of laser−capture microdissected cells of the developing central starchy endosperm of maize[J]. Genom Data, 2, 242−245.

Türkan I, Demiral T. 2009. Recent developments in understanding salinity tolerance[J]. Environmental & Experimental Botany, 67（1）: 2−9.

Wang H L, Yang S H, Lv M, et al. 2020. RNA−Seq revealed that infection with white tip nematodes could downregulate rice photosynthetic genes[J]. Funct Integr Genomics, 20（3）: 367−381.

Wang M, Wang Y, Zhang Y, et al. 2019. Comparative transcriptome analysis of salt−sensitive and salt−tolerant maize reveals potential mechanisms to enhance salt resistance[J]. Genes Genomics, 41（7）: 781−801.

Wang M, Yu Y, Haberer G, et al. 2014. The genome sequence of African rice（*Oryza glaberrima*）and evidence for independent domestication[J]. Nat Genet, 46（9）: 982−988.

Wang W S, Zhao X Q, Li M, et al. 2016. Complex molecular mechanisms underlying seedling salt tolerance in rice revealed by comparative transcriptome and metabolomic profiling[J]. J Exp Bot, 67（1）: 405−419.

Yang Y, Guo Y. 2018. Unraveling salt stress signaling in plants[J]. J Integr Plant Biol, 60（9）: 796−804.

Yeo A R, Flowers T J. 1986. Salinity Resistance in Rice（*Oryza sativa* L.）And a Pyramiding Approach to Breeding Varieties for Saline Soils[J]. Australian Journal of Plant Physiology, 13（1）: 161−173.

Yu J, Xuan W, Tian Y, et al. 2021. Enhanced OsNLP4−OsNiR cascade confers nitrogen use efficiency by promoting tiller number in rice[J]. Plant Biotechnol J, 19（1）: 167−176.

Zhang A, Sun H, Xu H, et al. 2013. Cell metabolomics[J]. Omics, 17（10）: 495−501.

Zhang J. 2014. Salinity affects the proteomics of rice roots and leaves[J]. Proteomics, 14（15）: 1711−1712.

Zhang J, Chen L L, Sun S, et al. 2016. Building two indica rice reference genomes with PacBio long−read and Illumina paired−end sequencing data[J]. Sci Data, 3: 160076.

Zhang Q J, Zhu T, Xia E H, et al. 2014. Rapid diversification of five Oryza AA genomes associated with rice adaptation[J]. Proc Natl Acad Sci U S A, 111（46）: E4954−4962.

Zhao X, Wang W, Zhang F, et al. 2014. Comparative metabolite profiling of two rice genotypes with contrasting salt stress tolerance at the seedling stage [J]. PLoS One, 9 (9): e108020.

Zhou Y, Yang P, Cui F, et al. 2016. Transcriptome Analysis of Salt Stress Responsiveness in the Seedlings of Dongxiang Wild Rice (*Oryza rufipogon Griff.*) [J]. PLoS One, 11 (1): e0146242.

Zhu J K. 2002. Salt and drought stress signal transduction in plants [J]. Annu Rev Plant Biol, 53: 247−273.

本章作者　王春明　迟文超（南京农业大学）

耿雷跃（河北省滨海农业研究所）

孙明法　刘　凯（江苏沿海地区农业科学研究所）

第 5 章　盐碱地稻田改良与培肥

第 1 节　我国盐碱地概况

一、盐碱地的定义和分类

（一）盐碱土的定义

土壤盐分来源广泛，除来自岩石风化、大气沉降、海水侵蚀外，人类生产活动（如灌溉及化肥的投入等）也会影响土壤盐分含量及其动态。土壤的盐分含量取决于盐分的输入与输出两个方面：盐分输入大于输出，土壤盐分逐渐累积导致土壤盐分含量升高，反之则表现为"脱盐"。

通常把含盐量 ≥ 0.2%（或土壤饱和溶液电导率 ≥ 4 dS/m）的土壤称为盐碱土，又称为盐渍土（王宝山 等，2017）。

盐胁迫是限制盐碱土植物生长与农业利用的主要障碍因子。不同植物对土壤盐胁迫的耐受能力存在差异，有"盐生植物"（halophyte）与"非盐生植物"（nonhalophyte）或"甜土植物"（glycophyte）之分（王宝山 等，2017）。水稻等多数现有农作物基本属于"非盐生植物"。植物耐盐能力具有明显的基因型差异，即使在"非盐生植物"中也存在耐盐能力较强的种质资源，同一种植物对不同盐类耐受能力也有很大差异。随着遗传育种理论与技术的发展，可以通过遗传改良培育耐盐能力强的农作物新品种。

（二）盐碱土的分类

实际上，盐碱土是盐土和碱土的总称。世界上不同国家（地区）因盐碱土形成的自然条件与利用方式不同，对盐碱土的分类方法与分类系统也不尽相同。

目前比较通行的盐碱土分类主要依据两项指标：土壤饱和溶液电导率（EC，dS/m），用电导仪测定的土壤饱和泥浆浸出液（土壤饱和溶液）的电导值；交换性钠离子比率（ESP，%），$ESP（\%）=\dfrac{交换性钠}{阳离子交换量} \times 100$。通常将 EC $\geqslant$ 4 dS/m、ESP <15% 的土壤称为盐土（saline soil），凡 EC < 4 dS/m 但 ESP $\geqslant$ 15% 的土壤称为碱土（sodic soil 或 alkali soil）（Kyuma，2004）。

盐土和碱土是盐碱土的两个基本类型。有人将 EC > 4 dS/m 且 ESP > 15 的土壤称为盐碱土壤（saline-alkali soil），但很多学者并不认同该土壤分型，因为这样的土壤依据其自身特性可以归入上述的盐土和碱土类型（Kyuma，2004）。

根据全国土壤分类原则及盐碱土发生特点，我国的盐碱土又可分若干亚类。其中，盐土包括滨海盐土、草甸盐土、潮盐土、典型盐土、沼泽盐土、洪积盐土、残余盐土和碱化盐土 8 个亚类，碱土则包括草甸碱土、草原碱土、龟裂碱土及镁质碱土 4 个亚类（王宝山 等，2017）。

土壤盐渍化（salinization）是易溶性盐分在土壤表层积累的现象或过程，主要发生在干旱、半干旱和半湿润地区（黄昌勇 等，2010）。土壤盐渍化的成因复杂，既受自然条件制约，又受人类生产活动的影响。因人类在利用土壤过程中管理措施不当（如不合理灌溉、过度施用化学肥料等）而引起的土壤盐渍化称为次生盐渍化（secondary salinization）。从本质上讲，次生盐渍化是土壤潜在盐渍化的表象化，人类对土壤资源的不恰当利用是该过程的主要驱动因素。

二、我国盐碱地的分布

目前，全世界有盐碱地约 $1 \times 10^9 \text{ hm}^2$，占耕地面积的 20% 左右，预计在 2050 年将有一半以上的土地盐碱化（Vinocur et al，2005）。我国盐碱地总面积近

$1 \times 10^8 \, \text{hm}^2$，且分布广泛，全国各省份均有盐碱地分布（吴家富 等，2017）。我国以华北与东北两区盐碱地面积最多，其次是西北干旱区、黄土高原区和长江中下游地区，华南、西南及青藏高原则分布较少。

我国盐碱地近年还有逐步扩大的趋势，很多农业用地受到盐碱胁迫并已严重影响我国的水稻等作物产量，成为土壤盐碱化区域农业高产、稳产的主要限制因素。此外，在大棚、温室等设施栽培中，化肥用量大，加之缺少雨水淋洗，土壤次生盐渍化现象也日益严重。

三、盐碱地的特点

（一）盐分组成

盐碱土除了含盐量高这一共性特征外，盐土与碱土在盐分组成上存在明显差异。盐土中的主要盐类为氯化物和硫酸盐，碱土所含盐类则以碳酸盐和重碳酸盐为主。

对某特定盐碱土进行农业利用时，了解其盐类组成十分重要，因为不同盐类对作物的危害程度不同。例如：同是碳酸盐类，碳酸钠的危害性最大，碳酸氢钠次之，碳酸镁的危害很小，碳酸钙则无害；同是硫酸盐，硫酸镁危害最大，硫酸钙则无害。

（二）pH

盐碱地土壤一般具有较高的 pH。盐土所含的盐类主要是中性盐（如 NaCl、Na_2SO_4），故盐土的 pH 一般低于 8.5；碱土含大量的碱性盐（如 Na_2CO_3、$NaHCO_3$），故碱土的 pH 通常在 8.5 以上（Kyuma, 2004）。

（三）盐碱地土壤结构特征

土壤所含阳离子中，Na^+ 的水合半径较大，盐碱地高 Na^+ 含量易使土粒分散，堵塞土壤孔隙，影响土壤的通透性，限制作物扎根。干旱地区的碱化土壤还易在表层形成结皮，严重影响作物生长。

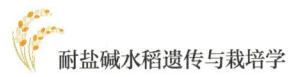

第2节　盐碱地稻田土壤培肥与改良的必要性

一、水稻对土壤盐碱的耐受能力

（一）水稻耐盐碱的临界指标

在盐碱土上，由于土壤溶液离子浓度高，具有很高的渗透势，一般不利于农作物生长；加之盐碱土主要分布在干旱与半干旱地区，雨量少及淡水灌溉水源的缺乏使得通过淋洗作用实现脱盐十分困难。在雨量丰富及淡水灌溉条件较好的地区，土壤淹水与落干交替进行可以提高土壤脱盐的效率。在盐碱土淹水阶段，种植水稻既可以充分利用土壤的淹水条件，又能提高对盐碱土资源的利用效率。

水稻耐盐性是指水稻在土壤盐分胁迫下继续生存和形成产量的能力。水稻的耐盐能力在品种间存在很大差异，且与所处的生育阶段有关。水稻在苗期及抽穗期对土壤盐分较敏感，但总体而言，水稻对盐碱的耐受能力较强。通常水稻可以耐受 4 dS/m 的盐度，有些报道则认为水稻能耐受的盐度甚至更高。例如，Yoneda S.（1964）曾根据日本冈山县水稻耐盐试验结果，认为水稻可以耐受的盐度可达 7 dS/m；甚至有研究者将 20～25 dS/m 作为水稻耐盐的上限（Kyuma, 2004）。可见，利用水稻的耐盐能力，淹水洗盐的过程中种植水稻不仅可以提高水分利用效率，同时可为种植下茬旱作（如豆科绿肥、大麦等）提供低盐的土壤环境。

对作物生长而言，碱土存在两大不利因素：一是强烈的碱性反应，二是因交换性 Na 含量高导致不良的土壤物理性状。碳酸钠是碱土中的常见盐类，它可导致土壤 pH 升高，碱土的 pH 有时可高达 10.5。碱土的高 pH 可致土壤养分供应失衡，特别是某些微量元素有效性降低。高的 ESP 水平使土壤粘粒分散性增强，导致土壤结构恶化，降低了土壤持水及透水能力。这些不利因素对多数旱作物的生长可能是致命的，但对水稻的影响较小。淹水本身及水中溶解的 CO_2 都有助于降低 pH。水稻对碱土中交换性 Na 具有很强的耐受能力，有研究表明，当土壤 ESP 设置为 50 时，水稻的产量几乎不受影响，而同样具有较强耐碱能力的小麦的产量却降低了 50%（Kyuma, 2004）。

（二）水稻耐盐碱能力的基因型差异

水稻起源于淡水沼泽地区，属于对盐胁迫中等敏感作物。水稻不同品种之间的耐盐性存在显著差异。总体而言，籼稻的耐盐性强于粳稻，粘稻的耐盐性优于糯稻，水稻的耐盐性优于旱稻（应存山，1993）。水稻耐盐性的基因型差异，可能受品种的起源、所受的选择压和遗传背景等因素的影响。同时，水稻耐盐性的品种差异，为改良水稻耐盐性、选育耐盐水稻品种、扩大水稻适应性提供了基础材料和基因资源。

（三）水稻不同生育时期对盐碱敏感性

水稻生长发育是一个动态过程，不同生育时期的耐盐性存在较大差异。研究表明，水稻在生长发育过程中的耐盐性呈现先下降、后上升、再下降的趋势。种子在萌发过程中耐盐能力较强，而幼苗对盐胁迫较为敏感，但即使是同一个水稻品种在萌发期和幼苗期的耐盐性也存在显著差异。因此，目前国际上对水稻耐盐性的鉴定时期一般规定为三叶期（李俊英 等，2014）。

水稻发育从苗期到营养生长期，耐盐性逐渐增强，而到了生殖生长期后对盐胁迫又较为敏感。因此，水稻对盐胁迫比较敏感的时期是苗期和生殖生长期。在改良水稻过程中，一定要注意选育这两个时期都耐盐的材料。

（四）水稻耐盐的生理基础

盐碱地的高盐环境主要对水稻产生两种胁迫，即渗透胁迫和离子胁迫。渗透胁迫使水稻难以从外界吸收水分，离子胁迫则使细胞内大量积累钠离子，进一步

导致水稻生长延缓。水稻必须克服这两种胁迫，才能在高盐环境中生存。因此，水稻在长期的进化选择过程中，逐步进化出适应这两种胁迫的策略。

1. 渗透调节

高盐环境下土壤溶液渗透势低，细胞内渗透势高，二者之间的渗透势差不仅影响细胞吸水，严重时还会导致细胞脱水。因此，渗透调节能力是水稻耐盐的最基本特征之一，水稻耐盐性的强弱在很大程度上取决于水稻细胞自身的渗透调节能力的强弱。在高盐胁迫下，水稻幼苗能通过自身合成和积累渗透调节物质（如脯氨酸、可溶性糖、果糖、蔗糖、多胺等），这些亲水性渗透调节物质可以保护细胞蛋白质、蛋白复合体和膜结构免遭降解和破坏，使细胞行使正常的生理功能，适应外界高盐环境，从而提高水稻的耐盐性。

2. 离子调节

离子调节是通过调节细胞内外无机离子的相对浓度来调节细胞内膨压、pH 和离子强度，从而稳定细胞大小、维持细胞内微环境的稳定。水稻中柱薄壁细胞可以控制 Na^+ 向地上部的转运，减少对地上部的盐害；而木质部主要抑制 Na^+ 转运，促进 K^+ 转运，使地上部 K^+/Na^+ 上升，从而增强水稻的耐盐性。因此，在改良水稻耐盐性过程中，要选择吸收 K^+ 能力强的品种；盐碱地区水稻生产过程中，可以适当增施钾肥，以增强稻株的耐盐性。

二、稻作对盐碱地土壤的基本要求

稻田的耕层厚度以 18～20 cm 为宜，耕层过浅不利于根系形成与发展，耕层过深也不利于水稻立苗与早发。稻田要求田面平整，否则不利于灌、排等水分管理。

水稻高产栽培需要稻田既能保水，又有良好的透水性能，特别是后者对盐碱地稻田尤为重要，良好的透水性能有利于减少盐分及还原性物质等在耕层的积累。培育良好的土壤物理结构是维持稻田保水透水性能的重要基础，其中土壤孔隙度及大小孔隙的合理配置是关键。

养分供应是获得水稻高产的重要保证。稻田要求土壤耕层养分含量适宜，供应协调，且具有较强的保肥能力。稻田耕层土壤碱解氮、速效磷、速效钾的适宜含量分别为 50 mg/kg、80 mg/kg、150 mg/kg。为提高盐碱地土壤综合肥力及保肥性能，保证养分供应平稳，提高稻田土壤有机质含量十分重要，一般稻田土壤耕层有机质含量以 2% ~ 4% 为宜（徐振宝, 2011）。

三、稻作盐碱地的主要障碍因子

（一）物理障碍因子

受盐分影响，盐碱土土粒分散度高，易堵塞土壤孔隙，从而导致气体交换不畅，植物根系呼吸作用减弱，代谢受阻，对养分的吸收能力下降，造成养分缺乏。盐碱地旱作时，土壤易板结，植物根系生长的机械阻力大，影响根系建成。

盐碱地土壤结构差，对水稻的影响更大。在水稻整地插秧阶段，由于苏打型盐碱地土粒过度分散，短期内难以淀积，栽插时秧苗下陷严重，影响栽插进度及立苗；滨海盐碱地往往沙性重，又特别容易在短时间淀实，插秧困难，而土粒淀积后土壤又往往过于紧实，土壤通透性差，加上盐分的直接危害，严重限制秧苗的活棵与早期生长。因此，盐碱地种稻必须重视整地技术及其与灌溉间的配合。

（二）化学障碍因子

1. 盐分含量高

高盐分含量可对水稻生长发育造成直接危害，主要表现为：影响稻根正常吸收养分、水分，使稻株体内的生理代谢活动不能正常进行，导致生长发育不良；土壤溶液渗透压过高，导致株体水分外渗，严重时甚至造成细胞质壁分离、原生质破坏，引起稻苗死亡。

2. 土壤 pH 高

土壤 pH 高所导致的肥力问题主要有：促进氨挥发，导致氮素损失；一般情况下，pH 在中性范围时土壤磷的有效性最高，盐碱地土壤的高 pH 使土壤磷的有

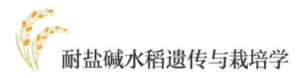

效性降低；土壤中多数微量元素的有效性随 pH 的升高而降低，故盐碱地稻田土壤微量元素有效性通常较低，易导致水稻缺 Zn、Fe 等。

（三）生物学障碍因子

1. 微生物多样性差

土壤微生物与土壤肥力的关系十分密切。盐碱地的高盐碱含量严重影响土壤微生物的群落组成，主要表现为多样性差。有研究表明，盐碱地土壤微生物的多样性随着盐浓度的增加呈线性下降，高盐会致微生物多样性降低而相对丰度增加。

不同微生物类群对盐碱及 pH 的响应程度不同，土壤盐碱是控制真菌与细菌平衡的重要因素，其中细菌比真菌更易受到盐碱胁迫的影响。研究显示盐度对细菌群落结构的影响强烈。Fierer 等（2006）对美洲土壤的研究发现，pH 6.8 的细菌丰度比 pH 5.1 高 60%，pH 5.5 土壤的细菌丰度比 pH 4.1 高 26%。

不同类型稻田土壤的真菌群落结构和多样性存在明显差异。与其他稻田土壤相比，盐碱土型稻田土壤中真菌群落丰度和多样性均较低。

盐碱土壤改良必然会对其微生物多样性产生影响，土壤有机质的增加会明显改变微生物类群与丰度，Jiang 等（2019）研究了 4 种不同施肥制度对滨海盐渍土微生物的影响发现，有机质输入可使土壤细菌丰度增加 3 倍。随盐碱土壤的改良，其盐度和 pH 相应下降，导致微生物间的相互关系向良性发展。

2. 土壤酶活性低

盐碱地因盐分含量高、pH 高，有机质及矿质养分缺乏，导致微生物代谢能力低，土壤碱性磷酸酶、脲酶、蔗糖酶、蛋白酶和过氧化氢酶活性低下，不利于养分供应与转化，也影响盐碱地土壤有机质的逐步积累。

持续种稻可以淡化滩涂土壤盐分含量，提高土壤有机质、全氮和铵态氮含量，提高土壤酶活性。随种稻年限的延长，滩涂土壤碱性磷酸酶、脲酶、蔗糖酶、蛋白酶和过氧化氢酶活性显著提高，多酚氧化酶活性明显下降；土壤细菌群落结构随种稻年限延长呈明显的趋向性演化，变形菌门、绿弯菌门、酸杆菌门相对丰度逐渐增加，拟杆菌门、蓝细菌、浮霉菌门相对丰度明显降低，同时水稻种植显著增加了土壤厌氧及铁还原微生物数量，如 *Anaerolineae*、*Geobacter*、*Anaeromyxobacter*、*Syntrophobacter*，这些微生物类群可能驱动滩涂稻田有机质的不断积累，进而与盐分淡化协同促进滩涂土壤微生物物质代谢能力的增强及细菌群落的趋向性演替（张洋，2020）。

第 3 节　盐碱地改良的技术途径

一、盐碱地改良的一般途径

国内外已有的盐碱地改良方法大体上可以归属五大类：工程措施、物理措施、化学措施、农艺措施和生物措施。

（一）工程措施

工程措施包括：通过围垄截水、滤层铺设、暗管排盐、排灌配套、蓄淡压盐、灌水洗盐、地下排盐、沙柱排水排盐等措施增加淡水截留，利用自然降水和灌溉水来淋洗盐分；通过平整土地、抬高地形、微区改土等一系列措施来加快面域排盐，同时降低地下水位，防止地下水上渗返盐盐害。

（二）物理措施

物理措施包括：通过物料如粗砂、粉煤灰、污泥、沸石、珍珠岩、蛭石、粗石英砂、矿渣等掺拌，来改变滩涂盐碱地土壤结构，增加土壤孔隙度，打破土壤原有毛管孔隙，促进土体盐分淋洗；通过客土法将滩涂盐碱土更换为正常土壤，并通过工程措施来防止地下水返盐；通过地表覆盖如农作物秸秆来降低地表水分

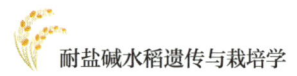

蒸发，减少盐分在地表积累。

（三）化学措施

通过施用改良剂如聚乙烯醇、磷酸二氢钾、脱硫石膏、SAP（高分子吸水树脂）等来置换出土壤胶体吸附的钠离子和氯离子，增加土壤孔隙度，加快土壤排盐。

（四）农艺措施

通过施用有机肥、秸秆还田、深耕晒垡、及时松土等措施来增加土壤有机质，增加土壤孔隙度，破除土壤板结，加快土壤团粒结构形成，提高地温；通过滴灌、咸水冻融淋盐、微咸水灌溉、分根、覆膜滴灌等措施来提高作物成活率，加速洗盐，减少水分浪费，促进作物生长。

（五）生物措施

通过耐盐作物如水稻、田菁、黑麦草的种植以及新型耐盐作物的选育来提高作物在滩涂盐碱地的成活率，加快滩涂土壤的改良进程。

通过一些电化学改良、直流电脱盐、微咸水磁化灌溉等技术来排除滩涂盐碱地土体盐分离子，促进土壤结构改善，增强植物的耐盐能力。

实际上，上述任一单一措施均难以在较短时间内完成盐碱地的改良与熟化，应根据当地农业资源（特别是淡水资源）、农业生产水平等将上述措施进行整合，因地制宜地开展盐碱地的综合改良。

二、我国盐碱地改良的理论与实践

降盐、脱盐是盐碱地改良的首要目标。在此方面，我国早期建立了以"井排井灌""客水压盐"为主体的盐碱地工程治理措施。20 世纪 80 ~ 90 年代，我国降雨量减少，黄河等主要河流季节性断水，水利工程措施存在着无法克服的局限性，国内研究者转而寻求生物治理、农艺耕作和土壤管理改良盐碱地的可持续措施。1982 年，王守纯提出在不要求减少土体盐贮量的前提下，通过提高土壤肥力，以"肥"对土壤盐分进行时（间）、空（间）、形（态）的调控，在农作物主要根系活动层建立一个良好的肥、水、盐生态环境，从而达到农作物持续高产稳产，即在盐渍土区通过各种措施提高耕层有机质含量，并建立作物根系"淡化肥沃层"来实现盐碱地改良。魏由庆（1995）在王守纯提出的"淡化肥沃层"技术基础上提出综合考虑盐碱地"水、肥、盐"，利用"肥"来实现土壤"水、盐"调控技术。魏俊梅等（2001）指出，通过在盐碱地地表进行农作物种植、植树造林和绿肥牧草的种植来扩大地表植被覆盖等一系列生物措施，并配套排灌系统等工程措施，是盐碱地治理利用的最佳途径。李取生等（2003）提出了在低洼易涝盐碱地进行优势水稻种植，结合土壤改良剂、增施有机肥等改良措施。周和平等（2007）在传统的水盐运移理论基础上提出了"土壤水盐定向迁移"新理论，并提出灌区农田"盐分上移地表排"的改良模式。张素瑛等（2004）研究发现通过玉米秸秆生物覆盖可有效提高盐碱地土壤有机质含量，降低耕层含盐量，阻止土壤水分蒸发和散失。乔海龙等（2006）研究表明秸秆深层覆盖可有效打破土壤毛细管的连续性，明显降低深层土壤水分蒸发，减少深层土壤盐分上移，同时结合土壤表层秸秆覆盖可起到明显的节水抑盐效果。唐银健等（2006）提出采用淤泥堆肥可改善滩涂土壤 pH、盐分和 CEC 等理化性质。目前我国盐碱地改良主要通过压盐、洗盐等措施，通过水稻插秧前进行泡田洗盐，在生长期淹灌和排水换水，冲洗和排走土壤中的盐分来对滩涂盐碱地进行改良。

三、我国盐碱地改良存在的主要问题

总体上看，我国现有盐碱地治理利用技术见效周期长、成本高，以"水"为中心的洗盐和降盐极易造成土壤返盐与再度盐渍化等问题，在一定程度上减缓了盐碱地熟化过程。此外，从滩涂盐碱地排水洗盐的运用和发展来看，这一改良技术遵循着"盐随水去，盐随水来，盐随水留"的水盐运移基本规律，利用该规律从土壤表层向下实施"大水压盐、洗盐，地下排水"的方法，将土壤表层下渗的

盐分通过地下排水的方法排水洗盐。因此，需要在农田配套布置较多且较深的明渠、暗渠或者竖井排灌的工程措施，而这些传统的灌排工程措施客观存在以下问题：压盐、洗盐、排盐过程水资源消耗大，一般每公顷需要消耗 4 500 ~ 7 500 m³ 的水资源；灌排水工程量大，投入成本高；灌排水沟渠众多，占用农田，使得农田土地利用率损失 6% ~ 10%；滩涂土壤以沙土为主，灌排沟渠易塌方，导致灌排工程后期维修养护工作量大，运行管理费用高。更为重要的是，对于缺乏淡水资源或者水资源水质差（以微咸水为主）的盐碱地，以水为中心的盐碱地降洗盐治理技术难以实际应用。

第 4 节　稻作盐碱地的有机培肥与改良

盐碱地土壤盐分含量高。对于滨海滩涂盐碱地而言，围垦区土壤成土时间往往较短，极差的土壤物理结构导致处于高盐状态的滩涂土壤水盐运移同时呈现出长期性和反复性。从盐碱地土壤物质组成看，土壤有机质所占比例很小。有机质含量是土壤肥力的重要指征，提高土壤有机质含量对有机质含量低、基础肥力低下的盐碱地显得尤为重要。

土壤有机质含量的提高可以显著改善土壤的物理性状，从而改变土壤盐分运移状况，促进土壤脱盐，抑制土壤返盐（Celik et al, 2004; Chenu et al, 2000; Grosbellet et al, 2011; Jastrow, 1996; Rawls et al, 2003; 田忠孝 等, 1993）。

土壤有机质含量与土壤养分含量密切相关。首先土壤有机质的分解可直接提供多种土壤养分，尤其是氮素。滩涂土壤矿物质中一般不含氮，因此除外源氮肥施入，土壤有机质的分解成为滩涂土壤氮素的主要来源。同时土壤有机质同样是滩涂土壤磷、硫及其他微量元素的重要来源。其次，土壤有机质中大量带负电荷的有机胶体可吸附大量的阳离子和水分，可提高土壤的保肥性和蓄水性（孟京辉等，2010）。

由此可见，通过增加有机质为主导的"土壤培肥"是实现滩涂土壤快速降盐培肥改良的重要手段。在自然状态下，盐碱地因存在诸多限制植物（作物）生长的限制因子，土壤有机质含量依靠自积累过程增加十分缓慢，因此外源有机物的大量投入是提高滩涂土壤有机质含量最快捷和最有效的措施。

一、盐碱地有机培肥的原理

（一）促进形成有机 – 无机复合体

土壤有机 – 无机复合体是土壤形成良好结构的物质基础。盐碱地土壤有机质含量通常很低，是限制土壤有机 – 无机复合体形成的限制因素。对盐碱土进行有机改良以提高土壤有机质含量是促进土壤有机 – 无机复合体形成的有效途经。如图 5-1 所示，土壤有机质可通过氢键（Hydrogen bonding）、阳离子桥接（Cation bridging）及阴离子交换（Anion exchange）等途经与土壤矿物结合形成有机 – 无机复合体（organo-mineral complex）（Yanchao Bai et al, 2019）。

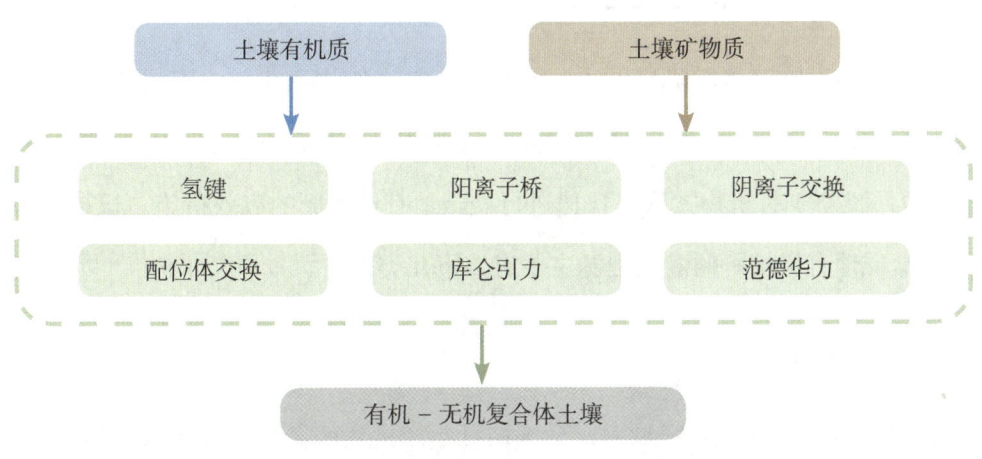

图5-1　土壤有机 – 无机复合体形成途径

（二）改良土壤物理结构

土壤物理结构是衡量土壤肥力的重要内容。其中，土壤孔隙状况直接影响土

壤水－气运动与平衡，进而影响农作物的生长。盐碱地因有机质匮乏，土壤有机－无机复合体含量低，难以形成良好的土壤结构，在孔隙性上表现为大孔隙少，小孔隙特别是毛管孔隙多，土壤易板结，通透性差。毛管孔隙多是导致土壤返盐的重要原因。因此，提高土壤有机质含量是改善土壤孔隙性的重要途径。

（三）降低土壤盐分含量及增强土壤对养分的缓冲性能

提高土壤有机质含量有利于改善土壤物理结构，增加土壤大孔隙比例有利于土壤盐分淋洗同时遏制土壤返盐。有机物进入土壤后，通过矿质化过程逐步降解并释放其所含养分，同时通过腐殖化过程形成土壤有机质。土壤有机质为土壤离子交换提供了丰富的位点，从而增强土壤对养分的保蓄与缓冲性能。

（四）为微生物提供碳源，改善土壤的生物肥力

有机培肥可为土壤微生物提供丰富的碳源，促进土壤微生物生长、繁殖及多样性形成，有利于土壤有机质及养分转化、循环，从而改善盐碱地土壤的生物肥力。

二、盐碱地改良的有机肥源

因盐碱地存在诸多的障碍因子，不利于植物（作物）生长，有机质自积累能力差且过程漫长，因此，除了继续提高盐碱地系统自身有机物生产能力外，外源（盐碱地系统外）有机物投入是快速进行盐碱地有机培肥的有效措施。概括起来，可用于盐碱地有机培肥的潜在肥源主要有以下几类：

（一）作物秸秆

我国作物秸秆资源面广量大，全国秸秆年产量达 8 亿吨。近年来，尽管秸秆直接、全量还田已成为秸秆资源化利用及提升土壤肥力的重要措施，仍然存在数量可观的剩余秸秆。这部分剩余秸秆可以用作盐碱地有机培肥的外部肥源，但剩余秸秆分散性强，收集、运输难度大，大面积异地培肥成本高，需要进行肥料化堆制或发酵加工。

（二）畜禽粪便

我国养殖业规模化发展，产生了大量的养殖业废弃物。畜禽粪便富含养分及有机物，是较好的有机肥源，但也能引发环境问题。一般农田对畜禽粪便的消纳能力有限，而将其用于盐碱地的有机改良，不仅有利于畜禽粪便的合理处置及资源化利用，也可为盐碱地改良提供优质的有机肥源。

（三）城市生活污泥

生活污水处理过程产生大量的生活污泥，生活污泥实际上主要为微生物残体，富含植物生长所需的营养元素及有机物质，是潜在的有机肥源。许多国家将生活污泥农用作为污泥合理处置及资源化利用的重要措施。目前生活污泥农用的主要障碍因子是人们普遍担忧其中可能存在有害物质（如重金属、有害微生物及其他有害物质）。随着城市污水处理技术的发展，符合农用安全标准的生活污泥，经过进一步减量化与无害化处理，城市生活污泥可以成为盐碱地有机培肥的潜在肥源（Bai et al, 2017b）。

三、外源有机物对滨海盐碱地稻田的改良效果

扬州大学盐碱地改良与利用研究团队从 2010 年起，开展了利用外源有机物促进新垦滨海泥质滩涂肥力发育及相关机理的研究工作。该团队研究结果表明，一次性投入外源有机物可快速改善滩涂土壤的理化性状，驱动滩涂土壤原始肥力形成（Bai et al, 2017b），并促进黑麦草（Bai et al, 2013a, 2013b）、玉米（Bai et al, 2017a）、大麦（Bai et al, 2018）、甜高粱（Zuo et al, 2018）等植物的生长，进而促进土壤有机质的自积累。自 2016 年起，该研究团队重点围绕外源有机物投入对滨海盐碱土稻田肥力的效应，系统地研究了外源有机物对盐碱地稻田微生物群落演变（Li et al, 2021; 张洋, 2020）、土壤理化性状、养分供应、水稻根系生长及生理活性、水稻生长与产量的影响（Zuo et al, 2021; 左文刚, 2020），主要获

得了以下几方面结果：

（一）外源有机物对盐碱地稻田土壤理化性质的影响

1.对稻田土壤 pH 与盐分的影响

大田试验结果表明，施用有机物料可大幅度降低盐碱地土壤的 pH 及盐分含量。由图 5-2A 可见，随水稻种植年限的增加，盐碱 pH 总体呈下降趋势，但未施有机物料处理的土壤 pH 降幅较小。随有机物料投入量的增加，滩涂土壤 pH 逐渐降低，pH 降幅大于未施有机物料处理的，说明外源有机物料投入可有效降低盐碱地土壤的 pH。盐碱地土壤盐分含量对施用有机肥的响应趋势与 pH 相似（图 5-2B），但在施用有机物料的条件下，盐碱地盐分降低幅度大于 pH 降低幅度。

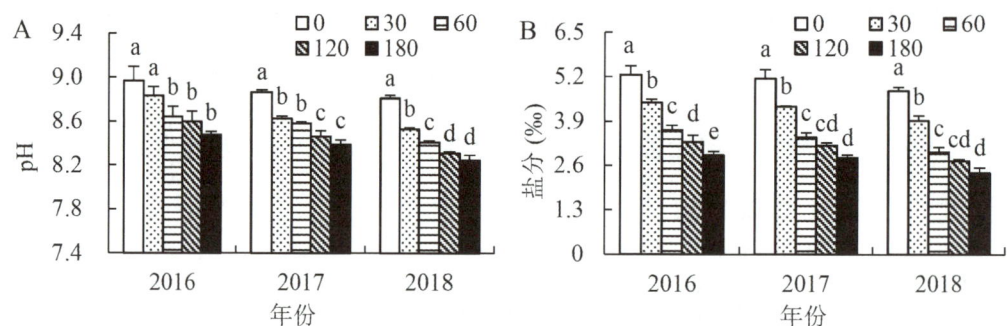

图5-2　施用生活污泥对盐碱地稻田土壤pH（A）及盐分（B）的影响

注：竖线表示标准误差。不同的小写字母表示在 5% 水平时有显著性差异。（下同）

2.对土壤水稳性团聚体的影响

施用有机物料显著改善了盐碱地稻田土壤物理性状。由表 5-1 可见，2016年、2017 年及 2018 年土壤里 > 0.25 mm 及 0.106 ~ 0.25 mm 水稳性团聚体含量均随着污泥施用量的增加呈逐渐增加趋势。与对照相比，当污泥施用量达 180 t/ha 时，2016 年 > 0.25 mm 及 0.106 ~ 0.25 mm 水稳性团聚体含量最大增幅分别是 138.8%、140.2%，2017 年 > 0.25 mm 及 0.106 ~ 0.25 mm 水稳性团聚体含量最大增幅分别是 154.6%、154.4%，2018 年 > 0.25 mm 及 0.106 ~ 0.25 mm 水稳性

团聚体含量最大增幅分别是 161.3%、164.2%。当污泥施用量达 30 t/ha 时，2016
年、2017 年及 2018 年施用污泥各处理 > 0.25 mm 水稳性团聚体含量均显著高于
对照，当污泥施用量达 60 t/ha 时，2016 年、2017 年及 2018 年施用污泥各处理
0.106 ~ 0.25 mm 水稳性团聚体含量均显著高于对照处理。3 年试验期间，滩涂土
壤水稳性团聚体含量逐渐增加。2016 ~ 2017 年度，未施用污泥的对照处理土壤，
> 0.25 mm 水稳性团聚体含量年度增幅为 9.0%，0.106 ~ 0.25 mm 水稳性团聚体含
量增幅为 8.3%；施用污泥各处理土壤，> 0.25 mm 水稳性团聚体含量年度增幅为
17.5%，0.106 ~ 0.25 mm 水稳性团聚体含量增幅为 19.4%。2017 ~ 2018 年度，未
施用污泥的对照处理土壤，> 0.25 mm 水稳性团聚体含量年度增幅为 3.5%，0.106 ~
0.25 mm 水稳性团聚体含量增幅为 2.7%；施用污泥各处理土壤，> 0.25 mm 水稳
性团聚体含量年度增幅为 5.8%，0.106 ~ 0.25 mm 水稳性团聚体含量增幅为 7.0%。

表5-1　　　　　施用生活污泥对盐碱地稻田土壤水稳性团聚体的影响

| 污泥施用量 (t/ha) | 水稳性团聚体含量（%） | | | | | |
| | 2016年 | | 2017年 | | 2018年 | |
	>0.25 mm	0.106~0.25 mm	>0.25 mm	0.106~0.25 mm	>0.25 mm	0.106~0.25 mm
0	4.61±0.03e	2.29±0.08d	5.02±0.19d	2.48±0.18d	5.20±0.06d	2.54±0.02d
30	5.70±0.12d	2.56±0.21d	6.60±0.55c	2.89±0.09d	7.01±0.63c	3.06±0.14d
60	7.52±0.18c	3.29±0.27c	8.81±0.68b	4.29±0.12c	9.25±0.57b	4.64±0.42c
120	9.61±0.24b	4.37±0.49b	11.60±0.68a	5.24±0.44b	12.24±0.71a	5.63±0.14b
180	11.01±0.33a	5.50±0.63a	12.78±0.21a	6.31±0.41a	13.59±0.13a	6.71±0.25a

注：含量中不同的小写字母表示在 5% 水平时有显著性差异。（下同）

3. 土壤容重

由图 5-3 可见，施用生活污泥降低了滩涂土壤容重。随污泥施用量的增加，
盐碱地稻田土壤容重呈逐渐降低趋势。2016 年未施用污泥的对照处理土壤容重为
1.32 g/cm³，施用污泥各处理（30 t/ha、60 t/ha、120 t/ha、180 t/ha）土壤容重分别

为 1.24 g/cm³、1.21 g/cm³、1.16 g/cm³、1.13 g/cm³，较对照分别降低 6.2%、8.5%、12.1%、14.6%，且当污泥施用量达 120 t/ha 时，施用污泥处理土壤容重降幅达到显著水平。2017 年及 2018 年盐碱地稻田土壤容重随污泥施用量的变化趋势与 2016 年类似，即滩涂土壤容重随污泥施用量的增加呈逐渐降低趋势，最大降幅均出现在 180 t/ha 的污泥施用量，两年降幅分别为 17.9%、17.9%。随着改良及水稻种植年限的增加，土壤容重逐渐降低。2016 ~ 2017 年度，未施用污泥的对照处理土壤容重年降幅为 1.7%，施用污泥各处理土壤容重年均降幅为 3.2%。2017 ~ 2018 年度，未施用污泥的对照处理土壤容重年降幅为 2.7%，施用污泥各处理土壤容重年均降幅为 3.3%。

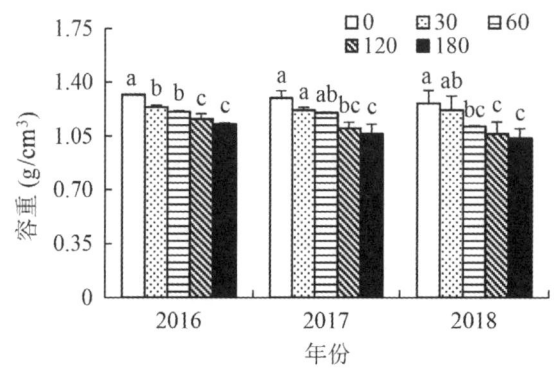

图5-3　施用生活污泥对盐碱地稻田土壤容重的影响

4. 土壤有机碳

施用生活污泥对盐碱地稻田土壤有机碳含量的影响见表 5-2。施用生活污泥可以显著提高盐碱地稻田土壤有机碳含量。2016 年、2017 年及 2018 年未施用生活污泥的对照处理土壤有机碳含量分别为 3.19 g/kg、4.32 g/kg、4.52 g/kg，2016 年施用污泥各处理（30 t/ha、60 t/ha、120 t/ha、180 t/ha）土壤有机碳含量分别是对照处理的 1.52、1.90、2.36、3.09 倍，2017 年施用污泥各处理（30 t/ha、60 t/ha、120 t/ha、180 t/ha）土壤有机碳含量分别是对照处理的 1.33、1.81、2.22、2.48 倍，2018 年施用污泥各处理（30 t/ha、60 t/ha、120 t/ha、180 t/ha）土壤有机碳含量分别是对照处理的 1.31、1.63、2.18、2.48 倍。2016 年、2017 年及 2018 年施用生活污泥各处理土壤有机碳含量均显著高于对照处理，且施用生活污泥各处理土壤有机碳含量间差异均达显著水平。随改良及水稻种植年限的增加，盐碱地稻田土壤有机碳含量整体呈逐渐增加趋势，施用污泥各处理土壤有机碳年均增幅为 11.1%。

表5-2　　施用生活污泥对盐碱地稻田土壤有机碳及氮、磷养分含量的影响

年份	指标	生活污泥施用量（t/ha）				
		0	30	60	120	180
2016	有机碳(g/kg)	3.19±0.78d	4.84±0.24c	6.05±0.91c	7.52±0.85b	9.85±0.42a
	全氮(g/kg)	0.40±0.05e	0.58±0.04d	0.85±0.01c	1.18±0.03b	1.30±0.05a
	全磷(g/kg)	0.71±0.01b	0.76±0.10b	0.81±0.05b	0.98±0.02a	1.05±0.12a
	碱解氮(mg/kg)	27.50±1.45e	35.23±1.98d	43.11±3.18c	66.53±3.95b	88.35±4.69a
	有效磷(mg/kg)	15.24±1.05e	33.73±0.62d	55.35±3.36c	64.38±1.42b	71.61±2.14a
2017	有机碳(g/kg)	4.32±0.62d	5.75±0.20c	7.84±0.61b	9.61±0.34a	10.73±0.26a
	全氮(g/kg)	0.40±0.02e	0.54±0.01d	0.71±0.05c	1.00±0.07b	1.33±0.09a
	全磷(g/kg)	0.56±0.01e	0.64±0.01d	0.77±0.02c	0.88±0.02b	0.93±0.03a
	碱解氮(mg/kg)	28.00±0.97d	42.88±3.14cd	51.16±2.95c	70.34±5.41b	92.82±8.52a
	有效磷(mg/kg)	27.33±0.39e	44.63±1.09d	55.70±1.25c	71.65±2.05b	86.41±2.23a
2018	有机碳(g/kg)	4.52±0.15e	5.92±0.04d	7.35±0.10c	9.84±0.29b	11.20±0.14a
	全氮(g/kg)	0.46±0.02d	0.52±0.02d	0.70±0.01c	0.93±0.01b	1.20±0.06a
	全磷(g/kg)	0.56±0.01e	0.63±0.02d	0.69±0.01c	0.85±0.01b	0.97±0.01a
	碱解氮(mg/kg)	47.37±0.26e	71.31±9.89d	95.75±2.72c	117.08±2.19b	131.85±4.36a
	有效磷(mg/kg)	26.78±2.38d	41.88±2.89c	54.06±5.48bc	65.98±1.44b	83.51±7.40a

（二）外源有机物对盐碱地土壤微生物及其多样性的影响

1. 盐碱地土壤细菌群落组成与结构

由图 5-4 可见，与不施外源有机碳的对照（CK）相比，施用有机碳处理的滩涂土壤细菌群落组成多样性指数（香农多样性、丰富度和均匀度）均显著（$P < 0.05$）升高。然而，各有机碳处理组间细菌群落香农多样性和均匀度指数无

显著差异（图 5-4A，图 5-4C）；丰富度指数方面，有机碳投入 MT（中量）和 HT（高量）处理组土壤细菌群落丰富度显著高于 ST（少量）（$P < 0.05$），但 MT 和 HT 之间细菌群落丰富度无显著差异（图 5-4B）。

图5-4 生活污泥改良对滩涂土壤细菌群落组成（A、B、C）和结构（D、E）多样性的影响

主坐标分析结果表明，生活污泥改良显著（方差分析，$P < 0.001$）改变了土壤细菌群落结构（图 5-4D）。其中，主坐标 1 轴和主坐标 2 轴分别可以解释不同处理组间所有差异的 59.8% 和 21.4%。层次聚类分析显示，不同处理组土壤细

菌群落结构形成了两大簇（图 5-4E）。其中，生活污泥处理组土壤细菌群落结构被聚在一起，明显区别于 CK 处理组，且 ST 和 MT 处理组土壤细菌群落结构聚在一起，与 HT 处理组分开，说明有机碳投入与否及投入强度可以影响盐碱地细菌的群落结构。

2. 滩涂土壤细菌群落优势门和优势科的相对丰度

外源有机碳投入对滩涂土壤细菌群落中优势微生物类群的相对丰度产生了显著（$P < 0.05$）影响（图 5-5）。门水平上，生活污泥处理对滩涂土壤中酸杆菌门（*Acidobacteria*）、浮霉菌门（*Planctomycetes*）、芽单胞菌门（*Gemmatimonadetes*）、硝化螺旋菌门（*Nitrospirae*）和绿菌门（*Chlorobi*）的相对丰度产生显著（$P < 0.05$）影响（图 5-5A）；科水平上，不同处理组土壤中的优势细菌科为黄杆菌科（*Flavobacteriaceae*）、黄单胞菌科（*Xanthomonadaceae*）和生丝微菌科（*Hyphomicrobiaceae*），平均相对丰度分别为 36.2%、9.6% 和 3.8%。相较于 CK 处理组，生活污泥处理组土壤中生丝微菌科的相对丰度均显著（$P < 0.05$）升高，而黄单胞菌科的相对丰度显著（$P < 0.05$）降低（图 5-5B）。

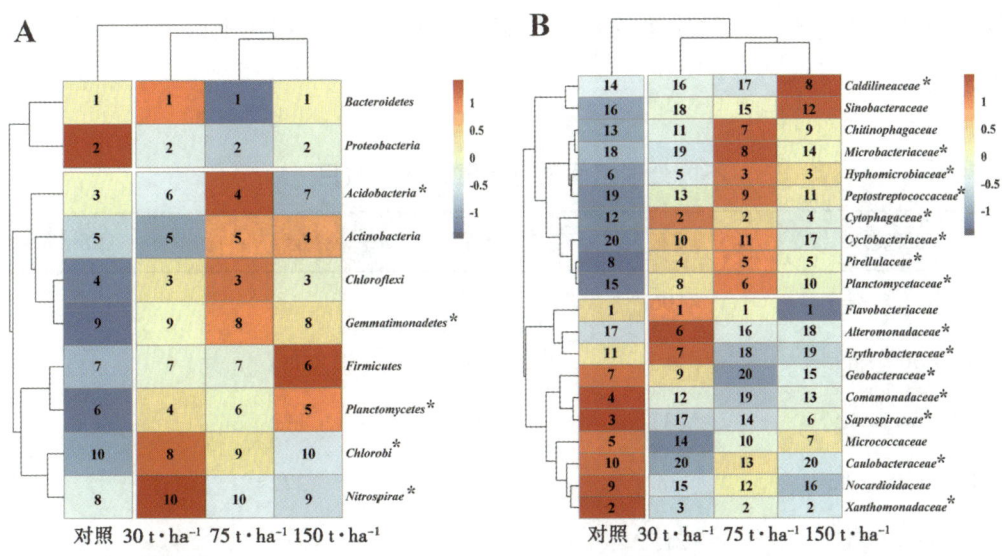

图5-5　生活污泥改良对滩涂土壤细菌群落优势门（A）和优势科（B）相对丰度的影响

3. 盐碱地中核心与独有 OTU 的相对丰度

不同处理组中的核心 OTU 数量为 215，隶属于 16 个细菌科，其中 14 个细菌科的相对丰度具有显著（$P < 0.05$）差异（表 5-3、图 5-6A）。不同处理组中占据主导地位的黄杆菌科的相对丰度显著（$P < 0.05$）变化，分别从 43.6%（CK）变为 47.4%（ST）、34.3%（MT）和 20.2%（HT）。与 CK 处理相比，所有污泥处理组中黄单胞菌科、腐螺旋菌科（*Saprospiraceae*）、丛毛单胞菌科（*Comamonadaceae*）和地杆菌科（*Geobacteraceae*）均显著（$P < 0.05$）减少，而生丝微菌科、噬纤维菌科（*Cytophagaceae*）、*Pirellulaceae* 科、交替单胞菌科（*Alteromonadaceae*）、微杆菌科（*Microbacteriaceae*）、暖绳菌科（*Caldilineaceae*）和叶杆菌科（*Phyllobacteriaceae*）均显著（$P < 0.05$）富集。所有处理组中独有 OTU 的总数为 449，其中，CK、ST、MT 和 HT 处理特有的 OTU 数量分别为 106、136、112 和 95（表 5-3）。此外，各处理组中占据主导地位的独有细菌类群从 CK 中的丛毛单胞菌科转变为柯克斯体科（*Coxiellaceae*, ST）、厌氧蝇菌科（*Anaerolinaceae*, MT）和浮霉菌科（*Planctomycetaceae*, HT）（图 5-6B）。此外，隶属于暖绳菌科、*Chitinophagaceae* 科、丛毛单胞菌科和黄单胞菌科的独有 OTU 仅出现在 CK 处理中，而属于柯克斯体科的独有 OTU 仅在污泥改良土壤中得到显著富集。

表5-3 　　　　　　　　　不同处理组间独有和重叠OTU数目

处理	CK	ST	MT	HT
CK（对照）	106			
ST（30 t·ha⁻¹）	116	136		
MT（75 t·ha⁻¹）	137	285	112	
HT（150 t·ha⁻¹）	38	213	272	95
核心OTU	215	215	215	215
总OTU	514	718	764	634

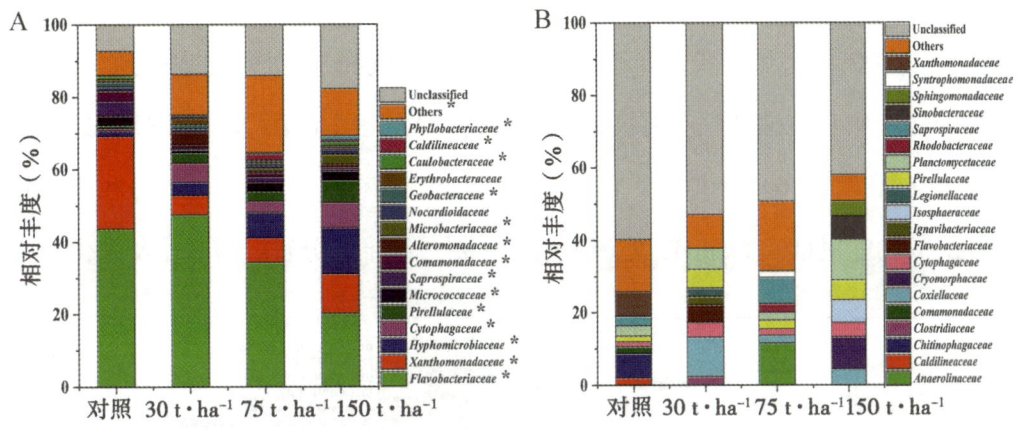

图5-6　生活污泥改良对滩涂土壤中核心（A）和独有（B）OTU相对丰度的影响

4. 盐碱地核心微生物功能属性

污泥改良显著（$P < 0.05$）改变了滩涂土壤中细菌核心微生物组的功能属性（图5-7）。与 CK 处理相比，污泥处理组土壤中细菌群落的功能组成多样性（香农多样性和均匀度指数）显著（$P < 0.05$）增加（图5-7A、图5-7B）。此外，与 CK 处理组相比，污泥改良滩涂土壤中细菌群落功能结构多样性具有显著（方差分析，$P < 0.001$）差异（图5-7C）。

不同处理组共有 42 个功能属性与细菌核心微生物组相关联，其中有 33 个功能属性的相对丰度存在显著（$P < 0.05$）差异（图5-7D）。所有处理组中占据优势地位的功能属性为硝酸盐还原、硝酸盐呼吸和氮呼吸。本研究共观察到与 C（13）和 N（15）的生物地球化学循环相关的 28 个功能性状。其中，相较于 CK 处理组，与无氧光自养 S 氧化、无氧光自养、光自养、光异养和光养有关的功能性状的相对丰度在污泥改良处理组中上调；与 CK 处理组相比，污泥处理组滩涂土壤中与硝酸盐还原、硝酸盐呼吸、氮呼吸、亚硝酸盐呼吸、硝酸盐反硝化、亚硝酸盐反硝化、氧化亚氮反硝化等有关的功能性状相对丰度显著（$P < 0.05$）增加。

独有 OTU 的功能属性方面，CK、ST、MT 和 HT 处理中分别观察到 2 个、

3 个、4 个和 5 个与碳或氮循环相关的功能属性（图 5-7E）。其中，CK 处理中观察到与甲烷氧化和甲基营养相关的功能属性；仅在 ST 处理中观察到与固氮、硫化合物呼吸和硫酸盐呼吸有关的功能属性；MT 处理组中，功能属性的累积相对丰度显著（$P < 0.05$）增加，仅观察到与好氧氨氧化、硝化、光异养和尿素分解相关的功能属性，而在 HT 处理中仅观察到与纤维素分解、硝酸盐反硝化、亚

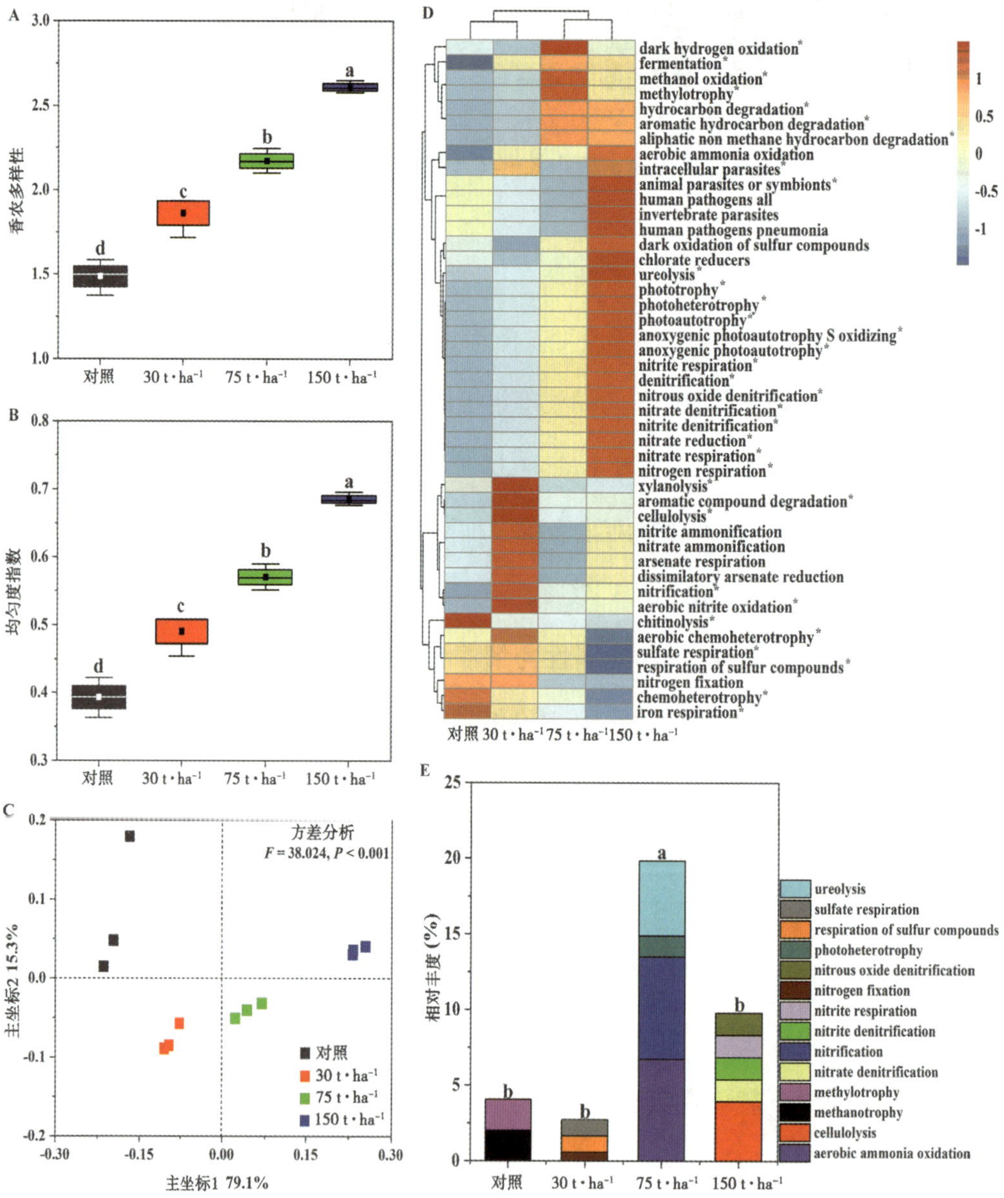

图5-7 污泥改良对滩涂土壤中核心微生物和功能组成的影响

硝酸盐反硝化、亚硝酸盐呼吸和氧化亚氮反硝化作用相关的功能属性。

5.盐碱地稻田微生物多样性与土壤性质的关系

斯皮尔曼相关分析表明，土壤 pH 与细菌群落结构显著（$P < 0.01$）负相关（表 5-4）。土壤盐分含量与香农多样性、均匀度和细菌群落结构呈显著（$P < 0.05$）负相关关系。土壤养分含量（TOC、TN、TP、AN 和 AP）与细菌微生物组的大多数组成和结构多样性显著（$P < 0.05$）正相关。

土壤理化性状与核心细菌类群、碳循环和氮循环相关功能属性之间存在显著关系（图 5-8）。其中，土壤理化性状与 16 个核心细菌科中的 12 个科显著（$P < 0.05$）相关。在功能方面，共有 13 个和 12 个与碳循环和氮循环相关的功能特性与土壤理化性状显著（$P < 0.05$）相关。土壤 pH 和盐度与尿素分解和光自养相关功能显著（$P < 0.05$）负相关，包括无氧光合 S 氧化、无氧光合自养、光合自养、光异养和光养。此外，土壤养分含量（TOC、TN、TP、AN 和 AP）与碳循环和氮循环相关的生物地球化学循环（木聚糖分解除外）呈显著（$P < 0.05$）正相关关系。

表5-4　土壤理化性状与细菌微生物群落的斯皮尔曼相关性分析

土壤性状	群落组成			群落结构主坐标1
	香农指数	丰富度指数	均匀度指数	
pH				−0.76 **
盐分	−0.64 *		−0.70 *	−0.71 **
总有机碳	0.71 **	0.81 **	0.70 *	0.93 **
总氮	0.83 **	0.87 **	0.80 **	0.94 **
总磷	0.82 **	0.76 **	0.83 **	0.86 **
有效氮		0.62 *		0.85 **
有效磷	0.58 *	0.61 *	0.64 *	0.77 **

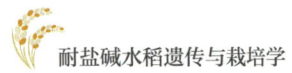

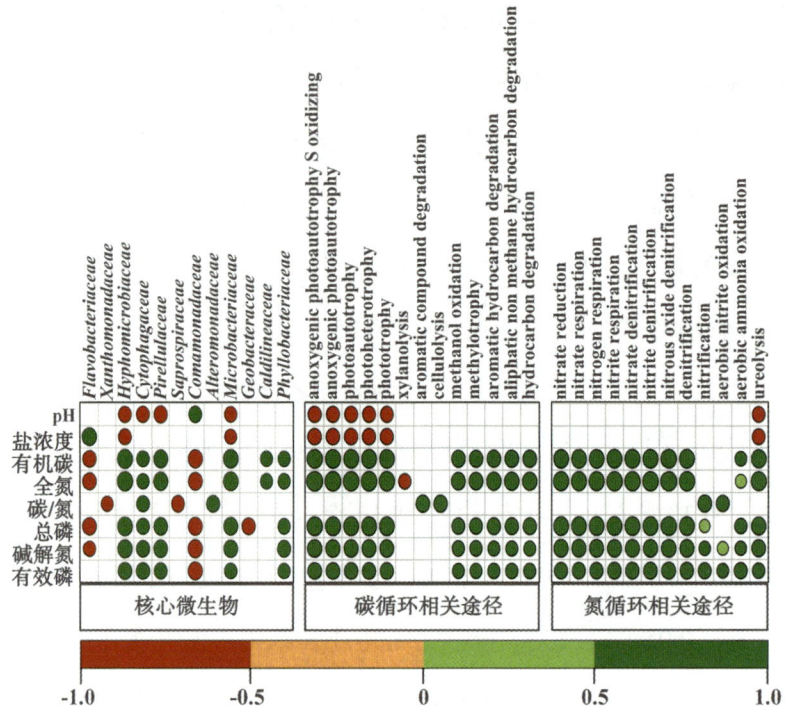

图5-8 土壤理化性状与细菌核心微生物类群、碳循环和氮循环相关功能属性的斯皮尔曼相关性分析

（三）外源有机物对稻田土壤氮磷肥力的影响

1. 土壤全氮和碱解氮

由表 5-5 可见，土壤全氮含量随生活污泥施用量的增加逐渐增加。2016 年、2017 年及 2018 年未施用污泥的对照土壤全氮含量分别为 0.40 g/kg、0.40 g/kg、0.46 g/kg，2016 年施用污泥各处理（30 t/ha、60 t/ha、120 t/ha、180 t/ha）土壤全氮含量较对照分别提高 45.0%、112.5%、195.0%、225.0%，2017 年施用污泥各处理（30 t/ha、60 t/ha、120 t/ha、180 t/ha）土壤全氮含量较对照分别提高 35.0%、77.5%、150.0%、232.5%，2018 年施用污泥各处理（30 t/ha、60 t/ha、120 t/ha、180 t/ha）土壤全氮含量较对照分别提高 13.0%、52.2%、102.2%、160.9%。当污泥施用量达 30 t/ha 时，2016 年及 2017 年施用污泥各处理土壤全氮含量即显著高于对照，当污泥施用量达 60 t/ha 时，2018 年施用污泥各处理土壤全氮含量显著高于对照，且施用污泥各处理的土壤全氮含量间差异在 2016 年、2017 年及 2018

年均达显著水平。盐碱地稻田土壤全氮含量随改良及种植年限的增加呈下降趋势。

表5-5 施用生活污泥对盐碱地稻田土壤有机碳及氮、磷养分含量的影响

年份	指标	生活污泥施用量（t/ha）				
		0	30	60	120	180
2016	有机碳(g/kg)	3.19±0.78d	4.84±0.24c	6.05±0.91c	7.52±0.85b	9.85±0.42a
	全氮(g/kg)	0.40±0.05e	0.58±0.04d	0.85±0.01c	1.18±0.03b	1.30±0.05a
	全磷(g/kg)	0.71±0.01b	0.76±0.10b	0.81±0.05b	0.98±0.02a	1.05±0.12a
	碱解氮(mg/kg)	27.50±1.45e	35.23±1.98d	43.11±3.18c	66.53±3.95b	88.35±4.69a
	有效磷(mg/kg)	15.24±1.05e	33.73±0.62d	55.35±3.36c	64.38±1.42b	71.61±2.14a
2017	有机碳(g/kg)	4.32±0.62d	5.75±0.20c	7.84±0.61b	9.61±0.34a	10.73±0.26a
	全氮（g/kg)	0.40±0.02e	0.54±0.01d	0.71±0.05c	1.00±0.07b	1.33±0.09a
	全磷（g/kg)	0.56±0.01e	0.64±0.01d	0.77±0.02c	0.88±0.02b	0.93±0.03a
	碱解氮(mg/kg)	28.00±0.97d	42.88±3.14cd	51.16±2.95c	70.34±5.41b	92.82±8.52a
	有效磷(mg/kg)	27.33±0.39e	44.63±1.09d	55.70±1.25c	71.65±2.05b	86.41±2.23a
2018	有机碳(g/kg)	4.52±0.15e	5.92±0.04d	7.35±0.10c	9.84±0.29b	11.20±0.14a
	全氮(g/kg)	0.46±0.02d	0.52±0.02d	0.70±0.01c	0.93±0.01b	1.20±0.06a
	全磷（g/kg)	0.56±0.01e	0.63±0.02d	0.69±0.01c	0.85±0.01b	0.97±0.01a
	碱解氮(mg/kg)	47.37±0.26e	71.31±9.89d	95.75±2.72c	117.08±2.19b	131.85±4.36a
	有效磷(mg/kg)	26.78±2.38d	41.88±2.89c	54.06±5.48bc	65.98±1.44b	83.51±7.40a

与土壤全氮含量类似，土壤碱解氮含量同样随污泥施用量的增加逐渐增加。2016 年施用污泥各处理（30 t/ha、60 t/ha、120 t/ha、180 t/ha）土壤碱解氮含量较对照分别提高 28.1%、56.8%、141.9%、221.3%。施用污泥各处理土壤碱解氮含量均显著高于对照处理，且施用污泥各处理间土壤碱解氮含量差异均达到显著水平。2017 年及 2018 年土壤碱解氮随污泥施用量的变化趋势与 2016 年类似，即土壤碱解氮含量随污泥施用量的增加不断增加。随改良及水稻种植年限的增加，土壤碱解氮含量呈逐渐上升趋势。施用污泥各处理土壤碱解氮含量年均增幅达39.1%（表 5-5）。

2. 土壤全磷和有效磷

施用生活污泥对盐碱地稻田土壤磷含量的影响见表5-5。2016年、2017年及2018年施用生活污泥处理（30 t/ha、60 t/ha、120 t/ha、180 t/ha）土壤全磷含量均高于当年对照土壤。与对照相比，2016年、2017年及2018年污泥处理土壤全磷含量增幅分别为7.0%、14.1%、38.0%、47.9%，14.3%、37.5%、57.1%、66.1%，12.5%、23.2%、51.8%、73.2%。2016年污泥施用量达120 t/ha，2017年及2018年污泥施用量达30 t/ha时，污泥处理土壤全磷含量即显著高于对照。随改良及水稻种植年限的增加，施用污泥各处理土壤全磷含量略有降低。

施用生活污泥显著影响盐碱地稻田土壤有效磷含量。2016年、2017年及2018年施用污泥各处理土壤有效磷含量均显著高于不施用污泥的对照土壤，且随污泥施用量的增加，土壤有效磷含量不断增加，最大增幅均出现在180 t/ha处理组，各年增幅分别为369.9%、216.2%、211.8%。2016年、2017年及2018年施用污泥各处理间土壤有效磷差异达显著水平。随改良及水稻种植年限的增加，2017年各处理土壤有效磷含量高于2016年，2018年土壤有效磷含量相较于2017年略有降低（表5-5）。

（四）水稻根系生长及生理活性对施用外源有机物的响应

1. 水稻根系生长与生理活性

生活污泥的施用对盆栽水稻不同生育期根系生物量的影响见图5-9。随生活污泥施用量的增加，水稻分蘖期、抽穗期、成熟期的根系生物量呈逐渐增加趋势。与未施用生活污泥的对照相比，水稻分蘖期施用污泥各处理（0.5%、1.0%、1.5%、2.5%）根系生物量增幅分别为12.4%、11.8%、28.6%、39.8%，水稻抽穗期施用污泥各处理（0.5%、1.0%、1.5%、2.5%）根系生物量增幅分别为16.9%、35.3%、51.4%、86.8%，水稻成熟期施用污泥各处理（0.5%、1.0%、1.5%、2.5%）根系生物量增幅分别为27.1%、81.0%、135.0%、194.8%。当生活污泥施用量分别达0.5%、0.5%和1.0%时，水稻分蘖期、抽穗期、成熟期施用污泥各处理根系

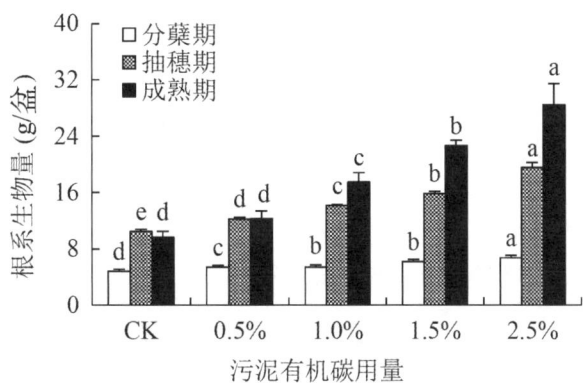

图5-9　生活污泥施用对盆栽水稻根系生物量的影响

生物量即显著高于对照处理。

　　生活污泥的施用显著影响着水稻根系活力。由图 5-10 可见，未施用生活污泥的对照处理在水稻分蘖期、抽穗期、成熟期根系 TTC 还原强度分别为 0.77 mg（g·h）$^{-1}$、0.32 mg（g·h）$^{-1}$、0.12 mg（g·h）$^{-1}$；水稻分蘖期施用生活污泥各处理（0.5%、1.0%、1.5%、2.5%）水稻根系还原强度分别为 0.87 mg（g·h）$^{-1}$、2.21 mg（g·h）$^{-1}$、3.28 mg（g·h）$^{-1}$、4.15 mg（g·h）$^{-1}$，较对照分别提高 12.2%、185.8%、325.3%、437.9%，当污泥有机碳用量达 1.0% 时污泥处理与对照处理间差异达显著水平；水稻抽穗期施用生活污泥各处理（0.5%、1.0%、1.5%、2.5%）水稻根系还原强度分别为 0.49 mg（g·h）$^{-1}$、0.58 mg（g·h）$^{-1}$、0.78 mg（g·h）$^{-1}$、1.69 mg（g·h）$^{-1}$，较对照分别提高 51.1%、78.9%、143.0%、424.4%，污泥各处理与对照间差异均达显著水平；水稻成熟期施用生活污泥各处理（0.5%、1.0%、

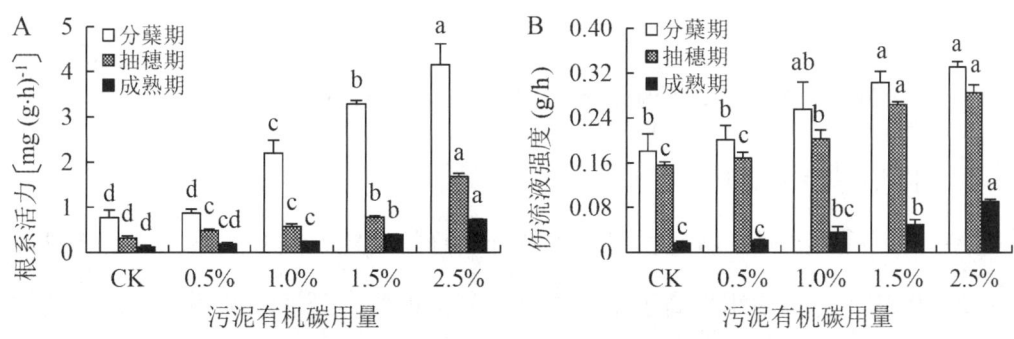

图5-10　生活污泥施用对盆栽水稻根系活力（A）和伤流强度（B）的影响

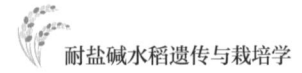

1.5%、2.5%）水稻根系还原强度分别为 0.19 mg（g·h）$^{-1}$、0.24 mg（g·h）$^{-1}$、0.40 mg（g·h）$^{-1}$、0.73 mg（g·h）$^{-1}$，较对照分别提高 51.6%、97.2%、226.2%、497.6%，当污泥有机碳用量达 1.0% 时污泥处理与对照处理间差异达显著水平。盆栽试验下随水稻生育进程的推进，水稻根系活力同样显著降低。

3. 水稻根基伤流液中可溶性糖及氨基酸含量

由图 5-11 可见，生活污泥的施用同样提高了水稻根系伤流液中可溶性糖含量和氨基酸含量，各时期水稻根系伤流液中可溶性糖含量和氨基酸含量最高值均出现于最大污泥有机碳用量处理（2.5%），其中水稻分蘖期、抽穗期和成熟期伤流液中可溶性糖含量最大增幅分别为 65.9%、259.3%、248.2%，水稻分蘖期、抽穗期和成熟期伤流液中氨基酸含量最大增幅分别为 64.6%、75.9%、101.1%。随水稻生育进程的推进，水稻根系伤流液中可溶性糖含量和氨基酸含量同样显著降低。

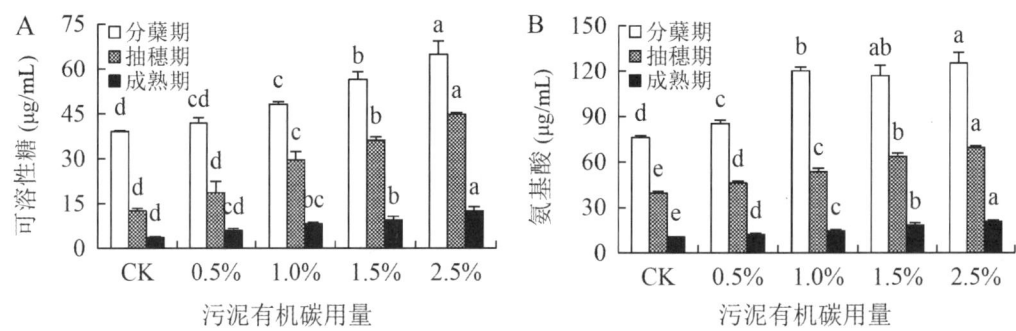

图5-11　生活污泥的施用对水稻根系伤流液中可溶性糖含量（A）和氨基酸含量（B）的影响

（五）外源有机物对水稻植株养分吸收与积累的影响

1. 水稻对氮素的吸收累积

施用生活污泥对盐碱地稻田水稻秸秆和籽粒对氮素的吸收累积的影响见图 5-12。生活污泥的施用提高了水稻秸秆对氮素的吸收累积。随污泥施用量的增加，2016 年、2017 年和 2018 年水稻秸秆的氮含量均逐渐增加（图 5-12A）。与未施用污泥的对照相比，2016 年、2017 年和 2018 年施用污泥各处理（30 t/ha、60 t/ha、120 t/ha、180 t/ha）水稻秸秆的氮含量增幅分别为 15.0%、20.6%、25.3%、32.8%，8.8%、25.6%、53.4%、65.4%，以及 11.2%、20.8%、26.5%、35.5%。施用污泥各处理水稻秸秆的氮含量均显著高于对照处理。随改良及水稻种植年限的增加，水稻秸秆的氮含量整体呈增加趋势，未施用污泥的对照处理年均增幅为 7.9%，施用污泥各处理年均增幅为 7.9%。

随污泥施用量的增加，水稻籽粒对氮素的吸收累积逐渐增强。2016 年未施用污泥的对照处理水稻籽粒的氮含量为 8.11 g/kg，施用污泥各处理水稻籽粒的氮含量较对照分别提高 7.4%、11.7%、21.6%、26.5%，当污泥施用量达 60 t/ha 时污泥处理与对照处理间差异达显著水平。2017 年未施用污泥的对照处理水稻籽粒的氮含量为 6.19 g/kg，施用污泥各处理水稻籽粒的氮含量较对照分别提高 9.6%、37.2%、62.9%、90.5%，当污泥施用量达 60 t/ha 时污泥处理与对照处理间差异达显著水平。2018 年未施用污泥的对照处理水稻籽粒的氮含量为 9.53 g/kg，施用污泥各处理水稻籽粒的氮含量较对照分别提高 15.9%、32.3%、38.2%、52.0%，当污泥施用量达 60 t/ha 时污泥处理与对照处理间差异达显著水平。3 年试验期间，随改良及水稻种植年限的增加，水稻籽粒的氮含量整体呈增加趋势，未施用污泥的对照处理年均增幅为 8.8%，施用污泥各处理年均增幅为 17.6%（图 5-12B）。

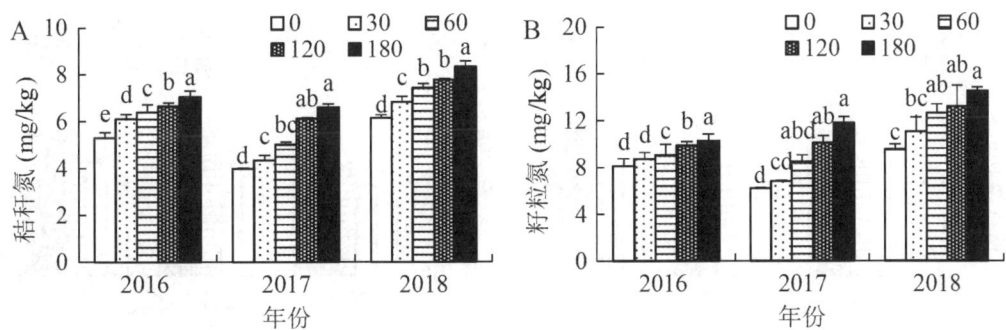

图5-12　施用生活污泥对盐碱地稻田水稻秸秆（A）和籽粒（B）对氮素的吸收累积的影响

2. 稻株对磷素的吸收累积

由图 5-13 可见,施用污泥影响水稻秸秆对磷素的吸收累积。2016 年施用污泥各处理(30 t/ha、60 t/ha、120 t/ha、180 t/ha)水稻秸秆的磷含量均高于对照处理,增幅分别为 11.6%、23.9%、35.6%、52.4%,且增幅均达显著水平。2017 年及 2018 年水稻秸秆的磷含量对污泥施用的响应与 2016 年类似,即水稻秸秆的磷含量随污泥施用量的增加逐渐增加。随改良及水稻种植年限的增加,磷素在水稻秸秆中的累积呈逐渐上升趋势,未施用污泥的对照处理水稻秸秆的磷含量年均增幅为 9.5%,施用污泥各处理(30 t/ha、60 t/ha、120 t/ha、180 t/ha)水稻秸秆的磷含量年均增幅为 11.7%(图 5-13A)。

随污泥施用量的增加,水稻籽粒对磷素的吸收累积逐渐增强。2016 年、2017 年和 2018 年未施用生活污泥的对照处理水稻籽粒的磷含量分别为 2.13 g/kg、2.56 g/kg、2.60 g/kg,施用污泥各处理(30 t/ha、60 t/ha、120 t/ha、180 t/ha)水稻籽粒的磷含量均高于对照处理,各年份增幅分别为 8.2%、32.2%、49.7%、86.4%,9.2%、16.5%、21.0%、33.7%,12.7%、24.6%、38.2%、42.9%。当 2016 年、2017 年和 2018 年污泥施用量分别达 60 t/ha、30 t/ha、60 t/ha 时,施用污泥处理与对照处理间水稻籽粒的磷含量差异达显著水平。随改良及水稻种植年限的增加,水稻籽粒对磷素的累积略有提高(图 5-13B)。

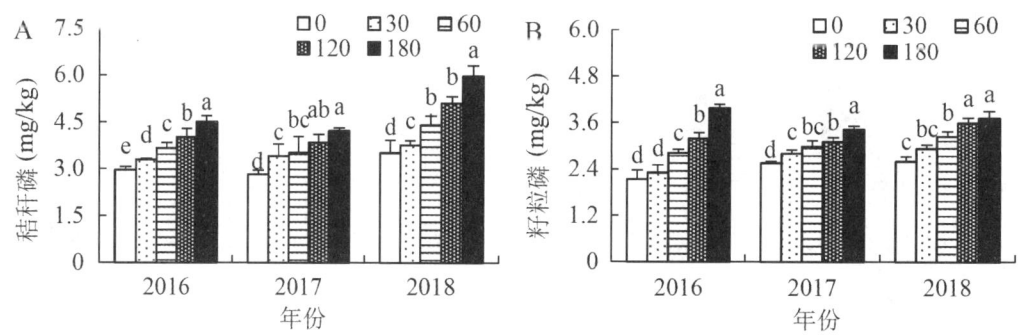

图5-13 施用生活污泥对盐碱地稻田水稻秸秆(A)和籽粒(B)对磷素的吸收累积的影响

（六）外源有机物对水稻产量与经济效益的影响

1. 水稻产量与产量构成因素

生活污泥的施用显著影响盐碱地稻田水稻产量。由表 5-6 可见，试验条件下 2016 年未经过污泥改良的滩涂对照处理水稻产量仅为 3.23 t/ha，经污泥改良后水稻产量显著提高，最高产量达 7.27 t/ha，施用污泥各处理（30 t/ha、60 t/ha、120 t/ha、180 t/ha）水稻产量较对照分别提高 39.8%、55.4%、106.6%、125.2%，处理间差异均达到显著水平。2017 年与 2018 年水稻产量随污泥施用量的变化与 2016 年类似。2017 年及 2018 年未施污泥的对照处理水稻产量分别为 3.28 t/ha、3.33 t/ha，施用污泥各处理（30 t/ha、60 t/ha、120 t/ha、180 t/ha）水稻产量分别为 4.52 t/ha、5.12 t/ha、6.93 t/ha、7.37 t/ha，4.54 t/ha、5.19 t/ha、6.53 t/ha、7.59 t/ha，较对照分别提高 37.8%、55.9%、111.3%、124.7%，36.3%、55.7%、95.9%、127.9%，且污泥各处理与对照处理间水稻产量差异均达显著水平。在 3 年试验期间，水稻产量呈逐渐增加趋势。2016 ~ 2017 年度，未施用污泥的对照处理水稻产量增幅为 1.4%，施用污泥各处理水稻产量年均增幅为 1.8%。2017 ~ 2018 年度，未施用污泥的对照处理水稻产量增幅为 1.5%，施用污泥各处理水稻产量年均增幅为 1.6%。施用污泥各处理中 180 t/ha 的污泥施用量处理水稻年均增幅最高，增幅为 2.2%（表 5-6）。

如图 5-14 所示，水稻产量与污泥施用量间拟合方程为 $y = -9\text{E} - 0.5x^2 + 0.037\,8x + 3.274\,5$（$R^2 = 0.991\,4$）。由该方程可知，在 0 ~ 210 t/ha 的污泥施用量范围内，水稻产量均会随着污泥施用量的增加而不断增加，污泥施用量超过 210 t/ha 对水稻产量的增加产生抑制作用。由图 5-14 发现，2016 年施用污泥各处理（30 t/ha、60 t/ha、120 t/ha、180 t/ha）的单位污泥增产量分别是 42.89 kg、29.83 kg、28.69 kg、22.46 kg，即随着污泥施用量的增加，单位污泥施用所带来的水稻产量增加量逐渐降低。2017 年及 2018 年单位污泥增产量变化趋势与 2016 年相类似，即污泥施用量越多，单位污泥增产量越低。

表5-6   施用生活污泥对盐碱地稻田水稻产量及产量构成的影响

年份	指标	生活污泥施用量（t/ha）				
		0	30	60	120	180
2016	穗数(10^4 ha^{-1})	238.67±8.33d	266.40±14.02cd	279.47±11.24c	348.27±12.01b	447.20±22.01a
	穗粒数	82.33±3.36d	90.54±2.13c	96.30±6.66bc	100.39±3.25ab	105.19±3.37a
	结束率(%)	86.51±2.37a	85.32±2.00a	84.89±1.11a	86.36±1.80a	85.93±0.40a
	千粒重(g)	22.17±1.27a	22.32±0.80a	22.38±1.43a	23.02±0.28a	23.23±0.45a
	产量(t/ha)	3.23±0.14e	4.52±0.11d	5.02±0.09c	6.67±0.09b	7.27±0.08a
2017	穗数(10^4 ha^{-1})	233.20±6.22e	296.40±6.22d	321.60±2.26c	368.00±7.92b	454.40±4.53s
	穗粒数	81.49±1.64b	91.41±1.24a	93.48±1.39a	94.08±2.13a	96.77±4.38a
	结束率(%)	85.08±0.36c	84.81±0.94c	86.74±0.06bc	88.18±0.04b	85.54±0.23a
	千粒重(g)	23.01±0.06a	22.84±0.36a	22.57±0.10a	22.87±0.23a	22.5±0.43a
	产量(t/ha)	3.28±0.16d	4.52±0.28c	5.12±0.05b	6.93±0.14a	7.37±0.21a
2018	穗数(10^4 ha^{-1})	263.12±4.01e	302.75±4.25d	324.64±5.15c	376.23±11.39b	435.88±10.60a
	穗粒数	79.68±3.38c	83.75±2.33bc	88.96±1.51ab	89.77±2.59ab	92.98±1.84a
	结束率(%)	87.87±1.07a	89.36±1.26a	87.73±0.89a	87.7±0.63a	88.9±0.22a
	千粒重(g)	20.69±0.47b	21.74±0.87ab	21.74±0.71ab	22.71±0.42a	22.86±0.49a
	产量(t/ha)	3.33±0.25d	4.54±0.38c	5.19±0.40c	6.53±0.28b	7.59±0.24a

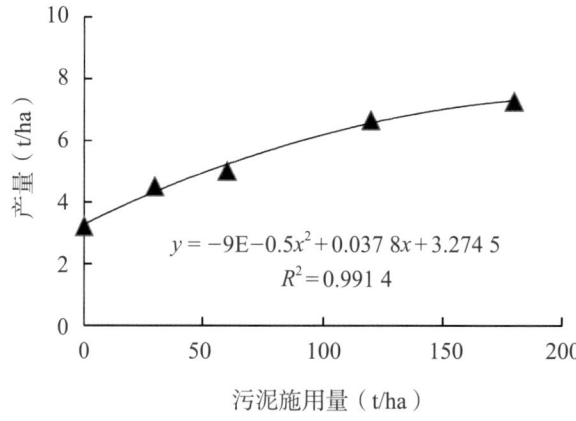

图5-14   2016年水稻产量与污泥施用量相关性分析

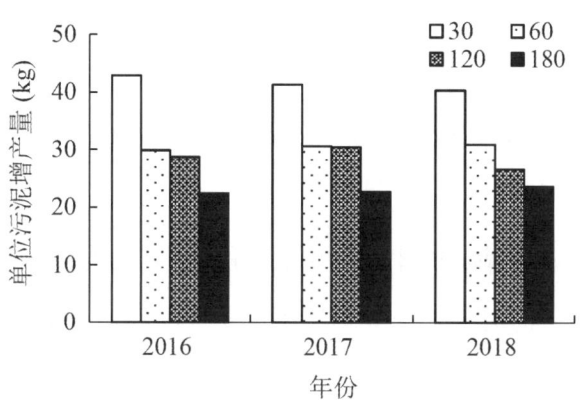

图5-15 每吨污泥用量的水稻增产量

施用生活污泥对水稻产量构成的影响见表 5-6。可见，在盐碱地稻田水稻产量各构成因素中，水稻穗数、穗粒数对水稻产量具有重要影响。随污泥施用量的增加，2016 年水稻穗数、穗粒数均随着污泥施用量的增加逐渐增加。与未施用污泥的对照处理水稻穗数和穗粒数相比，施用污泥各处理（30 t/ha、60 t/ha、120 t/ha、180 t/ha）水稻穗数和穗粒数分别提高 11.6%、17.1%、45.9%、87.4%，10.0%、17.0%、21.9%、27.8%。施用污泥各处理水稻穗粒数均显著高于对照处理，当污泥用量达 60 t/ha 时施用污泥各处理水稻穗数均显著高于对照处理。2017 年及 2018 年水稻穗数与穗粒数随污泥施用量的变化趋势与 2016 年类似，即水稻穗数与穗粒数随污泥施用量的增加逐渐增加，最大增幅均出现在 180 t/ha 的污泥施用量，相较于对照处理，2017 年及 2018 年水稻穗数最大增幅分别为 94.9% 和 65.7%，2017 年及 2018 年水稻穗粒数最大增幅分别为 18.8% 和 16.7%。随污泥施用量的变化，2016 年、2017 年和 2018 年污泥各处理水稻结实率、千粒重均有显著变化。3 年试验期间，水稻穗粒数略有降低，水稻穗数、结实率、千粒重无明显变化。

2. 植稻的经济效益

本试验中，各处理田间管理措施均一致，因此各处理中除污泥原料成本外，其余各项成本支出均相同。生活污泥成本为每吨 200 元（主要为试验用生活污泥购置及运输成本）。仅从污泥施用成本和水稻产值两方面来考虑盐碱地稻田生活污泥施用后所获经济效益，发现 3 年试验期间，120 t/ha 的污泥施用量下生活污泥施用后所获得的经济效益最高，3 年总效益达到每公顷 34 400 元，当污泥施用量达到 180 t/ha 时其经济效益明显降低，原因主要在于污泥用量成本的增加（表 5-7）。在本研究中，生活污泥只进行一次施用，即污泥成本属于一次性投入。根据图 5-7 中盐碱地稻田生活污泥施用所获得的累积效益随污泥用量的变化趋势，发现未施用污泥的盐碱地稻田土壤每公顷经济效益年均增加 9 200 元，施用污泥各处理（30 t/ha、60 t/ha、120 t/ha、180 t/ha）每公顷经济效益年均分别增加 12 700 元、14 400 元、18 900 元和 20 900 元，即污泥用量越高，随着水稻种植改良年限的增加，年度间经济效益增幅越大。

表5-7　　　　　　　　盐碱地稻田上生活污泥施用的经济效益

生活污泥用量 （t/ha）	生活污泥成本 （$10^4\ ha^{-1}$）	水稻产值（$10^4\ ha^{-1}$）			效益 （$10^4\ ha^{-1}$）
		2016年	2017年	2018年	
0	0	1.00	0.98	0.86	2.85
30	0.60	1.40	1.36	1.18	3.34
60	1.20	1.56	1.53	1.35	3.24
120	2.40	2.07	2.08	1.70	3.44
180	3.60	2.25	2.21	1.97	2.84

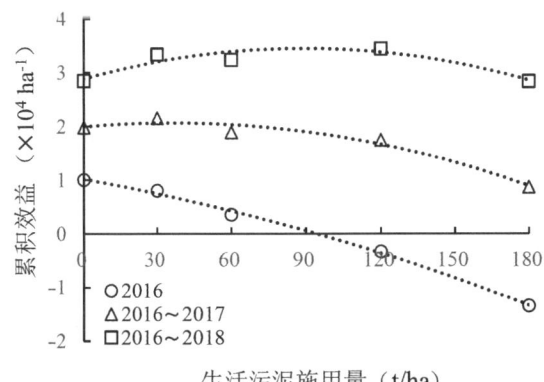

图5-16　盐碱地稻田生活污泥施用的累积经济效益

参考文献

黄昌勇，徐建明．2010.土壤学［M］.3 版.北京：中国农业出版社．

李俊英，王加冕，代明笠，等．2014.水稻耐盐性遗传与基因克隆研究进展［J］.长江大学
　　学报（自然科学版），11（35）：1-4.

李取生，李秀军，李晓军，等．2003.松嫩平原苏打盐碱地治理与利用［J］.资源科学，25
　　（1）：145-148.

孟京辉，陆元昌，刘刚，等．2010.不同演替阶段的热带天然林土壤化学性质对比［J］.林
　　业科学研究，23（5）：791-795.

乔海龙，刘小京，李伟强，等．2006.秸秆深层覆盖对土壤水盐运移及小麦生长的影响［J］.
　　土壤通报，37（5）：885-889.

唐银健，陈玲，程五良，等．2006.施用污泥堆肥对滩涂土壤理化性质的影响［J］.四川环境，
　　25（6）：13-16.

田忠孝，曹季江．1993.有机质改良盐碱土的初步研究［J］.土壤肥料，（1）：16-19.

王宝山，范海，徐华凌，等．2017.盐碱地植物栽培技术［M］.北京：科学出版社．

王守纯．1982.依靠政策和科学加快挖掘低、中产地区的农业生产潜力［J］.土壤肥料，
　　（2）：18.

魏俊梅，阿腾格，翟志忠．2001.巴盟河套灌区盐碱地的综合治理［J］.内蒙古林业科技，
　　（1）：32-35.

魏由庆．1995.从黄淮海平原水盐均衡谈土壤盐渍化的现状和将来［J］.土壤学进展，23
　　（3）：18-25.

吴家富，杨博文，向眴朝，等．2017.不同水稻种质在不同生育期耐盐鉴定的差异［J］.植
　　物学报，52（1）：72-78.

徐振宝．2011.盐碱地种稻养殖新技术［M］.北京：中国农业大学出版社．

应存山．1993.中国稻种资源［M］.北京：中国农业出版社．

张素瑛，白莲香，李素爱．2004.生物覆盖对盐碱地的改良效果［J］.山西农业科学，（03）：
　　40-42.

张洋．2020.苏北沿海滩涂稻田细菌群落演替及其氮肥调控［D］.扬州大学博士论文．

周和平，张立新，禹锋，等．2007.我国盐碱地改良技术综述及展望［J］.现代农业科技，

（11）：159-161, 164.

左文刚. 2020. 生活污泥对新垦滩涂盐碱地快速有机培肥的效应与机制［D］. 扬州大学博士论文.

Bai Y, Gu C, Tao T, et al. 2013a. Growth characteristics, nutrient uptake, and metal accumulation of ryegrass（*Lolium perenne* L.）in sludge-amended mudflats［J］. Acta Agriculturae Scandinavica, Section B - Soil & Plant Science, 63（4）：352-359.

Bai Y, Tao T, Gu C, et al. 2013b. Mudflat soil amendment by sewage sludge: Soil physicochemical properties, perennial ryegrass growth, and metal uptake［J］. Soil Science and Plant Nutrition, 59（6）：942-952.

Bai Y, Yan Y, Zuo W, et al. 2018. Distribution of cadmium, copper, lead, and zinc in mudflat salt-soils amended with sewage sludge［J］. Land Degradation & Development, 29（4）：1120-1129.

Bai Y, Yan Y, Zuo W, et al. 2017a. Coastal Mudflat Saline Soil Amendment by Dairy Manure and Green Manuring［J］. International Journal of Agronomy, 2017: 1-9.

Bai Y, Zang C, Gu M, et al. 2017b. Sewage sludge as an initial fertility driver for rapid improvement of mudflat salt-soils［J］. Sci Total Environ, 578: 47-55.

Celik I, Ortas I, Kilic S. 2004. Effects of compost, mycorrhiza, manure and fertilizer on some physical properties of a Chromoxerert soil［J］. Soil and Tillage Research, 78（1）：59-67.

Chenu C, Le Bissonnais Y, Arrouays D. 2000. Organic Matter Influence on Clay Wettability and Soil Aggregate Stability［J］. Soil Science Society of America Journal, 64（4）：1479-1486.

Fierer N B J R. 2006. The diversity and biogeography of soil bacterial communities［J］. Proc Natl Acad Sci U S A, 103: 626-631.

Grosbellet C, Vidal-Beaudet L, Caubel V, et al. 2011. Improvement of soil structure formation by degradation of coarse organic matter［J］. Geoderma, 162（1-2）：27-38.

Jastrow J D. 1996. Soil aggregate formation and the accrual of particulate and mineral-associated organic matter［J］. Soil Biology and Biochemistry, 28: 665-676.

Jiang S Q, Yu Y N, Gao R W, et al. 2019. High-throughput absolute quantification sequencing reveals the effect of different fertilizer applications on bacterial community in a tomato cultivated coastal saline soil［J］. Science of the Total Environment, 687: 601-609.

Kyuma K. 2004. Paddy Soil Science［M］. Melbourne: Kyoto University Press &Trans Pacific Press.

Li Y, Wang Y, Shen C, et al. 2021. Structural and Predicted Functional Diversities of Bacterial Microbiome in Response to Sewage Sludge Amendment in Coastal Mudflat [J]. Biology, 10: 1302.

Rawls W J, Pachepsky Y A, Ritchie J C, et al. 2003. Effect of soil organic carbon on soil water retention [J]. Geoderma, 116 (1-2): 61-76.

Vinocur B, Ahman A. 2005. Recent advances in engineering plant tolerance to a biotic stress: achievements and limitations [J]. Curr Opin Biotechnol, 16: 123-136.

Yanchao Bai, Shan Y. 2019. Estern China Costal Mudflats Salt-soil Amendment: Theory and Practices [M]. Beijing: China Science Press.

Yoneda S. 1964. Pedological and Edaphological Studies on Polder Land Soils of Japan (in Japanese) [M]. Okayama: Okayama University.

Zuo W, Bai Y, Lv M, et al. 2021. Sustained effects of one-time sewage sludge addition on rice yield and heavy metals accumulation in salt-affected mudflat soil [J]. Environmental Science and Pollution Research, 28: 7476-7490.

Zuo W, Gu C, Zhang W, et al. 2018. Sewage sludge amendment improved soil properties and sweet sorghum yield and quality in a newly reclaimed mudflat land [J]. Sci Total Environ, 654: 541-549.

本章作者 单玉华 柏彦超 戴其根（扬州大学）

第6章 水稻耐盐碱的生理机制

第1节 水稻耐盐碱立苗生理

一、盐碱地水稻种子萌发成苗的过程

种子萌发是种胚从生命活动相对静止状态恢复到生理活跃状态的生长发育过程（He et al, 2019）。从种子生理上的角度来看，种子萌发是干燥种子吸水到种胚突破种皮的过程。从种子技术与应用的角度来看，种子萌发是种胚恢复生长并长成正常幼苗的过程。在种子萌发过程中，种子不仅在形态结构上发生了多种变化，组织内部的生理代谢也变得旺盛，同时还表现出对外界环境条件的高度敏感。

种子萌发过程是从种子吸水膨胀开始的一系列有序的生理过程和形态发生过程，大致可分吸胀、萌动、发芽和成苗 4 个阶段（Sharma et al, 2013）。盐胁迫下种子萌发是复杂的，受多个基因位点控制，理论上可以认为是基因型和环境相互作用的结果。种子萌发是水稻个体发育的重要阶段，种子的萌发主要受种子的休眠、是否成熟及种皮的限制等内部因素，以及光、温、水、氧气和化学物质等外部因素的影响（阮松林 等, 2002）。一般情况下，外因是影响种子萌发的重要因素，盐胁迫是限制种子萌发的重要逆境因子。当盐胁迫抑制种子萌发时，种子发芽率与盐分浓度呈显著负相关关系（信彩云 等, 2019）。水稻种子萌发阶段遭受盐胁迫，不仅限制了种子的生理吸水，而且在吸水过程中膜结构受盐胁迫影响而

遭到破坏，导致种子萌发受阻、发芽率降低、发芽不整齐甚至不发芽（黄洁 等，2020; 聂佳俊 等, 2022）。

（一）吸胀

吸胀是种子萌发的第一阶段，是指种子吸水而体积膨张的现象。种子之所以能吸水膨胀，是因为干种子含有大量亲水胶体如蛋白质等，这些物质在干种子中呈凝胶状态，一旦接触到水，由于亲水胶体对水分子的吸附，水分很快进入种子，种子体积逐渐增大，种子吸水膨胀直到细胞内的水分达一定的饱和状态时种子体积也达最大。种子吸胀是一种物理现象而非生理作用，原因在于死种子同样可以吸胀，死种子中亲水胶体的含量和性质并没有显著变化，因而依然能够吸胀。有时死种子的胚根能突破种皮，这种情形称为假萌动或假发芽。活种子有时反而不能吸胀，例如硬实种子。因此，种子能否吸胀不能指示种子有无生活力。闫先喜等（1995）认为当植物种子处于盐胁迫环境下，外界离子浓度升高即降低了水势，会大大延缓植物种子吸收外界水分速度，甚至浓度过高会导致水势比种子中的水势还低，种子将无法从环境中吸收水分，从而抑制种子吸水。

（二）萌动

萌动是种子萌发的第二阶段。萌动期的种子吸水很少，在最初吸胀的基础上，吸水一般要停滞数小时或数天，但种子内部生理生化活动却开始变得异常旺盛。这一时期，在生物大分子、细胞器活化和修复的基础上，酶的活性迅速提高，呼吸作用增强，营养物质的代谢也很强烈，大量贮藏物质被水解成小分子的可溶性物质，被胚吸收后作为构成新细胞的原材料，胚部细胞开始分裂、伸长，胚的体积增大，胚根胚芽向外生长达一定程度就会突破种皮，这种现象即称为萌动。种子萌动在农业生产上俗称为露白，表明胚部组织从种皮裂缝中开始显现出来的状况。一般来说，种子萌动时，首先冲破种皮的是胚根，因其尖端正对着种孔（发芽口），当种子吸胀时，水分从种孔进入种子，胚部优先获得水分并且最

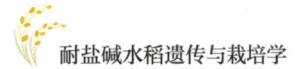

早开始活动。种子萌动时，胚的生长随水分供应情况而不同，当水分较少时胚根先出，而当水分过多时胚芽先出，这是因为胚根对缺氧条件的反应比胚芽更敏感。彭云玲等（2014）研究表明，随盐胁迫浓度升高，玉米萌动种子中的 Na^+ 含量逐渐升高，K^+ 和 Ca^{2+} 含量逐渐降低，且耐盐玉米的 Na^+ 含量增加幅度小于盐敏感玉米，表明耐盐玉米通过调节离子平衡维持萌动种子较高的 K^+/Na^+ 从而提高耐盐性。

（三）发芽

发芽是种子萌发的第三阶段。种子萌动以后，随着胚部细胞分裂、分化的明显加快，胚根、胚芽迅速生长，胚根、胚芽伸出种皮并发育到一定程度，就称为发芽。习惯上把胚根与种子等长、胚芽达到种子一半作为种子发芽的标准。盐胁迫对水稻根系的抑制效果相比芽更为明显，在中、高浓度胁迫时根长不能达到发芽的标准。处于发芽期间的种子，内部的新陈代谢极其旺盛，呼吸强度快速上升并达最高限度，以产生大量能和代谢产物供幼苗生长（刘莉，2018）。如果氧气供应不足，易引起缺氧呼吸而放出乙醇等有害物质，导致种胚窒息甚至中毒死亡，农作物种子在催芽不当或播种后受不良条件的影响时常会发生这种情况。种子发芽过程放出的能量可为幼苗顶土和幼根入土提供动力，健壮饱满的种子出苗快而整齐。瘦弱干瘪的种子营养物质少，发芽时可利用的能量不足，即使播种覆土适当，也常常无力顶出而死苗，有时虽能出土，但因活力很弱，如遇恶劣条件天气，同样容易引起死苗。

（四）成苗

成苗是种子萌发的最后阶段。种子发芽后，若条件适宜，其胚根、胚芽会迅速生长，长出根、茎、叶，形成幼苗。不同植物种子在萌发时，根据其子叶出土的状况，通常可分成两种类型的幼苗：子叶出土型和子叶留土型。水稻属于子叶留土型作物。子叶留土型萌发是指子叶或变态子叶（盾片）留在土壤和种子内的一种萌发类型。子叶留土型植物种子萌发时，下胚轴几乎不伸长，上胚轴（包括顶芽和顶芽以下部分）伸长快，将芽顶出土面，顶芽随即长出真叶而成幼苗，子叶或变态子叶（盾片）留在土壤中的种皮内，直至内部贮藏养料消耗殆尽而逐渐解体。幼苗期地上部对盐害的反应比根部敏感，低盐胁迫下主要是盐离子的毒害作用抑制水稻生长，而在高盐胁迫下生理缺水才是水稻生长受抑制的主要因素（魏征 等，2021）。盐胁迫下水稻种子的发芽率、发芽势、发芽指数、苗高、根长、侧根数和根系细胞质膜透性等均极显著降低（刘芬 等，2021）。盐胁迫条件下水稻幼苗自身细胞具有渗透调节作用，如在细胞内合成脯氨酸、可溶性糖、果糖、蔗糖、多胺等一类具有渗透调节功能的相容性溶质，这类物质有较强的亲水力，可以代替蛋白质、蛋白复合物或膜表面的水，保护细胞中蛋白质、蛋白复合物和膜结构免遭降解或破坏，使细胞维持正常的生理活动，以适应外界渗透胁迫环境，缓解盐害，进而提高水稻幼苗耐盐性（赵红 等，2021）。前人研究表明（符秀梅 等，2010；刘鹏 等，2022；刘艳 等，2021；黄洁 等，2021），不同浓度的盐胁迫对水稻幼苗生物量均有不同程度的抑制作用，浓度越高则抑制作用越显著。盐胁迫对水稻幼苗地上和地下部分生物量的抑制作用，其影响是地上部分大于地下部分。轻度盐胁迫对水稻幼苗的生长影响较小，高浓度盐胁迫对水稻幼苗的株高、根长、叶长、叶宽、叶表面积等生长量的增长抑制明显，呈下降趋势，其中叶面积减小尤为显著。

二、盐碱地水稻种子萌发过程中的物质代谢

种子内部存在丰富的营养物质，在萌发过程中逐步地被分解和利用，通常称为贮藏物质动用。在种子吸胀萌动阶段，胚的生长先动用胚部或胚中轴的可溶性糖、氨基酸以及仅有的少量贮藏蛋白。在贮藏组织（胚乳或子叶）中，贮藏物质的分解需在种子萌动之后。淀粉、蛋白质、脂肪等大分子首先被水解成可溶性小分子，然后输送到胚的生长部位被继续分解和利用，一部分作为呼吸基质，一部分则在生长部位用于合成构成新细胞的材料。

（一）淀粉的分解和利用

淀粉是粉质种子的主要贮藏物质，其降解产物是种子萌发过程中主要的物质与能量来源。淀粉降解有水解和磷酸化两种途径。水解途径，种子中贮藏淀粉的水解需要 α‑淀粉酶、β‑淀粉酶、α‑葡萄糖苷酶、极限糊精酶和 R 酶等多种酶相互作用，才能把淀粉彻底水解为葡萄糖。磷酸化途径，淀粉磷酸化酶结合一个硫酸盐作用于多聚精链非还原端的倒数第二个和最后一个葡萄糖残基之间的 α‑1,4 糖苷键，释放一个 α‑磷酸葡萄糖分子。在种子萌发早期，淀粉磷酸化酶活性高，磷酸化途径是淀粉转化的主要途径。在种子萌发后期，水稻种子吸胀 24～48 h 后，α‑淀粉酶、β‑淀粉酶活性增强，水解途径则成为淀粉降解的主要途径。盐胁迫影响种子吸水导致淀粉酶活性下降，其中 α‑淀粉酶活性暂时受到抑制，在种子萌发早期，盐胁迫对 α‑淀粉酶活性的影响较小，随着时间延长，盐胁迫下 α‑淀粉酶活性增加，β‑淀粉酶活性和根系脱氢酶活性下降，使淀粉水解速率减慢（李玉祥 等，2021；贺长征 等，2002）。

（二）蛋白质的分解和利用

种子蛋白质的分解是分步进行的。第一步是贮藏蛋白可溶化，非水溶性贮藏蛋白不易直接被分解成氨基酸，首先被部分水解形成水溶性分子较小的蛋白质；第二步是可溶性蛋白完全氨基酸化，可溶性蛋白被肽链水解酶（包括肽链内切酶、羧肽酶、氨肽酶）水解成氨基酸。这种蛋白质水解的阶段性在双子叶种子中表现得特别明显。禾谷类种子蛋白质的分解主要发生在胚乳淀粉层、湖粉层、胚中轴和盾片几个部位。盐胁迫下水稻种子蛋白酶活性降低，蛋白质转化速率下降，糊粉层细胞质中蛋白质残留量增多，干物质消耗减少。贮藏蛋白质水解产生的氨基酸，可被再用于新蛋白质的合成，或被去氨基后为呼吸氧化提供碳架（Park et al，2018）。

（三）脂肪的分解和利用

脂肪是稻米的第三大物质组分。稻米脂肪大多分布在胚中，其次是种皮和糊粉层，胚乳中含量最少；胚乳中脂肪分布不均匀，越往内部，淀粉晶体分布越紧密，脂肪含量越低（吴炎 等，2020）。通常认为，盐胁迫导致水稻种子中脂肪含量显著增加，种子萌发时，脂肪体中的脂肪直接由位于脂肪体膜上的脂肪酶催化水解为脂肪酸和甘油。产生的脂肪酸在乙醛酸体中进行 β 氧化，生成乙酰辅酶 A 进入乙醛酸循环。脂肪水解的另一产物甘油能在细胞质中迅速磷酸化，即与 ATP 反应生成磷酸甘油，随后经脱氢作用生成磷酸二羟丙酮，磷酸二羟丙酮可循糖酵解进入二羧酸循环及呼吸链而被彻底氧化，另外也可循糖酵解的逆方向异生成糖。在有些植物种子中脂肪酸也可进行 α 氧化途径。α 氧化的酶系统存在于线粒体中。在萌发时水解产生的脂肪酸中，优先被分解利用的一般是不饱和脂肪酸。因此，萌发中随脂肪的水解，酸价逐渐上升，而碘价逐渐下降。许多植物种子内部预先贮藏一部分有活性的脂肪耐，当种子前发时，脂肪酸的活性明显上升。在萌发代谢中，一般首先利用的是种子中的淀粉和贮藏蛋白，而脂肪分解利用发生在子叶高度充水、胚根胚芽显著生长时期。此外，种子萌发过程中还有许多物质参与代谢，如各种激素、维生素、同工酶、RNA、DNA、矿物质等，缺少任何一种物质或生物化学过程，种子都不可能完成萌发、形成健壮幼苗（皇甫列翔，2021）。

第 2 节　水稻耐盐碱根系形态与生理特性

根系是水稻吸收水分的主要器官，在土壤中分布深而广。根系吸水的部位主要在根的尖端，包括根冠、分生区、伸长区和根毛区，尤其以根毛区的吸水能力最强（白书农 等，1986）。水稻根系既是养分吸收和水分吸收的重要器官，也是很多物质同化、转化或合成的场所，还是与地上部进行物质交流的代谢器官，其活力与生长情况会直接影响整个水稻的生长发育、营养水平，进而影响产量水平。研究表明，水稻根系对地上部生长、产量形成的影响，不仅取决于根系数量、活性等性状，而且与根系在土壤中的分布特征有密切关系（凌启鸿 等，1984）。植株遭受盐碱危害首先直接受到抑制的部位是根系，而根系生长受抑制直接影响了其对营养物质和水分的吸收，进而使植株地上部分生长受到影响。因此，在盐胁迫条件下，根系活力与生长状况将直接影响水稻的生长发育及产量形成（凌启鸿 等，1990）。

一、盐碱地水稻根系与地上部生长发育的关系

不同的生育时期，水稻根系的发育动态截然不同。根系的分布特征与地上部的株型具有比较密切的关系，具有深扎根特性的水稻生育后期叶片与茎之间的角度小、叶片坚挺；从根系分布的动态发展来看，齐穗期以后根系仍然具有一定的生长潜势和空间，不同品种间表现出一定的差异，但根系的总体分布态势在齐穗期已基本形成（凌启鸿 等，1989）。一般来说，土壤中水分和盐分的分布会与细根的分布相互影响（江洪 等，2016），细根主要功能是吸收营养，而粗根主要功能是运输；植物为了降低盐分积累会将更多的资源分配至中根、细根以此减轻盐胁迫对根系生长的抑制作用，一定程度增强根系的觅养能力，提高其对逆境胁迫的生理适应性（瞿欢欢 等，2020）。

水稻根系的分布与产量密切相关，深层根系有助于增强水稻对土壤不良环境的适应能力，提高水稻的抗逆性（刘莹 等，2003）。在相同盐胁迫处理下，耐盐品种产量下降幅度小于盐敏感品种，且两品种产量差异显著，在盐胁迫下耐盐品种的根系生长状况明显强于盐敏感品种，其产量也较高（徐芬芬 等，2020）。水稻根系为须根系，在低盐情况下可以促进主根的长度和生长速率，随着盐浓度的增加主根的长度和生长速率逐渐降低，水稻侧根长度、侧根数量和侧根直径逐渐降低，水稻根系表面积、根体积、根系活力及根干重在各生育期均随着盐浓度的

升高而下降。进一步研究表明，盐胁迫对水稻的伤害主要是由钠离子引起的，钠离子由于外界环境和细胞之间存在的电化学梯度而进入植物细胞内，若水稻钠离子在水稻体内积累过量，就会造成离子拮抗，从而导致根部以及地上部分生组织不能正常生长，对水稻植株产生危害（杨建昌 等，2011）。

二、盐碱胁迫对水稻根系形态生理的影响

（一）盐碱胁迫对水稻根系形态和生长发育的影响

水稻根系是由冠根（一次不定根）及各次分枝的侧根构成的，冠根和侧根的生长发育角度、数量、长度及粗度构成了深浅粗细各异的根。根长、根表面积、根体积、根系活力是反映根系吸收能力、根系生长状况的重要指标（刘少华 等，2020；谷娇娇 等，2019）。盐胁迫下根长、根表面积、根体积、根系活力、根干重均显著下降，且随盐浓度增加下降幅度不断增大。相同盐胁迫处理下，耐盐品种的相对根长、相对根表面积、相对根体积、相对根系活力、相对根干重均大于盐敏感品种。盐胁迫下根干重显著下降，且下降幅度随盐浓度升高而增大。这可能是盐胁迫抑制根长、根表面积、根体积及根系活力，根系吸收能力减弱，不利于干物质积累，进而导致根干重下降（杨建昌 等，2011）。碱胁迫抑制水稻芽期根长的生长，根系周围的高 pH 会引起金属离子和磷的积累沉淀，损坏根部组织结构，降低根系活力，导致根系细胞死亡，进而叶片萎蔫，不能进行正常的光合作用，从而失去生理功能。同时，高 pH 还会导致土壤中的营养元素如铁和磷凝结成块，根系不能正常吸收营养，影响水稻的正常生长（杜志强 等，2017；Horie et al，2012；王伎珍 等，2017）。碱胁迫下水稻幼苗的根长、根表面积、根体积、平均根直径和根尖数均产生不同程度的下降，导致根系的吸收功能也随之下降（程广有 等，2017）。

（二）盐碱胁迫对水稻根系生理特性的影响

盐碱胁迫会使植物根系构型发生改变，根系生物量降低，细胞结构发生变

化，此时根系也会通过调节体内离子、渗透物质、抗氧化酶、内源激素等，在分子层面做出改变，尽可能维持植物的正常生长（毛爽 等，2021）。研究表明，在逆境下植物能够感应外界胁迫，并能通过自身的调节系统，使之在生理和分布上发生适应性反应，以增强在胁迫条件下的生存机会（梁建生 等，1993）。土壤中盐碱对植物的危害最直接的受害部位是植物的根系，它在逆境下的分布特征和表现是植物有效吸收和利用土壤养分最直接的适应特征。根系是联结土壤与地上部植株的唯一枢纽，向地上部传输水分与营养，其对土壤盐分的变化敏感度最高，最先遭受盐碱胁迫（谷娇娇 等，2019）。此时土壤中较多的盐分离子，导致土壤溶液浓度升高而水势降低，根系出现无法吸水甚至发生水分的反渗透，出现烧苗现象。Colmer 等（2003）研究发现，耐盐型水稻会在一定程度上降低根系表面积以减少盐离子的吸收量，同时增加通气组织缓解盐碱胁迫带来的缺氧损伤。研究表明，Na^+ 含量随着盐碱胁迫溶液浓度的增加而增大，K^+ 含量与之相反即随着胁迫溶液浓度的增加而减小（潘晓华 等，1996）。盐胁迫下，植物根系在吸收矿质营养的过程中，盐离子与各种营养元素相互竞争而造成矿质营养胁迫，打破了植物体内的离子平衡，进而导致植物体内养分失衡，这是盐胁迫影响植物正常生长的重要原因（吴伟明 等，2001）。

盐碱胁迫使根尖细胞结构异常，如个别大液泡消失、细胞质紊乱、内质网结构松散膨胀并最终解体、内含物减少等（吴杨 等，2017）。根系应答盐碱胁迫时，通过自身的渗透调节形成第一道屏障（Lin et al，2016），渗透调节可以使植物生长在逆境下的细胞活性溶质增大、细胞浓度升高，进而使渗透势降低，植株吸水能力提高。其中，渗透调节物质主要有两大类：一类是无机离子，如 K^+、Cl^- 和无机酸盐等；第二类是脯氨酸、可溶性糖和有机酸等有机溶质（Rahnama et al，2019）。盐胁迫下，胞质钾含量减小可以激活 H^+、ATP 酶，致使膜电位发生变化，植物由此感应盐胁迫程度。此外，某些高亲和力钾转运体突变体能够诱导其他蛋白质感受到渗透胁迫（Alvarez-Aragon et al，2016）。也有研究指出，根分生组织位于根尖端，含有盐感受器成分（Liang et al，2018）。

第 3 节　水稻耐盐碱光合生理

一、盐碱胁迫对水稻抗氧化酶系统的影响

（一）盐碱胁迫对水稻叶片渗透调节物质含量的影响

土壤中的盐分一般会对植物产生两种胁迫：一是渗透胁迫，过量的溶质降低了水势，从而降低了根系对水分的吸收；二是离子毒性，钠离子过多地流入植物中造成的。盐胁迫下的植物会发生多种形态变化，如种子发芽、幼苗生长和产量变化，以及相关的生理和分子变化。盐胁迫还导致土壤渗透势增大，导致水分流失和膨压降低。在盐胁迫下，由于外界渗透势较低，植物细胞会发生水分亏缺现象即渗透胁迫。植物为了避免这种伤害，在逆境情况下必须产生一种适应机制，即在盐胁迫下植物细胞内会主动积累一些可溶性溶质来降低胞内渗透势，以保证逆境条件下水分的正常供应。渗透调节机制分为两种：无机渗透调节和有机渗透调节。从土壤或细胞外界溶液中吸收积累各种无机离子，提高细胞内盐分浓度，只要这些离子不致造成极高浓度和表现出毒性，就能被植物吸收用以提高细胞内渗透势。植物在以无机离子作为渗透调节物质方面，离子种类依然相同，所不同的是量的差异。渗透调节是植物在逆境胁迫时出现的一种调节方式，是由细胞生物合成和吸收累积某些物质来完成其调节的过程。在逆境条件下，细胞内主动积累溶质来降低细胞液的渗透势，以防止细胞过度失水。渗透调节物质主要包括可溶性糖、可溶性蛋白、脯氨酸和甜菜碱等。在高盐环境下，植物细胞常积累一些小分子有机物（如脯氨酸、甜菜碱、糖醇等）以维持高的细胞质渗透压，便于植物在高盐条件下对水分的吸收，以保证细胞的正常生理功能。

碳水化合物是植物光合作用的主要产物，按其存在形式可分为结构性碳水化

合物和非结构性碳水化合物。前者（如木质素、纤维素）主要用于植物体的形态建成，后者（如葡萄糖、果糖、蔗糖、果聚糖、淀粉等）则是参与植株生命代谢的重要物质。不同植物的碳水化合物含量变化对水分胁迫的响应机制是不同的。应该特别指出的是，植物碳水化合物代谢对低温、干旱等逆境条件均表现为植株可溶性碳水化合物含量的提高，不仅在于可溶性碳水化合物参与细胞的渗透调节作用，更重要的原因可能在于许多可溶性碳水化合物是植物适应环境的信号物质。胁迫使植物体内碳水化合物的代谢相应发生变化，总的趋势皆为淀粉的积累下降，而积累的可溶性糖增多，并伴有有机酸、多元醇、甜菜碱、游离氨基酸，以及 K^+、Cl^-、Na^+、NO_3^- 等矿质元素的变化，从而维持胁迫下植物生长发育所需的膨压，减轻胁迫对植物的伤害（Pierik et al, 2014; 杨涓 等, 2003）。脯氨酸（Pro）是水溶性最大的氨基酸，在发生干旱、盐渍时，许多植物都积累了高水平的 Pro，在胁迫适应中起着作用。盐胁迫条件下，植物体内蛋白质合成受抑制而分解被促进，结果使氨基酸含量上升，其中最突出的就是 Pro 含量的上升（王旭明 等, 2018, 2019）。

表6-1　　盐胁迫对水稻叶片渗透性调节物质含量的影响（徐晨 等, 2013）

品种	处理	脯氨酸含量（μmol/g）	可溶性糖含量（μmol/g）	丙二醛含量（μmol/g）	总氨基酸含量（μmol/g）
九稻13号	CK	4.567±0.982Aa	22.23±2.48Aa	0.017±0.003Aa	10.750±1.215Aa
	NaCl	5.151±0.314Aa	86.85±5.65Bb	0.024±0.006Aa	13.780±1.346Aa
长白9号	CK	4.078±0.575Aa	19.89±1.89Aa	0.019±0.002Aa	9.212±0.988Aa
	NaCl	4.900±0.269Aa	83.42±7.11Bb	0.027±0.005Aa	11.660±1.205Aa
吉粳88号	CK	4.690±0.315Aa	38.46±4.52Aa	0.017±0.002Aa	8.017±0.818Aa
	NaCl	5.558±0.619Aa	101.92±9.82Bb	0.031±0.003Bb	10.986±0.583Aa
吉农大19号	CK	4.530±0.254Aa	39.17±5.62Aa	0.020±0.002Aa	8.426±1.267Aa
	NaCl	5.384±0.395Aa	114.12±8.37Bb	0.034±0.003Bb	9.730±0.512Aa

注：NaCl 浓度为 80 mmol/L。九稻 13 号和长白 9 号为耐盐性品种，吉粳 88 号和吉农大 19 号为盐敏感品种。表中小写字母表示在 5% 水平上差异。

盐敏感品种相对耐盐品种积累了更多的渗透性调节物质，其中以可溶性糖含量的增加最为显著（表 6-1）。从可溶性糖含量的变化来看，盐敏感品种在盐胁迫下水稻叶片积累了更多的可溶性糖。从丙二醛含量的变化来看，盐敏感品种在盐胁迫下丙二醛含量极显著增加（$P < 0.01$）（表 6-1）。植物的耐盐性主要取决于其控制到达叶片敏感细胞的钠量的能力和根受到高盐含量时重新编程代谢以抵抗胁迫的能力。当感受到盐胁迫时，植物可以诱导基因网络调节作为抗性反应，随后是各种生物化学和生理反应。当植物细胞感受到盐时，蛋白质和许多代谢物，包括脯氨酸和可溶性糖的浓度通常会增大，它们作为相容溶质发挥作用。需要注意的是，脯氨酸的积累并不总是与水稻的耐盐能力呈正相关（Hu et al, 2020）。高活性氧积累会导致脂质过氧化作用增强，高活性氧生成损害细胞膜、脂质和核酸，并导致程序性细胞死亡，产生的脂质过氧化物随后被代谢成丙二醛和 4- 羟基壬烯醛。因此，丙二醛浓度可以作为活性氧依赖性细胞损伤的指标。

（二）盐碱胁迫对水稻叶片抗氧化酶活力的影响

盐胁迫会造成渗透胁迫、离子积累引起的毒性和活性氧的产生。活性氧是分子氧不完全减少的产物，其低含量起到控制气孔孔径的信号分子的作用，然而，由于其分子中存在未偶联的电子而具有高化学反应，在盐胁迫下，活性氧的积累会导致植物中的大分子和细胞膜受损，这被认为是细胞功能障碍的症状。此外，高盐胁迫会导致氧化应激，并增加活性氧的产生，如单线态氧、超氧阴离子和过氧化氢。细胞内产生活性氧的主要细胞器是叶绿体、线粒体、过氧化物酶体、质外体和内质网（Yan et al, 2021）。活性氧的积累会导致脂质氧化，从而对细胞膜的完整性产生不利影响，同时活性氧的积累会损害光合色素、蛋白质和 DNA 等大分子物质。为了降低盐的毒害作用，必须激活植物抗氧化系统，包括酶促（超氧化物歧化酶、过氧化物酶、过氧化氢酶）和非酶促（谷胱甘肽、总蛋白）抗氧化剂，以控制 ROS 的生物合成并将其维持在低水平（Khan et al, 2021）。叶绿体、线粒体和过氧化物酶体是产生活性氧的主要场所，它们同时含有大多数清除活性氧的机制，清除活性氧的抗氧化系统基于酶和非酶组分，超氧化物歧化酶（SOD）协调过氧化氢酶（CAT）、抗坏血酸过氧化物酶（APX）、谷胱甘肽过氧化物酶（GPX）和过氧化物酶（Prxs）四种酶共同消除自由基（Kordrostami et al, 2017）。其中，超氧化物歧化酶是抗氧化系统的关键成分，可将超氧化物自由基转化为 H_2O_2，解毒作用是由过氧化氢酶和抗坏血酸过氧化物酶完成的，这两种酶可以将 H_2O_2 分解成水。CAT 主要存在于叶片过氧化物酶体或乙醛酸中，以除去光呼吸和脂肪酸中形成的 H_2O_2（Senadheera et al, 2012）。盐胁迫下，超氧化物歧化酶和过氧化氢酶活性增加，特别是在耐受基因型中，使其免受氧化破坏。盐胁迫期间超氧化物歧化酶、过氧化氢酶、APX 酶和过氧化氢酶基因的上调也证实了它们与相关酶活性以及水稻的耐盐性有关（Jalali et al, 2019）。

表6-2　　　　盐胁迫对水稻叶片保护酶活性的影响（徐晨 等, 2013）

品种	处理	SOD活性（U/g）	CAT活性（U/g）	POD活性（$\triangle$A470 · g^{-1}min^{-1}）	膜透性（%）
九稻13号	CK	181.1±8.6Aa	269.9±9.7Aa	106.3±11.1Aa	30.05±1.78Aa
	NaCl	429.5±22.2Bb	315.1±8.4Aa	111.9±15.4Aa	71.25±2.98Bb
长白9号	CK	170.3±13.2Aa	263.5±11.6Aa	97.1±7.7Aa	33.86±2.25Aa
	NaCl	394.7±29.8Bb	312.5±10.7Aa	103.9±10.9Aa	76.53±2.35Bb
吉粳88号	CK	247.7±27.7Aa	295.6±7.8Aa	105.9±12.4Aa	37.31±1.64Aa
	NaCl	459.8±18.6Bb	380.2±13.9Aa	120.1±7.6Aa	73.94±4.16Bb
吉农大19号	CK	224.9±21.0Aa	304.6±6.6Aa	98.7±6.8Aa	34.71±3.56Aa
	NaCl	436.4±17.5Bb	369.0±17.9Aa	108.5±13.3Aa	75.15±1.58Bb

注：NaCl 浓度为 80 mmol/L。九稻 13 号和长白 9 号为耐盐性品种，吉粳 88 号和吉农大 19 号为盐敏感品种。表中小写字母表示在 5% 水平上差异。

在盐胁迫条件下水稻叶片的 SOD、POD 和 CAT 等保护酶活性增强，其中以 SOD 活性的增强最为显著（表 6-2）。从 SOD 活性的变化来看，耐盐品种在盐胁迫下 SOD 活性增加的百分率大于盐敏感品种。但盐敏感品种的 SOD 活性在盐胁迫下高于耐盐品种（表 6-2）。耐盐水稻品种和盐敏感水稻品种的膜透性显著增强（$P < 0.01$）。

　　盐胁迫对水稻有两种主要的胁迫效应，即渗透胁迫和离子胁迫。渗透胁迫会减少根系对水分的吸收，导致内部脱水；还会导致活性氧（ROS）的过度积累，从而破坏各种细胞成分和大分子，最终导致植物死亡。离子应激是由钠离子和氯离子在代谢活性细胞内的过度积累引起的。细胞内高浓度的钠离子会抑制其他离子的吸收，从而破坏新陈代谢，并可能杀死植物（Qin et al, 2020）。植物对盐的第一反应发生在盐胁迫下的几秒到几小时内。钠离子通过非选择性阳离子通道（NSCCs）进入根表皮和皮层细胞，钠离子的流入诱导质膜去极化，激活钾离子向外整流通道，并通过向内整流钾离子通道减少净被动钾吸收（图 6-1）（Gong et al, 2020; Julkowska et al, 2015）。氯化钠对植物的有害影响是由钠在土壤中积累

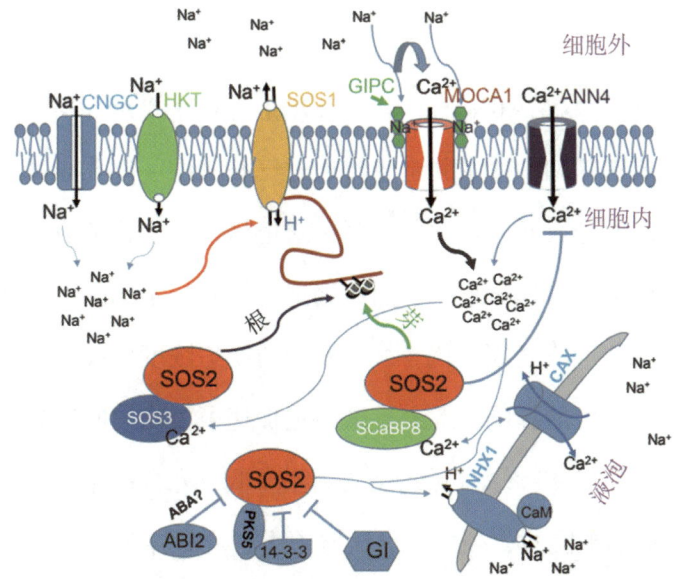

　　高盐胁迫情况下，Na⁺-GIPC 激活 Ca²⁺ 渗透通道 MOCA1 的 Na⁺ 传感机制，Ca²⁺ 升高，激活 SOS 信号系统，并且与 Ca²⁺ 结合的 SOS3 与 SOS2 相互作用并激活 SOS2。SOS3-SOS2 复合物被募集到质膜，在那里 SOS2 磷酸化 SOS1。磷酸化后，Na⁺/H⁺ 逆向转运因子 SOS1 的活性增强，促进 Na⁺ 外排。ABI2、14-3-3 及 GI 负向调节 SOS2 活性，但 Ca²⁺ 介导 14-3-3 与 PKS5 结合可以释放 SOS2。

图6-1　Na⁺ 转运蛋白及其对 Na⁺ 的吸收、外排和区域化

时水分有效性的降低、钠和氯离子对植物的毒性作用引起的。早期的盐胁迫反应是由一般的渗透或干旱胁迫引起的，而钠特异性反应是在后期诱导的（van et al, 2020）。盐胁迫通过增加土壤的渗透势来限制植物的生长，从而减少根系对水分的吸收。从长远来看，如果钠离子没有在细胞或细胞间水平被划分，钠离子在茎中的积累会降低光合作用速率，从而损害植物的生长。不同程度的盐胁迫降低了单个植物器官的生长，导致一般植物形态的改变，例如根/茎比的变化。这些盐诱导的植物形态变化很可能会影响植物在盐环境下的表现。

二、水稻对盐碱胁迫的光合生理反应

（一）盐碱胁迫对水稻光合参数及其关键酶活性的影响

光合作用是作物获取生长所需能量的重要方式，是作物进行生命活动的基础。盐胁迫会导致水稻叶片发生黄化，叶绿素含量降低，叶片光合速率下降，严重的话还会导致植株死亡，因此水稻在盐胁迫下的光合响应规律也成为研究重点（张瑞坤 等，2020）。水稻80%的产量来自开花后叶片的光合同化产物，光合作用是作物产量形成的基础。盐碱胁迫主要通过气孔密度、气孔导度和蒸腾速率等影响光合作用，进而造成光合速率的下降，对植株正常生长造成不利影响，同时光合同化物的产生与集中积累过程受阻，会造成最终产量的降低。研究发现，水稻气孔密度与盐碱胁迫浓度成正比，气孔密度与胁迫浓度成反比，气孔导度和蒸腾速率也受到一定程度的影响。此外，盐胁迫加速了植物中叶绿素的降解，降低类囊体稳定性，从而导致叶绿体对光能的吸收降低，光合速率下降。叶绿体突起是叶绿体被 Rubisco 排斥的途径之一。盐胁迫下，叶绿体突起的形成会产生更多的 RCB，RCB 可能会迁移到液泡中并与液泡结合，导致 RCB 在盐碱胁迫下快速降解，光合过程无法顺利进行，从而对水稻的产量产生不利的影响（杨娅坤 等，2021）。

盐碱胁迫也使一天中每个时间点的 G_s（毛孔导度）、C_i（泡间二氧化碳浓度）、T_r（蒸腾速度）显著降低，而使 L_s 升高。从各影响因子的日变化分析，早晨光照强度弱、T_{air}（气温）低、光合弱、消耗的 CO_2 少，虽然 G_s 低，但空气中的 CO_2 有足够的数量和时间进入叶片中，使 C_i 保持较高浓度；到了晚上，光合作用消耗的 CO_2 减少，虽然 G_s 也变小，但空气中的 CO_2 也有足够的数量和时间进入叶片中，致使 C_i 升高；中午，T_{air} 高、光照强度强、G_s 降低，致使 C_i 降低，同时可能产生光抑制现象，光呼吸增强，导致 P_n（净光合速率）降低。盐碱逆境降低水稻的光饱和点，并提高光补偿点。使水稻净光合速率降低的原因短时间内以气孔限制因素为主，长时间以非气孔限制因素为主。光合作用所需要的水分和 CO_2 首先必须经过叶片的气孔才能进入叶肉细胞，进一步到达叶绿体基质。因此，气孔的关闭，即气孔导度的大小对植物的光合作用产生重要的影响。轻度水分胁迫下，气孔导度的下降是光合速率下降的主要原因，而严重水分胁迫下，叶肉细胞利用 CO_2 能力的降低是光合速率下降的主要原因。

　　盐胁迫下，植物的光合速率下降。一般认为导致光合速率降低的因子包括气孔限制和非气孔限制。盐胁迫初期，G_s 和 C_i 下降，而 L_s 增加，P_n 降低，气孔限制是主要因素；处理后期，G_s 继续下降，C_i 开始上升，L_s 下降，这时叶肉因素成为主要限制因子，说明非气孔限制成了光合速率降低的主要因素。这种光合作用的非气孔限制可能是 RuBP 羧化酶的活性下降所致的，而 RuBP 羧化酶含量减少、再生能力的下降或者 PS Ⅱ 对 NaCl 的敏感性都会影响 RuBP 羧化酶活性。Rubisco 是决定 C_3 植物光合代谢中的关键酶，其含量与光合速率呈正相关关系（郑炳松 等，2001）。

表6–3　　　　盐胁迫对水稻叶片光合特性的影响（周根友 等，2018）

盐逆境	品种	光合速率 ($\mu mol \cdot m^{-2}s^{-1}$)	气孔导度 ($mol \cdot m^{-2}s^{-1}$)	胞间CO_2浓度 ($\mu mol \cdot mol^{-1}$)	蒸腾速率 ($mmol \cdot m^{-2}s^{-1}$)
S_0	V_1	28.3±0.8a	11.5±9.2a	361.0±20.4a	1.2±1.0a
	V_2	29.5±2.5a	19.7±8.7a	345.3±91.6a	1.9±0.8a
	V_3	27.2±2.0a	23.3±20.4a	364.0±27.3a	2.4±2.1a
	V_4	29.7±5.2a	27.2±21.4a	355.7±40.2a	2.8±2.1a
平均		28.7	20.4	356.5	2.1

（续表）

盐逆境	品种	光合速率 ($\mu mol \cdot m^{-2} s^{-1}$)	气孔导度 ($mol \cdot m^{-2} s^{-1}$)	胞间CO_2浓度 ($\mu mol \cdot mol^{-1}$)	蒸腾速率 ($mmol \cdot m^{-2} s^{-1}$)
S_1	V_1	$18.6 \pm 4.1a$	$25.5 \pm 11.6a$	$272.5 \pm 21.0a$	$2.9 \pm 1.3a$
	V_2	$19.3 \pm 5.3a$	$40.1 \pm 33.1a$	$271.8 \pm 35.4a$	$4.5 \pm 3.4a$
	V_3	$20.6 \pm 3.3a$	$44.7 \pm 28.1a$	$222.6 \pm 29.8a$	$4.7 \pm 2.9a$
	V_4	$16.6 \pm 4.6a$	$29.1 \pm 214.0a$	$270.4 \pm 27.0a$	$3.0 \pm 1.3a$
平均		18.8	34.8	259.3	3.8
变异来源					
F值	S	168.78^{**}	2.92	46.10^{**}	3.99
	V	0.14	0.87	0.52	0.81
	$S \times V$	0.78	0.40	1.12	0.57

注：不同字母表示品种就间差异显著（$P<0.05$）S_0：含盐量 0 g/kg；S_1：含盐量 3 g/kg；V_1：通粳 981；V_2：盐粳 12；V_3：盐稻 10 号；V4：南粳 5055；*，** 分别表示差异达显著或极显著水平（$n=3$，新复极差法）。

灌浆期剑叶的光合效率和胞间 CO_2 浓度在盐逆境下均显著下降，而气孔导度、蒸腾速率在盐逆境与非盐逆境下的差异均未达显著水平。其中，光合速率下降 35.5%，胞间 CO_2 浓度下降 27.3%（表 6-3）。无论是盐逆境还是非盐逆境，4 个光合特征参数在 4 个品种间的差异均未达到显著水平，说明光合参数受环境的影响很大。

（二）盐碱胁迫对水稻叶绿素含量及其组成的影响

叶绿体是植物细胞对盐分最敏感的细胞器。盐胁迫使叶绿体超微结构受到破坏，叶绿体双层膜部分出现损坏，基粒片层之间的连接出现断裂。叶绿素是重要的光合作用物质，其含量在一定程度上反映植物光合作用的强度，并影响植物的正常生长。高等植物叶绿体中的叶绿素主要有叶绿素 a 和叶绿素 b 两种。盐碱胁迫会破坏叶绿素合成酶的活性，导致植物叶绿素合成下降，叶绿素含量降低，破坏植物细胞叶绿体结构和光系统结构，导致光合作用下降，严重抑制光合产物的积累，进而导致产量的降低（张磊 等，2018）；同时盐胁迫会加速水稻叶绿素的降解，降低叶绿体对光能的吸收，从而导致光合速率的下降。

表6–4　　　　　　　　　　盐胁迫对水稻叶片叶绿素含量的影响

盐浓度 NaCl (mmol/L)	叶绿素a		叶绿素b		叶绿素总含量	
	耐盐品种	盐敏感品种	耐盐品种	盐敏感品种	耐盐品种	盐敏感品种
CK	2.958±0.4540a	2.821±0.1392a	1.521±0.1526a	1.541±0.2837a	4.479±0.3351a	4.362±0.2816a
40	2.947±0.1167a	2.429±0.1182a	1.227±0.14126	0.837±0.1653b	4.174±0.1870b	3.266±0.5240b
80	1.729±0.2961b	1.953±0.3428b	1.050±0.0930b	0.747±0.2799b	2.780±0.3883c	2.700±0.5113c
120	1.379±0.3101b	1.393±0.3646c	0.467±0.1451b	0.515±0.1382c	1.846±0.4336d	1.908±0.4415d

注：同一列中标注不同小写字母表示在 0.05 水平上差异显著，表中数值均为 3 次重复平均值 ±SE。

水稻叶绿素含量与叶色有关，多数表现为色浅的叶片其叶绿素含量低，叶色深的则叶绿素含量高（邵玺文 等，2005）。表 6–4 是不同浓度盐胁迫下水稻叶片叶绿素含量的变化，从表中可以看出，盐胁迫下水稻叶绿素总量显著下降；40 mmol/L NaCl 胁迫时叶绿素 a 含量与对照无显著差异，80 mmol/L 和 120 mmol/L 时显著下降；各盐浓度处理下，叶绿素 b 含量较对照均显著下降（刘晓龙 等，2014）。王仁雷等（2002）研究表明，100 mmol/L 和 200 mmol/L NaCl 胁迫 6 天内，两品种的叶绿素 a、叶绿素 b 含量和叶绿素 a/ 叶绿素 b 值均上升，6 天后开始下降。徐晨等（2013）研究表明盐处理会降低水稻幼苗叶片的叶绿素含量，说明在盐胁迫条件下，植物叶片细胞内离子含量增大，使叶绿素和叶绿体蛋白间的结合变得松弛，从而促进叶绿素被分解。华春等（2004）研究表明，盐胁迫条件下，胁迫初期，叶绿素 a 和叶绿素 b 含量、叶绿素 a/ 叶绿素 b 均上升，胁迫时间大于 6 天时，叶绿素 a 和叶绿素 b 含量、叶绿素 a/ 叶绿素 b 开始下降。

（三）盐碱胁迫对水稻叶绿素荧光特性的影响

光系统Ⅱ（PSⅡ）是植物将光能转化为化学能的主要部位，在植物响应盐胁迫的过程中发挥重要作用。叶绿素荧光技术称为研究植物光合作用快速、灵敏、无损伤的探针，当环境条件变化时，植物体内叶绿素荧光参数的变化可以在一定程度上反映环境因子对植物的影响（侯红乾 等，2020）。龙继锐等（2011）研究指出，水稻旗叶光合电子传递速率（ETR）、有效量子产量（ΦPSⅡ）和光化学猝灭系数（qP）均随生育期推进而提高，非光化学猝灭（NPQ）系数则随生育进程呈下降趋势。

表6–5　　盐胁迫对耐盐水稻品种叶片叶绿素荧光参数的影响（刘晓龙，2021）

指标	耐盐品种（对照）		耐盐品种（盐胁迫）	
	长白9号	九稻13号	长白9号	九稻13号
F_0	162.200±2.980a	164.100±5.280a	192.200±1.420b	194.100±0.980a
F_m	717.500±8.810a	710.100±10.640a	611.600±7.200a	610.000±10.220b
F_v/F_m	0.774±0.002a	0.769±0.004a	0.686±0.005aa	0.682±0.005b
PhiPSⅡ	0.484±0.013a	0.488±0.025a	0.321±0.015a	0.295±0.034c
ETR	94.200±4.920ab	104.000±6.860a	77.700±2.610b	66.000±7.250c
qP	0.807±0.043a	0.874±0.059a	0.784±0.022a	0.762±0.082b
qN	1.205+0.110a	1.046±0.085b	1.855±0.036a	1.829±0.033b

注：同列不同小写字母表示在 $P<0.05$ 水平差异显著。

表6–6　　盐胁迫对敏盐水稻品种叶片叶绿素荧光参数的影响（刘晓龙，2021）

指标	盐敏感品种（对照）		盐敏感品种（盐胁迫）	
	吉农大19号	吉粳83号	吉农大19号	吉粳83号
F_0	166.500±4.420a	167.600±2.160a	208.900±8.910a	207.100±6.230a
F_m	714.500±4.230a	710.100±12.410a	532.700±4.550b	520.400±4.660b
F_v/F_m	0.767±0.008a	0.764±0.005a	0.608±0.014b	0.602±0.014b

（续表）

指标	盐敏感品种（对照）		盐敏感品种（盐胁迫）	
	吉农大19号	吉粳83号	吉农大19号	吉粳83号
PhiPSII	$0.416 \pm 0.041a$	$0.411 \pm 0.084a$	$0.234 \pm 0.030b$	$0.179 \pm 0.028c$
ETR	$96.500 \pm 6.820ab$	$90.600 \pm 7.630a$	$49.300 \pm 2.680c$	$49.900 \pm 4.050c$
qP	$0.810 \pm 0.054a$	$0.812 \pm 0.149aa$	$0.577 \pm 0.062b$	$0.479 \pm 0.057b$
qN	$1.213 \pm 0.058a$	$1.265 \pm 0.072a$	$1.608 \pm 0.058b$	$1.633 \pm 0.025b$

注：同列不同小写字母表示在 $P < 0.05$ 水平差异显著。

盐胁迫会使 PS II 受到损害，进而导致光合作用下降。盐胁迫会导致 F_v/F_0、F_v/F_m、ETR 和 Φ_{PSII} 均显著下降，盐胁迫影响了水稻叶片的电子传递速率和光化学量子效率，PS II 复合体受到破坏，进而导致光能转换率降低（表 6-5，表 6-6）。qP 是光化学猝灭系数，qN 为非化学猝灭系数，它们反映了植物热耗散能力的变化。盐胁迫条件下，F_v/F_m 和 qP 下降，而 qN 升高，说明盐胁迫下水稻叶片的 PSII 的激发能分配方式发生变化，叶片通过非光化学猝灭来提高热耗散来消耗过多的激发能来适应盐胁迫环境。盐胁迫通过破坏叶片 PS II 结构、降低叶绿素含量和影响 RuBPCase 活性等非气孔因素来影响碳同化速率，使光反应速率下降，进而导致光合速率下降。盐胁迫下，随着叶绿体片层结构的逐渐降解，光化学反应效率（F_v/F_m）不可避免地下降，导致同化力减少，最终导致光合速率下降。NaCl 胁迫下，Pokkali 和 Peta 品种叶片 PS II 的光化学效率 F_v/F_m 降低，且胁迫时间和浓度越大则下降的程度越大。在 200 mmol/L NaCl 处理 8 天时，Pokkali 的 F_v/F_m 下降了 12.82%，而 Peta 的下降 22.08%。而耐盐品种的 F_v/F_m、qP、ETR 和 ΦPS II 下降幅度明显小于盐敏感品种，而 qN 显著大于盐敏感品种，说明耐盐品种在盐胁迫下能有效地保持 PS II 的光化学活性，同时能更有效地将过剩的光能以热能形式散失掉，从而保护光合结构，避免光合速率过度下降（邵玺文 等, 2005）。

第4节　水稻的耐盐碱营养生理

土壤中氮、磷、钾等元素被水稻吸收用作有机体组成成分并参与调节活动。盐碱地上种植的水稻对氮、磷、钾等营养元素的吸收、利用规律对指导农业生产实践、提高粮食产量及品质具有重要意义。

一、水稻的营养特性

水稻正常生长发育所需的大量营养元素主要有氮、磷、钾，由于吸收量大而土壤供应不足，所以需要适时适量及时施用。据研究表明，每生产 100 kg 稻谷，水稻植株氮（N）、磷（P_2O_5）、钾（K_2O）的吸收量分别为 1.6 ~ 2.5 kg、0.6 ~ 1.3 kg、1.4 ~ 3.1 kg（张洪程，2013）。除此之外，水稻生长还需要一些钙、镁、硫、硅大量元素，铁、锰、硼、锌、钼、铜等微量元素，在亏缺的土壤中也应当注意供应。

（一）水稻不同生育期对营养元素的吸收特点

水稻不同生育期对氮、磷、钾的吸收量不同，但也有一定规律：苗期吸肥量较小，随着生物量逐渐增大吸肥量也逐渐增人，在拔节期到抽穗期达吸肥量到最大，灌浆期到成熟期叶片衰老，根系活力降低，吸肥量减小。前人以常规粳稻以及籼粳杂交稻为研究对象，结果表明：水稻植株在前期、中期吸氮量较大，可以达到 86% 左右，抽穗后吸氮量大幅减小；磷素在前期和后期吸收量较小，中期的吸收量达到最大；而钾素的吸收主要在前期和中期，从移栽到抽穗吸收量可达到 97%，抽穗到成熟钾素积累量极小（表6-7）（杨雄，2012）。总体来看，氮、磷、钾主要营养元素的吸收大部分在抽穗之前，在拔节期到抽穗期吸收量最大，抽穗后氮素和钾素吸收量骤减，而磷素的吸收量较大，可以占到总吸收量的 27% 左右。

表6-7　　　　　　　　　水稻各生育期氮、磷、钾吸收量

生育类型	生育阶段	N		P		K	
		积累量 (kg/hm^2)	积累比例 (%)	积累量 (kg/hm^2)	积累比例 (%)	积累量 (kg/hm^2)	积累比例 (%)
常规粳稻	移栽至拔节	80.69	43.41	18.69	26.66	127.16	43.75
	拔节至抽穗	81.06	43.61	32.58	46.46	157.14	54.06
	抽穗至成熟	24.13	12.98	18.85	26.88	6.38	2.19
籼粳杂交稻	移栽至拔节	87.61	42.03	20.55	27.03	124.66	41.07
	拔节至抽穗	91.75	44.01	35.13	46.20	170.78	56.26
	抽穗至成熟	29.10	13.96	20.36	26.77	8.12	2.67

（二）水稻不同生育阶段各器官的养分积累与分配特征

水稻的氮、磷、钾营养随着生育进程的推进逐渐累积增加，而各器官在不同生育阶段的矿质养分积累是不同的（表6-8）。拔节期氮素有 70% 左右累积在叶片中，只有 30% 在茎鞘中。抽穗期积累量逐渐增大，相较于拔节期而言茎鞘氮素积累增加了 94.4%，叶片的累积量增加了 32%，但是氮素主要还是累积在叶片中。穗部开始灌浆时，氮素开始向穗部转移，成熟期相较于抽穗期茎鞘、叶片中的氮积累量分别下降 31.9%、55.6%，茎鞘、叶片中的氮素大部分都转移到籽粒之中，茎鞘对穗部氮素转运贡献率达 20.6%，叶片则更可高达 59.5%，茎鞘、叶片中的氮素积累、转运与穗部氮素的累积密切相关。磷素的累积转运与氮素有所不同，在拔节期有 65% 左右累积在茎鞘中，其余在叶片中。抽穗期磷素积累量比拔节期增加了 2 倍，主要累积在茎鞘中，其次是叶片，穗中最少。成熟期穗部积累量最高达到 62.38%，茎鞘、叶片中的磷素分别为 28.86% 和 8.76%，穗部磷素的积累大约 50% 是从茎鞘以及叶片中转运来的，其中茎鞘贡献率在 34% 左右，叶片贡献率在 17% 左右。钾素的积累量比氮素和磷素都要高，拔节期的积累量就达到 140 kg/hm^2 左右，大部分积累在茎鞘中，占到 65% 左右。抽穗期较拔节期而言茎

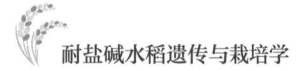

鞘中钾素的积累量增加了 116.21%，叶片中增加 56.81%，穗部积累较少，占总量的 4.96%。抽穗后钾素向籽粒转运，其中茎鞘贡献率在 35% 左右，叶片贡献率较高在 60% 左右。与氮、磷有所不同的是，钾素在成熟期仍有 58.97% 累积在茎鞘，茎鞘转运率较低在 12% 左右（门传保, 2020; 曹利强, 2015）。

表6-8　　　水稻各生育期不同器官氮、磷、钾营养元素积累量及其比例

营养元素	生育时期	茎鞘		叶片		穗		总积累量（kg/hm²）
		积累量（kg/hm²）	积累比例（%）	积累量（kg/hm²）	积累比例（%）	积累量（kg/hm²）	积累比例（%）	
氮	拔节期	28.45	30.66	64.36	69.34			92.81
	抽穗期	55.34	33.50	91.53	55.40	18.33	11.10	165.2
	成熟期	37.70	20.7	40.66	22.32	103.78	56.98	182.14
磷	拔节期	10.41	65.32	5.53	34.68			15.94
	抽穗期	32.03	66.50	12.20	25.33	3.94	8.17	48.16
	成熟期	19.21	28.86	5.83	8.76	41.54	62.38	66.58
钾	拔节期	90.93	65.26	48.40	34.74			139.34
	抽穗期	196.26	68.53	75.90	26.50	14.21	4.96	286.37
	成熟期	172.58	58.97	39.60	13.53	80.49	27.50	292.68

（三）水稻的氮、磷、钾营养

氮素是水稻必需的营养元素，是蛋白质、核酸、酶、叶绿素等多种重要物质的组成成分，在水稻的生长发育中氮素占有重要地位。水稻吸收的氮素主要是无机态氮，即铵态氮（NH_4^+）和硝态氮（NO_3^-），此外作物也可吸收某些可溶性的有机氮化物，如尿素、氨基酸及酰胺（鲁艳红 等, 2015）。水稻是喜铵作物。稻田长时间渍水导致土壤呈高度还原状态，土壤中氮素和施入的肥料氮多以 NH_4^+ 形式存在，植株吸收的氮素主要是铵态氮，也有研究表明铵硝混合营养有利于氮高效水稻品种的生长（韩天富 等, 2019）。我国栽培稻分布区域辽阔，栽培历史

悠久，生态环境多样性，在长期自然选择和人工培育下，出现了繁多的适应各稻区和各栽培季节的品种。不同类型水稻品种氮素吸收、积累、分配和转运规律不同。研究发现，就植株含氮率而言，籼稻明显高于粳稻及广亲和品种，杂交籼稻高于常规籼稻；就植株总吸氮量而言，籼稻比粳稻高，杂交籼稻比常规籼稻高，杂交粳稻比常规粳稻高；植株总吸氮量在根中的分配比例以广亲和品种最高，常规籼稻显著高于杂交籼稻（孙永健 等，2016）。了解不同类型水稻品种对氮肥的吸收利用特性，按品种类型确定合理的施氮量，能促进水稻生产发育、提高产量，从而提高水稻氮素吸收利用保护生态环境（Guo et al, 2021; Qi et al, 2020）。

磷是作物营养三要素之一，作物主要吸收正磷酸盐，也能吸收偏磷酸盐和焦磷酸盐。磷主要以 $H_2PO_4^-$、$H_2PO_4^{2-}$ 两种形式被水稻吸收，其中 $H_2PO_4^-$ 最易被作物吸收，$H_2PO_4^{2-}$ 次之（潘瑞炽，1979）。水稻不仅能吸收无机态磷酸盐，也能吸收某些有机磷化合物，如核糖核酸等（严宽 等，2010）。由于磷在土壤中的移动性较弱（Gregory et al, 1999; Hinsinger et al, 2001），因此植物根系形态（主要包括根长度、根直径、根表面积、根毛长、侧根长）和根的空间构型对植物吸收土壤中磷素具有非常显著的影响。有研究表明，作物的吸磷量与根长（Newman, 1973）、根表面积（Borkert et al, 2008）、侧根长度和侧根数量（李海波 等, 2001）、根毛长度（Gahoonia et al, 2000）均呈显著的正相关关系。在根构型方面，大多数土壤中有效磷主要集中在土壤表层，并随着土壤剖面深度的增大而降低（Ma et al, 2001）。对于磷素吸收来说，宽的根系侧根在水平方向的分布要优于在竖直方向的分布（Lambers et al, 2011）。一般情况下，土壤中的有机磷只有经过磷酸酶水解后才能被植物有效吸收利用，根系分泌酸性磷酸酶的能力是培育磷高效水稻品种和筛选合适的育种材料的重要指标（李永夫 等, 2009; 郭朝晖 等, 2001）。通过磷水平对水稻生长的研究发现，水稻内磷的吸收累积、转运分布规律主要与根系活力和施磷水平有关，侧根的发育有利于水稻低磷条件下的磷吸收（刘玉槐 等, 2018）。适应低磷水平能力较强的耐低磷基因型水稻品种具有较长的根系、较大的根体积和根干重，促进氮和钾的吸收（郭再华 等, 2006）。因此，

水稻根系生长与根系活力是磷素吸收的关键，在土壤可利用性磷素缺乏的地区可选用根系发达的品种。

钾作为水稻必需的营养元素之一，在光合作用、同化物代谢、酶系活化、光合产物运输、细胞渗透势构成等过程中起了重要作用（刘立军 等, 2014）。水稻主要吸收离子态的钾（K^+），水稻对 K^+ 的吸收是一个主动吸收的生理过程，土壤中速效性钾、缓效性钾和矿物态钾的含量反映了土壤中钾离子的状况，影响着对钾的吸收利用。水稻是需钾较多的农作物之一，高产杂交水稻每年对钾的吸收量为 250～300 kg/hm²。钾肥可促进氮磷养分从水稻的茎叶部位向穗输送，增加水稻产量。

研究表明，氮、磷、钾积累的平衡能促进水稻的生长发育，有利于水稻干物质积累，促进分蘖，使单位面积有效穗显著提高，千粒重提高，显著提高产量（甘秀芹 等, 2004; 徐国伟 等, 2015）。平衡施肥明显提高水稻根系养分吸收常数、氮磷钾的最大吸收速率和最大吸收量，显著提高根系对氮、磷、钾的吸收能力（李娟 等, 2011）。

（四）其他营养元素的生理作用与效应

钙能把生物膜表面的磷酸盐、磷酸酯与蛋白质的羧基桥接起来，从而稳定生物膜结构，保持细胞膜对离子的选择性吸收的功能；植物细胞壁有丰富的 Ca^{2+} 结合位点，绝大部分钙与细胞壁中的果胶质结合，一方面维持细胞壁结构，另一方面对膜的透性和有关的生理生化过程起着调节作用；细胞质中 Ca^{2+} 浓度增加到一定阈值时，会与一种钙调蛋白（Calmodulin, CAM）结合，形成 Ca–CAM 复合体，使 CAM 成为激活态，这种激活态的 CAM 可以进一步激活植物体内多种关键酶，如磷脂酶、NAD 激酶、Ca^{2+}–ATP 酶等，进而使细胞产生与信号相对应的生理的反应，如细胞分裂、物质合成等。钙能提高作物对外界环境胁迫的抗逆能力，推迟作物衰老时间，避免早衰；在灌浆期，充足钙的供应利于植物干物质的积累，提高作物的品质（曹小闯 等, 2016）。

镁对水稻生长发育、生理代谢等具有重要作用。镁参与植物体光合作用，提高光合电子传递速率，影响光合碳代谢（Genty et al, 1990; Gupta et al, 1989），活化氮代谢，活化糖酵解、三羧酸循环等过程中的酶，提高硝酸还原酶的活性（Riens et al, 1992）。镁是核糖体的组成部分，可以激活氨基酸生成多肽链合成蛋白质。研究表明，合理施用镁肥可以增加水稻叶绿素含量，提高有效穗数，从而达到增产效果。

水稻是喜硅作物，有"硅酸植物的代表"之称。硅作为水稻的第四大营养元素，对水稻生长发育及品质具有重要影响。硅是植物细胞壁的组成成分，参与植物碳水化合物的合成与转运，对植物光合作用和蒸腾作用具有重要影响（Riens et al, 1992）。研究发现，水稻施硅增产是提高了水稻分蘖数及成穗数而导致的（张国良 等, 2004; 黄秋婵 等, 2008）。施硅可以明显增加单位面积群体总颖花数和结实粒数，提高成穗率，同时还可以提高叶面积指数，进而提高开花后干物质的生产积累能力，并改善茎秆抗折力，提高抗倒伏能力，从而提高群体质量，最终实现增产（杨秀霞 等, 2016）。

铁是植物体内多种酶的辅基，如过氧化氢酶、过氧化物酶、铁氧还蛋白等都含有铁。水稻籽粒中铁含量与粒形、株高和千粒质量有一定的相关性。铁含量与株高和结实率均呈负相关，且与结实率的相关性达到显著水平，但是与其他性状为正相关，其中与千粒质量的相关性达到显著水平（陈秀晨 等, 2015）。粒形与铁含量存在较明显的相关性，其中，粒长对铁含量有极显著的直接加性效应（Zhang et al, 2004）。云南省水稻种质资源铁含量与粒厚呈显著负相关（曹亚文 等, 2005）。

硼是植物生长必需的微量元素，对植物根系生长、碳水化合物合成与转运、花粉萌发及花粉管的生长都有着广泛的影响（马欣 等, 2011）。研究表明，适量施用硼肥能一定程度上促进水稻分蘖，增加有效穗，提高叶片光合作用能力，改善稻米研磨品质与营养品质（李进前 等, 2018）。

锌是多种酶如碳酸酐酶、蛋白酶、谷氨酸脱氢酶、醛缩酶、铜锌超氧化物歧化酶、RNA 聚合酶、过氧化氢酶等的组分和活化剂。锌元素能促进水稻体内吲哚和丝氨酸合成色氨酸，而色氨酸是生长素合成的必要条件，因此锌间接影响生长素的形成（刘智蕾 等，2022）。锌也是叶绿体的重要组成成分，对叶绿素的形成和功能起着重要作用。研究表明，在缺锌的土壤上适量施用锌肥，可有效促进氮素吸收，通过增加单位面积穗数和穗粒数增加水稻产量（Li et al, 2021）。

锰是水稻生长不可或缺的微量营养元素。锰主要作为活化剂参与酶催化系统，可直接参与 CAT、POD 酶体系中的活动，并防止水稻叶片衰老黄化，参与一系列的酶触反应，如磷酸化作用、脱羧基作用、还原反应和水解反应等（尹晓辉 等，2016）。

硫、氯、钠、铜、镍、钼也是水稻必需的营养元素。硫是半胱氨酸和蛋氨酸的组分，可以调节植物氧化还原反应稳定蛋白质空间结构；氯可以调节细胞溶质势维持电荷平衡，在光合作用中参加水的光解；钠可以增大溶质势，使细胞膨胀促进生长；铜在呼吸氧化还原中起重要作用，并且参与光合电子传递；镍是脲酶的金属成分，缺乏脲酶的植物会在种子中积累大量尿素，影响种子萌发；钼是硝酸还原酶的组成成分，起电子传递的作用（Hu et al, 2005）。

二、盐碱地水稻的养分吸收与利用

（一）盐碱地的养分障碍

盐碱土按照盐的种类可以分为两种：当土壤中的盐类以碳酸钠（Na_2CO_3）和碳酸氢钠（$NaHCO_3$）为主时，土壤被称为碱土；当土壤中以氯化钠（$NaCl$）和硫酸钠（Na_2SO_4）等为主时，土壤则被称为盐土。由于盐土和碱土时常混在一起出现，习惯上把这种土壤称为盐碱土。

盐碱地因含有高浓度盐分，土壤通气性变差，导致微生物生长受到抑制，土壤吸收水分和贮存养分的能力下降。盐碱地土壤 pH 较高，一般在 8.5 ~ 11 之间，pH 过高会影响植物对营养元素（如磷、铁、锰、硼等）的吸收。盐碱土中 Na^+、Cl^-、CO_3^{2-}、SO_4^{2-} 等含量过高，会引起一些离子的缺乏。Na^+ 浓度过高会引起 K^+、Mg^{2+} 吸收量减少，也容易引起钙的缺乏，Na^+、Cl^-、SO_4^{2-} 等与有效磷竞争，交换性钙与之结合成难溶性磷酸钙盐，导致作物根际有效磷减少（Wang et al, 1994）。盐碱化土壤在 Na^+ 影响下胶体高度分散，土壤物理性质恶化，湿润时泥泞不透水，干旱时地表容易形成坚硬的土结壳，严重影响作物的出苗、根系生长和养分吸收。由于盐碱障碍的长期存在，盐碱地的保肥蓄肥能力低下，土壤养分资源极度匮乏（李洋洋, 2017）。

（二）盐碱地水稻的养分吸收利用特征

盐胁迫对水稻的各种营养元素吸收均有影响。磷在植株体内的含量影响到植株的生长、发育，以及生理代谢（包括细胞的分裂、横向生长、呼吸作用、光合作用和碳水化合物代谢）（Ravikovitch et al, 1971）。营养元素磷与植物盐胁迫有关，可以提高盐胁迫条件下的作物产量，改善植株的生长状况（Ravikovitch et al, 1971）。高盐浓度胁迫导致叶片磷和钾的缺乏。叶面喷施磷营养液可以明显减轻盐胁迫的影响，提高植株水分利用率，增加相对含水量和细胞膜透性（Kaya et al, 2001; Park et al, 2019）。

盐胁迫可以影响氮素的生理代谢，植株氮素在盐胁迫条件下的浓度明显升高（Hoai et al, 2003）。植株体内氮化合物自由氨基酸和尿素的含量在盐胁迫条件下升高，并且和植株地上部分的含量有正相关性而与植株耐盐性有负相关性（Ravikovitch et al, 1971）。盐胁迫条件下氮素吸收量的减少是植株体生长减缓的原因之一，提高生长环境中的氮素供应可以增加植株体内氮素和叶绿素的含量（Bernstein et al, 1956）。

植物根系中 K^+ 浓度一般要低于地上部 K^+ 浓度。保持根系细胞中足够量的 K^+ 浓度对于植物的正常生长很关键，不仅对保持细胞活性和促进细胞分裂生长有作用，而且对许多酶的活性也有影响（Leigh et al, 2010）。需要对吸收能力强的新根和老根中 K^+ 的浓度进行进一步的比较研究。对根和茎中 Na^+ 和 K^+ 浓度以及茎中 Na^+/K^+ 比，经研究表明，这些指标存在较大的基因型差异。但是基因型之间根部的 Na^+/K^+ 比并没有明显的差异。研究表明，盐胁迫能力的强弱有着很明显的基

因型差异（Yeo et al, 1990）。这些差异都取决于各种基因型是否存在着可以降低功能组织 Na^+ 浓度的生理机制并且可以降低地上部分的 Na^+/K^+ 比。Gregorio 等（1993）研究表明，植物组织中 Na^+/K^+ 比和植物耐盐能力的呈负相关性。

第 5 节　水稻耐盐碱产量品质形成生理

一、水稻生长发育对盐碱胁迫的响应

（一）种子萌发

盐碱胁迫下随着盐浓度的增加，水稻种子发芽时间推迟、发芽过程延长、发芽率降低。不同水稻品种，芽期耐盐能力不同，不同水稻品种间发芽率差异显著，不同水稻品种在盐胁迫下的发芽率高低并非取决于本身在淡水条件下的发芽率，而在很大程度上取决于品种自身的耐盐能力。

离子毒害和渗透胁迫是盐碱环境抑制水稻种子萌发的主要影响因素（汪雪峰等, 2021）。碱胁迫具有较高 pH，对种子萌发的抑制程度大于盐胁迫和渗透胁迫（Lv et al, 2013）。对种子芽的生长抑制更显著（冯钟慧 等, 2016）。盐碱胁迫严重抑制水稻正常生长，其伤害主要表现为延迟种子发芽时间、降低发芽率和延缓水稻生育进程。

（二）根系

根系是与根际盐溶液直接接触的器官。研究表明，水稻根系在碱性溶液中会变黄（谷娇娇 等, 2019），水稻根系生长在盐碱环境下受到明显的抑制（Zhang et al, 2017; 索艺宁 等, 2018）。根系周围的高 pH 环境会引起金属离子和磷的积累沉淀，损坏根部组织结构，降低根系活力，导致根系细胞死亡，进而叶片萎蔫不能进行正常的光合作用，从而失去生理功能。同时，高 pH 还会导致土壤中的营养元素如铁和磷凝结成块，根系不能正常吸收营养，影响水稻的正常生长（刘晓龙，2019）。碱胁迫下水稻幼苗的根长、根表面积、根体积、平均根直径和根尖数均产生不同程度的下降，导致根系的吸收功能也随之下降（Lv et al, 2015）。

（三）株高

不同生育期盐胁迫处理对水稻株高影响不同，随着盐胁迫浓度增高，株高变矮（表 6-9）。其中，孕穗期盐胁迫处理对株高影响最大，其后依次为拔节期、分蘖期、抽穗期，灌浆期、成熟期盐胁迫处理对株高无影响（朱家骝 等，2021）。

表6-9　　　　　　不同生育期盐胁迫对水稻品种株高的影响

处理时期	不同盐浓度下水稻株高（cm）		
	0.3%	0.5%	0.7%
分蘖期	96.7	92.9	90.8
拔节期	94.4	91.4	85.9
孕穗期	60.6	81.6	70.2
抽穗期	98.3	94.3	91.4
灌浆期	102.7	102.6	102.0
成熟期	102.6	102.6	102.9
对照	102.8	102.9	102.0

（四）分蘖

由朱明霞等（2014）的研究可知，A 至 F 六个由低到高的盐分下，水稻的茎蘖数在全生育期表现为在开花期数量最大，之后缓慢减少（图 6-2）。同一生育期，随着盐碱胁迫的增加，水稻的分蘖数呈逐渐降低的趋势。土壤含盐量在不同的范围对水稻的分蘖具有不同的影响。

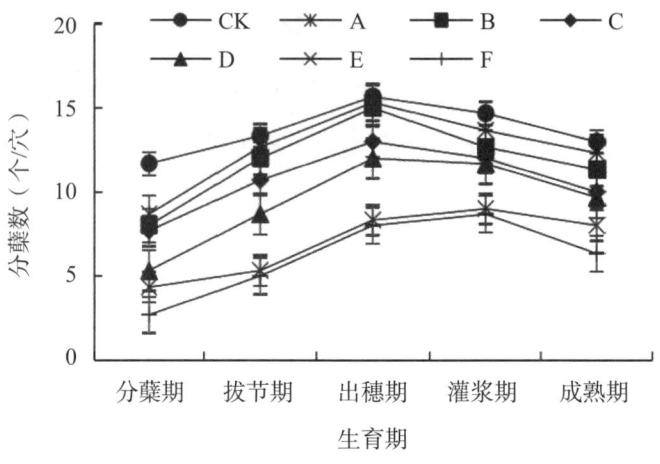

图6-2　盐碱胁迫对水稻分蘖的影响

（五）叶面积

叶面积是光合作用的基础，适宜的叶面积对产量形成至关重要。随着盐碱浓度的增加，分蘖期、拔节期、开花期、灌浆期、成熟期的水稻叶面积呈逐渐降低的趋势。叶面积减小导致光合速率降低，进而导致产量下降（朱明霞 等,2014）。

二、盐碱胁迫对水稻产量形成的影响

（一）盐碱胁迫对群体穗数形成的影响

单位面积穗数是由基本苗数以及有效分蘖数决定的，在适当的基本苗数基础上，有效分蘖数越多，产量就越高。有研究表明，盐胁迫会影响水稻有效分蘖数，从而影响水稻产量。有效穗数在低盐浓度处理下与对照相比差异不大，但随着盐浓度增加，穗数下降幅度增大（表6-10）（朱家骝 等,2021）。韦还和等（2020）研究表明，盐胁迫对水稻分蘖发生与成穗特性有显著影响。与对照（无盐胁迫）相比，中盐和高盐处理下拔节期、抽穗期和成熟期群体茎蘖数和成穗率均较低。对照的分蘖利用以一次分蘖和二次分蘖为主，一次分蘖发生在第3至第7叶位，第4至第6叶位是分蘖发生与成穗的优势叶位，二次分蘖则以1/4和1/5蘖位优势较强；盐胁迫的分蘖利用以一次分蘖为主，第4至第6叶位是分蘖发生与成穗的优势叶位。盐胁迫下各蘖位的穗长、每穗粒数、着粒密度、一次枝梗数及粒数、二次枝梗数及粒数均低于对照。与对照相比，盐胁迫下水稻单株成穗数少、个体和群体生长协调性差、穗型小，最终单株和群体产量低。由此可见，盐胁迫会使得水稻有效穗数降低，从而导致产量下降。因此，应在适宜的基本苗数基础上，加强栽培管理，合理施用水肥，加强分蘖成穗提高有效穗数，以达到增产的目的。

表6-10　　　　　　　不同生育期盐胁迫对水稻有效穗数的影响

处理时期	水稻每亩有效穗数/万		
	0.3%	0.5%	0.7%
分蘖期	15.6	12.8	12.0
拔节期	13.9	11.8	10.9
孕穗期	13.4	11.1	7.2
抽穗期	16.1	13.5	13.1
灌浆期	16.1	13.8	13.8
成熟期	15.9	13.7	13.2
对照	15.8	14.1	13.6

（二）盐碱胁迫对水稻每穗颖花数形成的影响

颖花数的形成与幼穗的分化发育有着直接的关系。从第一苞分化发育期（距离抽穗前 30 天左右）至生殖细胞减数分裂末期（距离抽穗前 5 天左右），这25 天内水稻的发育状况与产量高低有着莫大的关联，因为其决定着每个单穗颖花数目的多少。其中，前 5 天也就是从第一苞分化发育期到颖花开始发育的时期，主要是枝梗（包括一次和二次枝梗）和颖花发育，这个阶段对颖花增殖来说是一个至关重要的时期；后 20 天即从颖花开始发育到生殖细胞减数分裂末期，这时期枝梗和颖花开始退化，从而导致颖花数量降低，属于颖花减退期。

研究表明，一次枝梗的数目是水稻每个单穗颖花数量的首要决定因子。颖花

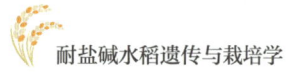

退化数和每个单穗颖花现存数的变化，主要是因为二次颖花退化和现存数的变化不同而有差异。研究还指出，每个单穗颖花现存的数量由抽穗期单个穗茎干物质重量及每克干物质能够产生现存颖花的能力构成，只有当这两个因素都增加时，每个单穗颖花现存数才会显著地增加（姚友礼 等，1994a，1994b，1995）。盐浓度上升，幼穗形态呈现出幼穗细小、发育进程延缓的趋势。在不同盐处理条件下，一次枝梗退化率、二次枝梗退化率和颖花退化率都随盐处理浓度的升高而增加。在低盐胁迫时，二次枝梗受影响较大，当盐浓度继续升高时，二次枝梗的退化并没有继续增加，受影响更大的是颖花退化。低盐胁迫主要影响二次枝梗的分化，高盐胁迫则主要导致颖花退化（吴孚桂，2020）。随着盐浓度的不断升高，花粉的败育率也跟着升高。由图6-3可以看出，正常花粉在显微镜下呈圆润饱满的黑褐色，而败育花粉则呈淡黄色且畸变干瘪（吴孚桂，2020）。对其进行计数统计

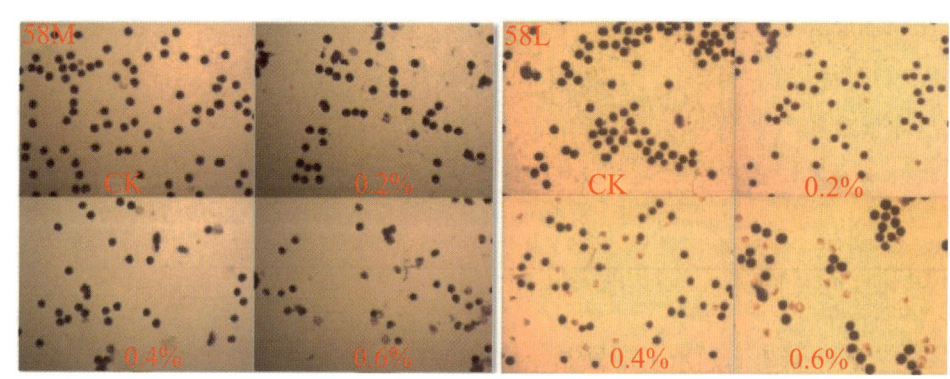

图6-3 盐胁迫下两个品系的花粉镜检图

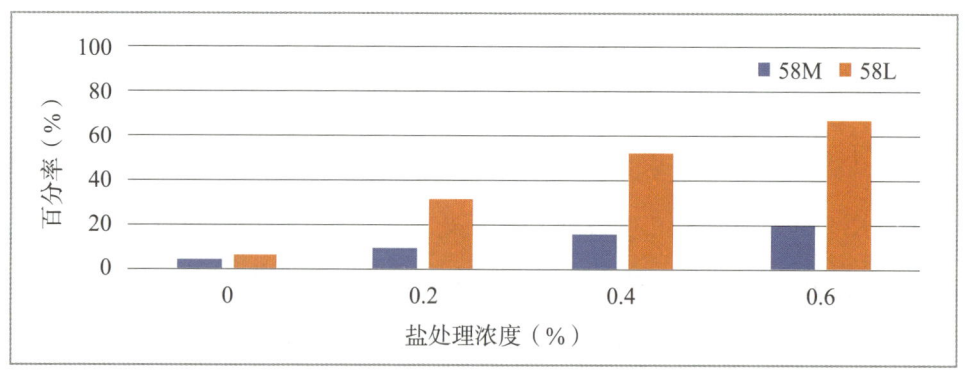

图6-4 两个不同品种的颖花退化率（%）

后发现，用最高 0.6% 盐浓度处理后，花粉败育也相应达到最高（图 6-4）（吴孚桂，2020）。

（三）盐碱胁迫对水稻库容充实特性的影响

水稻库容充实特性中，籽粒灌浆期是水稻物质转移最活跃的时期，影响着水稻的结实率、粒重、产量及品质，是水稻生长发育的一个重要阶段（杨建昌，2010；陈燕华 等，2001）。水稻穗部形态在产量结构中起决定性的作用（赵长华 等，2020；Yang et al, 2000；贺奇 等，2021）。一次枝梗粒重的降低主要受千粒重降低的影响，二次枝梗粒重的降低受二次枝梗数及二次枝梗千粒重降低共同作用（徐正进 等，1998），穗粒重的下降会直接导致产量的降低，因为盐碱胁迫会影响水稻抽穗时间，缩短水稻的灌浆期，最终导致籽粒灌浆不充实，抑制与穗重相关的一、二次千粒重和一、二次枝梗粒数，且对二次枝梗的抑制大于一次枝梗。盐碱胁迫对一次枝梗千粒重抑制显著，但抑制率较小，对二次枝梗千粒重抑制不显著，对一、二次枝梗结实率无明显抑制作用（杨福 等，2010；左静红 等，2013）。盐碱胁迫加重会使水稻穗部性状受抑制作用增大。在中度盐碱胁迫下，水稻穗长变短，每穗实粒数呈显著减少趋势，穗部秕粒数最高，每穗结实率最低，穗部总粒数（穗部总粒数是实粒数与秕粒数的总和）随着盐碱胁迫梯度增强，每穗总粒数均降低，受盐碱胁迫影响变化最明显，穗粒重呈降低趋势，但未达显著水平。在重度盐碱胁迫下，穗粒重显著降低，穗着粒密度在中度盐碱胁迫下最低（贺奇 等，2021）。

水稻灌浆过程中籽粒的灌浆充实过程不同步。已有研究表明：着生在水稻穗中上部早开花的强势粒，籽粒灌浆快，充实好，粒重高；着生在水稻穗下部迟开花的弱势粒，灌浆慢，充实差，粒重低（Yang et al, 2000）。强势粒随着盐碱胁迫梯度增强，起始灌浆时间提早，灌浆速率变慢，达灌浆峰值时间变短，强势粒终值减小。而弱势粒随着盐碱胁迫程度的加重，与强势粒不同的是起始灌浆时间推迟，在达灌浆峰值时间变短的情况下，生育期提前或推后极易造成水稻空粒、瘪粒的形成，影响水稻的产量和品质（马巍 等，2016）。

胡博文等（2019）研究表明，盐胁迫使水稻地上部各器官干物质积累量显著下降（表6-11）。对比成熟期地上部各器官于盐胁迫下较对照的降幅可以发现，穗对盐胁迫敏感程度更高。无论是抽穗期还是成熟期，土壤含盐量为0.3%时两个水稻品种的茎鞘、叶片干物质分配比例均升高，而籽粒的分配比例下降，说明盐胁迫造成地上部干物质的分配不合理，茎叶分配了较多的干物质却不能有效地向籽粒转移。同时，盐胁迫对抽穗期和成熟期的茎鞘、叶片干物质分配比例没有造成显著性影响（表6-12）（胡博文 等, 2019），而盐胁迫显著降低籽粒的干物质分配比例。

表6-11　　盐胁迫对水稻抽穗期和成熟期地上部干物质积累量的影响

| 品种 | 含盐量（%） | 茎鞘干物重积累量（t/hm²） | | 叶片干物重积累量（t/hm²） | | 穗鞘干物重积累量（t/hm²） | |
		抽穗期	成熟期	抽穗期	成熟期	抽穗期	成熟期
牡丹江30	0	18.53	14.2	8.23	5.24	2.90	22.55
	0.075	16.93	13.56	7.23	4.88	2.55	21.78
	0.150	14.04	11.85	5.40	3.95	2.03	16.42
	0.225	10.16	8.25	4.48	3.6	0.67	10.40
	0.3	8.33	7.27	3.54	2.80	0.32	7.79

表6-12　　盐胁迫对水稻抽穗期和成熟期地上部干物质分配比例的影响

| 品种 | 含盐量（%） | 抽穗期 | | | 成熟期 | | |
| | | 干物质分配比例（%） | | | 干物质分配比例（%） | | |
		茎鞘	叶片	籽粒	茎鞘	叶片	籽粒
牡丹江30	0	62.32	27.93	9.75	33.64	12.55	53.81
	0.075	63.44	26.78	9.79	33.60	12.09	54.31
	0.150	65.08	25.49	9.42	36.72	12.30	50.97
	0.225	66.32	29.04	4.64	37.86	15.21	46.93
	0.3	68.76	28.55	2.69	41.09	15.35	43.55

（四）盐碱胁迫对水稻产量的影响

关于盐分胁迫对水稻产量影响的研究报道不仅数量少，而且因土壤盐分控制方法与含盐量的不同，结论不尽一致（杨福 等，2010; 张瑞珍 等，2006; 李红宇 等，2015; 步金宝 等，2012）。总的趋势是，随着盐分胁迫的浓度增大，产量越来越低（韦还和 等，2020; 张瑞珍 等，2006）。此前研究表明：土壤含盐量在 0.11% ~ 0.22% 之间，对水稻产量的影响差异不显著；土壤含盐量大于 0.22%，产量构成因素千粒重、有效穗数、穗粒数、结实率受到显著影响，导致水稻的产量下降明显。低浓度盐分处理与正常处理相比，每穗粒数、每株穗数、千粒重和产量均无明显变化；较高浓度盐分处理下，除了每株穗数变化不明显外，每穗粒数、千粒重和产量均有明显变化，高浓度盐分造成了水稻产量和产量构成因素的明显下降（表6-13）（罗成科 等，2017）。

表6-13　　　　　盐分胁迫对水稻产量及其构成因素的影响

盐分处理（%）	每盆穗数	每穗粒数	千粒重（g）	每盆产量（g）
0.05	22.3	91.2	26.1	77.9
0.10	24.7	116.7	26.4	80.3
0.20	20.3	82.2	25.2	62.0
0.30	19.3	73.9	24.8	61.4
0.40	17.7	63.9	23.1	58.7

不同生育期盐胁迫处理对水稻产量影响不同，随着盐胁迫浓度增高，产量降低。有研究表明，孕穗期盐胁迫处理对产量影响最大，其次为拔节期，成熟期盐胁迫处理对水稻产量影响最小。盐胁迫严重影响水稻的生长发育，阻碍生育进程，进而影响水稻的产量构成因素，使水稻减产。研究表明，随着盐碱度的增加，总颖花数、千粒重和成穗率大幅下降，穗粒数也随之降低（韦还和 等，2021; 颜佳倩 等，2022），由此一次、二次枝梗数和一次、二次枝梗粒数构成的穗

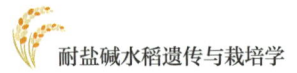

重也下降（韦还和 等，2021）。

按时间顺序来讲，盐胁迫最先影响到的是水稻分蘖数，也就是单位面积穗数，盐胁迫使有效穗数下降；在生殖生长阶段水稻对盐分胁迫比较敏感，影响到幼穗发育，进而使穗粒数下降。在穗数与穗粒数确定之后就意味着库已经确定了，结实率和千粒重就是源对库的充实情况。而由源到库又涉及盐胁迫对水稻叶源、茎源、根源的影响，盐胁迫导致叶面积指数减少、茎秆缩短、茎粗下降、根量及根系活力降低，造成营养物质合成、积累及转运减少。同时盐胁迫也会影响幼穗分化，意味着库容也相对减少。这就涉及源库平衡的问题：若源大库小，结实率以及千粒重与对照相比变化可能不显著；若源小库大，则可能显著影响结实率和千粒重。总之，盐胁迫情况下，耐盐性不同的品种其产量构成因素对产量的影响不同，所以想要提高盐胁迫下水稻的产量，在加强耐盐品种选育及栽培管理措施改进等基础上，还应找到耐盐品种在产量构成因素上的优势，或加强优势，或补足弱势，从而使得盐胁迫下水稻增产。

三、盐碱胁迫对稻米品质形成的影响

盐胁迫不但影响稻米产量，也会影响稻米品质。研究表明，稻米的垩白粒率随土壤盐碱度程度的升高而增大，造成米质下降，蛋白质含量升高，稻米评价值降低，食味品质下降。余为仆（2014）研究表明，低浓度盐分胁迫对稻米品质的影响较小，但较高浓度的盐分胁迫会明显劣化稻米品质。要获得较好的产量与品质，适合水稻种植的土壤的盐分含量上限应控制为 0.06%。由于试验设计与参试品种不同，稻米品质对盐胁迫的响应机制并不一致。罗成科等（2017）认为 0.10% 盐浓度有利于稻米品质的形成，且盐碱胁迫环境影响稻米的品质，使稻米的综合评价值降低、蛋白质含量增加，加工品质变化不稳定，与品种类型有关。翟彩娇等（2020）发现随着盐浓度增强，稻米食味值表现为 V 字形变化，而宋双等（2018）研究表明当土壤含盐量达 0.3% 时，稻米的品质最好。此外，试验设计上多采用一次性加盐的盆栽处理，与沿海滩涂水稻生产实际中采用微咸水灌溉

模式有一定差异。肖丹丹（2020）研究表明：低浓度盐分（0.1%）能够轻微地促进水稻干物质的积累和产量的提高，对稻米外观品质无不利影响，且对稻米加工品质、蒸煮品质和营养品质的改善具有一定的正效应；高浓度盐分（0.2%～0.4%）不利于水稻后期干物质的积累，并造成水稻产量的下降，对稻米加工品质和外观品质造成不利影响，但明显改善稻米的营养品质。

（一）盐碱胁迫对稻米加工与外观品质的影响

稻米加工品质主要有出糙率、精米率、整精米率，外观品质主要有长宽比、垩白粒率、垩白度和透明度等。罗成科等（2017）研究表明，盐胁迫对稻米加工品质及外观品质有显著影响。随着盐胁迫强度的增加，糙米率升高，精米率和整精米率不断下降，整精米率变异幅度较大。其主要原因可能是水稻在灌浆时期受盐碱影响较大，盐碱环境影响水稻的灌浆速率和时间，从而使籽粒密度减轻，耐加工品质较差。周鸿凯等（2009）通过对盐胁迫下水稻稻米外观品质性状的遗传研究发现，糙米长、糙米宽、糙米率和垩白粒率等性状在盐胁迫条件下有稳定的杂种优势表现，其遗传变异既受到基因加性效应的影响也受显性效应的影响，不但可以通过选择加以固定，培育出耐盐的优质品种，而且可以利用杂种优势挖掘水稻耐盐的优质潜力。翟彩娇等（2020）研究表明，盐胁迫对垩白度、透明度无显著影响，而长宽比和垩白粒率在高盐胁迫处理（0.6% 盐土比）与其他低盐胁迫处理（0～0.5% 盐土比）间的差异达显著水平。稻米外观、黏度、平衡度的变化趋势与食味值基本一致，呈现倒 V 字形变化。

（二）盐碱胁迫对稻米营养与食味品质的影响

人类日常消耗的蛋白质主要来源于植物，但植物的营养不是足够完全的（张霞 等，2014）。稻米的营养品质是指精米中蛋白质及其氨基酸等营养成分的含量与组成，以及脂肪、维生素、矿物质含量等。一般认为蛋白质含量高会使米饭口感变差，食味下降，但其又含有谷蛋白及多种人体必需的氨基酸，营养价值较

高。赫臣等（2018）以龙粳21与垦粳5号为材料研究发现，苏打盐碱土使得这两个品种的蛋白质含量降低，但未达到显著水平。罗成科等（2017）以吉粳105为研究材料，结果表明随着盐浓度增加，稻米蛋白质含量也增加，提高了稻米的营养品质。李红宇等（2015）认为，盐碱胁迫条件下，各类型材料稻米蛋白质含量提高，弱耐盐碱材料蛋白质含量升高较显著。

稻米的蒸煮品质主要由淀粉的组成和性质决定。稻米直链淀粉的含量与米饭的硬度、黏度等密切相关：直链淀粉含量高，则米饭硬，黏度小，外观和食味值低；相反，则米饭较软，黏度较大，外观和食味值高。肖丹丹（2020）研究表明：在低盐浓度（0.10%~0.15%）下，稻米的直链淀粉含量低于CK（无盐胁迫），稻米淀粉黏滞特性总体高于CK，且米饭的外观、黏度、平衡度和食味值高于CK；而在高盐浓度（0.30%~0.35%）下，与CK相比，稻米直链淀粉含量有所提高，稻米淀粉黏滞特性总体明显降低，米饭黏度、外观与食味值也明显降低。这表明低浓度盐水灌溉在一定程度上可以提高稻米的蒸煮食味品质，而高浓度盐则会使稻米的蒸煮食味品质明显变劣。翟彩娇等（2020）研究表明，随盐浓度升高，稻米蒸煮食味值及其相关参数（食味值、外观、黏度和平衡度）呈V形变化趋势，硬度则呈倒V形变化趋势。

（三）盐碱胁迫对籽粒淀粉含量及其合成代谢关键酶活性的影响

淀粉是光合作用的产物之一，是水稻籽粒贮藏的多糖之一。稻米淀粉包含直链淀粉和支链淀粉两种类型，它们的组成比例对米饭的蒸煮品质有着决定性的影响。研究表明（陈能 等，1997；马均 等，2005），随着盐胁迫强度增加，稻米直链淀粉含量均有增加但是没有显著差异，说明盐碱胁迫对稻米直链淀粉含量影响较小，可能不会影响米饭蒸煮品质。直链淀粉是一种作用强大的水解胶体，它的扩展结构使得水溶淀粉拥有更高的黏度和对温度不敏感的特性，基于这些特性，直链淀粉成为很好的功能物质和贮能物质。而支链淀粉在水中有更好的溶解性，是植物利用能量的途径之一。目前淀粉形成累积关键酶包括ADPG焦磷酸化酶、可溶性淀粉合成酶和淀粉分支酶，在水稻籽粒淀粉积累过程中起重要的调节作用。赵宏伟等（2015）研究表明，盐胁迫影响 ADPG 焦磷酸化酶、可溶性淀粉合成酶和淀粉分支酶的活性，直链淀粉和支链淀粉的累积受到抑制，耐盐品种由于关键酶活性受影响不大而淀粉合成量变化不大。

（四）盐碱胁迫对籽粒蛋白质含量及其组分的影响

盐碱胁迫条件会提高稻米的蛋白质含量，这是因为在盐碱胁迫逆境下，虽然水稻体内正常的蛋白质合成会受到抑制，但是往往会诱导一些新的蛋白质或原有蛋白质含量增加，进而通过增加可溶性蛋白的合成直接参与并适应逆境生长（严顺平，2006; Tong et al, 2019）。陈春旭等（2018）研究表明，盐胁迫使糙米芽体生长迟缓，呼吸速率增大。正常及盐胁迫发芽条件下糙米清蛋白含量变化趋势一致，均为先减少、后增加、再减少；与正常发芽球蛋白含量逐渐降低不同，盐胁迫发芽糙米的球蛋白含量先增加、后减少；醇溶蛋白含量在盐胁迫条件下基本不变；糙米谷蛋白在正常及盐胁迫发芽条件下含量变化趋势一致，均为先增加、再减小。

总体来看，盐胁迫下稻米品质的各项评定，受品种及盐分高低影响较大。在低盐胁迫情况下，相对耐盐品种的品质受影响较小，或有所提升；耐盐性差的水稻品种则随着盐浓度增加，品质逐渐降低（图 6-5）。

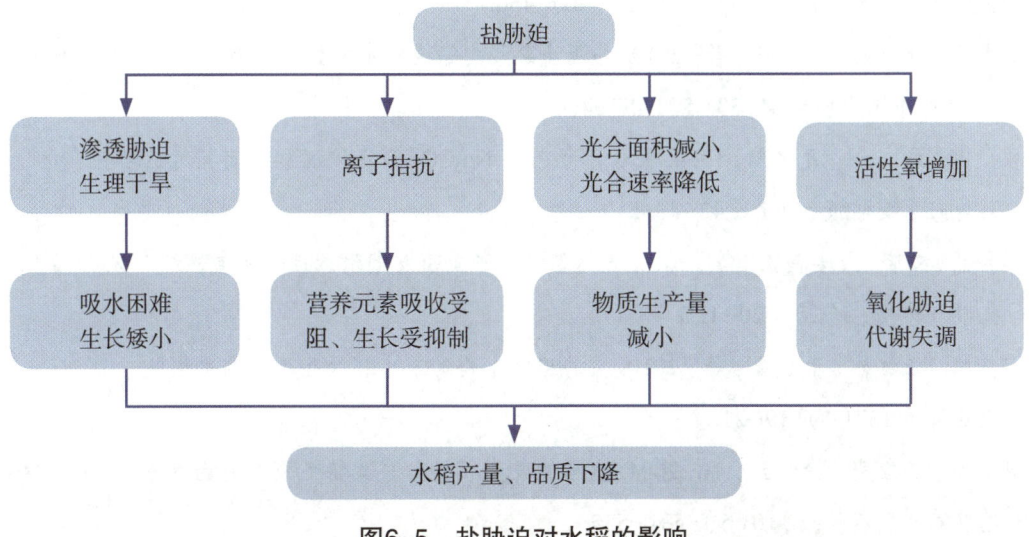

图6-5　盐胁迫对水稻的影响

参考文献

白书农,肖翎华.1986.近年来水稻根系生理研究的几个特点[J].植物生理学通讯,(4):18-22.

步金宝,赵宏伟,刘化龙,等.2012.盐碱胁迫对寒地粳稻产量形成机理的研究[J].农业现代化研究,33(4):485-488.

曹利强.2015.不同施氮量对钵苗机插水稻产量形成及氮、磷、钾吸收利用的影响[D].扬州大学.

曹小闯,李晓艳,朱练峰,等.2016.水分管理调控水稻氮素利用研究进展[J].生态学报,36(13):3882-3890.

曾亚文,申时全,汪禄祥,等.2005.云南稻种矿质元素含量与形态及品质性状的关系[J].中国水稻科学,19(2):127-131.

陈春旭,王利勤,郭元新,等.2018.盐胁迫对发芽糙米富集 γ - 氨基丁酸及蛋白组分变化的影响[J].食品科学,39(5):87-92.

陈能,罗玉坤,朱智伟,等.1997.优质食用稻米品质的理化指标与食味的相关性研究[J].中国水稻科学,11(2):70-76.

陈秀晨,王士梅,王海娟,等.2015.水稻籽粒矿质元素含量遗传及主要农艺性状相关性分析[J].植物遗传资源学报,16(3):460-466.

陈燕华,王亚梁,朱德峰,等.2019.外源油菜素内酯缓解水稻穗分化期高温伤害的机理研究[J].中国水稻科学,33(5):457-466.

程广有,许文会,黄永秀.1994.关于水稻苗期 Na_2CO_3 筛选浓度和鉴定指标的研究[J].延边农学院学报,6(1):42-46+51.

冯钟慧,刘晓龙,姜昌杰,等.2016.吉林省粳稻种质萌发期耐碱性和耐盐性综合评价[J].土壤与作物,5(2):120-127.

符秀梅,朱红林,李小靖,等.2010.盐胁迫对水稻幼苗生长及生理生化的影响[J].广东农业科学,37(4):19-21.

甘秀芹,江立庚,徐建云,等.2004.水稻的硅素积累与分配特性及其基因型差异[J].植物营养与肥料学报,10(5):531-535.

谷娇娇，胡博文，贾琰，等．2019. 盐胁迫对水稻根系相关性状及产量的影响［J］. 作物杂志，
（4）：176-182.

郭朝晖，李合松，张杨珠，等．2001. 磷素水平对杂交水稻生长发育和磷素运移的影响［J］.
湖南农业大学学报（自然科学版），27（5）：350-354.

郭再华，贺立源，徐才国．2006. 磷水平对不同耐低磷水稻苗根系生长及氮、磷、钾吸收的
影响［J］. 应用与环境生物学报，12（4）：449-452.

韩天富，马常宝，黄晶，等．2019. 基于 Meta 分析中国水稻产量对施肥的响应特征［J］. 中
国农业科学，52（11）：1918-1929.

贺奇，王昕，马洪文，等．2021. 盐碱胁迫对宁夏水稻籽粒灌浆及穗部性状的影响［J］. 东
北农业科学，46（6）：11-16,69.

贺长征，胡晋，朱志玉，等．2002. 混合盐引发对水稻种子在逆境下发芽及幼苗生理特性的
影响［J］. 浙江大学学报（农业与生命科学版），28（2）：175-178.

赫臣，郑桂萍，李红宇，等．2018. 苏打盐碱土对水稻品质的影响［J］. 黑龙江农业科学，
（1）：37-40.

侯红乾，林洪鑫，刘秀梅，等．2020. 长期施肥处理对双季晚稻叶绿素荧光特征及籽粒产量
的影响［J］. 作物学报，46（2）：280-289.

胡博文．2019. 盐胁迫对水稻碳代谢及产量形成的影响［D］. 东北农业大学.

华春，王仁雷．2004. 盐胁迫对水稻叶片光合效率和叶绿体超显微结构的影响［J］. 山东农
业大学学报（自然科学版），（1）：27-31.

皇甫列翔．2021. 褪黑素促进盐胁迫下水稻种子萌发及调控叶片衰老和产量相关性状的分
子机制研究［D］. 扬州大学.

黄洁，白志刚，钟楚，等．2020. 水稻耐盐生理及分子调节机制［J］. 核农学报，34（6）：
1359-1367.

黄洁，黄晶，梁青铎，等．2021. 盐胁迫对粳稻品种生长和生理特性的影响［J］. 中国稻米，
27（3）：37-40.

黄秋婵，韦友欢，韦良兴．2008. 硅对水稻生长的影响及其增产机理研究进展［J］. 安徽农
业科学，36（3）：919-920.

江洪，白莹莹，饶应福，等．2016. 新围垦盐土地三种人工林群落细根生物量及其影响因素
分析［J］. 植物学报，51（3）：343-352.

李海波，铭夏，平吴．2001. 低磷胁迫对水稻苗期侧根生长及养分吸收的影响［J］. 植物学
报，43（11）：1154-1160.

李红宇,潘世驹,钱永德,等.2015.混合盐碱胁迫对寒地水稻产量和品质的影响[J].南方农业学报,46(12):2100-2105.

李进前,李有清,杨立年,等.2018.硼肥对水稻生长和产量的影响[J].中国稻米,24(3):108-110.

李娟,章明清,林琼,等.2011.水稻根系氮磷钾吸收特性及其模拟模型研究[J].土壤通报,42(1):117-122.

李洋洋.2017.苏打盐碱地稻田氨挥发及氮素利用效率研究[D].中国科学院大学(中国科学院东北地理与农业生态研究所).

李永夫,罗安程,吴良欢,等.2009.两个基因型水稻利用有机磷的差异及其与根系分泌酸性磷酸酶活性的关系[J].应用生态学报,20(5):1072-1078.

李玉祥,林海荣,梁倩,等.2021.多巴胺引发对盐胁迫下水稻种子萌发及幼苗生长的影响[J].中国水稻科学,35(5):487-494.

梁建生,曹显祖.1993.杂交水稻叶片的若干生理指标与根系伤流强度关系[J].江苏农学院学报,14(4):25-30.

凌启鸿,凌励.1984.水稻不同层次根系的功能及对产量形成作用的研究[J].中国农业科学,(5):3-11.

凌启鸿,陆卫平,蔡建中,等.1989.水稻根系分布与叶角关系的研究初报[J].作物学报,15(02):123-131.

凌启鸿,张国平,朱庆森,等.1990.水稻根系对水分和养分的反应[J].江苏农学院学报,11(1):23-28.

刘芬,屈成,方希林,等.2021.激动素处理对盐胁迫下水稻种子萌发和幼苗生长特性的影响[J].江苏农业科学,49(24):64-69.

刘立军,王康君,卞金龙,等.2014.水稻产量对氮肥响应的品种间差异及其与根系形态生理的关系[J].作物学报,40(11):1999-2007.

刘莉.2018.盐胁迫下植物激素对水稻种子萌发及幼苗根系生长的调控机理研究[D].华中农业大学.

刘鹏,毕江涛,罗成科,等.2022.耐盐菌对盐胁迫下水稻种子萌发及幼苗生长的影响[J].农业环境科学学报,41(2):246-256.

刘少华,朱学伸,王晗,等.2020.NaCl浸种对高盐胁迫下杂交稻幼苗根系活性氧代谢的影响[J].西南大学学报(自然科学版),42(8):59-65.

刘晓龙,徐晨,徐克章,等.2014.盐胁迫对水稻叶片光合作用和叶绿素荧光特性的影响[J].作物杂志,（2）:88–92.

刘晓龙.2019.脱落酸（ABA）对水稻耐碱胁迫的诱抗效应及机理研究[D].中国科学院大学（中国科学院东北地理与农业生态研究所）.

刘晓龙,徐晨,季平,等.2021.盐胁迫下水稻叶绿素荧光特性与离子积累的相关性分析[J].分子植物育种,19（3）:972–982.

刘艳,王宝祥,邢运高,等.2021.水稻品种资源苗期耐盐性评价指标分析[J].江苏农业科学,49（17）:75–79.

刘莹,盖钧镒,吕彗能.2003.作物根系形态与非生物胁迫耐性关系的研究进展[J].植物遗传资源学报,4（3）:265–269.

刘玉槐,魏晓梦,魏亮,等.2018.水稻根际和非根际土磷酸酶活性对碳、磷添加的响应[J].中国农业科学,51（9）:1653–1663.

刘智蕾,苏锦铠,孟静柔,等.2022.低温胁迫下增施锌肥对水稻氮代谢与干物质积累的影响[J].植物营养与肥料学报,28（1）:15–22.

龙继锐,马国辉,万宜珍,等.2011.施氮量对超级杂交中稻生育后期剑叶叶绿素荧光特性的影响[J].中国水稻科学,25（5）:501–507.

鲁艳红,廖育林,周兴,等.2015.长期不同施肥对红壤性水稻土产量及基础地力的影响[J].土壤学报,52（3）:597–606.

马均,明东风,马文波,等.2005.不同施氮时期对水稻淀粉积累及淀粉合成相关酶类活性变化的研究[J].中国农业科学,38（2）:290–296.

马巍,侯立刚,齐春艳,等.2016.播期对不同生育类型水稻生长发育进程及产量的影响[J].东北农业科学,41（6）:5–10.

马欣,石桃雄,武际,等.2011.不同硼肥对油菜产量和品质的影响及其在油稻轮作中的后效[J].植物营养与肥料学报,17（3）:761–766.

毛爽,周万里,杨帆,等.2021.植物根系应答盐碱胁迫机理研究进展[J].浙江农业学报,33（10）:1991–2000.

门传保.2020.不同籼稻品种对低磷响应的差异及其农艺与生理特征[D].扬州大学.

聂佳俊,白璐嘉,韦云飞,等.2022.盐胁迫过程中渗透胁迫和离子胁迫对水稻种子萌发的影响[J].分子植物育种,20（3）:1–16.

潘瑞炽.1979.水稻生理[M].北京:科学出版社,128–129.

潘晓华,王永锐,傅家瑞.1996.水稻根系生长生理的研究进展[J].植物学通报,（02）:14–21.

彭云玲,保杰,叶龙山,等.2014.NaCl 胁迫对不同耐盐性玉米自交系萌动种子和幼苗离子稳态的影响[J].生态学报,34(24):7320-7328.

瞿欢欢,邓洪平,梁盛,等.2020.毛竹扩张对濒危植物桫椤根系形态可塑性的影响[J].生态学报,40(4):1219-1227.

阮松林,薛庆中.2002.盐胁迫条件下杂交水稻种子发芽特性和幼苗耐盐生理基础[J].中国水稻科学,16(3):281-284.

闰先喜,马小杰,邢树平,等.1995.盐胁迫对大麦种子细胞膜透性的影响[J].植物学通报,12(增刊):53-54.

邵玺文,张瑞珍,童淑媛,等.2005.松嫩平原盐碱土对水稻叶绿素含量的影响[J].中国水稻科学,19(6):570-572.

宋双,马凌霄,刘中卓.2018.高盐浓度对水稻产量及食味品质的影响[J].北方水稻,48(3):18-21.

孙永健,孙园园,蒋明金,等.2016.施肥水平对不同氮效率水稻氮素利用特征及产量的影响[J].中国农业科学,49(24):4745-4756.

索艺宁,张春可,于乔乔,等.2018.盐、碱胁迫下水稻苗期根数和根长的 QTL 分析[J].华北农学报,33(5):9-15.

汪雪峰,盛夏冰,谭炎宁,等.2021.盐胁迫对杂交稻隆两优华占及其亲本种子萌发和幼苗生长的影响[J].杂交水稻,36(1):75-81.

王佺珍,刘倩,高娅妮,等.2017.植物对盐碱胁迫的响应机制研究进展[J].生态学报,37(16):5565-5577.

王仁雷,华春,刘友良.2002.盐胁迫对水稻光合特性的影响[J].南京农业大学学报,(4):11-14.

王旭明,麦绮君,周鸿凯,等.2019.盐胁迫对 4 个水稻种质抗逆性生理的影响[J].热带亚热带植物学报,27(2):149-156.

王旭明,赵夏夏,陈景阳,等.2018.低盐胁迫对 5 个海水稻种质若干生理生化指标的影响[J].热带农业科学,38(8):24-29.

韦还和,葛佳琳,张徐彬,等.2020.盐胁迫下粳稻品种南粳 9108 分蘖特性及其与群体生产力的关系[J].作物学报,46(8):1238-1247.

韦还和,张徐彬,葛佳琳,等.2021.盐胁迫对水稻颖花形成及籽粒充实的影响[J].作物学报,47(12):2471-2480.

魏征,邹燕,陈澎军,等.2021.不同类型水稻芽期的耐盐性差异[J].湖南农业大学学报

（自然科学版），47（3）：254-261.

吴孚桂.2020.盐胁迫对水稻幼穗发育的影响［D］.海南大学.

吴伟明，宋祥甫，孙宗修，等.2001.不同类型水稻的根系分布特征比较［J］.中国水稻科学，
（04）：37-41.

吴炎，袁嘉琦，张超，等.2020.稻米脂肪与品质的关系及其调控［J］.江苏农业学报，36
（3）：769-776.

吴杨，高慧纯，张必弦，等.2017.24-表油菜素内酯对盐碱胁、生理及细胞超微结构的影
响［J］.中国农业科学，50（5）：811-821.

肖丹丹.2020.不同浓度盐水灌溉对水稻产量、叶片生理特性及品质的影响［D］.扬州
大学.

信彩云，马惠，赵庆雷，等.2019.不同浓度 NaCl 胁迫对水稻种子发芽及幼苗生长的影
响［J］.大麦与谷类科学，36（3）：7-10.

徐晨，凌凤楼，徐克章，等.2013.盐胁迫对不同水稻品种光合特性和生理生化特性的影
响［J］.中国水稻科学，27（03）：280-286.

徐芬芬，彦有娟，韦蓉香.2020. NaCl 和 Na_2CO_3 胁迫对水稻根系生长的影响［J］.杂交水
稻，35（3）：76-78.

徐国伟，王贺正，翟志华，等.2015.不同水氮耦合对水稻根系形态生理、产量与氮素利用
的影响［J］.农业工程学报，31（10）：132-141.

徐正进，陈温福，曹洪任，等.1998.水稻穗颈维管束数与穗部性状关系的研究［J］.作物
学报，（01）：47-54.

严宽，王昌全，李焕秀，等.2010.磷水平对杂交水稻及其亲本根系酸性磷酸酶活性的影
响［J］.中国水稻科学，24（1）：43-48.

严顺平.2006.水稻响应盐胁迫和低温胁迫的蛋白质组研究［D］.中国科学院研究生院
（上海生命科学研究院）.

颜佳倩，顾逸彪，薛张逸，等.2022.耐盐性不同水稻品种对盐胁迫的响应差异及其机
制［J］.作物学报，48（6）：1463-1475.

杨福，梁正伟，王志春.2010.苏打盐碱胁迫对水稻品种长白9号穗部性状及产量构成的影
响［J］.华北农学报，25（S2）：59-61.

杨建昌.2011.水稻根系形态生理与产量品质形成及养分吸收利用的关系［J］.中国农业科
学，44（1）：36-46.

杨建昌.2010.水稻弱势粒灌浆机理与调控途径［J］.作物学报，36（12）：2011-2019.

杨涓,许兴.2003.盐胁迫下植物有机渗透调节物质积累的研究进展[J].宁夏农学院学报,(04):86-91.

杨雄.2012.不同氮肥群体最高生产力水稻品种氮磷钾的积累、分配与转运的差异性分析[D].扬州大学.

杨秀霞,燕辉,陈仁辉,等.2016.硅锌硼配施对红壤区双季稻产量和群体发育特征的影响[J].中国土壤与肥料,(6):121-128.

杨娅坤,赵飞,刘建,等.2021.盐碱胁迫对水稻的影响及其相关机制的研究进展[J].分子植物育种,(4):1-17.

姚友礼,王余龙,蔡建中.1994.水稻大穗形成机理的研究(1):品种间每穗颖花分化数的差异及其与穗部性状的关系[J].江苏农学院学报,(02):33-38.

姚友礼,王余龙,蔡建中.1994.水稻大穗形成机理的研究(2):品种间每穗颖花退化数的差异及其分化数和抽穗期物质生产的关系[J].江苏农学院学报,(04):24-29.

姚友礼,王余龙,蔡建中.1995.水稻大穗形成机理的研究(3):品种间每穗颖花现存数与颖花分化和抽穗期物质生产的关系[J].江苏农学院学报,(02):11-16.

尹晓辉,邹慧玲,方雅瑜,等.2016.锰肥在水稻上的应用研究进展[J].中国稻米,22(4):39-41,45.

余为仆.2014.秸秆还田条件下盐胁迫对水稻产量与品质形成的影响[D].扬州大学.

翟彩娇,邓先亮,张蛟,等.2020.盐分胁迫对稻米品质性状的影响[J].中国稻米,26(2):44-48.

张国良,戴其根,周青,等.2004.硅肥对水稻群体质量及产量影响研究[J].中国农学通报,20(3):114-117.

张洪程.2013.水稻机械化精简化高产栽培[M].北京:中国农业出版社.

张磊,侯云鹏,王立春.2018.盐碱胁迫对植物的影响及提高植物耐盐碱性的方法[J].东北农业科学,43(4):11-16.

张瑞坤,李卓成,祝德玉,等.2020.盐胁迫下不同耐盐性水稻品种苗期光合特性的响应规律[J].青岛农业大学学报(自然科学版),37(4):250-257.

张瑞珍,邵玺文,童淑媛,等.2006.盐碱胁迫对水稻源库与产量的影响[J].中国水稻科学,20(1):116-118.

张霞,王峰.2014.植物蛋白质的特性及应用价值分析[J].现代农业科技,(01):289-291.

赵红,徐芬芬,熊安琪,等.2021.不同种类盐胁迫对水稻种子萌发和幼苗生长的影响[J].分子植物育种,19(17):5842-5847.

赵宏伟, 吕艳超, 许晶, 等 . 2015. 施氮量对盐胁迫下寒地粳稻籽粒淀粉积累及相关酶活性的影响 [J]. 东北农业大学学报, 46（8）: 1-8.

赵长华, 丁艳锋 . 2001. 水稻穗粒数形成的生理生化研究进展 [J]. 耕作与栽培, 1: 5-9.

郑炳松, 蒋德安, 翁晓燕, 等 . 2001. 钾营养对水稻剑叶光合作用关键酶活性的影响 [J]. 浙江大学学报（农业与生命科学版）,（5）: 20-25.

周根友, 翟彩娇, 邓先高, 等 . 2018. 盐逆境对水稻产量、光合特性及品质的影响 [J]. 中国水稻科学, 32（2）: 146-154.

周鸿凯, 方良俊, 何觉民, 等 . 2009. 盐胁迫下水稻稻米外观品质性状的遗传分析 [J]. 西南大学学报（自然科学版）, 31（10）: 8-13.

朱明霞, 高显颖, 邵玺文, 等 . 2014. 不同浓度盐碱胁迫对水稻生长发育及产量的影响 [J]. 吉林农业科学, 39（6）: 12-16.

左静红, 李景鹏, 杨福 . 2013. 不同土壤类型对北方粳稻穗部性状及产量构成的影响 [J]. 生态学杂志, 32（01）: 59-63.

Alvarez-Aragon R, Haro R, Benito B, et al. 2016. Salt intolerance in Arabidopsis: shoot and root sodium toxicity, and inhibition by sodium-plus-potassium overaccumulation [J]. Planta, 243（1）: 97-114.

Bernstein L, Pearson G A. 1956. Influence of exchangeable sodium on the yield and chemical composition of plants: I Green beans, garden beets, cover, and alfalfa [J]. Soil Science, 82（3）: 247-258.

Borkert C M, Barber S A. 2008. Effect of supplying P to a portion of the soybean root system on root growth and P uptake kinetics1 [J]. Journal of Plant Nutrition, 6（10）: 895-910.

Colmer T D. 2003. Long-distance transport of gases in plants: a perspective on internal aeration and radial oxygen loss from roots [J]. Plant, Cell and Environment, 26（1）: 17-36.

Gahoonia T S, Asmar F, Gissel-Nielsen G, et al. 2000. Root-released organic acids and phosphorus uptake of two barely cultivars in laboratory and field experiments [J]. European Journal of Agronomy, 12: 281-289.

Genty B, Harbinson J, Briantais J M, et al. 1990. The relationship between non-photochemical quenching of chloroplhyll fluorescence and the rate of photosystem 2 photochemistry in leaves [J]. Photosynthesis Research, 25: 249-257.

Gong Z, Xiong L, Shi H, et al. 2020. Plant abiotic stress response and nutrient use efficiency [J]. Sci China Life Sci, 63（5）: 635-674.

Gregorio G B, Senadhira D. 1993. Genetic analysis of salinity tolerance in rice (*Oryza sativa* L.) [J]. Theoretical & Applied Genetics, 86 (2−3): 333−338.

Gregory P J, Hinsinger P. 1999. New approaches to studying chonical and physieal changes in the rhizosphere: an overview [J]. Plant and Soil, 211: 1−9.

Guo X H, Lan Y C, Xu L Q, et al. 2021. Effects of nitrogen application rate and hill density on rice yield and nitrogen utilization in sodic saline−alkaline paddy fields [J]. Journal of Integrative Agriculture, 20 (2): 540−553.

Gupta A S, Berkowitz G A. 1989. Development and use of chlorotetracycline fluorescence as a measurement assay of chloroplast envelope−bound Mg^{2+} [J]. Plant Physiology, 89: 753−761.

He Y Q, Yang B, He Y, et al. 2019. A quantitative trait locus, qSE3, promotes seed germination and seedling establishment under salinity stress in rice [J]. The Plant Journal, 97 (6): 1089−1104.

Hinsinger P. 2001. Bioavailability of inorganic P in the rhizosphere as affected by root−induced chemical changes: a review [J]. Plant and Soil, 237: 173−195.

Hoai N T T, Shim I S, Kobayashi K, et al. 2003. Accumulation of some nitrogen compounds in response to salt stress and their relationships with salt tolerance in rice (*Oryza sativa* L.) seedlings [J]. Plant Growth Regulation, 41 (2): 159−164.

Horie T, Karahara I, Katsuhara M. 2012. Salinity tolerance mechanisms in glycophytes: An overview with the central focus on rice plants [J]. Rice, 5: 11.

Hu Y, Huang Y, Zhou S, et al. 2020. Traditional rice landraces in Lei−Qiong area of South China tolerate salt stress with strong antioxidant activity [J]. Plant Signal Behav, 15 (4): 1740466.

Hu Y, Schmidhalter U. 2005. Drought and salinity: A comparison of their effects on mineral nutrition of plants [J]. Journal of Plant Nutrition and Soil Science, 168 (4): 541−549.

Jalali P, Navabpour S, Yamchi A, et al. 2019. Differential responses of antioxidant system and expression profile of some genes of two rice genotypes in response to salinity stress [J]. Biologia, 75 (5): 785−793.

Julkowska M M, Testerink C. 2015. Tuning plant signaling and growth to survive salt [J]. Trends Plant Sci, 20 (9): 586−594.

Kaya C, Higgs D, Kirnak H. 2001. The effects of high salinity (NaCl) and supplementary phosphorus and potassium on physiology and nutrition development of spinach [J]. Bulgarian Journal of Plant Physiology, 27 (3−4): 47−59.

Khan M A, Hamayun M, Asaf S, et al. 2021. Rhizospheric bacillus spp. rescues plant growth under salinity stress via regulating gene expression, endogenous hormones, and antioxidant system of Oryza sativa. L[J]. Front Plant Sci, 12: 665590.

Kordrostami M, Rabiei B, Kumleh H H. 2017. Different physiobiochemical and transcriptomic reactions of rice (*Oryza sativa* L.) cultivars differing in terms of salt sensitivity under salinity stress[J]. Environ Sci Pollut Res Int, 24(8): 7184−7196.

Lambers H, Finnegan P M, Laliberte E, et al. 2011. Phosphorus nutrition of proteaceae in severely phosphorus−impoverished soils: Are there lessons to be learned for future crops?[J]. Plant Physiology, 156(3): 1058−1066.

Leigh R A, Jones R G W. 2010. A hypothesis relating critical potassium concentrations for growth to the distribution and functions of this ion in the plant cell[J]. New Phytologist, 97 (1): 1−13.

Li J M, Zhang M H, Yang L M, et al. 2021. OsADR3 increases drought stress tolerance by inducing antioxidant defense mechanisms and regulating OsGPX1 in rice (*Oryza Sativa* L.). The Crop Journal, 9(5): 1003−1017.

Liang W, Ma X, Wan P, et al. 2018. Plant salt−tolerance mechanism: A review[J]. Biochem Biophys Res Commun, 495(1): 286−291.

Lin J, Shao S, Wang Y, et al. 2016. Germination responses of the halophyte Chloris virgatato temperature and reduced water potential caused by salinity, alkalinity and drought stress[J]. Grass and Forage Science, 71(3): 507−514.

Lv B S, Li X W, Ma H Y, et al. 2013. Differences in growth and physiology of rice in response to different saline−alkaline stress factors[J]. Agronomy Journal, 105(4): 1119−1128.

Lv B S, Ma H Y, Li X W, et al. 2015. Proline accumulation is not correlated with saline−alkaline stress tolerance in rice seedlings[J]. Agronomy Journal, 107(1): 51−60.

MA Z, Bielenberg D G, Brown K M, et al. 2001. Regulation of root hair density by phosphorus availabilityin Arabidopsis thaliana[J]. Plant, Cell and Environment, 24: 459−467.

Newman E I, Andrews R E. 1973. Uptake of phosphorus and potassium in relation to root growth and root density[J]. Plant and Soil, 38: 49−69.

Park S I, Kim J J, Shin S Y, et al. 2019. ASR enhances environmental stress tolerance and improves grain yield by modulating stomatal[J]. Frontiers in Plant Science, 10: 1752.

Park Y C, Chapagain S, Jang C S. 2018. A negative regulator in response to salinity in rice:

Oryza sativa salt-, ABA-and drought-induced RING finger protein 1 (OsSADR1)[J]. Plant and Cell Physiology, 59 (3): 575-589.

Pierik R, Testerink C. 2014. The art of being flexible: how to escape from shade, salt, and drought[J]. Plant Physiology, 166 (1): 5-22.

Qi D, Wu Q, Zhu J. 2020. Nitrogen and phosphorus losses from paddy fields and the yield of rice with different water and nitrogen management practices[J]. Scientific Reports, 10 (1): 9734.

Qin H, Li Y, Huang R. 2020. Advances and challenges in the breeding of salt-tolerant rice[J]. Int J Mol Sci, 21 (21): 8385.

Rahnama A, Fakhri S, Meskarbashee M. 2019. Root growth and architecture responses of bread wheat cultivars to salinity stress[J]. Agronomy Journal, 111 (6): 2991-2998.

Ravikovitch S, Yoles D. 1971. The influence of phosphorus and nitrogen on millet and clover growing in soils affected by salinity[J]. Plant and Soil, 35 (1-3): 555-567.

Riens B, Heldt H W. 1992. Decrease of nitrate reductase activity in spinach leaves during a light-dark transition[J]. Plant Physiology, 98: 573-577.

Senadheera P, Tirimanne S, Maathuis F J M. 2012. Long term salinity stress reveals variety specific differences in root oxidative stress response[J]. Rice Science, 19 (1): 36-43.

Sharma I, Ching E, Saini S, et al. 2013. Exogenous application of brassinosteroid offers tolerance to salinity by altering stress responses in rice variety Pusa Basmati-1[J]. Plant Physiology and Biochemistry, 69: 17-26.

Tong C, Gao H Y, Luo S J, et al. 2019. Impact of postharvest operations on rice grain quality: A review[J]. Comprehensive Reviews in Food Science and Food Safety, 18 (3): 626-640.

van Zelm E, Zhang Y, Testerink C. 2020. Salt tolerance mechanisms of plants[J]. Annu Rev Plant Biol, 71: 403-433.

Wang J, Shuman L M. 1994. Transformation of phosphate in rice (*Oryza sativa* L.) rhizosphere and its influence on phosphorus nutrition of rice[J]. Journal of Plant Nutrition, 17 (10): 1803-1815.

Yan F, Wei H, Ding Y, et al. 2021. Melatonin regulates antioxidant strategy in response to continuous salt stress in rice seedlings[J]. Plant Physiol Biochem, 165: 239-250.

Yang J, Peng S, Visperas R M, et al. 2000. Grain filling pattern and cytokinin content in the grains and roots of rice plants[J]. Plant Growth Regulation, 30: 261-270.

Yeo A R, Yeo M E, Flowers S A, et al. 1990. Screening of rice (*Oryza sativa* L.) genotypes for physiological characters contributing to salinity resistance, and their relationship to overall performance[J]. Theoretical & Applied Genetics, 79 (3) : 377−384.

Zhang H, Liu X L, Zhang R X, et al. 2017. Root Damage under Alkaline Stress Is Associated with Reactive Oxygen Species Accumulation in Rice (*Oryza sativa* L.)[J]. Front Plant Sci, 8: 1580.

Zhang M W, Guo B J, Peng Z M. 2004. Genetic effects on Fe, Zn, Mn and P content in indica black pericarp rice and their correlations with grain characteristics[J]. Euphytica, 135: 315− 323.

本章作者 戴其根 张 瑞 韦还和 陈英龙（ 扬州大学 ）

齐春燕（ 吉林省农业科学院 ）

第7章　耐盐碱水稻高产栽培技术

第1节　东北盐碱地水稻栽培概述

我国有近 1 亿 hm^2 盐碱地，其中 75% 尚未得到有效治理及高效利用，开发潜力巨大。我国东北地区是世界三大苏打盐碱土分布区之一，盐碱地占地 7.65×10^6 hm^2（王春裕，2004）。其中，松嫩平原是主要的盐碱土分布区，面积为 3.73×10^6 hm^2（李秀军 等，2002）。东北盐碱地主要盐分为 $NaHCO_3$ 和 Na_2CO_3，土壤呈强碱性，理化性状恶化（裘善文 等，1997）；面积仍以每年 1.4% 的速度增加（裘善文 等，2005）；大片良田产量持续下降，草地退化严重，生态环境日趋恶化，同时也制约了区域经济的发展（李秀军 等，2002）。

2014 年国家发改委等十部门联合下发的《关于加强盐碱地治理的指导意见》指出，盐碱地是我国重要的后备耕地战略资源，治理好盐碱地，对补充我国耕地资源、保障粮食安全和重要农产品有效供给、建设生态文明具有重要意义。国务院《关于近期支持东北振兴若干重大政策举措的意见》也明确指出，支持吉林、黑龙江西部地区等加快盐碱地治理，东北盐碱地已成为我国重要的后备耕地战略资源。2022 年中央一号文件《中共中央　国务院关于做好 2022 年全面推进乡村振兴重点工作的意见》提出，研究制定盐碱地综合利用规划和实施方案，积极挖掘潜力增加耕地，支持将符合条件的盐碱地等后备资源适度有序开发为耕地。东北盐碱地已被视为我国重要的后备耕地战略资源，备受政府、产业界及科研部门的关注。

　　大量的科学研究和生产实践证明，盐碱地种稻是苏打盐碱地改良利用的最有效途径之一，也是促进农民增收、农业增效及改善生态环境的最佳途径之一（王遵亲 等，1993；刘兴土，2001；Wang et al，2018）。当前松嫩平原苏打盐碱地种稻改良已取得一定进展，20 世纪 60 年代在其西部的前郭灌区就已开展盐碱地种稻研究（王春裕 等，1995）；受人口增长、农产品需求量的增加以及盐碱地种稻经济效益和社会效益的驱动，苏打盐碱地水稻种植面积逐年增加（赵兰坡 等，2013）。

　　当前，水稻栽培技术研究方向与目标正在转变，从以高产高效优质为目标发展到集高产高效优质和生态安全为一体的综合生产目标（朱德峰 等，2019）。盐碱地水稻产量受水稻品种、环境条件、栽培管理等多重因素影响。其中，盐碱地水稻栽培管理是保证耐盐碱水稻高产的关键技术环节。水稻栽培技术的创新和应用可提高水肥利用效率，实现水稻增产。深入挖掘和探讨耐盐碱水稻栽培技术的内涵及发展潜力，研究应用高效栽培措施以减缓盐碱胁迫对水稻的伤害，特别是减少盐碱胁迫对作物产量与品质的不利影响，对于构建与完善盐碱地水稻高产高效栽培技术模式，进而提升盐碱地种稻综合效益、推进生产规模和种植制度的发展、提高盐碱地种稻技术水平等都具有重要理论与实践意义（褚光 等，2019）。

一、东北平原盐碱地资源及其治理与利用建议

　　盐碱地是指表层盐碱集聚、生长天然耐盐植物的土地，是盐土和碱土以及各种盐化碱化土壤的集合，由一种或几种盐渍土组成。土壤盐碱化会导致干旱和半干旱气候区土地退化，会影响到作物的正常生长，导致土壤板结、农作物产量下降。根据联合国教科文组织和粮农组织不完全统计，全世界盐碱地面积为 9.54 亿 hm^2，其中我国盐碱地 0.99 亿 hm^2。我国的盐碱地面积占世界盐碱地面积的 10.38%，其中 0.06 亿 hm^2 为耕地，0.21 亿 hm^2 为盐碱荒地。东北是我国五大盐碱地分布区之一，面积高达 765 万 hm^2。

（一）东北平原盐碱地分布及其特征

东北平原主要包括松嫩平原、辽河平原、三江平原。东北平原西部盐碱地分布具有明显规律性：沿大兴安岭东南部呈西南－东北向延伸，主要分布在沿大兴安岭南麓及东延的低平原、河谷高低漫滩、古河道河曲等区域（赵鹏敏 等，2020）。以松辽分水岭西部为界，北部的松嫩低平原盐碱地面积约 233.33 万 hm^2，南部的西辽河平原盐碱地面积约 100 万 hm^2，二者约占东北内陆地区盐碱地面积的 91%。

1. 松嫩平原

松嫩平原三面环山，一面环岭，发源于大兴安岭的嫩江穿过平原中部向东外流入海，构筑了一个半封闭的低平原系统。四周山、岭与平原间存在海拔落差，导致大气降水通过地表径流或土壤侧向径流形成诸多河流注入平原。大气降水产生的地表或者土壤径流，溶解土壤中风化的盐分，将高海拔处土壤中的盐分随径流携带到平原低处。径流所形成的诸多河流进入平原后，由于蒸发、渗漏而减少，河流逐渐消失，所溶解的盐分在河流消失过程中析出，留存于平原土壤，致使土壤富含各种盐分，形成松嫩平原含盐碱的土地。

松嫩平原是主要的盐碱化土壤分布地区，区域内有盐碱化土地面积约 3.73×10^6 hm^2，占松嫩平原面积的 49%，白城、松原、大庆、齐齐哈尔和绥化等地区是典型盐碱地分布行政区域。苏打盐碱土所含盐分主要为 Na_2CO_3 和 $NaHCO_3$，具有较高的 pH（张磊 等，2018），土壤胶体含量丰富，盐化的同时伴随着碱化过程（徐子棋 等，2018），土壤养分贫瘠。另一方面，松嫩平原土壤质地黏重，保水保肥性能好，过境水资源丰富、面积巨大、集中连片，具有很大开发潜力（宋德成 等，2014）。

2. 辽河平原

辽河平原地区位于辽东丘陵与辽西丘陵之间，铁岭彰武之南直至辽东湾，地势低平，海拔一般在 50 m 以下（吴燕玉 等，1986）。该区属北温带半湿润大陆季风性气候，春旱严重，土壤中毛管水的上升运动超过了重力下行水流的运动，盐碱积聚于地表，夏季降水占全年降水量的 70% ~ 80%，使辽河水位不断抬升，上游水土流失，呈现盐碱淋溶过程，加之辽河平原特定的地质构造、成土母质等特性，进而促进土地盐碱化（杨明 等，2012）。总体上，该平原广泛分布着盐渍化土壤，主要包括草甸苏打盐渍土、滨海氯化物盐渍土两个生态区（王春裕 等，1999）。以辽宁省为例，盐渍土面积为 1.105×10^6 hm²，占耕地面积的 7.6%（王春裕，2004），且农业经营粗放、土地重用轻养致使土壤肥力下降，导致土壤次生盐渍化加剧，严重阻碍当地农业生产正常发展（尹怀宁 等，1998; 杨明 等，2012）。

3. 三江平原

三江平原位于黑龙江省的东北部，总面积为 10.89×10^6 hm²，占黑龙江省土地总面积的 22.6%，是由黑龙江、松花江、乌苏里江冲积形成的低平原。三江平原属于沼泽低洼地带，年降水量约为 550 mm，土体盐渍化很轻，盐渍土面积仅占上述全区总面积的 0.4%，面积很小且较为分散，剖面盐分含量为 0.15% ~ 0.26%，pH 大于 8，土壤肥力较低，并危害作物生长（陈洪善 等，2004）。该区通常 40 ~ 60 cm 深土壤剖面以苏打盐化草甸土为主，土体含盐量较低，但是土体的 pH 却很高，碱化度很大，具有盐化与碱化同时具备的双重特性。

（二）东北盐碱地治理与利用的成功经验与模式

为根治东北盐碱地，国家及地方政府先后实施了包括吉林"西部治碱"工程、西部土地开发整理重大工程、吉林河湖连通工程，以及镇赉、大安及松原三大灌区在内的盐碱地治理工程，取得了明显成效。轻中度盐碱化草原植被平均覆盖率，由治理前的不足 30% 提高到 80%，重度盐碱化草原的裸露碱斑明显减少。以东北盐碱地盐碱化程度较为严重的大安市为例，以中国科学院东北地理与农业生态研究所等单位为代表，经多年长期研究和实践，成功创建了苏打盐碱地以顶级植被快速恢复关键技术为核心的"以草治碱"模式和以稻治碱改土增粮关键技

术为核心的"以稻治碱"治理模式，以玉米种植为核心的盐碱化旱田高产栽培模式和以稻苇鱼蟹为核心的复合生态综合利用模式。其中，"重度苏打盐碱地顶级植被快速恢复核心关键技术的创新与应用"与"苏打盐碱地大规模以稻治碱改土增粮关键技术创新及应用"成果分别获得了2010年度与2015年度国家科技进步二等奖。

1. 以恢复草地植被为主要目标的"以草治碱"盐碱地治理模式

该模式主要针对东北松嫩平原盐碱地植被退化严重、生态治理技术十分薄弱的现状和盐碱地生态环境建设的科技需求，以植被恢复为目标，创建了优质牧草（羊草）抗盐碱移栽克隆恢复技术，解决了传统恢复技术无法将优质牧草（羊草）种源成功导入重度盐碱地的瓶颈技术难题，同时配合羊草高效调控措施，集成创建了重度盐碱地羊草顶级植被快速恢复技术模式，可使重度盐碱地羊草成活率由直播时的 0 提高到 80%，每公顷产草量由治理前的 0 ~ 0.5 t 提高到 2 ~ 3 t，实现了 3 ~ 5 年快速恢复顶级植被的治理目标。

2. 以水田开发为主要目标的"以稻治碱"盐碱地治理模式

在水利工程配套基础上，苏打盐碱地开发种稻是实现盐碱地资源高效利用的重要途径之一，兼具恢复生态和发展经济的双重作用。针对重度盐碱障碍下即使有充足水源或抗逆品种保障也难以短期成功种稻等重大科技难题，中国科学院东北地理与农业生态研究所创建了苏打盐碱地改土增粮关键技术模式，改土当年即使 pH 为 10.5 的重度盐碱地水稻产量达 6 t/hm^2（不改土时不足 1.5 t/hm^2），土壤 pH 由 10.5 降到 8.5，相较传统方法，改良年限缩短 3 ~ 5 年，实现了一次性改土治碱、多年可持续高效利用的盐碱地治理目标。

3. 以玉米种植为核心的盐碱化旱田高产栽培模式

该模式主要针对东北盐碱旱地耕层浅、存在盐碱障碍、肥力贫瘠、水肥利用效率低导致玉米产量受限的问题，从解决区域性关键技术和技术集成出发，对已有的成熟单项技术进行优化、集成和提升，集成组装盐碱旱地玉米生产技术，形成适宜东北盐碱旱地中低产玉米田高产栽培技术模式。盐碱旱田采用以玉米种植为核心的盐碱化旱田高产栽培模式,平均亩产可比农户模式提高 15%。

4. 以稻苇鱼蟹为核心的复合生态综合利用模式

该模式是中国科学院东北地理与农业生态研究所刘兴土院士带领科研团队,从 2003 年开始,以湿地资源科学利用为核心,对严重退化的盐碱化芦苇湿地进行了生态恢复与合理利用研究与示范,并应用生态学的生物共生与物质循环原理而建立的复合生态工程模式。恢复后的芦苇湿地和改造后的盐碱化水稻田可以为鱼、蟹提供饵料资源,鱼、蟹可摄食与芦苇/水稻争肥争空间的杂草和危害芦苇/水稻的害虫,鱼、蟹的粪便可作为肥源,其摄食活动又可疏松土壤,促进芦苇/水稻地下茎发育繁殖,形成良性循环。该模式突出了湿地资源的经济功能,把种植与养殖相结合,充分发挥了湿地生态经济社会综合效益。

（三）东北盐碱地治理与利用存在的问题

1. 盐碱地治理一次性投入较大,碎片化治理难以见效

东北盐碱区治理重要主体以前为国家级贫困县,资金投入严重不足,并且在东北平原盐碱地的开发利用上缺乏一定的统一规划和长远规划,造成无序开发、粗放经营、重治理轻保护的管理模式,导致改良后的盐碱地再次盐碱化,造成生态环境恶化。主要具体表现为:盐碱地治理投入的不足,导致一些高标准、高资金的项目无法正常实施;在盐碱地治理上成本高,甚至一些成熟的治碱技术也没有得到广泛推广;农业灌排系统不完善,存在标准低、老化失修现象。

2. 东北平原盐碱地开发利用上思想观念不一致

人们受传统观念的影响,对盐碱地水资源和盐碱地植物资源的开发利用还不够全面。传统的盐碱地利用主要采用水利工程措施,通过抽取地下水、淡水压盐、降低地下水位来实现盐碱地的改良。许多农业授课技术员缺乏盐碱地的利用意识,更看重用改良剂的方式减轻盐碱土的盐碱性而忽视了盐碱地的再次开发利用,这样避重就轻的思想观念大大限制了生态效益的发展。

3. 盐碱地治理生态效益与经济效益失衡

以往的围栏封育等物理阻隔措施可有效遏制盐碱化草地过度放牧，防止人为因素破坏草原，能够有效恢复生态，提高植被的盖度，但目前阶段自然恢复缺乏方向性，优质牧草往往无法快速得以恢复，放牧利用价值不高，经济效益较差，延缓了生态退化区脱贫进程。中国科学院大安碱地生态试验站长期定位监测数据显示，优质牧草由于种源缺乏，自然演替进程缓慢，因此重度盐碱地即使封育15年以上也很难实现羊草等优质牧草的定向恢复，难以支撑当地草地畜牧业的健康发展，导致区域农民无资金脱贫及乡村振兴。

（四）东北盐碱地资源的利用与保护建议

1. 加强顶层设计，坚持"因区施策，分类指导，集中连片"盐碱地资源利用与保护原则

盐碱地需坚持"因区施策，分类指导，集中连片"治理与利用原则，突出规模效益。针对无水利工程配套的大部分盐碱地区，尤其是轻中度盐碱化草地，采用盐碱地植被恢复模式，宜选择优质牧草加速恢复盐碱地生态，解决盐碱地治理生态效益与经济效益失衡、吸引力差及可持续不足的问题。针对水利工程完备的盐碱地区，采用盐碱地种稻模式，选择开发种稻实现盐碱地生态环境改善的同时达到资源高效利用的目标。应加强顶层设计，选取大安、镇赉、长岭等盐碱化典型分布县市，先行试点，规模化示范，成熟后在东北盐碱地区范围内循序渐进地组织推广，整体推进盐碱地资源利用，为我国其他生态严重退化地区的转型发展提供示范样板。

2. 以科技为支撑，采取"政产学研"相结合的模式协同治理与利用盐碱地资源，实现体制机制创新

盐碱地资源治理与利用前期资金投入大，需多方筹集资金。针对盐碱化草地占比较高的问题，建议以长期致力于盐碱地治理的科研院校为技术依托，以龙头企业为实施主体，在政府的引导下，采取"政产学研"联合治理模式，打破行政

区域限制规模化，成片开发，建立健全盐碱地"三权"（所有权、承包权和经营权）利益分配机制，在开放竞争中利用市场机制，鼓励企业、农民和民间资本从事盐碱地资源的治理与利用。

大力发展盐碱地产业。根据盐碱程度、水土资源匹配能力和地方经济发展水平，因势利导，因地制宜，在生产盐碱地水稻、玉米的同时，采取渔 - 粮、粮 - 牧、粮 - 油、菜 - 粮、渔 - 牧等多种增粮增效的土地复合利用模式，加快发展绿色优质蔬菜、水产、畜禽等盐碱地特色产业，提高土地利用效益。

3. 加大盐碱地基础研究支持力度，强化盐碱地治理技术推广工作

东北苏打盐碱地作为盐碱地的一种重要类型，具有土壤交换性钠含量高、盐分淋洗困难等特殊性和复杂性。土壤苏打盐碱化形成及障碍机理仍未得到系统阐释，显著制约着盐碱地综合治理效益的发挥，需要深入开展东北苏打盐碱地成因、演化规律和盐碱逆境胁迫消减机制等理论研究。建立盐碱地水盐运移动态长期实时监测系统，应用遥感和 GIS 技术方法，定期评估盐碱土盐碱化程度，分析监测数据，做好盐碱土改良持续有效管理、严格的水资源管理，切实保护好现有的农地、林地、湿地等，避免因不合理开发利用引起返盐现象的发生。组织科研人员，多学科联合攻关，加强盐碱地分类的研究工作，积极推进盐碱地农业高效利用实用技术的研究和规模化应用；加快盐碱地农作物种植专用肥料、盐碱地改良与调理制剂的研究和开发，加快抗盐碱的作物和经济植物品种（或品系）筛选、新品种的研究和培育；建立和创新盐碱地农业高效利用的配套技术模式。鼓励和支持农业科技部门加快推进盐碱地生物治理技术的科研与示范推广，建立核心示范区，广泛开展技术集成和再创新。加快制定盐碱地农业高效利用配套技术规范，强化技术指导和技术推广。注重发挥社会中介组织尤其是技术中介组织的作用，发挥技术中介和企业集团在盐碱地治理中的作用。

4. 建议实施盐碱地治理重大工程

以东北西部盐碱地生态严重退化地区的转型发展为切入点，率先实施东北苏打盐碱地专项治理工程，因地制宜，分类实施，改善区域生态环境，同步推动区

域绿色发展。建议启动盐碱地资源与利用重大工程，开展盐碱地以稻治碱改土增粮工程、盐碱旱田高效治理与利用工程、盐碱地植被恢复工程等重大工程，有助于遏制当前东北盐碱地恶化趋势，对于保障我国生态安全及粮食安全具有重要的意义。

二、东北盐碱地脱盐降碱关键技术

松嫩平原西部是世界三大片苏打盐碱土集中分布区之一。盐碱地治理与利用的核心是调控植物生长适宜的环境。目前，为了治理盐碱地，已研发了很多技术措施，主要包括工程措施、物理措施、化学措施、生物措施及综合措施等。鉴于盐碱地治理受到土壤、地下水、气候、生态环境诸多因素的影响，治理效果会有所不同。

（一）工程措施

工程措施是盐碱地治理的重要前提，常指灌排设施及工程。

1. 灌排工程体系

苏打盐碱地水田工程建设要求灌排水及时、通畅，条田面积依地势和土壤盐碱化程度而定。科学规划干、支、斗、毛等各级渠系，实现所有田块单灌单排。田间排水渠道至少低于田面 0.5 m，有利于排水和降低地下水位。加固各级渠埂，防止径流。另外，灌排通畅有利于苏打盐碱地水田水层的动态管理，防止"老水"伤苗，从而降低盐碱对水稻生长发育的抑制作用，成为实现水稻高产的基础（王志春 等，2003）。例如，吉林西部前郭县新开发的盐碱洼地，做到了统筹规划，全面安排，引、排干工程配套、畅通，支渠间距 600 ~ 1 000 m，子渠间距 40 ~ 50 m，双引双排，条田宽 40 ~ 50 m，实现单排单灌，保证了开发与效益同步，水稻产量不断提高（吉林省农业科学院水稻研究所，1988）。

2. 暗管排盐技术

暗管排盐技术是利用专用机械将带孔 PVC 波纹管按照一定坡度埋设在地下水临界深度以下，高于暗管的含盐地下水流入暗管后从排水沟集中排走，同时抑制地表蒸发引发的返盐的措施（王世忠 等，2019）。单一明沟排水对改良原始荒地盐土效果甚微，15 m 间距暗管的土壤排盐效果最好，平均排水速率为 2.87 m³/h，排盐强度为 150.3 t/hm²（安鹤峰，2021）。位于大庆的苏打盐碱地田间试验表明，埋设暗管能显著降低耕作层土壤含盐量，暗管埋设间距和埋设深度越小，平均排水效率越高，排水矿化度越大，土壤脱盐效率越高，改土效果越好。

目前多地应用暗管排盐等工程措施，建造速度快、使用时间长、适用范围广，对排出的盐水还可进行二次工业利用，可达到盐碱地有效治理利用与节约水资源的效果。但该措施也存在成本高、效益低及推广难的问题。

（二）物理措施

物理措施即采用一些物理方法，诸如采用深耕深松土壤、沙土压碱等进行盐碱地改造。这种改良措施可防止土壤返盐、降低农田盐碱化程度，使土壤中的各形态盐分重新配置，促进作物出苗与生长，从而治理盐碱化土地（刘浩，2016）。

1. 深松深耕

深松深耕作为传统耕作的重要组成部分，可建立新的耕作层。土壤深松后可打破犁底层，切断毛细管，有效减少下层土壤中盐分随水蒸发向表面移动，雨水淋洗可将上层土壤中盐分移动到根部下层，达到脱盐、洗盐的目的（贾苏卿 等，2016）。向美琦等（2019）研究发现，不同类型深松机具作业后，土壤 pH 与 EC 均有下降趋势，经过自然降雨的淋洗，可达到洗盐的作用。此外，深松还可有效改善土体与环境之间的循环，呈现出逐渐优化和适应的状态，从而为改善耕种环境和盐碱地改良提供有效补充。

2. 客土改良

客土改良，即使用质地好的土壤或人工土壤置换原生土，还可在置换土壤中添加纤维材料或土壤改良剂，增加土壤中的有机质，增强土壤的团粒结构和土壤的稳定性（周和平 等，2007）。

松嫩平原西部地区具有广阔的沙地和盐碱地，相间而生，为覆沙改造盐碱地

提供了必要的物质基础。鉴于沙土添加后土壤孔隙度增加，下层土壤盐分上移将会受到抑制（Qian et al, 2001），因而许多研究报道沙土可以增加耕层土壤的透水性，降低盐碱程度（周道玮 等，2011），从而可起到"沙压碱"的作用。同时，沙土和下面的碱土可一定程度上发生混合，混合后的土壤盐分含量低于混合之前的盐碱土。Wang 等（2016）研究发现，重度苏打盐碱地水田，加入传统覆沙量一半的沙土，结合水稻生育期灌排冲洗，相比传统灌排措施，可有效改良盐碱地，提高水稻产量。

（三）化学措施

化学措施，即常通过钙离子等高价离子替代土壤胶体上的交换性钠，然后通过灌排带走易溶的盐分，从而达到改良的目的；或者通过酸性盐类物质来中和碱性土壤，改善盐碱地的理化性质，降低土壤的 pH 与含盐量，增强土壤阳离子的替换能力，同时激发土壤中微生物和酶的活性，促进植物根系的生长。

1. 天然改良剂

改良剂的原料为草炭、天然沸石、糠醛渣及生物菌等，主要作用是改良土壤结构，提高孔隙度和可耕性。何绍桓等（1988）研究发现，施用沸石后，土壤全盐量由 0.24% 降至 0.18%，即降低 25.42%，土壤 pH 从 9.5 降至 9.0，碱化度由 13.98% 降至 7.11%，Na^+ 由 0.09% 降至 0.03%，CO_3^{2-} 由 0.12% 降至 0.06%，产量提升 20%。

2. 化学改良剂

土壤中施用化学改良剂，对土壤主要有两方面影响，一是提高土壤的化学性质，二是调整土壤颗粒的结构。就目前化学改良剂研究和应用情况来看，应用范围最广的苏打盐碱地水田土壤化学改良剂为石膏（$CaSO_4 \cdot H_2O$）。随着石膏对苏打盐碱地改良效果的显现，又衍生出了磷石膏、脱硫石膏、腐化酸等化学改良剂，进一步提高土壤中的溶解性 Ca^{2+} 或改良剂溶解度，或者间接增加 Ca^{2+} 的溶解度，置换出土壤中有害 Na^+，通过灌排冲洗排出溶解的盐分，从而起到改善碱土的效果（邵雪娟，2021）。目前松嫩平原西部苏打盐碱地水田改良应用较多的酸性磷石膏，其施入后不仅可大幅度降低土壤 pH、钠吸附比及碱化度，还可改善土壤结构，提高土壤肥力，从而进一步改善了苏打盐碱土碱性环境及作物产量。在磷石膏改良盐碱地的基础上，中国科学院东北地理与农业研究所创新了磷石膏改良技术，形成了苏打盐碱地水田良田良种良法高效治理模式。应用该模式，pH 10.3 的重度盐碱地水田（电导率为 700 μS/cm）水稻当年产量达 6 251.9 kg/hm^2，而对照产量仅为 980.5 kg/hm^2，接近绝收，治理效果显著。

3. 添加有机肥

有机肥主要来源于畜禽生产行业的副产品，也包括作物秸秆发酵物。添加有机肥，可以增加土壤有机质，促进土壤团聚体形成，改善土壤结构，降低土壤 pH，为植物提供长期养分，从而提高作物的产量。此外，有机肥具有吸附土壤钠离子、降低土壤电导率的效果。一般 50 kg 腐殖质能吸附约 15 kg Na$^+$（李取生 等，1998）。此外，盐碱地水稻产量还受有机肥施用量和肥料种类的影响。有机肥施用量 45 ~ 60 t/hm^2 的苏打盐碱地水稻产量较不施肥的处理增加 19.1% ~ 21.6%，而有机肥施用量 15 ~ 30 t/hm^2 的产量增加 8.5% ~ 17.1%（何绍桓 等，1988）。

总体上讲，化学改良法见效快，是当前苏打盐碱地改良的主流技术。应合理利用化学改良措施，降低土壤的 pH，降低土壤的含盐量，促进植物根系的生长，从而提升水稻的产量。同时，需关注苏打盐碱地化学改良措施可能带来的区域环境效应。

（四）生物措施

生物措施是指通过种植耐盐碱植物以及培养耐盐碱固氮菌等手段降低土地盐碱化程度，从而改善农作物生长条件的有效措施（张巍, 2008）。

1. 种植耐盐作物

根据盐碱地土壤盐碱化的程度类型，可以将盐碱地划分为轻度、中度、重度盐碱地，不同程度的盐碱地适宜种植不同的作物。我国种植水稻改良盐碱土具有

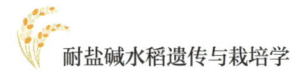

悠久的历史，实践表明，盐碱地开发种植水稻是一项成功的土壤改良措施（王志春 等，2003；王参 等，2012）。吉林省在种稻改良苏打盐碱地土壤方面开展了较多研究与示范，以大安市红岗子乡万发村盐碱地水田万亩示范区为核心，针对轻、中、重度盐碱地水田地块，在改土治碱基础上，优化搭配耐盐碱水稻品种及其抗逆栽培技术，示范效果显著。其中，中国科学院东北地理与农业生态研究所培育的东稻122，2020年通过品种审定，2021年与2022年入选吉林省农业主导品种，相比对照，效果显著。

目前，适合东北苏打盐碱地种植的耐盐碱植物，其优点是可以增加当地区域物种的多样性、提高土壤的蓄水保墒能力，能有效改良盐碱地土壤，应用前景可观。未来仍需要进一步筛选耐盐碱性更强的植物，并配套相应的适应性种植技术。

2. 微生物生态修复

近年来，利用微生物改良盐碱地土壤也受到了广大学者的关注。盐碱地土壤的高含量盐分破坏了土壤微生物适宜的生存环境，且盐碱地土壤微生物碳、氮等含量及微生物数量常低于普通农用地土壤（Zhang et al, 2011）。这些微生物可在生长发育的过程中将体内的某些分泌物排放于土壤中，与土壤中的盐碱成分发生化学反应，一定程度降低土壤盐碱度，改善盐碱地土壤的理化性质及生物特性，从而成为巩固盐碱地改良效果、促进盐碱地持续利用的方法之一（田凤华，2013）。杨美英等（2016）于吉林省西部的大安、白城、通榆、长岭等12个地区15个群落采集植物根系和土壤样品，采用湿筛倾析－蔗糖离心法鉴定出AM真菌，发现丛枝菌根真菌是盐碱地修复和改良的关键菌株，在改良东北苏打盐碱地的过程中发挥着至关重要的作用。

总体上，生物措施的优点是可增加盐碱地土壤有机质含量，降低土壤盐碱含量，以及提升土壤微生物活性。其缺点是所需的时间较长、程序繁杂，尤其是对土壤微生物的筛选和培育需要较高成本才能完成。

（五）综合措施

虽然上述这些方法展现了一定的改良效果，但是单一方法只能在一定范围内降低盐碱危害，而不能从根本上消除盐碱危害或解决土壤盐碱化的问题，需要采取综合、系统的方法。综合措施就是将上述的工程措施、化学措施、生物措施进行有机结合，达到更好的改良效果（沈婧丽，2016）。对于今后东北苏打盐碱地的治理，应根据气候、土壤、盐碱地分布区的土壤等条件，结合国家、地方政策及经济条件，因地制宜，采用综合措施，实现盐碱地改良的目标。

（六）展望

总体上，包括东北盐碱地在内的我国盐渍土研究历程大致可分为资源清查、水利改良、综合治理和可持续管理四个阶段（云雪雪 等，2020；王佳丽 等，2011；杨劲松 等，2022）。东北盐碱土研究在农业生产、提高土地产能、保障粮食安全、拓展耕地资源等方面发挥了积极而重要的作用。建议今后深入开展包括东北盐碱土在内的盐渍土精准控盐的高效和安全用水理论与技术、土壤盐碱障碍的绿色消减与健康保育、盐渍农田养分库容扩增与增碳减排、土壤盐渍化与区域生态的耦合响应和协同适应等方面的理论与技术研究（杨劲松 等，2022）；面向农业、资源、生态、环境等领域，致力于拓展苏打盐碱地障碍及其消减理论和新技术的研究，为东北盐碱地农业升级、粮食安全、耕地保障、生态安全、高质量发展发挥重要作用。

三、东北耐盐碱水稻高产栽培关键技术

为获得优质高产水稻，学者们根据当地的自然条件，从水稻育秧、水分管理、肥料调控等技术方面做了大量研究工作，研究成果不断应用于生产实践，在提高水稻产量与品质方面发挥了重要作用。现主要从东北平原耐盐碱水稻品种、东北盐碱地水稻种植水肥管理、东北盐碱地水稻产量构成及品质构成因子解析等四个方面进行重点介绍。

（一）东北平原耐盐碱水稻品种

东北是我国五大苏打盐碱地集中分布区之一，面积高达 765 万 hm² （王遵亲 等，1993）。盐碱地的高效治理途径之一是"以稻治碱"，即在灌溉水利工程配套条件下实施盐碱地开发种稻，前提是在改土消除盐碱理化障碍的基础上，通过挖掘水稻自身的耐盐碱潜力，选育耐盐碱品种并应用配套高产栽培技术，良田、良种及良法缺一不可（冯钟慧 等，2016）。种植耐盐碱品种较盐碱敏感品种可显著提高产量，培育耐盐碱水稻品种必须建立在耐盐碱水稻种质资源的创制、筛选和鉴定的基础上（张鑫 等，2020）。因此，大规模筛选与培育耐盐碱水稻新品种（系）关键问题是选择准确的耐盐碱性评价指标和方法。

1.耐盐碱水稻筛选评价指标

水稻的耐盐碱性评价指标很多，因为不同品种、不同生长发育阶段（主要为苗期和生殖生长期）耐盐碱能力不同，导致水稻受到盐碱胁迫后的表现不同。目前，水稻耐盐碱鉴定常用的评价指标以表型形态指标和生理生化指标两类为主。

（1）表型形态指标

近年来，国内外学者提出许多与耐盐碱性有关的水稻生长形态的表型指标，如水稻发芽率、叶片伤害率、叶片盐害指数、单株分蘖数、主穗穗粒数、结实率、千粒重和产量等。表 7-1 为现有水稻耐盐碱各生育期表型测定指标及测定方法。

表7-1　水稻耐盐碱各生育期表型测定指标及测定方法（刘佳音 等,2019）

测定时期	测定指标	测定方法
芽期	发芽势	3天内发芽种子粒数占供试种子总粒数的百分比
	发芽率	7天内发芽种子粒数占供试种子总粒数的百分比
	胚芽长、胚根长	处理至第 7 天时，测量单株的胚芽长、芽长，取平均值
	苗干重	处理至第 7 天时，置于烘干箱中烘干至恒重，置于天平中称量苗干重，取平均值
	幼苗鲜重	处理至第 7 天时，取单株，置于滤纸吸干表面水分，称量，取平均值

（续表）

测定时期	测定指标	测定方法
幼苗期	盐胁迫后幼苗存活天数	胁迫后，统计记录幼苗的存活天数
	秧苗存活率	统计秧苗总数，插秧后两周调查秧苗存活数
	苗高	测量植株根部至主茎最高叶片的高度
	鲜重	取单株，置于滤纸吸干表面水分，称量，取平均值
	干重	置于烘箱中烘干至恒重，置于天平中称量苗干重，取平均值
	死叶率	供试植株总死叶片数占供试植株总叶片数的百分比
营养生长期	株高	分蘖期开始用直尺测量植株根部至主茎最高叶片的高度
	叶长、叶宽、绿叶面积	分蘖期开始利用便携式叶面积测定仪测量植株顶部叶片的叶长及叶宽，利用公式计算叶面积
	绿叶数、黄叶及死叶数	分蘖期开始进行叶片调查，调查植株绿叶数、黄叶及死叶数
	分蘖数	分蘖末期调查植株的分蘖数
生殖生长期	始穗期、抽穗期、齐穗期	水稻材料有 10% 的稻穗抽穗时，记为始穗期；有 50% 的稻穗抽穗时，记为抽穗期；有 80% 的稻穗抽穗时，记为齐穗期
	有效穗数	在黄熟期选取有代表性的植株 5 株，调查其有效穗数。凡抽穗且穗粒数在 5 粒以上者均记为有效穗
	株高	灌浆期选取植株，测量主茎茎秆自地面至最高的穗顶部（不包括芒）之间的距离，取平均值
	主穗长	在灌浆期选取植株，测量主茎稻穗的穗长，取平均值
	穗粒数、结实率	在黄熟期随机选取主茎稻穗，考种总穗粒数和实粒数（总穗粒数－空瘪粒数），并计算实粒数占总穗粒数的百分比
	单株产量	在成熟期取生长正常的水稻植株的稻谷，烘干称单株稻谷重量和每份材料的千粒重
	千粒重	收获晾晒后，测定水分含量，选取 1 000 粒准确称重，并转化为标准水分时的重量，计算平均值

水稻发芽期和苗期的耐盐碱性鉴定通常在人工气候室或培养箱中开展，适用于对大量材料的初级筛选，具有操作性强、周期短、效率高等优点（祁栋灵 等，2005；刘佳音 等，2019）。可采用 NaCl 和 Na_2CO_3（或 Na_2CO_3 和 $NaHCO_3$）的混合液作为胁迫溶液，设置的溶液浓度以水稻的存活阈值（即植株死亡数超过 50% 时的胁迫溶液浓度）为好（张启星，1989；程海涛 等，2010；李霞 等，2008；祁栋灵 等，2006）。评价指标包括发芽势、发芽率、发芽指数和相对盐 / 碱害率，以及幼苗存活率、干重、鲜重等（Blum，1988；Li et al，2008；Babu et al，2017；Singh et al，2018）。相对芽长与相对根长在水稻萌发期耐盐和耐碱等级的判定上具有重要价值，有望应用于水稻早期耐盐碱性快速鉴定（冯钟慧 等，2016）。

贾宝艳等（2013）以发芽指数和发芽率为评价指标，鉴定 51 份水稻材料的耐盐性，筛选得到耐盐性较好的珍优 2 号、辽盐 166、奥羽 316、辽盐 188、珍优 1 号、四丰 43、沈农 9209 等 7 份种质资源。冯钟慧等（2016）收集吉林省具有代表性的不同熟期的粳稻种质资源共 60 份，采用培养皿发芽方法，在盐胁迫（120 mM NaCl，pH = 6.98）和碱胁迫（30 mM Na_2CO_3，pH = 11.05）条件下培养，并测定发芽势、发芽率、芽长、根长和根数等生长指标，利用隶属度对水稻种质萌发期耐盐碱性进行综合评价，初步筛选出耐盐且耐碱的品种主要有长白 21 号、通禾 835、吉玉粳、长白 10 号、吉粘 6 号、吉粘 10 号、吉粳 507、吉粳 509、吉粳 806 和东稻 4 号。王志欣等（2012）以东北三省耐盐碱性不同的 40 份粳稻为试验材料，在 3 个盐碱胁迫处理（25 mM、50 mM、75 mM $NaHCO_3$）下进行芽期耐盐碱性筛选试验，获得长白 10 号、通 88-7、农大 3 号、富源 4 号和通育 318 共 5 个耐盐碱性较强的水稻品种（系）。

温室鉴定和大田鉴定法可采用分蘖数、株高、抽穗期、千粒重等作为水稻成熟期耐盐碱性鉴定指标（程广有 等，1995，1996；梁正伟 等，2004；周根友 等，2017；Wang et al，2018）。水稻生长发育阶段不同，其耐盐碱性存在明显差异（Khan et al，2003；Shabbir et al，2001；Hakim et al，2010）。在众多水稻耐盐碱指标中，产量性状是衡量水稻耐盐碱性强弱的根本指标。张鑫等（2020）以不同农艺性状的相对抑制率作为耐盐碱性评价指标，通过简单相关分析筛选出株高相对抑制率、分蘖数相对抑制率、穗粒数相对抑制率、千粒重相对抑制率 4 个与产量相对抑制率显著相关的指标，可作为水稻品种耐盐碱鉴定的参考指标。付雪蛟等（2017）对 25 个品种（品系）在辽河三角洲轻度、重度盐碱地的田间对比试验发现，盐粳 933、377 产量较高。潘晓飚等（2012）采用 0.5% 盐浓度海水进行全生育期灌溉，结果表明，Y134、沈农 265、Gayabyeo 和早籼 14 为供体的 4 个导入系群体耐盐株系的占比较高。将筛选出来的耐盐碱水稻材料，与常规栽培条件下的高产水稻材料进行杂交，可为高产耐盐杂交新组合的选育提供材料。

当前采用的实验室鉴定、温室鉴定和田间鉴定等方法，虽然各有优缺点，但可互为补充、互为验证，从而使得品种耐盐碱性鉴定更为准确可靠。

（2）生理生化指标

水稻耐盐碱生理生化指标鉴定是以盐碱胁迫后材料生理生化指标的变化为依据的鉴定评价方法。表 7-2 总结了现有水稻耐盐碱各生育期测定的生理生化指标及测定方法。

水稻在盐碱胁迫条件下会积累具有渗透保护作用的物质如脯氨酸、可溶性糖类等。研究发现，水稻幼苗经过盐溶液处理以后，地上部分积累大量脯氨酸，NaCl 浓度增高，处理时间延长则脯氨酸积累量随之不断增加（薛庚林 等，1991）。由此推断，脯氨酸积累量也可以作为水稻苗期耐盐鉴定的生理指标。严小龙等（1992）认为，稻株地上部的 Na^+、Cl^- 含量可以作为水稻苗期耐盐性的一个生理指标。过氧化物酶、丙二醛含量等生理生化指标也可以作为水稻苗期鉴定指标（赵海新，2010; 刘佳音 等，2019）。

表7-2　　　耐盐碱生理指标测定时期及测定方法（刘佳音 等, 2019）

测定时期	测定指标	测定方法
幼苗期	地上部 Na^+ 含量	前处理后，用离子色谱仪测定
	地上部 K^+ 含量	前处理后，用离子色谱仪测定
	地下部 Na^+ 含量	前处理后，用离子色谱仪测定
	地下部 K^+ 含量	前处理后，用离子色谱仪测定

（续表）

测定时期	测定指标	测定方法
	超氧化物歧化酶	参照生理生化实验书测定
	过氧化物酶	参照生理生化实验书测定
	脯氨酸	参照生理生化实验书测定
	可溶性糖	参照生理生化实验书测定
	叶绿素含量	用叶绿素测定仪测定
营养生长期	地上部 Na^+ 含量	前处理后，用离子色谱仪测定
	地上部 K^+ 含量	前处理后，用离子色谱仪测定
	地下部 Na^+ 含量	前处理后，用离子色谱仪测定
	地下部 K^+ 含量	前处理后，用离子色谱仪测定
	叶绿素含量	用叶绿素测定仪测定
生殖生长期	剑叶中的 Na^+	前处理后，用离子色谱仪测定
	剑叶中的 K^+	前处理后，用离子色谱仪测定

2. 耐盐碱水稻筛选评价方法

（1）发芽指数法

发芽指数法是被广泛采用的一种快速、有效的水稻耐盐碱鉴定评价方法。该法适合于大量材料的耐盐碱性初级筛选，采用发芽势、发芽率、发芽指数和相对盐碱害率等指标进行评价。杨福等（2011）根据相对盐碱害率大小分 1、3、5、7、9 级进行了评价（表 7-3）。

表7-3 耐盐（碱）级别评价

级别	相对盐（碱）害率（%）	耐盐（碱）性
1	0.0～20.0	极强
3	20.1～40.0	强
5	40.1～60.0	中
7	60.1～80.0	弱
9	80.1～100.0	极弱

（2）形态指标形态伤害评价法

目前，用于形态伤害评价的主要有 2 种调查评价方法：

①国际水稻研究所（IRRI）在 1979 年提出的鉴定标准：国际水稻研究所于 1975 年实施了"国际水稻耐盐观察圃计划"，取得了显著的进展，并于 1979 年提出了水稻耐盐鉴定标准和方法。该方法是将水稻进行盐或碱液胁迫处理后，记录植株叶片及分蘖的盐害或碱害症状，计算平均死叶率来度量水稻的受害程度，作为耐盐或碱分级评价指标把水稻耐盐分为 1、2、3、5、7、9 六个等级（表7-4）。

表7-4　　　　　盐害症状目测法分级标准与平均死叶率分级标准

耐逆等级	受害症状	死叶率/%	耐盐等级
1	生长分蘖接近正常状态，叶片无症状	0～20	抗
2	生长分蘖接近正常状态，但叶尖或上部叶片有1/2发白/卷曲	21～35	抗
3	生长分蘖受到抑制，并有一些叶片卷曲	36～50	抗
5	生长分蘖严重受抑制，多数叶片发生卷曲，仅少数叶片伸长	51～70	中抗
7	生长分蘖停止，多数叶片干枯，部分植株死亡	71～90	中感
9	几乎所有植株死亡或接近死亡	91～100	感

注：死叶率（%）=（供试植株总死叶率/供试植株总叶片数）×100%。

②水稻单茎（株）评定分级方法：由中国 1982 年的"全国水稻耐盐鉴定协作方案"提出的一种水稻单茎（株）评定分级法。该方法以任意生育时期的水稻单茎或单株为单位，观察记录水稻表现出的盐或碱害症状，并计算相对盐或碱害指数，以此作为该生育时期的水稻评价指标（表7-5），以单茎（株）为单位的盐或碱受害情况分为 0、1、2、3、4、5 级评价（吕学莲 等，2012）。

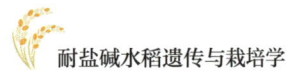

表7-5　　　　　　　　盐害症状鉴定标准与按照盐害指数评定的耐盐级别

等级	盐害症状（每茎上绿叶片数）	相对盐害指数/%	耐盐性
0	生长发育正常，不表现任何盐害症状	0.0～15.0	极强
1	生长发育基本正常，有4片以上绿叶	15.1～30.0	强
2	生长发育接近正常，有3片以上绿叶	30.1～60.0	中
3	生长发育受阻，有2片以上绿叶	60.1～85.0	中
4	生长发育受阻，仅有1片绿叶	85.1～100.0	弱
5	植株死亡或接近死亡		极弱

注：绿叶指单片2/3面积为绿色，盐害指数 = ∑〔（各级记载的受害植株数 × 相应盐害级数值）/（调查总株数 × 最高盐害级数值）〕× 100%。

（3）盐害度法及相对抗盐碱能力鉴定标准

辽宁省盐碱地利用研究所提出了盐害度法及相对抗盐碱能力鉴定标准。实践验证，盐害度法及相对抗盐碱能力鉴定标准科学准确（李继开，1982），可作为吉林省西部苏打盐碱稻区水稻生物抗盐碱能力鉴定的首选标准。

①盐害度法，用于鉴定同一水稻品种在不同程度盐碱胁迫下与淡水对照相比的受害程度和比较不同盐碱处理间的受害程度（表7-6）。

$$K = \{\,[\,n\,(\overline{X} - \overline{x})\,/\,X + d\,]\,/\,N\,\} \times 100\%$$

式中：K 为盐害度，$\overline{X}$ 为淡水对照每株平均叶片数，$\overline{x}$ 为盐碱处理每株平均叶片数，n 为盐碱处理成活株数，d 为盐碱处理死亡株数，N 为盐碱处理插种总株数。

表7-6　　　　　　　　按照盐害度划分的盐害等级

分级	盐害度 K	耐盐性评价
0	≤50	高抗
1	50.1～60.0	高抗
2	60.1～70.0	抗
3	70.1～80.0	抗
4	80.1～90.0	中抗
5	90.1～100.0	敏感

②相对耐盐碱力，用于鉴定不同水稻品种在相同盐碱胁迫下表现的不同耐盐碱能力（表 7-7）。

$$M = \{ [n_1 \overline{x_1} \times (N_2/N_1)] / n_2 \overline{x_2} \} \times 100\%$$

式中：M 为相对耐盐碱力，n_1、n_2 分别是品种 1 和品种 2 的成活株数，N_1、N_2 分别是品种 1 和品种 2 的插秧株数，$\overline{x_1}$、$\overline{x_2}$ 分别是品种 1 和品种 2 在相同盐碱处理下每株平均叶片数。

表7-7　　　　　　　　　　按照相对耐盐力划分的耐盐等级

相对耐盐力 M	耐盐性
＞100	高抗
90.1～100.0	抗
70.1～90.0	中抗
≤70.0	敏感

（二）东北盐碱地水稻种植水肥管理

1.盐碱地种稻水分管理

松嫩平原虽然水资源比较丰富，但在时空上变异较大，缺水问题持续存在（孙才志 等，2001），且存在水资源浪费（汤洁 等，2005）、水分利用效率不高的问题（王志春 等，2003），已成为制约松嫩平原农业可持续发展的重要问题（章光新，2004，2012）。灌溉冲洗技术是盐碱地改良种稻的有效途径，因而将灌排技术与洗盐压碱结合起来，构建适宜于松嫩平原苏打盐碱地的淋洗种稻治碱技术，对于提高盐碱地改良效率、水资源利用效率、苏打盐碱地水田开发规模进度与粮食增产均具有重要的意义。

苏打盐碱地水田灌排洗盐是实现高产的关键措施之一。泡田期用水量大，可以起到冲淡土壤表层盐浓度的作用，使根层含盐浓度尽可能降至水稻幼苗生长所允许的数值。在生育期灌排，田面维持一定水层，排水及水田的渗漏可以起到不

断冲洗作用，使土壤中的含盐溶液淡化，满足水稻生长的要求。目前苏打盐碱地灌区稻田的灌排措施主要包括泡田期灌排和生育期灌排。

（1）苏打盐碱地泡田期水分管理

土壤含盐量超过作物耐盐碱性时，便会抑制作物生长（Karim et al, 1990）。因此，水稻插秧前泡田洗盐以降低土壤盐分是盐渍土地区种稻的首要条件（董凤珍 等，2005）。洗盐定额是冲洗改良盐碱地技术的一个重要环节，目前盐碱地改良冲洗定额多采用半经验公式计算（郭元裕，1997）：

$$M = m_1 + m_2 + E - P \qquad (1)$$

式中：M 为冲洗定额，m^3/hm^2；m_1 为计划冲洗脱盐土层由自然含水量增加到田间最大持水量所需水量，m^3/hm^2；m_2 为达到计划脱盐层脱盐标准所需水量，m^3/hm^2；E 为冲洗期间累计蒸发量，m^3/hm^2；P 为冲洗期间的降水量，m^3/hm^2。

$$m_1 = 666.7 H \gamma_d \left(\theta_f - \theta_i \right) \qquad (2)$$

式中：H 为计划冲洗脱盐层厚度，m；γ_d 为计划冲洗脱盐土层干容重，kg/m^3；θ_f 为计划冲洗脱盐土层田间最大持水量，%；θ_i 为计划冲洗脱盐土层自然含水量，%。

$$m_2 = 666.7 H \gamma_d \left(S_0 - S_c \right) / K \qquad (3)$$

式中：S_0 为计划冲洗脱盐土层冲洗前含盐量；S_c 为计划冲洗脱盐土层的脱盐标准；K 为达到脱盐标准的平均排盐系数，即单位冲洗水量所排走的盐量，kg/m^3。

松嫩平原苏打盐碱地水田大规模开发过程中，插秧前至少应泡田洗盐 2 次，方可耙地造浆，以防死苗。泡田时，保持水层，结合耙地，4 ~ 5 天后完全排水，补灌新水，目的是使土壤与水充分接触，扩大离子活动界面，提高洗盐效果（王志春 等，2003）。同时，由于水稻在生长过程的不同阶段耐盐碱性有差异，还需根据苏打盐碱地水田土壤盐碱状况及水稻生长情况，于生育期采取淋洗排盐洗碱的方式强化泡田期排盐洗碱的效果。

（2）苏打盐碱地水稻生育期水分管理

长期以来，人们习惯采用深水淹灌的方式进行盐渍土水稻田生育期的灌溉

（张利 等，1993）。近年来，在轻度苏打盐碱地中，许多学者研究发现盐渍土水稻田实行节水灌溉与实行深水淹灌相比，节约了大量水资源，并且较大幅提高了水稻产量。奚广生等（2002）针对松嫩平原低洼易涝盐碱地开展井灌水稻节水灌溉技术试验研究，结果表明：浅－深－浅全期水层灌溉累计灌水量约 7 500 m³/hm²，比当地常规灌溉多耗水 47%；浅－湿间歇湿润灌溉累计灌水量约 3 900 m³/hm²，比当地常规灌溉节水 23.6%；浅－湿－干间隙灌溉累计灌水量约 3 500 m³/hm²，比当地常规灌溉节水 31.4%。曹丽萍等（2005）开展了为期 4 年（2001～2004 年）的苏打盐渍土节水灌溉栽培种稻试验，证明"浅晒浅湿"型灌溉模式对土壤脱盐效果显著，四年平均土壤脱盐率达 47.3%，土壤 pH 降低 0.7，其平均脱盐率比"浅－深－浅"型灌溉模式提高 11.2%，土壤 pH 多下降 0.13。

对重度苏打盐碱地水田，Wang 等（2010a）在松嫩平原重度苏打盐渍土上开展的试验结果揭示，1 cm、4 cm、7 cm 灌溉水深模式下水稻产量分别为 0.62 t/hm²、1.38 t/hm² 和 2.62 t/hm²，7 cm 水深灌溉模式产量显著高于 4 cm 及 1 cm（湿润灌溉）模式产量。Wang 等（2010b）研究发现，在重度苏打盐碱地条件下，相比于对照，针对水稻敏感生育期而实施的生育期排水洗盐脱碱措施，当年显著提高了水稻产量，提高达 1.65 倍，但产量仅为 1.14 t/hm²。因此，如要短期内达到有效益的产量水平，需要在改良措施下辅助生育期冲洗措施（王明明，2010）。陈月庆（2013）进一步研究发现：同一土壤盐渍化程度下，排水频率越大，水稻耕层土壤含盐量降低越多；同一灌排模式下，土壤盐渍化程度越重，水稻耕层土壤含盐量减少越多。

当前，松嫩平原苏打盐碱地新开水田多为中重度盐碱地。针对中重度苏打盐碱地，尤其是重度盐碱地，需在实施磷石膏、沙土改良、有机肥等农艺措施的基础上，于水稻生育期可实行深灌多排；对轻度盐碱地水田，可保持常规灌排模式。

2. 盐碱地种稻科学施肥

盐碱地稻田土壤的理化性质恶劣、盐碱障碍等原因，影响水稻根系对养分的吸收。为实现高产，研究者们对盐碱地水稻种植过程进行了大量的探究（Hao et al, 2007; Zhong, 2007; 马巍 等, 2011; 渠美红 等, 2011; 孙宇峰 等, 2012）。氮肥合理投入是水稻健壮生长和高产的重要保障，氮肥缺失会影响水稻的生长，导致水稻的减产，但当施氮量超过一定量时，产量不再增加甚至降低（张耀鸿 等, 2006）。磷肥和钾肥对水稻的生长和产量也发挥重要作用，因此氮磷钾肥平衡施用是保障水稻高产的重要措施（黄立华 等, 2010; 姜红芳 等, 2020）。氮磷钾化肥配施不仅能提高稻米产量，还具有提高稻米品质作用。近年来，盐碱地水田农户为了追求水稻高产，肥料投入量越来越大，造成肥料浪费及环境污染问题。因此，盐碱地合理施肥，对于减少肥料浪费与环境风险，提升肥料利用效率、水稻产量及品质具有理论与实践意义。

（1）不同氮磷钾肥配施对水稻产量、性状的影响

研究表明，不同施肥处理下水稻的株高、分蘖数、穗长、有效粒数、千粒重和产量均具有一定的差异（表7-8）。其中, NPK（氮磷钾）平衡施用与NP（氮磷）配施处理，水稻株高和分蘖数显著高于NK（氮钾）、PK（磷钾）配施和不施肥处理; NPK平衡施用、NP 和NK 配施处理，水稻穗长和产量显著高于PK配施和不施肥处理; NPK 平衡施用、NP 和NK 配施处理，水稻有效粒数显著高于不施肥处理; 各施肥处理的水稻千粒重差异不显著。

表7-8　　　　水稻不同生育期的生物性状及产量（黄立华 等, 2010）

施肥处理	株高（cm）	分蘖数（个/株）	穗长（cm）	有效粒数（粒/穗）	千粒重（g）	产量（kg/hm²）
CK	$38.1 \pm 0.2b$	$13.7 \pm 1.5b$	$15.0 \pm 1.65b$	$69.7 \pm 3.98d$	$21.484a$	$4\,120.8 \pm 44.1b$
PK	$37.1 \pm 1.9b$	$14.9 \pm 1.1b$	$15.4 \pm 1.29b$	$74.4 \pm 4.62cd$	$22.031a$	$4\,328.2 \pm 100.1b$
NK	$38.7 \pm 1.7b$	$14.4 \pm 2.0b$	$18.5 \pm 1.75a$	$80.5 \pm 4.53bc$	$22.835a$	$7\,713.3 \pm 140.5a$
NP	$41.1 \pm 0.8a$	$23.1 \pm 2.9a$	$17.7 \pm 1.95a$	$89.8 \pm 4.64ab$	$22.070a$	$8\,031.3 \pm 52.8a$
NPK	$42.2 \pm 0.2a$	$25.2 \pm 3.2a$	$18.6 \pm 1.72a$	$91.47 \pm 5.22a$	$23.058a$	$8\,054.6 \pm 50.9a$

（2）不同氮磷钾肥配施下水稻吸肥规律的变化

①吸氮规律：水稻秧苗从返青期到成熟期对氮肥的需求量逐渐增大（图7-1）。不同施肥处理下，水稻对氮的最大吸收值均出现在成熟期，NPK配施处理较不施肥处理水稻吸氮量增加近100 kg/hm²，说明氮素是水稻产量形成的基础，合理施用氮肥是提高盐碱地水稻产量的重要措施。NP配施和NPK配施处理各个生育期的吸氮量最高，NK配施处理的吸氮量次之，表明磷钾肥的适量投入同样会增加水稻对氮的吸收。

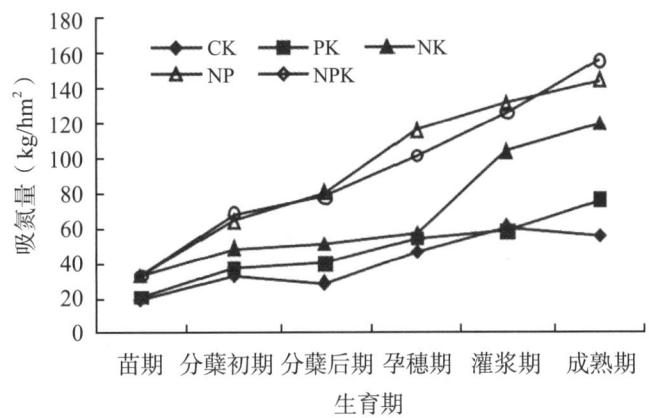

图7-1　各施肥处理水稻吸氮规律（黄立华 等, 2010）

②吸磷规律：水稻吸磷规律与吸氮规律趋势相似（图7-2）。不同施肥处理下，随着水稻生长吸磷量不断增加，水稻的吸磷量很大程度上受氮肥投入水平

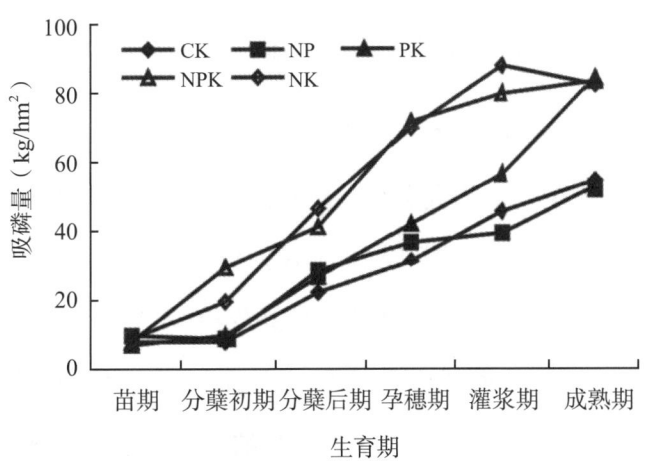

图7-2　各施肥处理水稻吸磷规律（黄立华 等, 2010）

的影响。研究表明，不施氮肥处理（PK 配施）水稻生育后期的吸磷量远小于不施磷肥处理（NK 配施），而随着氮磷钾肥的配合施用吸磷量不断增多。不施磷（NK 配施）和不施钾（NP 配施）处理水稻收获后，不同施肥处理的土壤耕层速效磷稻吸磷高峰均出现在成熟期。

③吸钾规律：水稻对钾素的吸收规律与对氮和磷的吸收规律基本相似（图7-3）。水稻不同生育期，氮素和磷素对水稻钾的吸收具有促进作用，NPK 配施处理的水稻吸钾量最大，不施肥处理的水稻吸钾量最小。不同施肥处理水稻吸钾量的增加主要集中在水稻灌浆前期，而灌浆后期到成熟期水稻对钾的吸收量逐渐减小。在氮磷相同施用量的情况下，施钾处理较不施钾处理水稻吸钾量高 40 kg/hm^2，NPK 配施处理较不施肥处理水稻吸钾量高出 80 kg/hm^2。

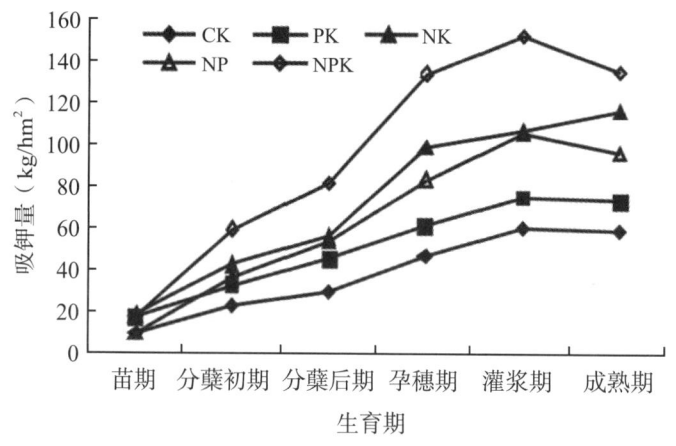

图7-3　各施肥处理水稻吸钾规律（黄立华 等，2010）

④盐碱地养分优化调控：盐碱地养分优化调控施肥要根据土壤供肥能力、水稻需肥规律以及当地生产水平进行科学施肥。可采用氮肥全量的 40% 以基肥施入、25% 以蘖肥施入、25% 以穗肥施入、10% 以粒肥施入，磷肥和锌肥全部以基肥施入，钾肥全量的 70% 以基肥施入、30% 以穗肥施入的施肥方式（刘丽艳，1994），或将 80% 的肥料用作基肥或全层施肥，20% 作为穗肥表施，适当补锌肥。盐碱稻区缺锌现象较普遍，容易产生稻缩苗，可采用底肥施用或在插秧时蘸根的方法适当补锌，并在水稻生长期间叶面喷施锌肥（李守铭 等，2013；刘凤

玲 等，2014）。

（3）增施有机肥

合理利用有机肥资源，使有机肥替代部分化肥，减少化肥过量施加，是实现我国到 2020 年化肥零增长目标的重要途径之一（李司童 等，2018）。有机肥的施用可以改变盐碱地瘦、硬、板结的状态，吸附盐分、养分均衡、培肥地力、改善农田土壤质量，还可以提高农作物品质（罗佳 等，2016）。因此，盐碱地种稻施用有机肥是盐碱土改良中十分有效的措施（董国忠，2012），一般每公顷施 35 ~ 45 t，有条件的地方可施用 75 t。研究表明，有机肥施用对培肥地力有很大帮助，但短期内对提高稻米产量和品质的作用较小。有关盐碱地稻田如何科学培肥更有利于稻米品质的提升，还有待通过长期的试验进一步研究（李冠男 等，2019）。

3. 水稻移栽管理

合理规划秧苗栽插密度，提高栽插质量，是水稻高产栽培最基本也是重要关键技术环节。国内 20 世纪 50 年代末关于以主茎穗为主增产还是以分蘖为主增产的密植问题讨论中，研究者对水稻群体结构深入系统研究后，发表了关于水稻合理密植的论文，有力地指导了水稻栽培技术进步（荆爱霞，2008）。20 世纪 80 年代蒋彭炎等（1989）研究提出基本苗要"稀"、肥料要"少平"的高产栽培法。20 世纪 90 年代东北地区引进旱育稀植技术，以后随着旱育秧推广，栽插行距扩大，基本苗株数降低。

目前东北地区非盐碱地区常规水稻种植常采用"旱育稀植"的栽培方法，多年来一直沿用 9 寸 ×4 寸、9 寸 ×5 寸、9 寸 ×6 寸的插秧密度，即行距固定为 9 寸，仅通过改变穴距来调整水稻插秧密度。而盐碱地种稻，由于水稻生长过程中受到土壤盐碱的危害，分蘖能力大大减弱，仅靠照搬传统的插秧方法，水稻产量低、品质差，且经济效益低，严重制约盐碱地水稻种植业的发展。

中重度盐碱地水田采用合理增加每穴株数的密植措施，可克服分蘖力弱、成穗率低问题，可有效增加单位面积水稻茎蘖数量，减少水分蒸发，并能充分利用

水、肥、光热资源,依靠群体效应增强水稻抗盐碱胁迫能力。中重度盐碱地密植保穗技术,采用水稻窄行密植插秧方法:栽培密度为行距 30 cm、穴距 10 cm,基本苗为 8 ~ 10 株 / 穴;或行距 22.5 cm,穴距 15 cm,基本苗为 6 ~ 8 株 / 穴。该技术与常规稀植相比,可增产 25% 以上(Wang et al, 2010c;黄立华 等,2012)。

总体上,东北盐碱稻区受自然条件和相应栽培技术的限制,其种植密度和种植方式与非盐碱稻区差异较大,由于盐碱一般会降低水稻的分蘖能力,常采用增加每穴株数的方式获得丰产的效果。

(三)东北盐碱地水稻产量构成因子解析

我国约有 1 亿 /hm² 亩盐碱地,其中可利用的约有 0.37 亿 /hm²。用好盐碱地,事关国家粮食产量和食品安全等问题。东北盐碱地的土壤特殊性严重制约了水稻栽种的发展,导致盐碱地水稻产量较低,引起农业科技工作者的关注和探讨。在当前人均耕地占有量日益减少的严峻形势下,为了确保粮食安全,水稻单产的进一步提高成为备受关注的重大课题。解析盐碱地水稻产量及产量构成,明确制约产量形成的关键时期,进而提出改进该阶段的管理措施,对于高效提升水稻的产量具有重要的意义。

1. 盐碱胁迫对水稻产量的影响

盐碱胁迫根据土壤中阴离子的不同分为盐胁迫和碱胁迫,二者均能对作物造成渗透胁迫和离子毒害。盐碱胁迫对水稻最普遍的效应就是抑制生长。盐胁迫造成水稻发育迟缓,阻碍组织和器官的生长和分化,延缓了发育进程,最终影响籽粒产量。碱胁迫下水稻常遭受盐分和高 pH 双重损伤,伤害作用比盐胁迫更为严重和复杂。梁正伟等(2004)探讨了盐碱胁迫对水稻株高、秆长、分蘖和抽穗期等主要生育性状的影响,研究结果表明:盐碱胁迫使水稻株高降低、秆长缩短,且盐碱度越大则降低幅度越大;盐碱胁迫使水稻单株分蘖力明显下降,使分蘖高峰明显推迟或不出现分蘖高峰;水稻抽穗期随着盐碱度的提高其延长的天数增加,并且不耐盐碱的早熟品种比耐盐碱的中晚熟品种抽穗晚;水稻成熟期的株高或秆长不宜作为衡量其耐盐碱强弱的主要指标，只能作为一般参考指标。水稻单株分蘖力（茎蘖数）和抽穗期存在明显的基因型差异，是衡量水稻耐盐碱强弱的良好指标。张瑞珍等（2006）发现，无论是耐盐碱品种 89-45 还是非耐盐碱品种农大 10 号，在盐碱胁迫条件下，水稻的产量都存在一定程度的下降，随着盐碱胁迫的加重，水稻产量下降趋势也增强，但是耐盐碱品种 89-45 的下降趋势弱于非耐盐碱品种农大 10 号。

2. 盐碱地水稻产量构成因子

产量构成因素又称产量结构、产量组分，是指构成作物单位面积生物产量和经济产量的各个因子及其组合。产量构成要素包括单位面积穗数、单穗穗粒数、千粒重及结实率。产量构成因子指标包括每株粒数、每穗粒数、每株穗数、千粒重、结实率、穗长、一次枝梗数、二次枝梗数及着粒密度等（梁世胡 等,1999）。

（1）水稻分蘖数、穗数

单位面积穗数是由主茎数、单株分蘖数和分蘖成穗率三者组成的。穗数是水稻产量的重要组成部分，于营养生长阶段形成，分蘖期是单位面积穗数确定的关键阶段。

分蘖是水稻重要的生育特性，是决定有效穗数及产量的重要性状之一。盐碱地条件下，水稻生长在一定盐碱浓度的土壤中，盐碱浓度若高于水稻植株能忍受的浓度，便抑制了水稻生长，同时也常抑制了植株对所需养分的吸收速度，使根系吸收缓慢，生根慢，分蘖减少，分蘖速度慢（郎志红,2008）。李洪亮（2010）以"空育 131"为研究材料，确定了 12 个不同浓度的盐碱处理，得出有效分蘖数量随盐碱胁迫程度增加而明显下降。此外，不同程度的盐碱胁迫对水稻分蘖的影响不同，盐碱胁迫重则分蘖发生迟，轻则分蘖发生早。孙彤等（2006）发现，盐碱胁迫导致水稻有效分蘖数减少，耐盐碱品种在分蘖期对盐碱有一定的适应性和耐盐性，较低的盐碱胁迫对水稻生长影响不明显，较高的盐碱胁迫显著抑制水稻生长。总体上，单位面积穗数，取决于盐碱地的盐碱程度和单个植株分蘖数的成穗率。

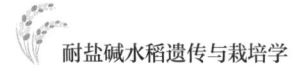

（2）盐碱地水稻穗粒数

单株穗粒数与每穗实粒数是水稻产量的两个重要的构成因素，直接关系到作物的产量。盐碱地条件下，水稻在生殖生长阶段受到盐碱胁迫，常引起穗粒数减少，导致水稻减产甚至绝收（曾祥然 等，2013）。研究表明，随着盐碱胁迫强度的增加，总颖花数、千粒重和成穗率大幅下降（张瑞珍 等，2006），穗粒数也随之降低（杨福 等，2010; 步金宝，2012），一次和二次枝梗数、一次和二次枝梗粒数构成的穗重也下降（李红宇 等，2015）。此外，碱胁迫阻碍水稻幼穗分化和小穗形成，严重影响总颖花数和千粒重（张瑞珍 等，2006），导致穗粒数及穗重显著降低（朱明霞 等，2014），最终影响产量。

（3）盐碱地水稻千粒重及结实率

水稻的产量由穗数和穗重决定，而穗重又由穗粒数、结实率和千粒重等决定。盐碱胁迫可以显著降低水稻产量，穗重下降也是产量下降的主要原因（李红宇 等，2015）。张瑞珍等（2006）选择耐盐碱水稻89-45与不耐盐碱的水稻农大10号两个品种进行试验，得出结论：在重度盐碱胁迫条件下水稻89-45千粒重只有24.91 g，比对照减少1.82 g；而农大10号千粒重下降的幅度更大，在重度盐碱胁迫条件下千粒重为24.09 g，比对照减少了2.31 g。

总体上，不同强度盐碱胁迫或者不同发育阶段的盐碱胁迫对水稻产量影响不同。较低盐碱胁迫对水稻产量影响不大。随着盐碱胁迫强度的增加，不管是分蘖数、穗粒数还是千粒重均呈现不同程度的降低。不同耐盐碱性水稻品种的表现不同，耐盐碱水稻品种的产量构成因素受影响更小。

（四）东北盐碱地水稻品质构成因子解析

全球每年因土壤盐碱化损失的耕地超过150万 hm²，迄今为止退化耕地已累计达7 700万 hm²，近1/5的耕地发生了盐碱化（周和平 等，2007）。为了推进盐碱地治理与利用，采用种植水稻的方式改良盐碱土，不但可以使土壤表层盐分逐渐下沉，而且水稻的根系还可以起到吸收土壤中的盐分以及分泌有机酸的作用，使土壤板结的状况得到改良，因此在水资源保障的情况下水稻常作为改良盐碱地的首选作物（张瑞珍 等，2006）。中国 60% 以上人口以稻米为主食，随着人们生活水平的提高，对稻米的需求已逐渐由数量向品质转变，稻米食味品质越来越受到关注。

1. 稻米品质的概念及分类指标

稻米品质是稻米本身理化特性的综合反映，主要包括加工品质、外观品质、蒸煮食味品质、营养品质和贮藏品质等（卞晓丽 等，2014）。加工品质是指稻谷在脱壳及碾精过程中的品质特性，通常用糙米率、精米率和整精米率 3 项指标表示（张玉华，2003）。外观品质是指米粒的形状、大小、垩白度、透明度、颜色和光泽等，是稻米作为商品价值的主要指标（谢健 等，2009）。蒸煮食味品质是指在蒸煮及食用过程中稻米所表现的理化特性及感官特性，如吸水性、延伸性、糊化性、柔软性、粘弹性和香味等，主要由糊化温度、胶稠度和直链淀粉含量 3 项指标表示（周小丰 等，2006）。营养品质是指稻米营养成分，一般包括淀粉、蛋白质、维生素及矿质元素等的含量（王磊，2015）。

2. 东北盐碱地水稻品质现状

东北地区气候生态条件独特，形成了特有的优质粳米食味，东北稻区已经成为中国乃至世界上最重要的粳稻产地和输出地（李辉 等，2013）。朱智伟等（2004）研究发现，东北粳稻品质以及食味显著优于其他类型的水稻。何广生等（2011）对东北三省不同年代育成水稻品种的品质进行了梳理与研究，发现各省稻米的蛋白质含量逐渐降低，直链淀粉含量逐渐提高，食味品质得到改善。李红宇等（2011）研究发现，东北近年来育成的粳稻品种出糙率显著下降，粒长和长宽比随年代演进呈增加趋势，白度、垩白度、蛋白质含量下降，直链淀粉含量略有增加，食味品质明显改善。

在盐碱地条件下，虽然当前关注点仍然是盐碱地条件下如何提升水稻产量，但部分学者已开始关注盐碱地条件下水稻品质特征（刘晓亮 等，2019；李冠男等，2020）。关于盐碱胁迫对稻米品质的影响，有研究发现随着盐碱程度的加重，稻米垩白粒越多，稻米的外观品质降低（步金宝，2012），稻米的直链淀粉含量降低，蛋白质含量提高，稻米的食味品质变劣，评价等级下降（余为仆，2014；朱明霞 等，2014）。但也有研究表明，盐碱胁迫降低了直链淀粉含量和蛋白质含量，使稻米的营养品质下降，而稻米的食味品质显著提高，评价等级上升（王志君 等，2022）。陈立强等（2018）研究表明，苏打盐碱土未降低稻米的加工品质，但降低了糙米蛋白质含量。整体上，对于东北苏打盐碱地条件下的水稻品质的关注较少，盐碱地条件下特有的粳米食味特征、功能及其潜力有待于进一步梳理、挖掘与研究。

3. 不同水稻品种的品质

水稻品种本身的遗传特性是影响稻米品质的主要因素（王志友 等，2008）。常规条件下，不同品种的直链淀粉含量和蛋白质含量不同，其影响因素主要包括品种的遗传特性、环境条件和栽培措施三个方面（周治宝 等，2011）。稻米中直链淀粉含量主要受遗传力控制，环境因素影响较小；而蛋白质含量受遗传力控制较弱，受环境因素影响较大（路凯 等，2020）。贺梅等（2015）研究发现，高产类型的蛋白质含量与中产、中低产类型蛋白质含量差异极显著或显著高于低产类型，各产量类型直链淀粉含量极显著高于低产类型，各产量类型粗脂肪含量均未达到显著差异。

盐碱地条件下，盐碱胁迫对不同水稻品种稻米品质的形成有显著影响。东北西部盐碱地比较知名的耐盐碱水稻品种，包括长白9号、白粳1号、东稻4号、东稻122等。长白9号，粒椭圆形，千粒重29 g，糙米率83.98%，精米率76.69%，整精米率67.92%，糊化温度7，胶稠度65 mm，直链淀粉含量19.18%，蛋白质含量8.63%（沈伟峰，1995）。白粳1号，糙米率82.3%，精米率76.3%，整精米率75.8%，粒长5.6 mm，长宽比2.2，垩白粒率2%，垩白度0.1%，透明度1级，碱消值7.0级，胶稠度72 mm，直链淀粉含量17.7%，蛋白质含量8.3%，米质符合一等食用粳稻品种品质标准（孙昕 等，2008）。东稻4号，糙米率83.5%，精米率75.3%，整精米率70.3%，粒长5.1 mm，长宽比1.7，垩白米率48%，垩白度9.5%，透明度1级，碱消值7.0级，胶稠度83 mm，直链淀粉含量 18.0%，蛋白质含量 7.9%，米质符合四等食用粳稻品种品质规定要求（杨福等，2011），2011 年获全国优良食味品评一等奖。东稻 122，糙米率 84.5%，精米率 77.4%，整精米率 70.4%，粒长 4.6 mm，长宽比 1.6，垩白粒率 20%，垩白度 4.8%，透明度 1 级，碱消值 7.0 级，胶稠度 62 mm，直链淀粉含量 16.9%，米质符合优质三等食用稻品种品质规定要求（李景鹏 等，2021）。

4. 影响稻米品质的栽培管理因素

近年来，随着耐盐碱水稻新品种的选育、改良新技术的研究和推广，盐碱地水稻种植面积不断扩大，栽培技术成为影响水稻产量及品质的关键措施。盐碱地水稻栽培包括育苗、施肥、灌溉、病虫草害防治等环节。

培育壮苗是保障盐碱地水稻品质的重要基础。针对吉林西部、黑龙江西部盐碱地秧苗素质差、盐碱地土传病害、培育壮苗取土困难、水稻产量低及品质差等问题，赵海成等（2021）研究并比较了不同基质板处理与常规育苗的产量品质差异，发现基质板＋钵形毯式盘＋专用营养液 1 组合的蛋白质含量、直链淀粉含量最低，分别为 9.33%、16.24%，食味值最佳为 72.23 分，且稻米食味值较常规对照提高了 3.96%。当前，关于包括苏打盐碱地在内的基质育苗对水稻品质影响的研究较少，未来有必要进一步研发，支撑盐碱地水稻优质稻米产业。

合理规划栽插密度，提高栽插质量，是高产优质栽培重要的关键技术（凌启鸿 等，1995; 刘晓亮 等，2019）。刘晓亮等（2019）以吉粳 809 为材料，研究苏打盐碱地不同水稻群体结构对水稻农艺性状及稻米外观品质、加工品质和蒸煮食味品质的影响，发现随着行距和株距增加，稻米垩白度和垩白粒率降低，但对蛋白质含量和直链淀粉含量影响较小，说明通过建立适宜的群体结构，可以兼顾单产与稻米品质的提升。

大量研究表明，苏打盐碱地水田施肥对水稻增产效果显著（黄立华 等，2010），也一定程度影响到稻米的品质（李冠男 等，2019b）。王志君等（2022）研究发现，提高苏打盐碱地水田氮肥投入可显著增加稻米的蛋白质含量，降低食味品质，而对稻米直链淀粉含量无显著影响，建议提高氮肥在穗肥中的比例以促

进和改善苏打盐碱地水稻的产量和品质。李冠男等（2019b）研究发现，氮磷钾肥配施可以提高苏打盐碱地稻米蛋白质含量、含水量和稻米食味品质，但有机培肥短期内无法实现稻米品质的提升。针对我国东北松嫩平原西部苏打盐碱地大规模开垦种稻过程中稻米品质较差的实际问题，李冠男等（2020）开展了水稻结实初期不同叶面肥喷施对稻米品质影响的田间试验研究，发现苏打盐碱地稻田短期内微量元素配合微生物菌剂调控稻米品质提升效果不显著，水稻结实初期微量元素单独调控可作为提升苏打盐碱地稻米品质的重要措施。总体上，苏打盐碱地水田条件下，如何科学培肥更有利于稻米品质的提升，还有待通过长期的试验进一步研究。

5. 展望

稻米品质既受其自身遗传因素、气候和环境因素等影响，也与田间水肥管理等农艺措施密切相关。随着育种改良、栽培技术进步及相关遗传生理研究的深入，盐碱地种植的水稻品质有了明显提升，但是进一步改良加工品质和外观品质特别是垩白率和整精米率，仍然是水稻育种和栽培的重要目标。苏打盐碱地条件下，当前更多的研究聚焦于水稻产量的提高，对于稻米品质的研究较少。随着社会对稻米的追求从数量型转向质量型，如何协同提升水稻产量与品质是苏打盐碱地水田未来研究的重点，有必要从盐碱地水稻产量与品质形成机制及其调控技术方面进行深入研究，为东北苏打盐碱地水田开发与水稻绿色优质高效目标提供有力科技支持。

（五）其他增产技术

1. 病虫草害防治

病虫草害是威胁我国盐碱地水稻安全生产的重要因素之一。水稻生产过程中，病害、虫害及草害这些危害不仅导致产量损失，而且降低稻米品质（曾秀梅，2018），因此深入了解其危害特点和防治措施具有重要意义。

（1）水稻病害及防治

病害是指在生物因子或非生物因子持续刺激下，水稻的正常生理和生物化学功能受到干扰和破坏，生长发育异常，从而表现出各种不同症状的现象。生产上病害表现为不育、减产、品质下降等现象。

按照病害种类分类，将真菌、细菌、病毒、线虫等对水稻植株正常生长发育的侵袭干扰称为水稻侵染性病害，而将非生物因子（气候条件、水肥等）对水稻生长发育的干扰破坏称为水稻非侵染性病害。根据危害水稻病原物种类的不同，侵染性病害可分为真菌病、细菌病、病毒病和线虫病等类型。在生产上经常发生并造成损失的真菌病害包括稻瘟病、纹枯病、稻曲病等。细菌病包括白叶枯病、细菌性条斑病、细菌性基腐病等。病毒病包括水稻黄矮病、水稻矮缩病。线虫病包括水稻干尖线虫病、水稻根结线虫病。

防治水稻病害，一般有 4 条途径：一是改变农田生物群落的组成，即通过防治措施使病菌的种类、数量减少，有益生物的种类和数量增加；二是改变营养、发育和繁殖条件，使之不利于病原物的生存和繁殖；三是增强作物的抗病性、耐病性；四是直接消灭病原物（韩斯平，2009）。

（2）水稻虫害及防治

盐碱地水稻种植中，水稻的生长发育及产量受到虫害的威胁。水稻虫害主要有水稻二化螟、稻潜叶蝇、稻负泥虫、稻水象甲等（岳福顺 等，2009；王建国，2020）。近年来水稻二化螟发生日益严重，水稻出现"白穗"，造成减产，已成为盐碱地水田农民田间防治的重点害虫。可在主害代蛾始盛期释放混合赤眼蜂。化学农药可选用甲氧虫酰肼、氯虫苯甲酰胺等，可在分蘖期枯鞘丛率达到8%～10%或枯鞘株率3%时施药，穗期于卵孵化高峰期施药，重点防治上代残虫量大、当代卵孵盛期与水稻破口抽穗期相吻合的稻田。生物农药可选用苏云金杆菌、金龟子绿僵菌 CQMa421、印楝素等。

（3）水稻草害及防治

水田杂草，也常抑制水稻产量的提高，成为影响水稻优质、高效的重要因

素。探明水稻杂草种类、发生动态及防治方法具有重要意义。在水稻产区发生杂草的类型包括稗草、三棱草、野慈菇、鸭舌草、泽泻、眼子菜和牛毛草等。杂草常可使病虫害加重，使稻米品质变劣。

水渠和池埂上杂草的种子可借风力、水进入水田成为主要杂草来源，因而必须将杂草在种子形成前消除，可用灭生性无残留农药，如克芜踪（百草枯）（关勇，2001）。针对插秧前田中的芦苇，可通过增加水耙地时间，把盐碱水田周围芦苇的根耙碎，将漂上来的芦苇根捞除，对插秧后长出的芦苇用41%草甘膦涂抹芦苇叶子进行防除，用药后一个月左右芦苇即枯死。对盐碱水田出现的水绵、青苔，及时用硫酸铜、三苯基乙酸锡等撒施治理。

化学除草，注意提前调查水稻栽培类型、杂草种类、杂草分布和危害情况以确定施药合适时期和用量，并要根据土壤类型、药剂使用年限及气候条件，选择农药及药量，以避免产生药害。

（4）水稻病虫草害的防治发展趋势

目前，我国农作物植保防治作业主要有 3 种方式：人工喷施、地面动力机械喷施和航空喷施。传统人工施药方式作业劳动强度大、效率低、耗时长，如遇到突发性、爆发性病虫草害，将难以满足防治要求，且施药人员易发生中毒事件；地面大型机械喷施方式作业成本高，药剂有效利用率低，下水田作业困难，易损伤农作物及土壤物理结构，影响农作物后期生长。无人机航空施药是近年来推广的一种新兴病虫害防治技术，相比传统的施药方式，无人机施药效率更高，施药效果更好，施药人员安全性更高，且可解决盐碱地水稻生长过程中地面机械难以下田作业等问题，是未来植保发展的新方向（何勇 等，2014; 王斌 等，2016; 马钰等，2021）。

另外，推广生物农药及减量控害防控技术也是未来水稻病虫草害防治的发展趋势。生物农药是指利用生物活体（真菌，细菌，昆虫病毒，转基因生物，天敌等）或其代谢产物（信息素，生长素，萘乙酸，2,4-D 等）针对农业有害生物进行杀灭或抑制的制剂，具有高效、低毒、低残留的特点（张兴 等，2015）。农业生产上推广使用生物农药和减量控害防控技术，既能确保农业增产增收，又能减轻环境污染，保持生态平衡，未来生物农药在病虫害综合防治中的地位和作用将越来越重要。

2. 水稻机插同步侧深施肥

盐碱地稻田氮肥的过量施用，不仅削弱了氮肥对水稻增产的促进作用，降低水稻氮肥利用效率，而且大量氮素的损失加剧了农业资源浪费与环境污染等问题，严重制约了中国农业绿色高质量发展。水稻机插秧同步侧深施肥技术作为 2018 年农业农村部重大引领技术之一，具有省工、增产、提高肥料利用效率的优势（冯艳辉 等，2020）。

（1）水稻机插同步侧深施肥的概念

水稻机插同步侧深施肥是在水稻移栽的同时，通过机械将基蘖肥呈条状集中施在秧苗的一侧土壤（离秧苗 3.0～5.0 cm，土壤深 4.0～5.0 cm）中。该施肥方式可减少肥料与空气接触，降低肥料氨的挥发损失，防止肥料流失和保护环境，增加水稻对养分的吸收利用，并提高氮肥利用率及水稻产量，实现减肥增效。

机插同步侧深施肥是一种典型的针对水稻秧苗根际的不对称局部施肥，在水稻秧苗一侧是条状的施肥区，另一侧是无肥区（图 7-4）。相比传统人工撒施，侧深施肥能显著提高水稻有效穗数，进而提高稻谷产量。

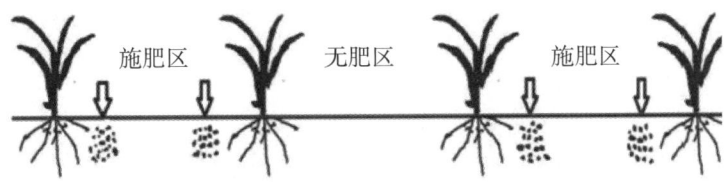

图7-4　田间水稻机插同步侧深施肥示意图（王晓丹 等，2020）

（2）肥料选择原则

适用机插同时侧深施肥的肥料应具备以下特点：氮磷钾复合肥料，养分比例合理；肥料成分稳定，颗粒均匀一致，表面抗压好；肥料吸水性稳定。机插同步侧深施肥一般采用缓控释肥料，以达到减少施肥次数的目的。缓控释肥指肥料

养分释放速率缓慢，释放期较长，在作物的整个生长期都可以满足作物生长需求的肥料。它采用天然或半天然高分子材料进行包膜，形成分子网格吸附和固定氮素，减缓或控制肥料氮释放速率，使肥料氮释放量和释放速率与水稻养分需求吻合，以减少氮素损失，提高肥料氮利用率和水稻产量，适合一次性基施，可减少施肥用工（马昕 等, 2017; 朱从桦 等, 2019; 谭维娜 等, 2019; 王晓丹 等, 2020）。

目前，国内水稻机插同步侧深施肥技术的推广应用仍受到多种因素的限制，在盐碱地水田条件下，对水稻机插同步侧深施肥技术的报道较少。充分了解盐碱地条件下水稻机插同步侧深施肥技术推广应用的可行性，深度融合缓控释肥和机插侧深施肥，对助力盐碱地"双减"（减肥、减药）栽培的推广具有重要意义。

3. 植物激素 ABA 的诱抗效应

脱落酸（abscisic acid, ABA）在植物应对环境胁迫中发挥重要的作用。研究发现，水稻幼苗经外源 ABA 浸根预处理 24 h 后，能够显著提高幼苗的耐碱性、苏打盐碱水田中水稻的生长和产量，证明 ABA 对水稻耐碱胁迫起到了诱抗效应（Wei et al, 2015, 2017; 冯钟慧 等, 2016）。利用 RNA 干涉手段沉默表达调控 ABA 分解的关键基因 *OsABA8ox1*，研究发现，沉默表达 *OsABA8ox1* 基因后能够显著提升水稻内源 ABA 水平，提高水稻产量，达到与外源 ABA 诱抗效应相同的效果，为提高苏打盐碱水田水稻生长和产量提供了更有效的新途径（刘晓龙, 2019）。

第 2 节　河套盐碱地耐盐水稻高产栽培技术

一、河套平原盐渍化土壤资源概况

土壤盐碱化问题是我国农业可持续发展和改善环境质量的重要战略问题。在我国生态环境比较脆弱的干旱、半干旱地区土壤盐渍化问题异常突出。其中，黄河河套地区分布有大量盐碱化土地，该区域气候干燥少雨，蒸发强烈，降雨极少，易造成土壤积盐。盐碱地作为潜在的耕地资源，存在着巨大的开发潜力，已成为区域经济发展的后备资源。河套地区是我国中东部地区重要的生态屏障，但土壤盐渍化严重制约着该地区植被恢复和绿洲生态系统建设。大面积改良利用河套地区盐碱地，不仅能够增加耕地面积，提高耕地质量，恢复退化生态环境，而且，对于确保国家粮食安全、生态安全，发展循环经济、促进当地经济社会的可持续发展具有重大意义。

土壤盐分运动和水分运动是相伴进行、不可分割的。在土壤水盐运移方面，国内外学者进行了大量的卓有成效的研究工作。室内试验表明，不同地下水位、黏土夹层、砂土夹层，以及不同灌水量、灌水水质均会影响土壤剖面中的盐分及盐分组成。一般认为，随着灌水量的增加，土壤盐分含量下降，盐分组成中阳离子易于溶脱的顺序是 $Mg^{2+} > Na^+ > Ca^{2+} > K^+$，阴离子为 $Cl^- > SO_4^{2-} > HCO_3^-$；随着灌水量的增加，表层土壤中 HCO_3^- 离子增加，pH 上升。

土壤盐渍化问题和由灌溉引起的土壤次生盐渍化问题是制约宁夏引黄灌区农业发展的主要障碍。龟裂碱土（宁夏群众俗称白僵土）是荒漠草原和荒漠地区的特殊碱化土壤，在宁夏平罗县西大滩有较大面积分布，主要分布在古湖洼地、洪积扇与老阶地的交接洼地。龟裂碱土属于盐碱土纲碱土类盐渍龟裂碱土亚类，其矿物组成以伊利石和高岭土为主，质地粘重，多为重壤土或黏土，土粒分散度高，容重达 1.6 g/cm^3，孔隙度低于 41%。湿时吸水膨胀，泥泞不易透水，干时收缩板结、坚硬，透水性很差，是制约植被恢复的主要瓶颈和生态修复成败的关键技术。张体彬等（2012）对宁夏银北地区龟裂碱土盐分特征进行了研究，结果发现龟裂碱土具有干旱区盐碱土壤盐分表聚特征，剖面离子组成中 Cl^- 和 Na^+ 分别是最主要的阴阳离子。在利用过程中仍需要首先降低土壤盐度。目前，对龟裂碱土快速淋洗及淋洗标准、精确灌溉等单项技术指标的研究还不够深入；生产中农民为了淋洗土壤盐分往往用水过量，不仅造成灌溉水的浪费，而且抬高了地下水位，使土壤改良条件更加恶化。

二、河套盐碱地脱盐降碱关键技术

（一）脱硫石膏及专用功能性改良剂施用降碱技术

1. 盐碱地专用改良剂配方的研制

根据宁夏平罗西大滩碱土型、石嘴山市惠农区盐土型和红寺堡地区的次生盐渍型土壤的碱化度、盐分组成及运移特点、土壤结构状况等，选用农业、工业废弃物如脱硫渣、糠醛渣、秸秆草粉等为主要原料，并配以适量其他能够改善土壤结构、培肥土壤和提供植物养料的有机无机物质，提出适合改良碱土型、盐土型和次生盐渍化土壤盐碱地的系列配方并对其配方及其原料进行了多点试验，初步筛选出主要配方 5 个，在三大示范区集中进行了示范，进一步证明不同类型盐碱地专一性改良剂。

碱化土壤水稻改良剂配方筛选。脱硫石膏和专用改良剂配合施用，降低了 pH、全盐和碱化度（如表 7-9 所示）。施用专用改良剂后，土壤 pH、全盐和碱化度分别较对照降低了 10.9% ~ 12.1%、26.9% ~ 44.4% 和 36.6% ~ 69.9%。利用改良剂改良后 0 ~ 20 cm 土层有机质与对照有显著差异。不同处理土壤全氮、碱解氮、速效磷、速效钾的变化规律同有机质相似。整体来讲，只施用脱硫石膏的处理各参量与对照普遍无显著差异；在施用脱硫石膏的基础上再施用不同改良剂配方，均能显著提高土壤的有机质和养分，改良效果较好。

表7-9 　　　　　　　　　碱化土壤施用改良剂后的效果

土壤性质	采样时间	基础土样	CK	S	S+A I	S+A II	S+A III
pH（5∶1）	20091016	9.0 ~ 9.2	9.2	8.6	8.2	8.2	8.5
	20100828	8.0 ~ 9.1	9.1	8.4	8.0	8.0	8.0
全盐（g/kg）	20091016	2.1 ~ 3.0	2.2	2.2	1.58	1.7	1.4
	20100828	1.2 ~ 2.2	2.1	2.2	1.39	1.5	1.2

（续表）

土壤性质	采样时间	基础土样	CK	S	S+AⅠ	S+AⅡ	S+AⅢ
碱化度（%）	20091016	27.3~29.6	29.2	24.1	18.5	17.6	10.1
	20100828	8.6~28.7	28.6	21.7	15.9	14.9	8.6
有机质（g/kg）	20091016	2.6~3.1	2.8	3.4	3.7	4.2	4.1
	20100828	2.9~4.3	2.9	3.5	3.8	4.0	4.3
全氮（g/kg）	20091016	0.3~0.4	0.37	0.41	0.51	0.54	0.56
	20100828	0.42~0.61	0.42	0.44	0.52	0.53	0.71
碱解氮（mg/kg）	20091016	25.2~28.3	23.4	30.4	35.8	43.1	32.0
	20100828	24.3~45.7	24.3	32.0	37.9	45.7	34.5
速效磷（mg/kg）	20091016	7.3~8.1	8.0	9.3	9.1	9.4	9.6
	20100828	8.2~10.4	8.2	9.8	9.6	10.0	10.4
速效钾（mg/kg）	20091016	121.1~128.9	107.4	119.8	110.5	111.8	111.7
	20100828	111.7~126.8	111.7	125.8	117.1	119.6	121.8

注：CK、S、S+AⅠ、S+AⅡ、S+AⅢ分别代表对照、只施用脱硫石膏、施用脱硫石膏和改良剂配方Ⅰ、施用脱硫石膏和改良剂配方Ⅱ、施用脱硫石膏和改良剂配方Ⅲ（下同）。

施用脱硫石膏和改良剂后土壤容重降低，孔隙度增加，土壤孔性趋于合理，有利于作物对水分和空气的要求，有利于养分状况的调节，有利于植物根系的伸展（表7-10）。施用脱硫石膏和改良剂后当年土壤中各颗粒组成比例适当，使土壤具有良好的结构性、通透性和保水保肥性，适于作物根系生长（表7-11）。

表7-10　　　碱化土壤施用改良剂后土壤的容重和孔隙度变化

土壤性质	CK	S	S+AⅠ	S+AⅡ	S+AⅢ
容重（g/cm³）	1.5	1.48	1.45	1.44	1.43
容重降低率（%）	0	1.47	3.33	4.20	4.67
孔隙度（%）	43.40	44.23	45.28	45.77	46.04
孔隙度增长率（%）	0	1.88	4.17	5.19	5.74

表7-11 碱化土壤施用改良剂后机械组成变化

处理	砂粒0.2～0.02 mm (g/kg)	粉粒0.02～0.002 mm (g/kg)	粘粒＜0.002 mm (g/kg)	土壤质地名称
CK	384.2	331.5	268.2	壤质粘土
S	393.6	342.3	249.4	粘质壤土
S+A Ⅰ	400.5	359.4	226.5	粘质壤土
S+A Ⅱ	406.0	350.5	220.6	粘质壤土
S+A Ⅲ	402.1	355.0	227.9	粘质壤土

脱硫石膏和改良剂联合施入，可使水稻产量增加51.6%。考虑脱硫石膏和专用改良剂成本，三个配方筛选中改良剂Ⅲ的纯收入最高（表7-12），而增产效果最明显的改良剂配方Ⅱ由于成本较高使经济效益最低。

表7-12 碱化土壤施用改良剂后水稻试验结果

指标	CK	S	S+A Ⅰ	S+A Ⅱ	S+A Ⅲ
产量（kg/hm²）	3 150	4 110	4 425	4 560	4 500
增产（%）	0	30.5	40.5	44.8	42.9
产出（元/hm²）	6 930	9 042	9 735	10 032	9 900
纯收入（元/hm²）	6 930	8 886	9 345	9019.5	9 786

碱化土壤水稻改良剂试验表明：施用脱硫石膏和改良剂后土壤pH和碱化度降幅最大；改良剂中增加的腐殖酸类和其他有机无机物料，可以提高黏土矿物的吸附性能、有机质及养分含量；酸性改良剂有较大的总表面积，与粘粒相互作用，使土肥相融，降低土壤容重、增大空隙度，降低土壤粘粒含量，增加砂粒和粉粒含量，改善土壤结构；施用改良剂能够显著提高水稻成活率、株高和产量，但在荒地上的效果较耕地更明显。三个改良剂配方中，改良剂Ⅲ对土壤的改良效果最好，但土壤有机质和养分在三个配方间并无显著差异；施用脱硫石膏和改良剂显著提高了水稻产量，施用改良剂Ⅲ的处理产量最高，与其他处理呈显著性差

异。所以，筛选出碱化土壤水稻改良剂配方为改良剂配方Ⅲ。两年定位试验结果说明脱硫石膏和改良剂改良碱化土壤均具有长效性。

2. 盐碱地专用改良剂的生产加工工艺研究

针对研制出的不同类型盐碱地改良剂配方，借助国内已有改良剂生产工艺流程，并进行了小试和中试，建立了质量监控体系，制定产品质量标准，形成了可转让的生产工艺流程。加工工艺流程如下：

原料筛选并风干 → 按比例搅拌混合 → 粉碎过筛 → 投料 → 造粒 → 室温干燥 → 称量分装 → 封口 → 包装入库

但不同类型改良剂生产时还需考虑到其特殊性：碱土型改良剂为了降低土壤碱化度和 pH，配方中糠醛渣含量较大，所以在称量、混合后，包装袋需要有防腐蚀性。盐土型改良剂将糠醛渣、有机肥、微肥等原料搅拌均匀后造粒包装。次生盐渍型枸杞改良剂将所需加入的微量元素用小包装放在基本原料大袋或另外的包装袋中，在施用时先将基本原料倒入坑内，然后把小包装袋中的微量元素再与土壤混合均匀。

3. 盐碱地改良剂的施用技术研究

根据已研制的盐碱地改良剂配方、剂型，在宁夏平罗西大滩碱土型盐渍土壤上开展了水稻种植改良剂施用量、施用时期试验研究。研究结果表明，改良剂施用量越大，土壤 pH 和碱化度越低，有机质和养分增量越大（并非倍数形式增减），但仍与其他处理呈显著性差异（表 7-13）。改良剂施用量越大，水稻成活率越高。中度碱化土壤施用量 15.0 t/hm^2 的处理对土壤的理化性状改良效果最好，但施用量为 7.5 t/hm^2 的处理纯收入最高（表 7-14）。新开垦的荒地两年定位试验中，施用量为 11.25 t/hm^2 的处理水稻生长最好，其成活率为 91.5%，株高为 65.0 cm，显著高于其他施用量，新开垦的重度碱化荒地施用量为 11.25 t/hm^2。

所以，在施用脱硫石膏 24 t/hm^2 的基础上，土壤 pH ≥ 8.5、碱化度碱（％）≥ 10% 且水溶性盐含量 ≤ 5.0 g/kg 的条件下，碱化土壤水稻改良剂Ⅲ施用量为 7.5 ~ 11.25 t/hm^2，秋施或播种前施用均可，撒施后犁耕全层混合。

表7-13　　　　　　　改良剂施用量条件下土壤理化性质

土壤性质	采样时间	T1	T2	T3	T4
有机质（g/kg）	20081030	8.3a	10.2b	9.8b	11.5b
	20091016	3.4a	4.1b	2.9a	5.3c
	20100828	3.5ab	4.3b	3.0a	5.1b
全氮（g/kg）	20081030	0.48a	0.59b	0.62b	0.65b
	20091016	0.41a	0.56b	0.53b	0.63c
	20100828	0.44a	0.71b	0.55a	0.82b
碱解氮（mg/kg）	20081030	28.9a	36.54bc	32.8b	39.6c
	20091016	30.4a	32.0ab	38.7b	41.7c
	20100828	32.0a	34.5ab	40.2b	44.6c
速效磷（mg/kg）	20081030	8.1a	11.2b	10.1b	11.8b
	20091016	9.3a	9.6a	9.1a	9.4a
	20100828	9.8a	10.4b	9.0a	10.2a
速效钾（mg/kg）	20081030	174a	201b	197a	211b
	20091016	119.8ab	111.7a	101.2a	143.6b
	20100828	125.8b	121.8b	106.3a	155.1c
pH（5∶1）	20081030	8.68	8.21	8.38	8.16
	20091016	8.6a	8.5a	8.0a	7.8a
	20100828	8.4a	8.0a	7.8a	7.6a
全盐（g/kg）	20081030	3.2a	2.3a	2.4a	2.1a
	20091016	2.22a	1.35b	1.81ab	1.62b
	20100828	2.19a	1.19b	1.65a	1.38b
碱化度（%）	20081030	23.8a	19.1b	17.2bc	8.16c
	20091016	24.1c	10.1a	19.6b	16.1b
	20100828	21.7c	8.6a	18.0bc	13.3b
容重（g/cm³）	20081030	1.48a	1.42a	1.41a	1.36a
	20091016	1.55a	1.47a	1.56a	1.53a
	20100828	1.51a	1.43a	1.53a	1.49a
孔隙度（%）	20081030	44.2a	46.4a	46.8a	48.7a
	20091016	41.3a	43.2a	41.7a	44.0a
	20100828	42.5a	46.2a	43.8a	48.1a

注：2008 年 T1 至 T4 代表施用量分别为 0 t/hm²、7.5 t/hm²、11.25 t/hm² 和 15.0 t/hm²，2009 年 T1 至 T4 代表施用量分别为 0 t/hm²、3.75 t/hm²、7.5 t/hm² 和 11.25 t/hm²。

表7-14　　　　改良剂施用量试验中各处理的水稻成活率、产量和经济效益情况

处理	成活率 （%）	产量 （kg/hm²）	增产 （%）	产出 （元/hm²）	纯收入 （元/hm²）
0（kg/hm²）	64.3	3 150	0	6 930	6 030
3.75（kg/hm²）	78.5	3 759	19.3	8 269.5	7 165.5
7.5（kg/hm²）	78.6	4 110	30.5	9 042	7 188
11.25（kg/hm²）	81.2	4 327.5	37.4	9 520.5	6 363

（二）稻田田间精准水盐调控脱盐技术

根据河套地区典型盐碱地高效利用和生态修复的需求，开展土壤结构优化技术、快速淋洗改良技术、碱土种稻改良技术、精量灌溉技术和耕作抑盐技术研究，确定稻作条件下碱化土壤冲洗与泡田洗盐定额，制定相应灌溉技术标准，提出适宜河套地区盐碱土改良的水盐调控关键技术。

1.脱硫石膏改良盐碱地土壤与地下水水盐运移研究

分别在西大滩、惠农和红寺堡建立了碱土、盐土、次生盐土三种类型盐碱地改良核心试验示范区土壤与地下水的水盐监测网络，进行了脱硫石膏和改良剂施用后快速、实时、高精度的水盐动态定位监测，研究了农田尺度的灌溉水、土壤水、地下水、蒸散发耗水、排水之间的转化关系，以及不同水盐调控方案对农田"四水"转化与盐分迁移的影响，建立了水盐迁移转化的定量模拟模型，提出了具体的田间水盐调控技术指标。

（1）脱硫石膏和改良剂施用后土壤水盐动态的定位监测

分别在西大滩、惠农和红寺堡建立了碱土、盐土、次生盐土三种类型盐碱地改良核心试验示范区土壤与地下水的水盐监测网络，进行了快速、实时、高精度的水盐动态定位监测。

①西大滩核心试验示范区：在西大滩试验示范区内布置了地下水观测井18个和相应的土壤观测点18个（见图7-5），对核心试验示范区改良过程中水盐动态进行了定期监测。由图7-6可以看出，西大滩核心试验示范区地下水埋深

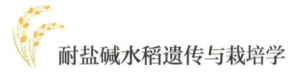
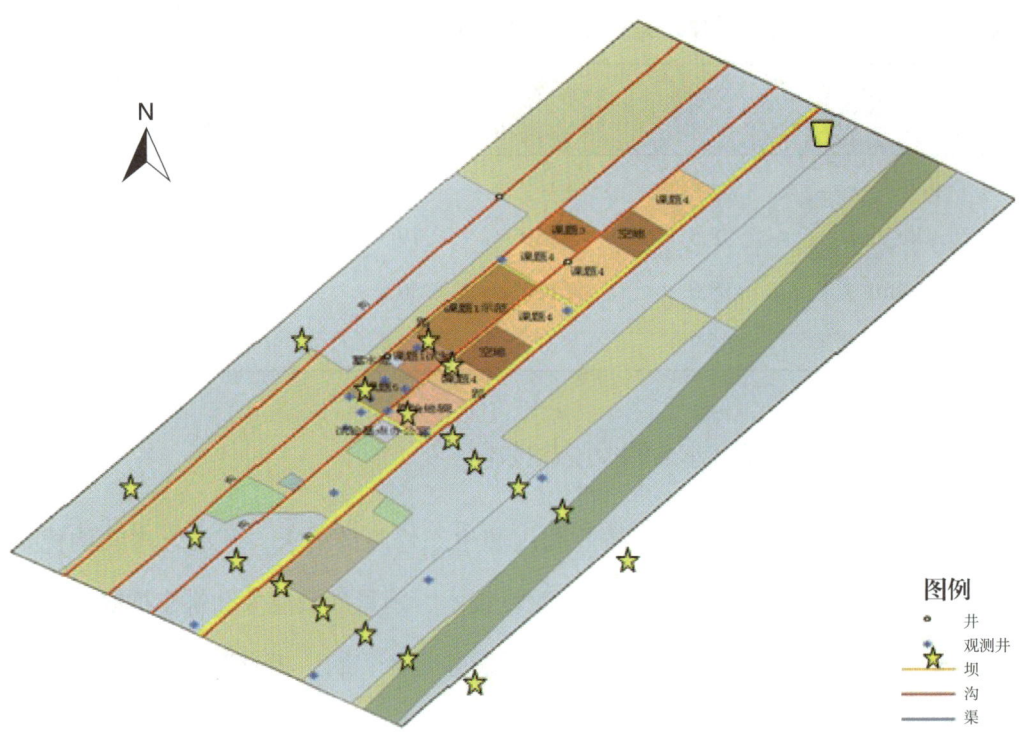

图7-5 西大滩核心试验示范区地下水观测井布置图

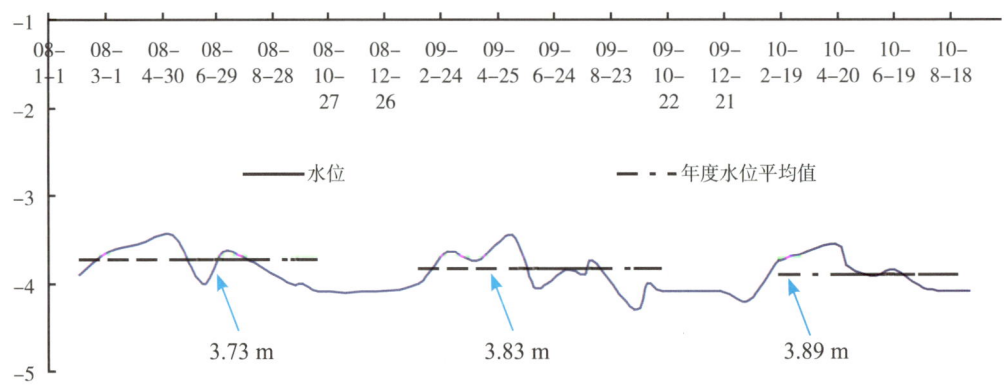

图7-6 西大滩核心试验示范区地下水埋深动态变化

周年平均值均在 3.7 m 以上，年内地下水埋深受灌溉、蒸发等因素的影响变化较大，年际地下水埋深变化不大。地下水矿化度变幅为 3.20 ~ 4.38 g/L，均值为 3.79 g/L。土壤监测结果表明：进行水盐调控 2 年后，地下水位由 3.73 m 下降到 3.89 m；旱作示范区耕层土壤 pH 降低 19.63% ~ 24.60%，耕层土壤全盐降低 18.87%～25.15%，耕层土壤碱化度降低 29.74%～34.94%；水稻示范区 pH 降低 24.11%～28.90%，耕层土壤全盐降低 29.87%～32.25%，耕层土壤碱化度降低 28.12%～37.98%。

②惠农核心试验示范区：布置了地下水观测井 22 个和相应的土壤观测点 22 个（见图 7-7），对试验示范区改良过程中水盐动态进行了定期监测。地下水埋深主要受灌溉和机井抽水的影响，从图 7-8 可以看出，在播种前洗盐（每年 5 月）和冬灌（每年 11 月）两个时期，随着灌溉水的入渗，地下水位迅速上升，随后由于机井抽水，地下水位又迅速下降，每年 7～8 月份作物灌水期间示范区地下水位也有不同程度的升高。在非灌溉抽水期，地下水受土壤蒸发、作物蒸腾等因素影响，地下水埋深变化不大。示范区地势低洼，改良前地下水埋深年内均值为 100～110 cm（连续调查资料）。经过 2 年的水盐调控，试验区较改良前地下水位下降了 50 cm 左右，春季地下水位下降了 100 cm 左右。从图 7-9 可以看

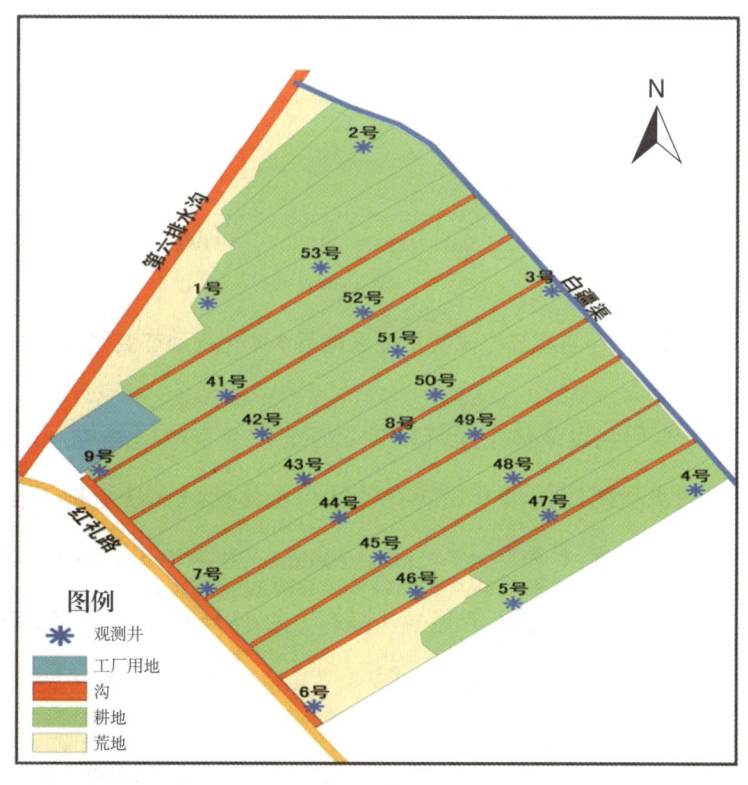

图7-7 惠农核心试验示范区地下水观测井布置图

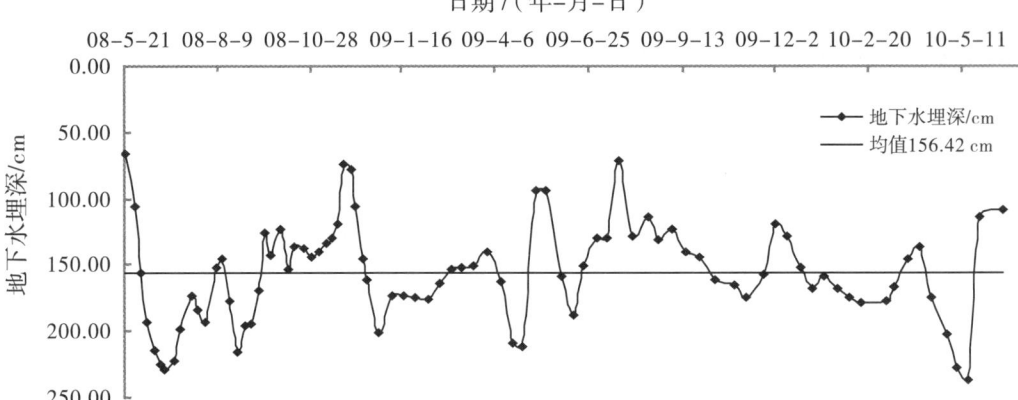

图7-8　惠农核心试验示范区地下水埋深动态变化

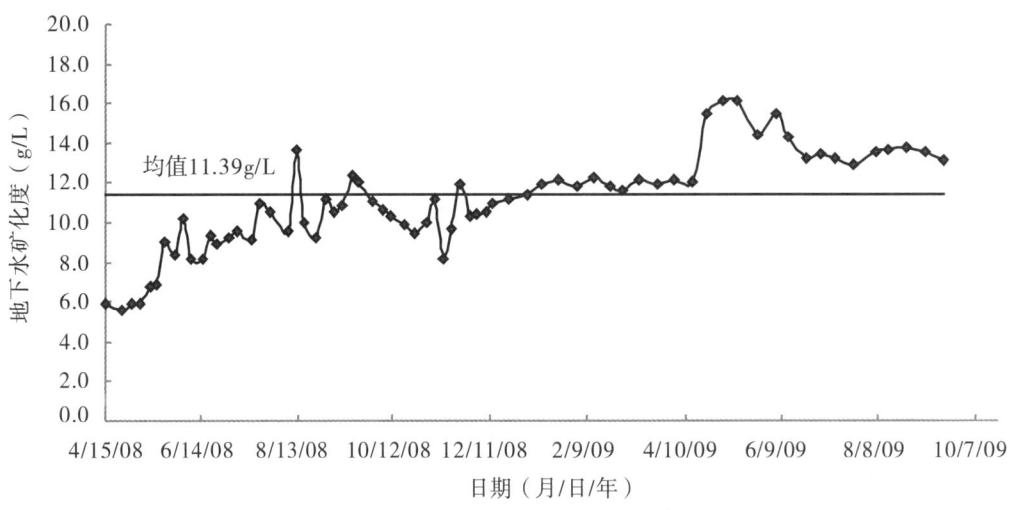

图7-9　惠农核心试验示范区地下水矿化度动态变化

出，示范区地下水矿化度总体上呈先缓慢增加、后缓慢下降趋势，说明采用以竖井排水为基础的水盐调控技术模式能有效地将土壤盐分淋洗至地下排出。同时，试验区经过 2 年改良后（表 7-15），0 ~ 20 cm、20 ~ 40 cm、40 ~ 60 cm、60 ~ 80 cm、80 ~ 100 cm 土层土壤全盐含量较改良前分别下降了 53.0%、19.6%、22.4%、34.0%、32.6%，平均下降了 32.3%，示范区土壤环境有了较大的改善。

土层 （cm）	测定日期				
	2008年5月	2008年10月	2009年4月	2009年10月	2010年4月
0～20	14.67 （3.31～30.3）	6.80 （0.84～13.76）	7.77 （1.50～14.64）	6.87 （2.79～15.34）	6.89 （2.33～14.31）
20～40	5.85 （0.85～25.4）	5.18 （1.44～14.49）	4.84 （1.20～9.07）	4.05 （1.75～7.66）	4.70 （1.38～8.70）
40～60	3.21 （0.28～7.96）	3.50 （0.96～9.98）	2.98 （1.02～8.88）	2.42 （1.02～5.28）	2.49 （0.96～6.50）
60～80	3.63 （0.47～10.1）	4.04 （0.71～14.06）	3.17 （1.08～8.76）	2.47 （0.93～5.96）	2.40 （0.87～6.80）
80～100	3.84 （0.35～10.1）	4.12 （0.72～11.13）	3.44 （0.66～9.69）	2.95 （0.99～6.91）	2.59 （1.17～5.69）

表7-15　　　　　　　　示范区土壤总盐变化　　　　　　　　（单位：g/kg）

③红寺堡核心试验示范区：布置了地下水观测井9个和相应的土壤观测点9个（见图7-10），对试验示范区改良过程中水盐动态进行了定期监测。由图7-11可以看出，该区在开挖截渗沟后地下水位明显下降。开挖截渗沟前的2008年4月至7月地下水埋深为1.33 m；开挖截渗沟后，2009年同期埋深为1.93 m，2010年同期埋深为1.80 m，比开挖前下降了0.50 m。非灌期地下水位在2 m以下，灌期地下水位在1.5 m以下，较项目实施前水位下降0.50 m，说明红寺堡核心试验示范区地下水水盐调控效果明显。由图7-12可以看出，2009年3月至7月地下水矿化度在2～10 g/L之间，平均为6.13 g/L，2010年同期地下水矿化度在1～8 g/L之间，平均为4.30 g/L，采取开挖截渗沟等水盐调控措施后，地下水矿化度呈下降趋势。

（2）建立水盐迁移转化的定量模拟模型

①SWAP模型：SWAP（soil-water-atmosphere-plant）模型是荷兰瓦赫宁根大学集成当今SPAC（soil-plant-atmosphere continuum）系统理论最新研究成果研制的，主要用于田间尺度下土壤-植物-大气环境中水分运动、溶质运移、热量传输及作物生长的模拟。模型中水流运动考虑成垂向一维运动，土壤与作物的

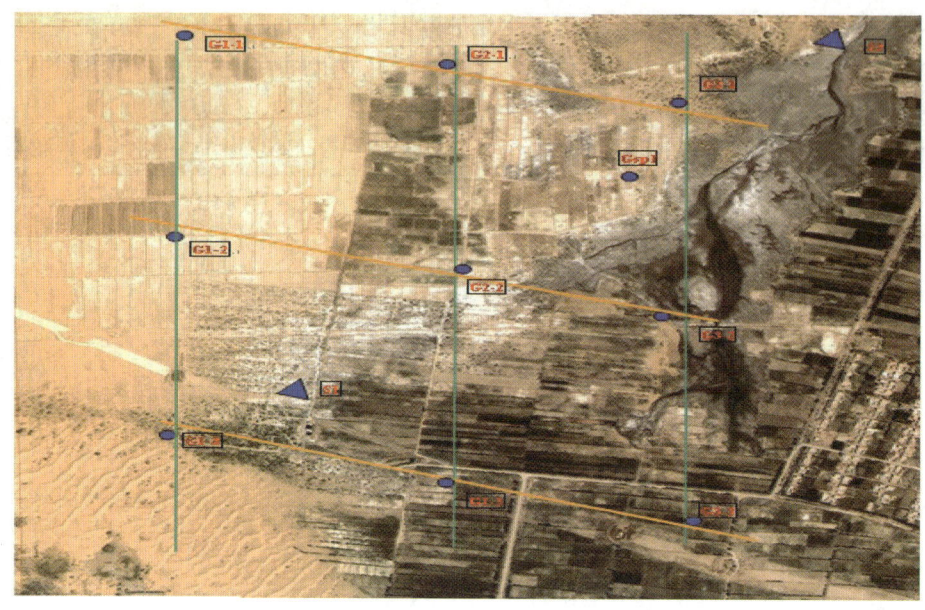

图7-10　红寺堡核心试验示范区地下水观测井布置图

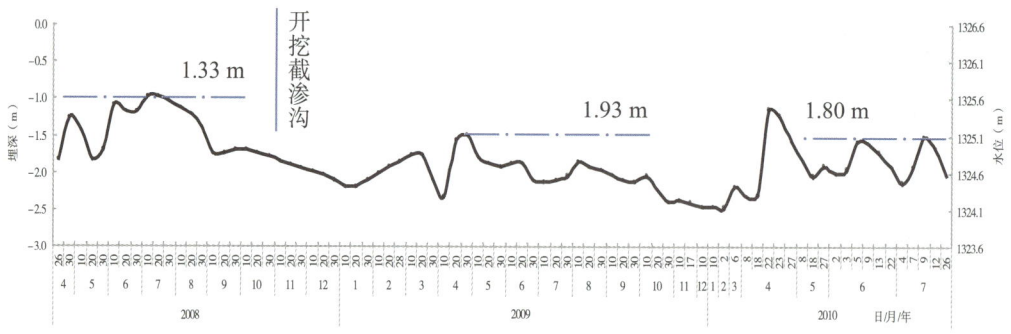

图7-11　红寺堡核心试验示范区地下水埋深动态变化

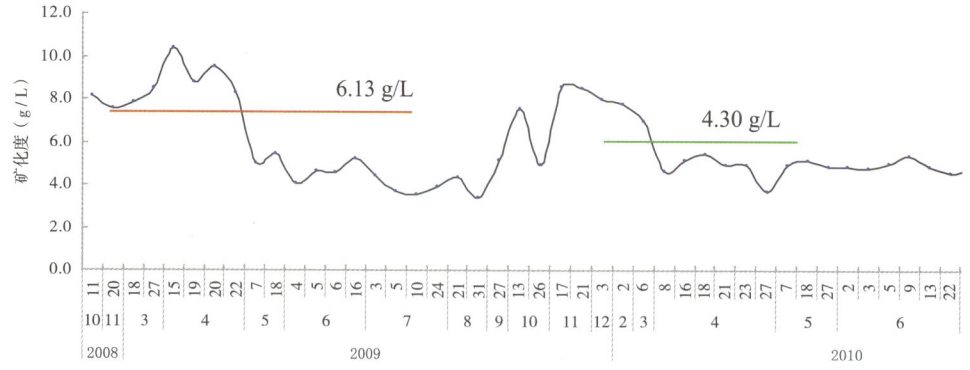

图7-12　红寺堡核心试验示范区地下水矿化度动态变化

水分交换采用根系吸水项进行表达，由土壤水分运动、溶质运移、热量传输、土壤蒸发、作物蒸腾以及作物生长 6 个子模块组成。

土壤水分运动由 Richard 方程表示：

$$\frac{\partial \theta}{\partial t} = C(h)\frac{\partial h}{\partial t} = \frac{\partial}{\partial z}\left[K(h)\left(\frac{\partial h}{\partial z}+1\right)\right] - S(z)$$

式中：θ 为土壤体积含水率，cm^3/cm^3；h 为土壤压力水头，cm；z 为位置水头，cm，向上为正；C 为容水度，cm^{-1}；K 为水力传导度，cm/d；$S(z)$ 为根系吸水速率。

土壤溶质运移由对流－弥散方程表示：

$$\frac{\partial(\theta c + \rho_b Q)}{\partial t} = -\frac{\partial qc}{\partial z} + \frac{\partial}{\partial z}\left[\theta(D_0 + Lv)\frac{\partial c}{\partial z}\right] - \mu(\theta c + \rho_b Q) - k_r Sc$$

式中：D_0 为溶质分子扩散系数，cm^2/d；L 为溶质弥散长度，cm；c 为土壤溶液浓度，g/cm^3；ρ_b 为土壤干容重，g/cm^3；Q 为土壤颗粒溶质吸附量，g/g；q 为水流通量，cm/d；k_r 为根系吸水优先因子。

② SWAP 模型率定和验证：试验采用二因素随机区组设计（见表 7-16），小区面积为 $3\,m \times 8\,m = 24\,m^2$，供试油葵品种为天葵 206。

表7-16   试验设计

| 灌水量 | 脱硫石膏施用量（t/hm²） | | | |
（m³/hm²）	0	5	10	15
1 800	处理1（T1）	处理4（T4）	处理7（T7）	处理10（T10）
2 400	处理2（T2）	处理5（T5）	处理8（T8）	处理11（T11）
3 000	处理3（T3）	处理6（T6）	处理9（T9）	处理12（T12）

利用水盐调控田间试验处理 4（T4）的试验资料对模型进行了率定，并按照先土壤水分运动模块、再溶质运移模块、最后作物生长模块的顺序进行率定，通过反复迭代，直到各个模块都达到率定要求再输出所有结果。参照腾发量由 Penman-Monteith 公式计算，并由作物参数计算出实际的土壤蒸发量和作物蒸腾量。试验期间油葵的灌溉制度如表 7-17，将其转化为 SWAP 模型要求的灌水深

度数据见表 7-18。

表7-17   SWAP模型灌溉数据输入

灌水次数	灌水时间（年-月-日）	灌水深度（mm）	灌水矿化度（mg/cm³）
播前灌水	2009-5-2	90	0.6
灌二水	2009-6-27	90	0.6

表7-18   土壤初始水力参数

深度（cm）	饱和含水率 θ_s（cm³/cm³）	残留含水率 θ_r（cm³/cm³）	饱和导水率 K_s（cm/d）	α	λ	n
0～40	0.407 0	0.114 2	5.97	0.025 9	0.5	1.146 7
40～85	0.368 1	0.113 4	5.20	0.031 4	0.5	1.452 3
85～150	0.492 7	0.110 5	2.05	0.016 4	0.5	2.150 2

模型率定结果和观测值的吻合程度以均方根误差（RMSE）、相对误差（RE）、平均相对误差（MRE）、模型效率（EF）来评定。模型的验证则采用处理 5（T5）和处理 6（T6）的试验资料，验证结果同样用上述 4 个统计量来评估。

③水分运动模块的率定：根据土壤各层含水率观测值和模拟值之间的比较分析，相应调整各层土壤的参数，使模拟值和观测值尽可能吻合，使二者之间的差的平方和最小，最终率定结果见表 7-19。

表7-19   土壤水力特性参数的率定结果

深度（cm）	饱和含水率 θ_s（cm³/cm³）	残留含水率 θ_r（cm³/cm³）	饱和导水率 K_s（cm/d）	α	λ	n
0～40	0.405	0.08	16.97	0.035 9	0.6	1.516 7
40～85	0.418 1	0.06	20.20	0.031 4	0.7	1.452 3
85～150	0.392 7	0.10	18.05	0.016 4	0.5	2.150 2

各观测值和模拟值之间的吻合度见图 7-13。由图可见，本项目率定的 SWAP 模型是可行的。

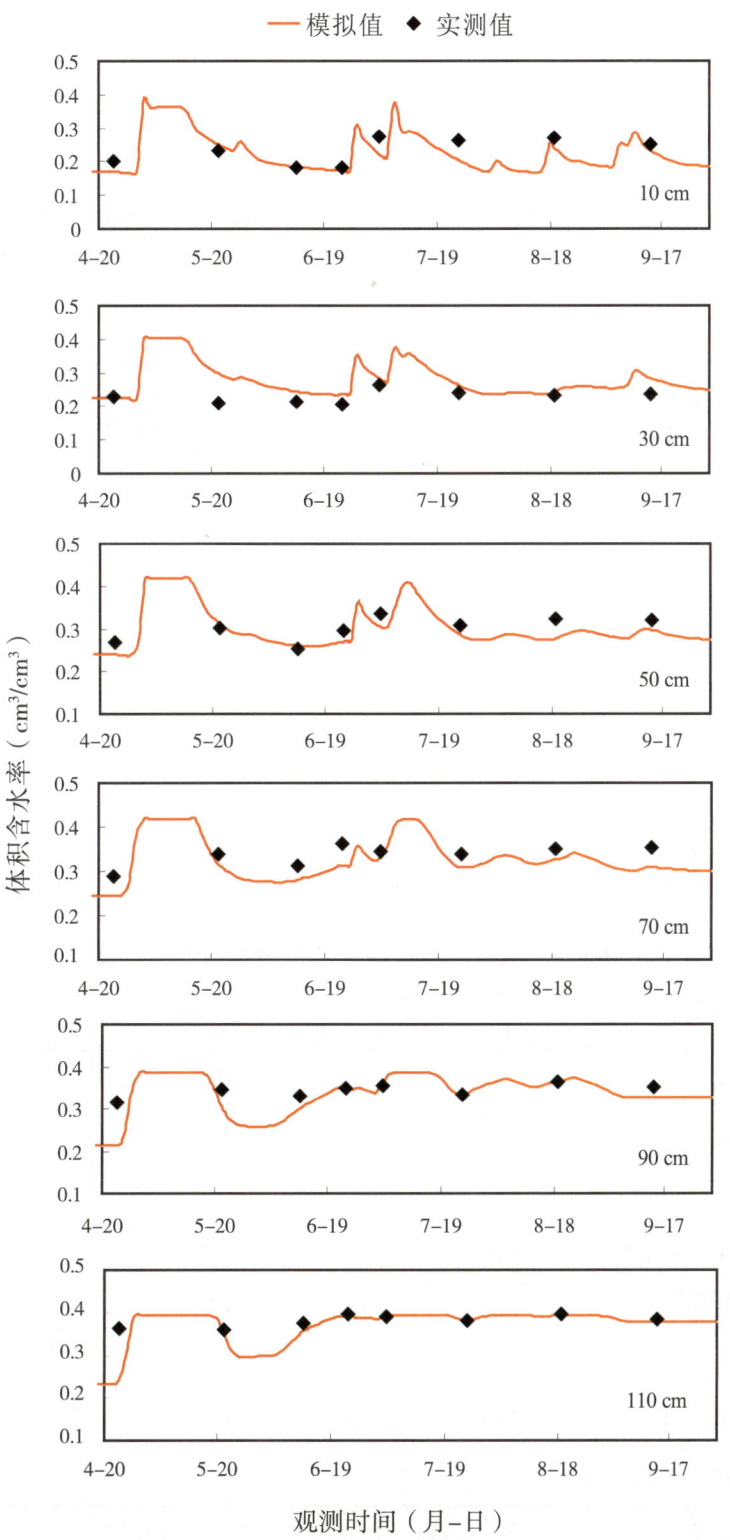

图7-13　率定处理（处理4）各层土壤含水率模拟值与实测值的比较

（3）提出田间和区域水盐调控技术指标及参数

通过对 SWAP 模型的率定和验证过程（表 7-20，图 7-14），并且对模拟精度进行了分析（表 7-21），说明该模型具有预测不同水管理操作对农田土壤水盐运移影响的潜力，可以使用该模型模拟一系列农业管理措施对土壤中水盐运移的影响。

表7-20　率定处理（处理4）各层土壤含水率模拟值与实测值吻合程度判别指标

土层（cm）	均方根误差（cm³/cm³）	平均相对误差（%）	R^2
10	0.034	10.83	0.538
30	0.039	13.59	0.098
50	0.027	8.07	0.556
70	0.035	9.91	0.818
90	0.042	7.66	0.762
110	0.044	5.77	0.535
100 cm贮水量	1.987	5.80	0.791

表7-21　率定处理（处理4）不同日期土壤含盐量模拟值与实测值吻合程度判别指标

测试日期	均方根误差（mg/cm³）	平均相对误差（%）	R^2
4月24日	12.04	20.14	0.926
5月22日	2.72	9.45	0.813
6月12日	3.83	16.43	0.898
6月24日	1.90	7.07	0.980
7月4日	4.20	17.37	0.219
7月25日	2.88	12.18	0.662
8月19日	6.53	11.32	0.630
9月14日	6.21	14.07	0.392

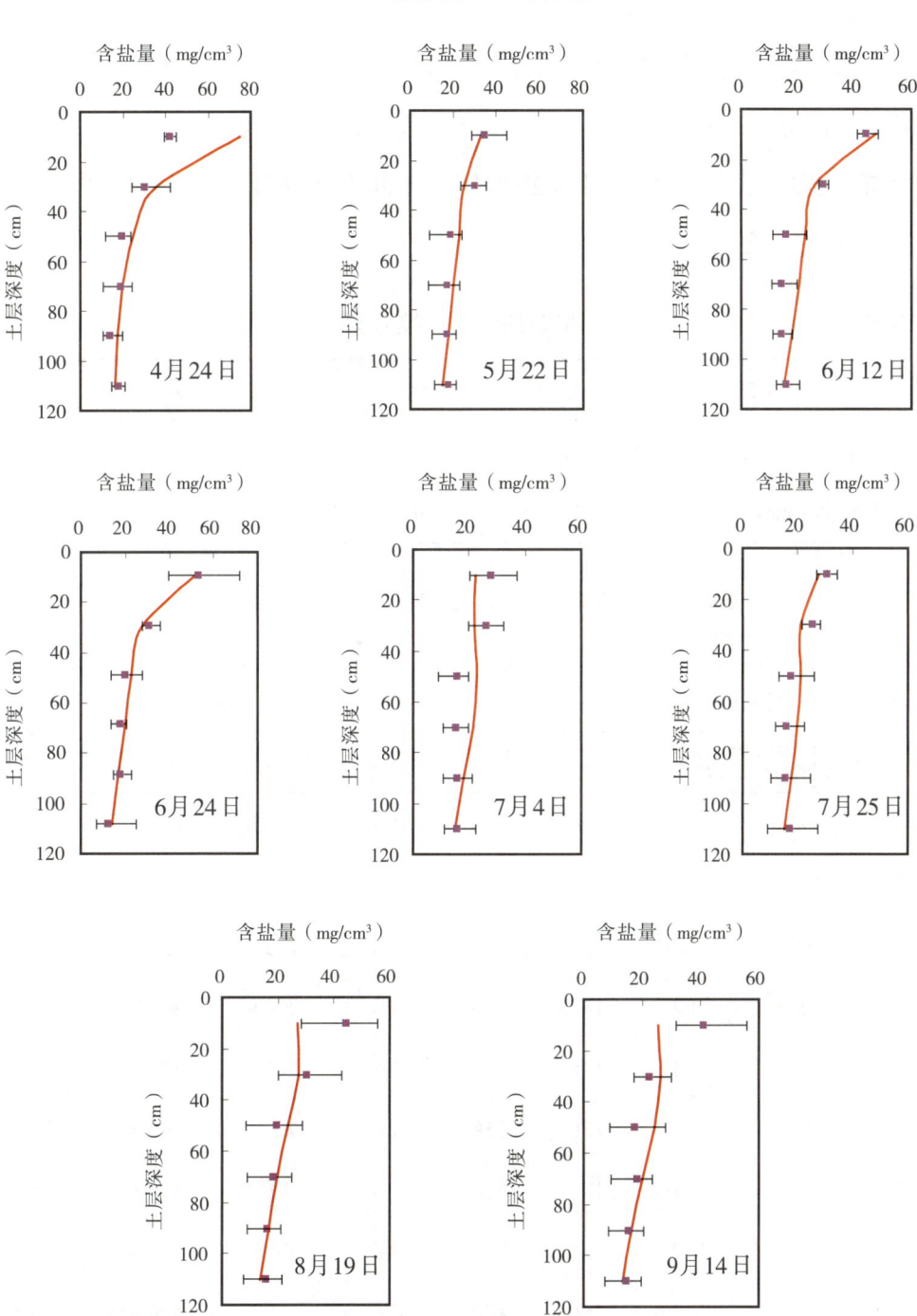

图7-14　率定处理（处理4）各层土壤含盐量模拟值与实测值的比较

水盐调控方案，根据预期的地下水控制埋深和所采用的灌溉制度拟定。以惠农核心试验示范区观测井观测，上述 3 种地下水控制埋深和 3 种灌溉制度共组合成 9 种水管理方案，拟定的 9 种水管理方案见表 7-22。各水管理方案中的种植作物均为油葵，有关土壤、溶质运移参数、气象数据、土壤剖面初始含水率、含盐量等数据均相同，模拟时段为 2009 年 4 月 20 日到 9 月 30 日的整个作物生育期（表 7-23，表 7-24）。

表7-22 拟定的水盐调控方案

方案编号	1	2	3	4	5	6	7	8	9
地下水埋深（cm）	210	210	210	160	160	160	80	80	80
灌水量（mm）	300	210	150	300	210	150	300	210	150

表7-23 各种拟定水盐调控方案下土层水量平衡计算结果

方案编号	土层含水总量（mm）		来水量（mm）		耗水量（mm）			
	时段初	时段末	降雨	灌溉	叶面截留	作物蒸腾	土壤蒸发	底部通量
1	490.6	292.2	186.9	300	4.6	216.8	208.9	255
2	490.6	301.9	186.9	210	4.6	171.2	213.9	196
3	490.6	318.4	186.9	150	4.6	115.2	225.1	164.3
4	490.6	462.3	186.9	300	4.6	209.9	247.7	53
5	490.6	464.8	186.9	210	4.6	121.8	276.1	20.2
6	490.6	465.3	186.9	150	4.6	61.9	292.5	3.3
7	490.6	517.3	186.9	300	4.6	130	323.1	2.6
8	490.6	517.3	186.9	210	4.6	62.6	324.6	−21.6
9	490.6	517.3	186.9	150	4.6	19.9	324.6	−38.8

表7-24 各种拟定水盐调控方案下油葵的相对产量、灌溉水利用效率和水分利用效率

方案编号	相对产量（%）	灌水量与相对产量的比值	模型效率与相对产量的比值
1	56	1.87	1.32
2	44	2.10	1.14
3	30	2.00	0.88
4	54	1.80	1.18
5	31	1.48	0.78
6	16	1.07	0.45
7	33	1.10	0.73
8	16	0.76	0.41
9	5	0.33	0.15

表7-25 各种拟定水盐调控方案下土层盐分平衡计算结果

方案编号	土层含盐总量（mg/cm^2）		进入土层的盐分（mg/cm^2）		排出土层的盐分（mg/cm^2）		
	时段初	时段末	灌溉	地下水补给	分解	作物吸收	排水
1	1 124	585.2	18	59.01	0	0	623.7
2	1 124	687.5	12.6	150.5	0	0	599.9
3	1 124	746.4	9	198.4	0	0	585.2
4	1 124	766.1	18	2 064	0	0	2 441
5	1 124	838.4	12.6	2 107	0	0	2 405
6	1 124	877.2	9	2 127	0	0	2 383
7	1 124	831.8	18	3 398	0	0	3 708
8	1 124	899.3	12.6	3 439	0	0	3 677
9	1 124	942.9	9	3 463	0	0	3 653

由表 7-25 可以看出：地下水埋深为 210 cm 和 160 cm 两种条件下，时段末土层贮水量均较时段初减少，其中方案 4、方案 5 和方案 6 的差值较小，耗水量大多消耗于作物蒸腾和土壤蒸发，而方案 1、方案 2 和方案 3 耗水量有较大部分消耗于底部通量，未被作物吸收或土壤根层贮存，是一种水资源的浪费；地下水埋深为 70 cm 条件下，时段末土层贮水量均较时段初增加，主要来自地下水的向上补给。

综合以上图表可以得出以下结论：以上各方案中，较为合理的水管理方案应该是方案 2 和方案 4，保持灌水量在 2 100～3 000 m³/hm² 之间，并控制地下水埋深在 130～210 cm 之间，可以达到控制表土盐分含量并节约灌水的目的。

2. 盐碱地水稻水盐调控与肥力提升技术集成模式

在开展了不同类型盐碱地脱硫石膏施用后田间水盐调控技术基础上，提出了脱硫石膏施用条件下激光平地、深松耕、灌水洗盐、防蒸覆盖、起垄沟植、耕作防盐、有机肥施用等田间水盐调控配套技术，并进行技术体系的集成提升。

（1）建立灌排系统

根据地下水位和当地灌排水的干、支、斗、农、毛沟渠建设规格要求，因地制宜地建立渠灌沟排、井渠结合等灌排工程设施，开挖农沟深 1.5 m 以上。

田间设置排盐沟，打通排盐通道。与排水沟垂直方向，每隔 20 m 设置田间排盐沟 1 条，深 0.8 m，沟底与排水沟连通。

田间铺设暗管，间隔 100 m，暗管埋深 1.8 m，降低地下水位，加速排盐。

（2）土地整理技术

采用激光平地，打埂划块（灌面不宜过大，一般以 1 300～2 000 m² 即 2～3 亩为宜），确保田面平整（高差 ≤ 3 cm）使灌水均匀，避免土壤局部集中积盐。

采用"十"字形网状深松 1～3 次，深 60～80 cm，并与排水口相连，破黏土层，增加土壤入渗能力，进一步提高灌溉洗盐作用。

（3）施用改良物料

采用机械撒施脱硫石膏、改良剂和黄沙等改良物料。

脱硫石膏施用量：盐碱混合土壤小于 30 t/hm^2，碱化土壤 30 ~ 52.5 t/hm^2。

弱酸性改良剂施用量：7.5 ~ 15 t/hm^2。

黄沙施用量：粘性盐碱土壤 90 ~ 225 t/hm^2。

（4）有机无机复合培肥

优质有机肥施用量 45 t/hm^2，或绿肥（秸秆）施用量 7.5 t/hm^2，根据需要合理施用化肥。

（5）冲洗排盐技术

水稻灌水量为 19 500 m^3/hm^2，泡田洗盐定额为 4 500 m^3/hm^2，生育期灌溉量为 15 000 m^3/hm^2。

水层管理：盐碱土壤种稻，从插秧到返青，应每隔 2 ~ 3 天换一次新鲜水，并保持 3 ~ 5 cm 水层，此时切忌落干搁田。返青后进入分蘖阶段，一般可延长到 3 ~ 5 天换一次水。随着植株的生长，换新鲜水洗盐的时间或间隔可相应延长。水稻拔节后植株对盐碱的抵抗力增强，同时土壤表面盐分含量亦减少，可隔 10 天左右换一次水。成熟时停水不宜过早，以免造成板结，导致减产。水层管理应勤灌勤排，采用夕排晨灌，白天不能脱水。

三、河套（宁夏平原）耐盐碱水稻高产栽培关键技术研究与实践

（一）稻作条件下不同有机肥对原土盐碱地的改良培肥效应研究

在施用脱硫石膏和专用功能性改良剂的条件下，开展生物有机肥、活性腐殖酸等高新技术产品施用技术研究，探明其改土培肥和控盐效果，确定适宜河套地区典型盐碱地推广应用的生物有机肥等高新技术产品及其施用技术。

1.试验设计与方法

试验设计与方法如表 7-26。

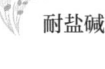

表7-26　　　　　　　　　　　　　　　试验设计与方法

年份	试验设计	肥料施用量	施用方法
2013	设置处理：①化肥；②化肥+4号生物有机肥；③化肥+1号生物有机肥；④化肥+羊粪；⑤化肥+2号生物有机肥；⑥化肥+3号生物有机肥。小区面积81 m²，重复3次，随机排列	脱硫石膏30 t/hm²，纯氮0.225 t/hm²（其中60%播前施，40%分两次追施），氧化磷0.18 t/hm²，氯化钾0.075 t/hm²，4号生物有机肥0.9 t/hm²，1号生物有机肥0.99 t/hm²，2号生物有机肥0.75 t/hm²，3号生物有机肥3 t/hm²，羊粪22.5 t/hm²。磷钾肥全部基施	将基施氮磷钾肥及各生物有机肥、有机肥按小区面积计算施量，先均匀撒施，再结合耕地翻入土中10～15 cm深，灌水后待田面稍干后耙耱播种
2014～2016	设置处理：①化肥（NPKZn）；②化肥+生物有机肥；③化肥+商品有机肥；④化肥+羊粪；⑤化肥+秸秆；⑥化肥+腐殖酸复合肥。小区面积81 m²，重复3次，随机排列	纯氮0.225 t/hm²、氧化磷0.18 t/hm²、氧化钾0.075 t/hm²、硫酸锌0.0225 t/hm²、生物有机肥1.2 t/hm²、商品有机肥1.29 t/hm²、秸秆15 t/hm²、腐殖酸复合肥1.125 t/hm²、羊粪30 t/hm²	磷钾锌化肥，生物有机肥及羊粪结合整地翻耕基施，氮肥70%基施、30%追施

2. 试验结果与分析

（1）不同有机肥对有机质及速效养分的影响

试验结果（表7-27）表明：原始土壤有机质及速效养分含量非常低下，肥力水平极差；试验进行到2013年10月各处理的有机质及速效养分含量均有所增大，但幅度不大，以处理2和4略胜一筹；试验进行至2014年10月各处理的有机质及速效养分含量显著增大，以处理2增幅最大；试验进行至2015年10月各处理的有机质含量表现为逐年递增，而碱解氮含量除处理1略有降低外其他仍为递增趋势，速效钾含量增减幅度不大，速效磷含量降低但仍以处理2各项指标较高，比原始土壤有机质增加1.7倍、碱解氮增加1.8倍、速效钾增加1.4倍、速效磷增加4.1倍；试验进行到2016年10月，不同有机肥处理的有机质及速效养分含量变化比较平稳，但稳中有增，增幅较小，各处理间仍以处理2略胜一筹，其次是腐殖酸肥、秸秆、羊粪、商品有机肥，有机质含量最高达到12.71 g/kg，比改良前原始土壤有机质增加1.8倍、碱解氮增加1.89倍、速效钾增加1.43倍、速效磷增加 4.3 倍。这就说明，在水利工程措施、生物农艺措施等各种改良措施综合运用的条件下，经过四年的持续改良，原土盐碱地的有机质及速效养分含量逐步增大，肥力水平逐渐提高。

表7-27　　　　　　　　　0~20 cm土壤有机质及速效养分的变化

采样日期	处理	有机质(g/kg)	碱解氮(mg/kg)	速效钾(mg/kg)	速效磷(mg/kg)
原始土壤 2013年4月	/	7.03	26.0	291	5.9
2013年10月	1	7.12	26.5	306	6.5
	2	7.51	27.1	309	7.5
	3	7.47	27.5	312	7.3
	4	7.56	26.3	307	6.9
	5	7.17	26.6	311	6.2
	6	7.11	26.1	298	6.3
2014年10月	1	8.00	27.53	326	23.22
	2	8.94	36.95	333	27.10
	3	7.83	28.26	330	19.29
	4	8.16	31.88	313	23.97
	5	8.25	29.95	327	23.93
	6	8.73	34.78	333	28.85
2015年10月	1	8.16	19.66	320	14.15
	2	12.62	48.78	420	24.35
	3	8.41	28.76	320	16.65
	4	10.70	39.31	345	21.84
	5	11.14	31.30	370	16.84
	6	10.41	58.24	345	18.76
2016年10月	1	8.55	20.8	323	15.2
	2	12.71	49.2	416	25.6
	3	8.47	29.6	327	18.1
	4	10.76	41.6	342	23.5
	5	11.50	35.1	348	20.3
	6	10.48	47.2	380	23.8

（2）不同有机肥对 pH 及全盐的影响

由图 7-15 看出，原始土壤 0 ~ 20 cm 的 pH 为 8.9，试验至 2013 年 10 月各处理的 pH 开始下降；试验至 2014 年 10 月，除处理 4 和处理 6 的 pH 略有反弹外，其他处理保持降低的趋势；试验至 2015 年 10 月，各处理的 pH 一致降低，其中以处理 2 降低最明显，比原始土壤降低 0.68 个单位；试验至 2016 年 10 月收获后，不同有机肥处理的土壤 pH 尽管递减比例不高，但仍持递减趋势。这表明随着持续改良的试验年限增加，配施不同有机肥处理比单纯施化肥对降低盐碱原土的 pH 效果显著，尤其是配施生物有机肥，比原始土壤降低 0.74 个单位。

由图 7-16 看出：原始土壤 0 ~ 20 cm 的全盐为 6.04 g/kg；试验至 2013 年 10 月，除处理 1（对照）外，其他处理的全盐均有所下降，以处理 2、处理 3、处理 4 降低比较明显；试验至 2014 年 10 月，处理 1 的全盐仍在增加，原因可能是对于原土盐碱地单施化肥根本起不到改土培肥效果，反而会导致土壤次生盐渍化，全盐含量不降反增；试验至 2015 年 10 月，各处理的全盐含量保持逐渐降低的趋势，以处理 2 最显著，较原始土壤下降了 53.8%；试验四年后至 2016 年 10 月，不同有机肥处理土壤的全盐持续降低，没有反弹。这进一步表明不同有机肥处理

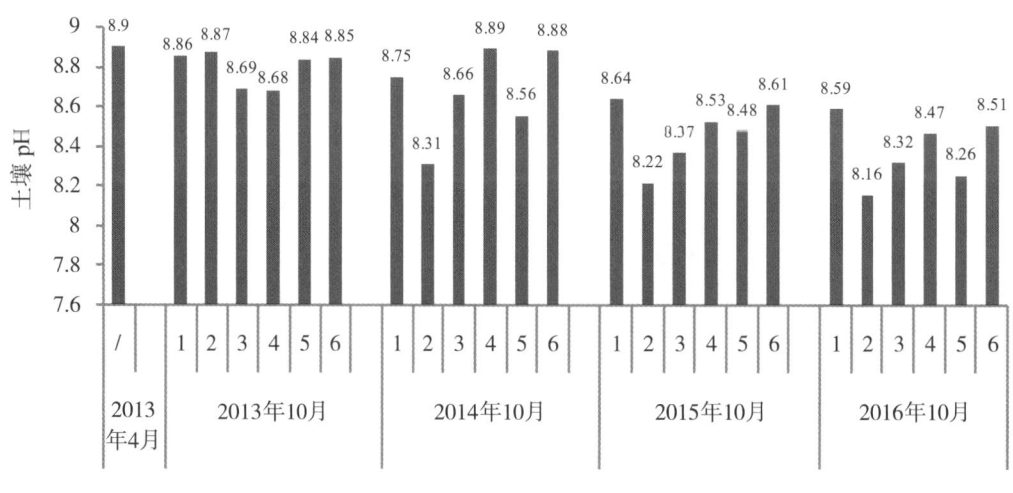

图7-15　不同时期土壤pH情况

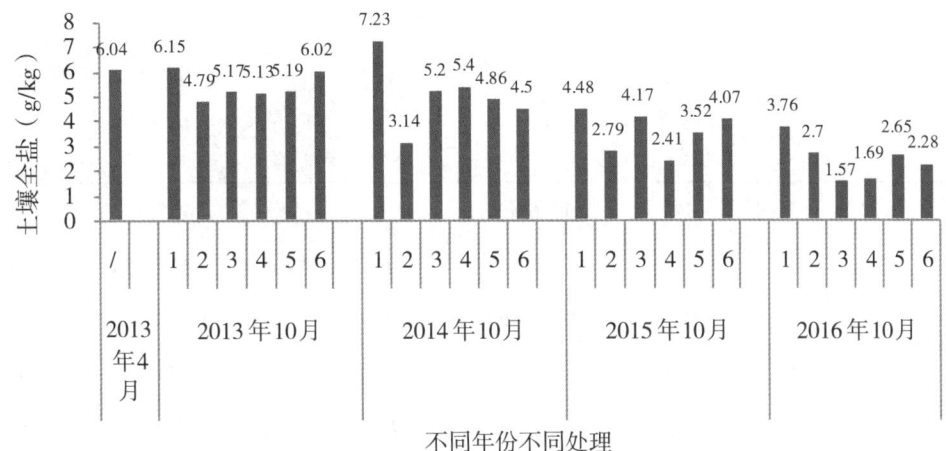

图7-16　不同时期土壤全盐情况

对削减原土盐碱地 pH、全盐均有积极作用，综合比较，化肥配施生物有机肥的改土培肥效果显著。

（3）不同有机肥处理对水稻产量的影响

表 7-28 为 2014 ~ 2016 年不同处理的产量情况。2014 年产量结果表明，不同有机肥处理对水稻亩保苗数、千粒重及产量的影响均高于对照（处理 1）。其中，处理 2（化肥 + 生物有机肥）的产量最高，与对照差异显著，比对照增产 1.345 5 t/hm²，增产率达 294.1%。

对 2015 年产量结果，从穗长、穗数、实际产量来看，变化规律与 2014 年基本一致。其中，处理 2 对水稻的生长及产量影响较为突出，穗长高出对照 24.1%，穗数多出 38.4%，产量增加 137%。不同处理的产量相比 2014 年均有所增加。

2016 年产量结果表明，随着改良年限的增加，不同有机肥处理均显现出卓越的改良效果，水稻产量逐年上升，其中处理 2（化肥 + 生物有机肥）的产量及产量构成仍然保持最高态势，这就进一步验证并说明原土盐碱地稻作改良条件下化肥配施生物有机肥对土壤肥力提升及稳产增产效果显著。处理 2 相比 2014 年增产 168.6%，相比 2015 年增产 72.2%，相比对照增产 286.2%，产量构成要素（相比对照）穗长增加 31%、穗数增加 45.3%、千粒重增加 26.73%。

表7-28　　　　　　　　　　　　　各处理的水稻产量情况

年份	处理编号	亩保苗数		千粒重		产量		
		处理（万株）	较对照增加（%）	处理（kg）	较对照增产（%）	小区实际产量（kg）	折算成公顷产（kg/hm²）	较对照增产（%）
2014	1	10.9	/	15.68cA	/	3.7	457.5bA	/
	2	13.2	21.1	20.67aA	31.8	14.6	1803aA	294.1
	3	12.9	18.3	19.74abA	25.9	8.9	1 099.5abA	140.3
	4	11.7	7.3	19.67abcA	25.4	7.0	864abA	88.9
	5	12.5	14.7	16.42bcA	4.7	10.6	1 308abA	186
	6	12.2	11.9	18.57abcA	18.4	4.0	493.5abA	7.9

年份	处理编号	穗长		穗数		产量		
		处理（cm）	较对照增长（%）	处理（个）	较对照增加（%）	小区实际产量（kg）	折算成公顷产（kg/hm²）	较对照增产（%）
2015	1	12.64	/	57.0	/	9.6	1 186.5	/
	2	15.68	24.1	78.9	38.4	22.8	2 815.5	137
	3	14.35	13.5	59.8	4.9	10.7	1 326	11.8
	4	14.1	11.6	67.1	17.7	16.9	2 085	75.7
	5	13.03	3.09	64.3	12.9	11.5	1 420.5	19.7
	6	13.95	10.4	72.0	26.3	11.3	1 396.5	17.7

年份	处理编号	穗长		穗数			产量		
		处理（cm）	较对照增长（%）	处理（个）	较对照增加（%）	千粒重（kg）	小区实际产量（kg）	折算成公顷产（kg/hm²）	较对照增产（%）
2016	1	13.04	/	68.0		21.79	10.2	1 254	/
	2	17.10	31	98.8	45.3	26.73	39.2	4 843.5	286.2
	3	16.97	30.1	88.9	30.7	25.29	25.2	3 106.5	147.6
	4	17.08	31.1	89.6	45.3	25.07	27.1	3 343.5	166.6
	5	16.89	29.5	99.3	31.8	26.49	28.4	3507	179.7
	6	14.77	13.3	79.0	14.7	25.34	18.5	2280	81.8

（4）小结

近四年的试验研究结果表明，在各种水利、农艺、生物措施共同实施下，随着试验年限的增加，稻作条件下不同有机肥处理对土壤有机质提升、速效养分增加、pH 及全盐下降均有积极效应，解决了水稻出苗困难、保苗率低、年产量逐渐增加的现实问题。其中，以化肥配施生物有机肥对盐碱原土改良培肥的贡献最大：相比原始土壤，pH 下降了 0.74 个单位，全盐下降了 55.2%；相比对照 pH 下降了 0.43 个单位，全盐下降了 28.2%，产量增加了 286.2%。

（二）稻作条件下不同施肥模式对原土盐碱地的改良培肥效应研究

通过开展绿肥、生物有机肥、脱硫石膏、专用功能性改良剂与化肥配合施用技术研究，提出河套地区典型盐碱地有机 - 无机复合高效培肥技术模式，并集成已有培肥技术，建立河套地区典型盐碱地肥力提升技术集成模式。

1. 试验设计与方法（表 7-29）

表7-29　　　　　　　　　　　试验设计与方法

年份	试验设计	肥料施用量	施用方法
2014	设置5个处理：①化肥（NPKZn）；②化肥+羊粪+生物有机肥；③化肥+增施1/2羊粪+增施1/2生物有机肥；④减施1/3化肥+增施1倍羊粪+增施1倍生物有机肥；⑤减施1/2化肥+增施1倍羊粪+增施1倍生物有机肥。小区面积50 m²，重复3次，随机排列	脱硫石膏 30 t/hm²、纯氮 0.225 t/hm²、氧化磷 0.18 t/hm²、氧化钾 0.075 t/hm²、生物有机肥 1.2 t/hm²、羊粪 30 t/hm²	脱硫石膏冬灌前结合整地翻耕基施，PKZn 化肥、生物有机肥及羊粪播前翻耕基施，氮肥 70%基施、30% 追施
2015	设置处理：①化肥（NPKZn）；②化肥+羊粪+生物有机肥；③减施1/2化肥+增施1/2羊粪+增施1/2生物有机肥；④减施1/2化肥+增施1倍羊粪+增施1倍生物有机肥；⑤减施1/2化肥+羊粪+生物有机肥。小区面积50 m²，重复3次，随机排列。2015年试验设计在2014年的基础上，对化肥、羊粪及生物有机肥的用量进行了调整		
2016	设置处理：①化肥（NPKZn）；②化肥+羊粪+生物有机肥；③化肥+增施1/2羊粪+增施1/2生物有机肥；④减施1/3化肥+增施1倍羊粪+增施1倍生物有机肥；⑤减施1/2化肥+增施1倍羊粪+增施1倍生物有机肥。小区面积50 m²，重复3次，随机排列。2016年试验设计在综合前两年试验结果的基础上，进行了重组和调整		

2. 研究结果

（1）不同施肥模式对有机质及速效养分的影响

试验数据结果（表7-30）表明，试验实施前原始土壤的有机质及速效养分含量低，土壤肥力状况差。试验至 2014 年 10 月，土壤有机质及速效养分含量有所增加，有机质含量增幅不大，速效养分含量增幅明显，以处理 5（即减施 1/2 化肥＋增施 1 倍羊粪＋增施 1 倍生物有机肥）施肥模式效果最好。试验至 2015 年 10 月，在试验设计重组情况下不同施肥模式对有机质含量的增加作用突显，对速效养分含量的影响甚微，与 2014 年基本一致。以处理 4（即减施 1/2 化肥＋增施 1 倍羊粪＋增施 1 倍生物有机肥）效果最显著，有机质、碱解氮、速效钾、速效磷均位居各处理首位，相比原始土壤有机质提高 38.3%、碱解氮提高 4.3 倍、速效钾提高 1.6 倍、速效磷提高 3.5 倍，相比对照有机质提高 37.4%、碱解氮提高 1.1 倍、速效钾提高 7.8%、速效磷提高 32.3%。试验至 2016 年 10 月，不同施肥模式条件下，土壤有机质、碱解氮、速效磷含量显著增加，速效钾含量略有下降但仍比原始土壤有所增加，其中处理 5（减施 1/2 化肥＋增施 1 倍羊粪＋增施 1 倍生物有机肥）继续保持领先地位，处理 4（减施 1/3 化肥＋增施 1 倍羊粪＋增施 1 倍生物有机肥）仅次之，说明减施化肥、增施有机肥技术模式培肥地力的效果显著。

表7 30　　　　不同施肥模式对有机质及速效养分的影响（0 ~ 20 cm）

年份	处理编号	有机质(g/kg)	碱解氮(g/kg)	速效钾(g/kg)	速效磷(g/kg)
原始土壤 2014年4月	/	7.62	9.80	210	3.32
2014年10月	1	7.8	23.2	310	14.2
	2	7.9	33.8	343	20.6
	3	7.8	34.8	323	17.2
	4	7.9	30.4	360	14.3
	5	8.4	45.4	480	31.7

（续表）

年份	处理编号	有机质（g/kg）	碱解氮（g/kg）	速效钾（g/kg）	速效磷（g/kg）
2015年10月	1	7.67	20.38	320	8.95
	2	9.29	20.38	345	11.64
	3	8.14	22.62	345	10.68
	4	10.54	33.42	345	11.84
	5	8.89	21.84	345	11.07
2016年10月	1	9.31	26.9	258	10.03
	2	9.94	32.8	291	13.91
	3	10.6	34.1	288	10.70
	4	10.8	34.1	318	13.56
	5	11.2	34.7	303	14.70

（2）不同施肥模式对 pH、全盐的影响

由图 7-17 可知，原始土壤的 pH 为 9.41。试验至 2014 年 10 月，不同施肥模式处理均有效降低了 0～20 cm 土壤的 pH，以处理 5 降低最明显。试验至 2015 年 10 月，在试验设计调整重组情况下，处理 1 和处理 2 的 pH 未减反增，

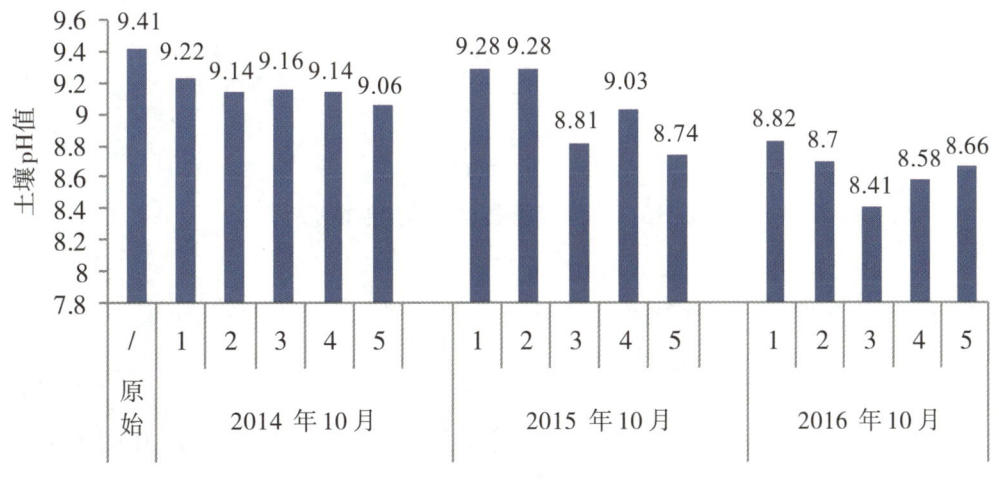

图7-17　不同时期土壤pH情况

而处理 3、处理 4、处理 5 保持继续减少的趋势。试验至 2016 年 10 月时，不同施肥模式处理下土壤 pH 开始显著降低，没有反弹，说明随着试验年限的增加，原盐碱地土壤的 pH 呈逐渐减小且趋于稳定的状态。

由图 7-18 可知，原始土壤的全盐含量为 2.02 g/kg。试验至 2014 年 10 月，处理 2 和处理 5 的全盐含量下降，处理 3 和处理 4 的变化不大，处理 1 的全盐含量不降反增。试验至 2015 年 10 月，在试验设计调整重组的情况下，处理 1 的全盐含量增加得更为厉害，处理 3 和处理 5 的也有反弹现象，处理 2 和处理 4 的持续下降，全盐含量降到 1.38 g/kg，比原始土壤降低 31.6%，比对照降低 50.7%。试验至 2016 年 10 月，不同施肥模式处理下土壤全盐的变化比较平缓，处理 5（减施 1/2 化肥 + 增施 1 倍羊粪 + 增施 1 倍生物有机肥）的全盐含量最低，为 1.28 g/kg，比原始土壤降低 36.6%、比对照降低 28.5%。

图7-18　不同施肥模式土壤全盐情况

（3）不同施肥模式对水稻产量的影响

2014 年水稻产量以处理 5 最高（表 7-31），其亩保苗数最多，且千粒重和产量与对照存在显著性差异（$P < 0.05$），增产 39.1%。这表明减施 1/2 化肥 + 增施 1 倍羊粪 + 增施 1 倍生物有机肥施肥模式对促进水稻的生长发育、稳产增产效果显著。

2015 年不同施肥模式的水稻产量比 2014 年大幅增长，其中处理 4 的穗长、穗数、折合亩产明显高于其他处理，与对照相比穗长增加 9.9%、穗数增加 94.5%、产量增加 24.2%。

2016 年产量结果表明，处理 1 单施化肥的水稻产量轻微下降，降低比例为 8.7%，其他有机肥不同施肥模式的水稻产量稳中有增，增加比例最高的是处理 5 和处理 4，分别达到 73.6% 和 58.9%。

表7-31　　　　　　　　　　各处理的水稻产量

| 年份 | 处理编号 | 亩保苗数 | | 千粒重（kg） | 产量 | | |
		处理（万株）	较对照增加（%）		小区实际产量（kg）	折算成公顷产（kg/hm²）	较对照增产（%）
2014	1	15.6	/	18.44	23.0	2 556	/
	2	17.9	14.74	22.06	23.7	2 634	5.1
	3	16.7	7.05	21.32	30.7	3 411	33.4
	4	17.5	12.18	20.46	24.5	2 722.5	6.5
	5	18.2	16.67	22.87	32.0	3 555	39.1

| 年份 | 处理编号 | 穗长 | | 穗数 | | 产量 | | |
		处理（cm）	较对照增长（%）	处理	较对照增加（%）	小区实际产量（kg）	折算成公顷产（kg/hm²）	较对照增产（%）
2015	1	15.4	/	78.1		36.8	4 084.5	/
	2	16.3	5.84	81.3	4.1	43.8	4 861.5	19.0
	3	15.8	2.6	84.1	7.7	43.3	4 806	17.7
	4	16.92	9.9	94.5	20.9	45.7	5 073	24.2
	5	16.12	4.7	88.9	13.8	39.0	4 329	6.0
2016	1	16.1	/	89.9		33.6	3 726	/
	2	17.5	8.67	97.6	8.6	44.5	4 941	32.6
	3	17.1	6.21	103.4	15.0	44.3	4 920	32.0
	4	17.6	9.32	106.7	18.7	53.3	5 920.5	58.9
	5	18.4	14.3	111.2	23.7	58.3	6 468	73.6

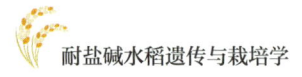

（4）小结

采用配施化肥、羊粪和生物有机肥的不同施肥模式较纯施化肥对水稻产量及土壤盐碱化产生了显著的影响。研究结果表明，减施 1/2 化肥＋增施 1 倍羊粪＋增施 1 倍生物有机肥施肥模式的改良培肥效果最佳，与单施化肥相比，穗长增长 14.3%、穗数增加 23.7%、产量增加 73.6%，每公顷增产 2 742 kg。

（四）河套盐碱地稻作技术模式集成研究与实践

1. 河套（宁夏平原）脱硫石膏改良盐碱地稻作技术模式研究

脱硫石膏是燃煤电厂烟气脱硫所产生的固体废弃物，它的主要成分为二水硫酸钙。理论研究和田间实践已经证明，脱硫石膏改良盐碱地主要体现在两个方面：一是对土壤理化性质的改善，二是对作物抗盐碱性的提升。施用脱硫石膏改良盐碱地的方法，不但解决了燃煤电厂脱硫石膏占用土地、二次污染和处理困难等问题，而且有效地解决了盐碱土不易改良的技术瓶颈，是将工业废物利用和农业土壤改良相结合，对区域循环经济的发展起到了积极的推动作用。目前，前人在施用脱硫石膏基础上开展的综合技术集成模式研究主要包括施用脱硫石膏与灌溉相结合，施用脱硫石膏、糠醛渣与灌溉相结合，施用脱硫石膏与灌溉及耕作方式相结合等，而在施用脱硫石膏基础上开展的水利工程、化学、农艺和生物改良技术相结合的综合技术集成模式研究较少。因此，本研究通过分析不同技术集成模式下土壤理化性质、植物生长发育和生理生化等指标，探索燃煤电厂烟气脱硫石膏和其他改良技术的最佳技术集成模式。为探明不同单项技术在综合技术集成模式中的贡献率，并确定最佳技术集成模式，本研究以宁夏银北地区典型的龟裂碱土为研究对象，采用盆栽试验和田间试验相结合的方法，根据水田和旱田各自的特点，集成水利工程、化学、农艺和生物改良技术。通过对比分析不同技术集成模式对土壤理化性质、植物生长发育和生理生化等指标的影响，探讨脱硫石膏、改良剂、有机肥、灌水、黄沙及种植作物（水稻或苜蓿）对盐碱化土壤改良的贡献率，确定适于盐碱化水田和旱田的最佳技术集成模式。主要结论归纳如下：

①施用脱硫石膏 + 改良剂可降低土壤 pH、碱化度，全盐含量略增，使 Ca^{2+}、Mg^{2+}、SO_4^{2-} 增加，K^+、Na^+、Cl^-、CO_3^{2-}、HCO_3^- 减少；施用有机肥可提高土壤速效钾、速效磷、碱解氮和有机质含量；灌水淋洗可降低土壤碱化度 51.16%，降低全盐含量 4.74 g/kg，使土壤中速效钾的含量降低较为显著；种植水稻对土壤中盐分及养分含量的影响较小。

②从种植水稻的处理来看，施用脱硫石膏 + 改良剂、有机肥均能促进水稻生长，集成模式 T9（施用脱硫石膏 + 改良剂 + 施用有机肥）的产量最高，为 9 307.1 kg/hm^2，较 T7（施用脱硫石膏 + 改良剂）增产 160.6 kg/hm^2，较 T4（施用有机肥）增产 2 471.3 kg/hm^2。

③不同技术集成模式对水稻增产效果总体表现为 E > D > C > B > A。其中，A（对照）的产量最低，仅为 526.9 kg/hm^2；E（施用脱硫石膏 + 改良剂 + 有机肥 + 黄沙）的产量最高，为 3 131.9 kg/hm^2。确定 E（脱硫石膏 2.25×10^4 kg/hm^2 + 改良剂 7.5×10^3 kg/hm^2 + 有机肥 3×10^4 kg/hm^2 + 黄沙 3×10^4 kg/hm^2）适于盐碱化水田种植水稻的最佳技术集成模式。

种稻是盐碱地改良的有效措施，结合脱硫石膏 + 改良剂 + 有机肥的施用，可以获得最高的水稻产量和盐碱地改良的最佳效果。白海波等（2010）研究发现，施用 2.25×10^4 kg/hm^2 脱硫石膏能够显著提高盐碱地水稻不同生育期保护酶活性，减少体内活性氧过量累积，从而增强其耐盐性。随着脱硫石膏施用量的增加，水稻各生育期叶片和根系丙二醛含量、细胞质膜相对透性、超氧阴离子自由基产生速率和 H_2O_2 含量呈先减少、后增加的趋势，超氧化物歧化酶、过氧化物酶和过氧化氢酶的活性则表现为先增加、后减少的趋势，脱硫石膏施用量为 2.25×10^4 kg/hm^2 时，水稻整个生育期内抗氧化保护酶的活性最高，而活性氧的含量最低、膜脂过氧化作用最弱。田蕾等（2014）研究结果表明，随着脱硫石膏施用量的增加，水稻叶片细胞质膜相对透性、丙二醛含量呈现先减后增的趋势，说明脱硫石膏 + 改良剂对盐碱土改良有明显效果，有机肥施用可促进水稻生长，减缓盐碱胁迫，提高其经济产量。

本试验从脱硫石膏＋改良剂、有机肥、灌水、种植水稻4个因素分析土壤理化指标，以及水稻生长、生理生化及产量指标，初步结论：通过回归分析，明确了脱硫石膏＋改良剂、有机肥、灌水、种植水稻4个因素对土壤的pH、碱化度、全盐、速效钾、速效磷、碱解氮、有机质及土壤盐分离子等理化指标的增减效应及贡献率，得出脱硫石膏＋改良剂（B_1）对Ca^{2+}、Mg^{2+}的含量呈正效应，对K^+、Na^+的含量呈负效应，可使SO_4^{2-}增加，使Cl^-、CO_3^{2-}和HCO_3^-减少。其原因：脱硫石膏中以硫酸钙为主，因此Ca^{2+}、SO_4^{2-}、Mg^{2+}增加；脱硫石膏中的Ca^{2+}置换出吸附在土壤胶体中的Na^+，并将置换钠离子通过水的淋洗排出土体，同时，Ca^{2+}能够结合土壤中的HCO_3^-和CO_3^{2-}，从而降低土壤中的K^+、Na^+、Cl^-、CO_3^{2-}、HCO_3^-。

试验对种植水稻处理T4、T7、T9进行了分析，得出结论：株高、叶片SPAD值、光合速率、脯氨酸含量、过氧化物酶、过氧化氢酶活性等水稻生长、生理及生化指标可作为水稻盐碱胁迫的主要指标；水稻叶片水势、相对电导率、丙二醛、可溶性糖含量、超氧化物歧化酶活性、四氮唑还原强度等指标随水稻生长变化较大，仅可作为水稻盐碱胁迫特定时期的指标参考。光合生理指标观测：光合速率可反映水稻盐碱胁迫时处理间差异，而气孔导度、胞间CO_2浓度、蒸腾速率受气孔开合程度及水分蒸腾影响，仅可作为水稻盐碱胁迫的光合生理影响参考指标。

种植水稻处理T4、T7、T9在干物质积累和产量上也表现出很大差异。T9处理，即脱硫石膏（2.25×10^4 kg/hm²）＋改良剂（1.5×10^4 kg/hm²）＋有机肥（3×10^4 kg/hm²）＋灌水（1.8×10^4 m³/hm²）＋种植水稻处理，光合速率高，是干物质积累和产量形成的基础，单株干重3.975 g，每盆水稻产量38.66 g，折合单产9 307.1 kg/hm²，为最高；T7处理的产量次之，为9 146.5 kg/hm²，T9、T7处理的产量显著高于T4处理。T9、T7处理增产主要是穗粒数较多，与T4处理差异较显著，与侯晓华等（1990）研究观点一致，即在盐碱土地区，单位面积的穗粒数是影响产量的决定因素，应重视前期施肥，适当增加基肥和分蘖肥用量，促使秧苗早生快发，增加有效分蘖，以增加收获穗数和穗粒数，获得水稻高产。

对产量分析还得出，有机肥增产效果（T9-T4）为 2 471.3 kg/hm^2，脱硫石膏＋改良剂增产效果（T9-T7）为 160.6 kg/hm^2。与张永宏等（2014）研究观点一致，即施用土壤改良剂对土壤及水稻生长有一定的促进效果，但用量大、成本高、费工费力、改良效果单一，对土壤的培肥及提高作物的耐盐能力方面效果甚微。盐碱地改良还需重视耕作、栽培模式以及有机－无机肥的合理施用。

综上所述，盐碱地种稻，需采用脱硫石膏（2.25×10^4 kg/hm^2）＋改良剂（1.5×10^4 kg/hm^2）＋有机肥（3×10^4 kg/hm^2）＋灌水（1.8×10^4 m^3/hm^2）的集成模式进行改良，改土效果和水稻经济产量好于单一措施的改良。

不同技术集成模式对水稻增产效果总体表现为 E＞D＞C＞B＞A。其中，A（对照）的产量最低，仅为 526.9 kg/hm^2；E（施用脱硫石膏＋改良剂＋有机肥＋黄沙）的产量最高，为 3 131.9 kg/hm^2。确定 E（脱硫石膏 2.25×10^4 kg/hm^2＋改良剂 7.5×10^3 kg/hm^2＋有机肥 3×10^4 kg/hm^2＋黄沙 3×10^4 kg/hm^2）适于盐碱化水田种植水稻的最佳技术集成模式。

2. 河套（宁夏平原）盐碱地富硒水稻栽培技术研究

宁夏回族自治区自然资源厅勘查结果（2016）表明，宁夏拥有 4 200 km^2 的优质富硒土地资源，其大部分分布在河套宁夏平原。其中，位于平原北部的石嘴山市的富硒土壤呈集中连片分布且含量最高，平均硒含量为 25.86 μg/100g，最大值为 82 μg/100g。调查数据显示，河套宁夏平原富硒土壤中危害人体健康的汞、铬、铅、砷等重金属含量低，且受外界人为污染少，98% 的区域符合绿色食品产地环境质量标准。此外，通过对比分析调查数据发现，河套宁夏平原土壤的富硒与盐渍化呈共生现象，大量盐碱土壤中硒含量都很高。而许多研究表明，较高的土壤 pH（即碱性土壤）能够促进植物对硒的吸收。因此，河套宁夏平原出产的农产品硒含量较高，天然富硒产品的富集效率也很高。

2018 年，石嘴山市主要农产品硒含量检测结果表明：粮食类产品 97 个，富硒占 69.6%；畜产类产品 10 个，富硒占 70%，其中鸡蛋硒含量最高，达到

230 μg/kg ；蔬菜水果类 66 个，富硒占 75.8% ；枸杞干果硒含量达 18 μg/kg ；葡萄酒硒含量达 48 μg/kg。

郑国琦等（2019）在宁夏大武口区和平罗县开展了富硒盐碱地种植水稻的研究，试验数据显示，在水稻收获期，两地水稻籽粒中硒含量分别为 70 μg/kg 和 110 μg/kg，均达到国家稻谷硒含量标准 40 ~ 300 μg/kg，这说明河套宁夏平原富硒盐碱地完全能够满足富硒农产品生产的需求，自然富硒也可达到国家稻谷富硒的标准。在宁夏青铜峡市和利通区开展的自然富硒与外源补硒对水稻籽粒硒含量的影响研究中发现，在自然富硒条件下，两地水稻籽粒中硒含量分别为 69 μg/kg 和 134 μg/kg，大米中硒含量分别为 29 μg/kg 和 66 μg/kg；在不同外源补硒条件下，两地水稻籽粒中硒含量分别为 57 ~ 1 543 μg/kg 和 184 ~ 466 μg/kg，大米中硒含量分别为 33 ~ 503 μg/kg 和 69 ~ 410 μg/kg。这表明，通过外源叶面喷施硒肥均可提高大米的硒含量，但在水稻孕穗期、灌浆前期叶面喷施两次硒肥均超过了国家稻谷硒含量标准。同时，其研究指出，河套宁夏平原生产的大米，在现有试验土壤条件下，完全能够满足富硒作物生长的需要，采取自然富硒均可达到国家稻谷富硒标准。

3. 河套（宁夏平原）低洼盐碱地稻渔共作模式研究

河套宁夏平原部分地段由于地势过于低洼，地下水出露，加之雨水及农田灌溉尾水在此汇集，强烈的蒸发使土壤盐分表聚，形成了大面积的盐碱滩地（即低洼盐碱地）。一直以来，低洼盐碱地的改良利用是困扰当地经济社会发展的难题。经过长期的探索与实践，人们发现稻渔共作是低洼盐碱地生态治理及高效利用的最佳模式之一。因此，宁夏自 2009 年起开始大面积推广稻渔综合种养模式。2017 年中央 1 号文件明确提出了"推进稻田综合种养和低洼盐碱地养殖"，习总书记在 2020 年 6 月视察宁夏时，专门前往贺兰县稻渔空间考察低洼盐碱地稻渔共作模式。目前，稻渔共作作为一种绿色高效循环农业模式，以其"以渔促稻、稳粮增效、质量安全、生态环保"的优势得到了国内外的广泛认可，成为近年来生态农业持续发展的杰出代表之一。

稻渔共作是将水稻种植与水产养殖相结合，实现稻、渔互利共生的绿色循环农业模式，是盐碱地改良利用的方式之一。目前国内外关于稻渔共作的试验比较研究主要集中在常见壤土上水稻及养殖生物的生长及繁殖产量的性状、养殖水体的理化性状及种养技术方面，而对于低洼盐碱地区稻渔共作条件下水稻的生理发育特性、养分特征等方面的深入研究鲜少。本研究旨在进一步探索低洼盐碱地区稻渔共作的实际效应，进一步阐明低洼盐碱地区稻渔共作对水稻生长的直接影响，以期为低洼盐碱地区水稻安全优质高产栽培及盐碱地的改良利用推广提供理论依据。

本试验于 2018～2019 年分别于宁夏银川市贺兰县常信乡兰丰村科海生物技术有限公司养殖基地（106°21′E，38°33′N）及银川市西夏区军华种植农民专业合作社种植基地（38°36′N，106°10′E）进行。土壤类型为白僵土类型盐碱地，地势低洼，地下水位高，平均海拔 1 087 m；其自然气候特征表现为干旱少雨，日照充足，蒸发强烈，风大沙多，多年平均气温 9.69℃，平均年降水量 187 mm，降雨量主要集中在 6～9 月，占全年降水量的 70%～80%，平均年蒸发量为 1 744.25 mm，干旱指数为 6.5，年平均相对湿度为 56%，无霜期为 192 天。

本试验在稻渔共作模式（DY，稻鱼共作；DX，稻蟹共作）与常规稻作模式下对盐碱地区水稻的生长发育、光合与生理特性、养分特征、产量品质、土壤特性、生态效应，以及两种生态系统的能量流、物质流、价值流进行比较研究。

（1）稻渔共作对水稻生长发育的影响

作物的生长发育状况及产量变化是对农业措施的直接反映，是人们普遍高度关注的重点。水稻的株高和干物质积累，与籽粒产量的增加和形成密切相关，也间接反映了水稻养分的供应状况。刘贵斌等（2018）的研究表明，垄作稻鱼共生模式下水稻株高在分蘖期、孕穗期、齐穗期、成熟期均高于单作水稻，并且在孕穗期、齐穗期、成熟期达到极显著差异。李端富等（1990）的长期研究结果显示，养鱼稻田（垄稻沟鱼）水稻各部分的干物质积累在分蘖期、孕穗期、抽穗期都较对照田高。本研究结果表明，稻鱼共作（DY）和稻蟹共作（DX）水稻的株高、

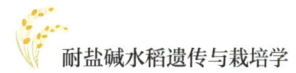

地上部干物质积累在水稻苗期、拔节期、孕穗期、抽穗期、齐穗期较常规稻作（D）均有不同程度的提高。2018 年，DX 较 D 其株高在上述 5 个生育期分别增加 0.86 cm、2.63 cm、3.80 cm、4.05 cm、4.44 cm，DY 较 D 其株高在上述 5 个生育期分别增加 0.34 cm、1.80 cm、2.53 cm、2.77 cm、3.09 cm；2019 年，DY 较 D 其株高在上述 5 个生育期分别增加 1.43 cm、3.04 cm、3.76 cm、3.90 cm、4.23 cm，生育后期的差距更明显；且稻渔共作促进了水稻各生育时期地上部干物质的积累，使得水稻的干物质量在拔节 – 齐穗期均比常规稻作高，达到显著性差异。这主要是因为养殖水产动物的新陈代谢活动直接地促进了其土壤中各种微生物的活动，同时其排泄物使土壤中各种养分含量增加，为水稻的正常生长发育提供了充足的养分保障。水稻植株的群体光合生产力也受水稻群体叶面积的影响，水稻植株的剑叶、倒二叶、倒三叶是水稻的功能性叶片，水稻籽粒的灌浆能力与水稻顶三叶光合作用所产生的光合同化产物的多少密切相关。在本试验中，共作水稻顶三叶的叶面积在孕穗期和灌浆期均大于常规稻作，使水稻的光合生产力得到明显提高，从而为水稻产量的增加奠定了基础。

（2）稻渔共作对水稻光合、生理特性的影响

水稻叶片的光合生产能力与其叶绿素含量、含氮量密切相关，植物干物质积累的 90% ~ 95% 主要来自生育后期叶片的生长及其光合作用，稻谷产量的 40% ~ 60% 主要来自水稻剑叶的光合作用。本试验结果表明，相较于常规稻作，稻渔共作生态系统中由于养殖动物的活动，水稻的生长状态良好，水稻叶片的 SPAD 值、净光合速率、胞间 CO_2 浓度、气孔导度等在各生育时期均高于常规稻作。在全生育时期内，水稻叶片的净光合速率、气孔导度、蒸腾速率、胞间 CO_2 浓度呈现单峰曲线变化，在抽穗期时光合作用最强，叶片净光合速率达到最大。而叶绿素含量与光合速率密切相关，净光合速率与作物产量密切相关，这也是稻渔共作模式有利于水稻增产的重要原因之一：养殖动物的活动使田间杂草、害虫、浮游生物等得到有效抑制，打破了稻田水体和土壤表面氧化层的封闭，使稻田养分得到供给，从而使水稻植株叶色保持青绿而维持较高叶绿素含量；稻田小

气候得以改善，使水稻叶片气孔处于活跃状态，易吸收 CO_2，同时鱼类呼吸所产生的 CO_2 可以作为碳源，促进了水体和土壤与外界的气体交换，加强了水体和土壤中氧的循环交流，使土壤中的有效养分得到分解，利于碳水化合物的转化，提高了作物的光合效率。

植物叶片的叶绿素荧光参数 F_v/F_m、F_m 可以作为衡量植物光合机构遭受逆境胁迫伤害程度的指标。F_m 值与 F_v/F_m 值越大，叶片的光合特性越好，作物最大光化学量子产量越高。本研究结果显示，稻渔共作模式下水稻叶片的叶绿素荧光参数 F_0、F_m、F_v/F_m、F_v/F_0、PI 在水稻各生育时期均高于常规稻作，叶片 F_0 在水稻生育期内表现为较平缓的下降趋势，F_m 随水稻的生长呈现先上升、后下降的趋势，与水稻光合速率的变化趋势一致，F_v/F_m、F_v/F_0 随水稻的生长而逐渐上升。这表明稻渔共作延缓了水稻叶片的衰老，有效保护水稻叶片 PSⅡ 系统的完整性，提高水稻叶片 PSⅡ 原初光能转化率和潜在光化学活性，提高了光能利用率，增加了水稻植株的光合能力。

作为衡量植物抗逆性指标之一的可溶性糖，不仅是重要的渗透调节物质，也为其他有机物的合成提供能量和碳架，与籽粒的充实也密切相关。本试验中，稻渔共作模式下水稻叶片的可溶性糖含量在水稻的整个生育时期内与常规稻作相比均处于较高水平，孕穗期可溶性糖含量达到最大，为后期籽粒的灌浆结实提供了物质贮备。其原因可能在于养殖动物的活动促进了水稻对养分的吸收，提高了水稻叶片的 SPAD 值和叶绿素荧光特性，使叶片的光能吸收、转化能力提升，从而促进了水稻叶片可溶性糖含量的增加。

一般情况下，逆境会促进作物体内 MDA、Pro 含量的积累，作物体内 MDA、Pro 含量降低则意味着作物生长环境条件的改善。本试验发现，稻渔共作模式下，各生育时期水稻叶片的 MDA 含量、Pro 含量均低于常规稻作，并在拔节－抽穗期达到显著性差异，说明了低洼盐碱地稻渔共作模式下水稻的膜脂过氧化程度较轻，衰老缓慢，由此表明稻渔共作模式对改善生态环境、缓解逆境伤害、降低叶片的膜脂过氧化程度具有积极作用。

CAT、SOD 和 POD 是植物重要的抗氧化保护酶，三者协调作用，使植物体处于良好的动态平衡状态。本研究显示，稻渔共作模式下水稻叶片的 SOD、POD、CAT 活性在各生育时期均高于常规稻作，表明稻渔共作可以促进作物的抗氧化保护酶活性的提高，增强水稻的抗性和活力，有利于高产的实现。其原因可能在于养殖动物的活动使作物生长的环境有所改变，其粪便排泄物等的不间断"施肥"改善了稻田的养分状况，使水稻生长状况良好。

（3）稻渔共作对水稻养分特征的影响

长期研究发现，在稻渔共作系统中，养殖生物主要通过以下几种方式有效促进水稻对养分的吸收利用：一是养殖动物不断的活动能够疏松土壤，增加土壤孔隙度，改善水稻根系的土壤环境，使土壤中的营养物质更易接触水稻根部而被高效利用；二是养殖生物的存在能够抑制系统中杂草、害虫和浮游生物的持续生长，减少其对养分的利用和消耗，使得更多营养元素和物质流向水稻；三是养殖动物能够搅动土壤，有利于动植物残体、残余饵料等营养物质进入水体、土壤营养层，使土壤的有机质库和养分得到补充，从而促进水稻对土壤营养元素的吸收；四是养殖动物排泄的粪便相当于对土壤进行不间断的施肥，Murai 等（1991）研究表明鱼类的排泄物中有 75% ~ 85% 的氮以 NH_4^+ 的形态存在，且水稻主要以 NH_4^+ 形式吸收氮，也就是说养殖动物的存在能够将土壤中不易被植物吸收的有机氮转化为易被植物吸收的铵态氮，促进作物对养分的吸收利用；此外，养殖水体中的残饵及排泄物中的氮、磷营养盐可以被水稻作为肥料再次吸收利用，从而促进水稻自身生长发育，减少了养殖系统中的养分流失。黄毅斌等（2001）用 ^{15}N 示踪法研究发现，水稻可以吸收鱼类排泄物中 17% ~ 29% 的氮。Xie 等（2011）研究发现，稻鱼共作系统中未被鱼类吸收的饲料含的氮可以被水稻所吸收，吸收利用率达 31.8%。这说明了多元共作养殖系统能够高效利用营养元素、水、阳光等自然资源，并且提高系统内养殖对象对氮、磷、钾等主要营养元素的吸收和利用效率。

本研究结果显示，在水稻生长过程中，稻渔共作模式下水稻各器官（茎鞘、叶、穗）的 N、P、K 含量较常规稻作均有不同程度的增加，水稻植株的养分累积吸收量也高于常规稻作，这与吴敏芳等的研究结果一致，也验证了养殖动物的增肥效应。本研究中，水稻植株 N 的累积吸收量在整个生育期随水稻生长呈现逐渐上升趋势，植株 P、K 累积吸收量在乳熟期达到最大，后随着水稻生长呈下降趋势。N 和 P 在水稻生育前期主要分配在茎鞘和叶片中，到生育后期则主要分布在穗部；K 在整个生育期主要分布在茎鞘和叶片中。上文稻渔共作对水稻干物质积累及产量形成的影响，也可以对稻渔共作促进水稻对 N、P、K 养分的吸收做出解释。

（4）稻渔共作对稻田土壤特性的影响

前人研究表明，稻渔共作能够改善土壤的理化性状，养殖动物的活动等会中耕、疏松土壤，使土壤容重降低、含氧量增加，共作能降低土壤的 pH，提高土壤的有机质、全氮、全磷、铵态氮、速效磷等含量。

本研究表明，稻渔共作相较常规稻作，可以使低洼盐碱地的 pH 降低幅度更大，同时提高土壤的有机质含量，这与肖向予等（2017）、廖庆民（2001）的研究结果一致。其原因：养殖的水生动物可以稻田中的杂草、害虫等为食，从而减少杂草、害虫对水稻造成的危害；投喂饲料、残饵残渣及养殖动物排泄物的存在，相当于增加了稻田中的有机肥含量；鱼类的活动也起到了疏松土壤的效果，促进了土壤中微生物的活动，使土壤中有机物质得到分解，增加了土壤的养分含量，从而使土壤的有机质含量有所升高。但在生育后期，由于水稻植株生长旺盛，需要消耗大量的营养物质，土壤的有机质含量会有所下降，单作水稻土壤有机质含量降幅更大。

在共作稻田中，土壤养分的来源除施肥及土壤原有养分外，还来自养殖水产的新陈代谢物。关于稻渔共作系统中土壤养分含量的变化，国内外学者已做了众多研究，表明稻渔共作可以改善土壤的理化性质，相较于单一种植水稻，稻渔模式可以提高稻田土壤全磷和有效磷含量，促进水稻植株对养分的吸收。本研究表明，共作稻田与常规稻田土壤磷素的变化趋势一致，各生育时期共作稻田的全磷含量、有效磷含量均高于常规稻作，且共作稻田的全磷含量在拔节期、抽穗期、成熟期显著高于常规稻作，与前人研究结果相似。本研究亦表明，稻渔共作模式下土壤的全氮含量、氨氮含量、全钾含量较常规稻作有所提高，与汪清等（2009）、孙刚等（2011）的研究结果一致。这可能与水产动物的排泄物以及鱼类活动等有关：水产动物的排泄物随养鱼废水进入稻田，提供作物生长所需的氮、磷等营养元素；水产动物的活动改善土壤的通气状况，促进微生物活动，有利于养分循环，增加土壤中养分含量，起到保肥增肥的作用。

（5）稻渔共作对水稻产量品质的影响

产量构成因子与产量的形成密切相关，穗数、穗粒数、粒重为水稻产量三要素，三因素相互协调促进水稻产量的提高。其中，有效穗数易受环境条件影响，是决定水稻产量最重要的因素；千粒重与水稻品种有关，一般较稳定，变化不大；穗粒数的影响介于二者之间。水稻产量与水稻生长发育过程中的光合生产能力、农艺性状、物质积累与分配等密切相关，尤其与产量构成因素关系更为密切。

研究表明，稻渔共作对水稻产量具有促进作用，其增产机理包括鱼类排泄物的增肥效应，鱼类活动对土壤矿化作用的促进作用，以及投喂饲料流失部分或未被鱼类代谢合成而排出体外的养分也能够被水稻利用而促进水稻的生长。也有研究表明，稻渔共作对水稻的增产效果不明显。本试验结果与前人研究结果相似，稻鱼共作和稻蟹共作处理下水稻的产量显著高于常规稻作，增产 3.91% ~ 7.52%，主要表现为共作水稻分蘖数的增加明显促进了水稻有效穗数的增加，同时养殖动物的存在使土壤肥效期长，使作物的根系活力在生长后期仍然较旺盛，有利于籽粒的成熟，提高水稻产量。从前文中可知稻渔共作也使水稻株高增大，叶片的叶面积增大，干物质积累增加，这都为水稻产量的提高奠定了基础。本试验中，与常规稻作相比，共作水稻千粒重增加了 3.78% ~ 6.21%，穗粒数增加 1.23% ~ 3.52%。从水稻产量与各生育时期株高、干物质量、光合作用、产量构成因素的相关性分析中可以得出：共作模式下，水稻株高、干物质量，叶片 Pn、Gs、Tr，以及穗数、穗粒数、千粒重与产量均呈正相关，多数呈显著或极显著正相关，说明各生育时期水稻株高、干物质量，叶片 Pn、Gs、Tr 的增大，以及产量构成因素穗数、穗粒数、千粒重的增加有利于产量的增加，且生育后期的影响大于生育前期。

稻米品质的形成受品种遗传因素和环境因素的影响：遗传特性表现为不同品种之间稻米品质存在一定差异性，对稻米品质起决定性作用；影响稻米品质的环境因子有光照、温度、水分、施肥、栽培措施等。本研究表明，稻渔共作可使稻米的碾磨品质、外观品质、蒸煮食味品质和营养品质等一定程度改善，糙米率、精米率、整精米率分别提高了 1.30% ~ 2.91%、3.12% ~ 3.55%、3.52% ~ 4.69%，垩白度降低 9.32% ~ 16.14%，垩白粒率降低了 8.93% ~ 11.27%，蛋白质含量提高了 12.42% ~ 14.42%，直链淀粉含量降低了 3.31% ~ 3.69%，赖氨酸含量提高6.25% ~ 16.86%，食味值提高了 5.29% ~ 11.24%，胶稠度提高了 2.45% ~ 4.78%。从稻米各品质指标及产量的相关性分析可知：稻米的糙米率、精米率、蛋白质含量与水稻实际产量呈极显著正相关，稻米的垩白粒率、垩白度、直链淀粉含量呈负相关关系，赖氨酸含量与食味值呈极显著正相关关系。这说明糙米率、精米率、蛋白质含量的提高有利于水稻产量的增加，稻米的垩白粒率、垩白度、直链淀粉含量降低与赖氨酸含量的增加有利于改善稻米品质。

从本研究结果来看，在水肥管理相同的条件下，稻渔共作可以促进水稻产量的增加，改善稻米品质，这与养殖动物有利于提高土壤肥力、增加土壤养分等有一定关系。土壤养分（N、P、K）等主要影响作物的生长，适当施氮磷钾肥能提高作物的产量品质。稻渔共作系统中水产动物新陈代谢的排泄物等随水流入稻田，相当于在给土壤进行不间断施肥，增加了稻田的养分含量，促进土壤有机质的积累，提高氮素的利用率，使水稻植株生长发育良好，籽粒灌浆充实，冠层功能叶不早衰，增加粒重；水产动物的活动促进了水稻根系活力的提高和根系生长，促进水稻对养分的吸收，从而改善稻米品质；鱼蟹等养殖动物的活动也对抑制无效分蘖、改善群体结构产生了积极作用，为后期水稻产量的形成奠定了基础。从前文可知，稻渔共作也提高了水稻的抗氧化酶活性，增强了水稻植株的抗逆性，水稻叶片的光合特性及叶绿素相对含量有所提升，同时促进了水稻植株对氮、磷、钾氧分的吸收，使水稻的叶面积、干物重、株高等显著增加，从而使水稻产量提高、品质改善。

（6）稻渔共作系统能量流、物质流、价值流分析

生态系统的稳定与持续发展，受系统中能量流动、物质循环状况的制约，同时其价值转化效益对系统起导向作用。钟波（2013）对稻鳅生态系统的能值分析表明，稻鳅系统的能值投入率、净能值产出率分别较单作稻提高了 2.05%、4.18%，其能量转换率高。王典（2006）研究表明，稻－蟹－鳅、稻－鳅系统的总产出能、产值、利润均高于单作稻田。本试验对稻鱼生态系统和单一稻作系统的能量流、物质流、价值流分析表明，共作系统下的能量产投比、氮磷钾产投比、产值、利润较常规稻作有所提高。稻渔共作系统的能量流动优于常规稻作系统，其原因可能在于共作系统较单一稻作系统食物链结构更复杂，在减少了化肥农药施用的同时做到了水稻未减产，还收获了水产动物。氮、磷、钾输入与输出状况反映了生态系统的平衡状况，也标志着生态系统中物质循环的水平。能量流以物质流为载体，本试验从系统氮、磷、钾元素的收支状况来看，氮、磷、钾的输入量均大于输出量，说明系统的氮肥、磷肥、钾肥可以满足水稻生长的需要，同时系统中氮、磷、钾有所盈余，系统处于正平衡状态，有利于土壤养分的良性循环。生态系统的价值流状况体现了系统的经济功能，是系统功能的重要组成部分，是能量流与物质流在系统分配过程中的价值表现形式，生态系统在保持良好的结构与功能的同时，离不开价值流对物质流与能量流的控制。本研究的价值流分析表明，共作系统的价值流产投比高于常规稻作系统，其原因在于常规稻作生产结构单一，经济收益单纯依赖农作物，生产力水平低。可见，稻渔共作系统作为一种综合的循环农业发展模式，与单一稻作相比，具有较高的经济效益、生态效益，因此可以在盐碱地区进行稻渔共作模式的大面积推广，从而促进农业的可持续发展，增加农民的收入。

（7）稻渔共作的生态效应

传统稻作生产结构单一，自我调节功能缺乏，对田间的病虫草害不能进行良好控制，因此需投入大量的农药、除草剂等，造成农田环境污染。稻渔共作系统集种稻、养鱼为一体，利用稻渔互利共生原理，起到控制病虫草害、中耕疏松土壤、不间断施肥等生态功能，同时可以减少农药化肥的使用，减少环境的污染，生态效益良好。周江伟等（2017）研究表明，与免耕水稻单作相比，免耕稻鳖鱼模式、稻鳖模式、稻鱼模式的控草效果明显，其孕穗期病兜率和病株率分别比水稻单作低 71.1% 和 56.3%。陈玥等（2018）研究表明，稻蟹模式在保持不减产的状况下还可以减少农药、无机化肥的使用量，同时对稻田的阔叶杂草具有很好的防控作用。本研究表明，共作稻田在其肥料投入减少 15%～25%，并且水稻生育期内未施用农药、除草剂等情况下，产量较常规稻田相比并未减少，同时利用稻渔循环工程，减少了养殖过程中造成的水体污染问题以及农药化肥施用造成的土壤板结问题。通过实施稻渔共作模式，以种稻对盐碱进行生物改良，养鱼废水进入稻田提供种稻所需要的氮磷营养元素，同时满足了节水、节肥和灌排淋洗盐碱的要求，达到了生态治理的目标。

第 3 节　滨海盐碱地耐盐水稻高产栽培技术

一、中国滨海盐碱地资源概况

鉴于盐渍土分布地区生物气候等环境因素的差异，可将中国盐渍土分为滨海盐土与滩涂、黄淮海平原盐渍土、东北松嫩平原盐土和碱土、半漠境内陆盐土和青新极端干旱的漠境盐土等五大片（俞仁培 等，1999）。李彬等（2005）根据自然资源定义与基本属性，并从开发利用出发，将我国盐碱地资源分为盐渍土资源、盐生植物资源、咸水和微咸水资源、生态和旅游资源等几个类别。

（一）盐渍土资源

滨海盐土是重要的盐碱地土地类型，它的最大特点：一是土壤和地下水的盐分组成与海水一致，都以氯化钠为主，因此又称为氯化物盐土；二是含盐量除表土稍多外，以下土层都比较均匀。这两点是它区别于其他盐土最主要的地方。我国现有 3.2 万多 km 的海岸线，15 m 等深线以内的浅海与海涂有 0.14 亿 hm^2（俞仁培 等,1999），土地资源十分丰富（表 7-32）。随着河口不断向浅海推进，海涂面积不断增加，如黄河河口十几年每年平均推进 2.77 km，年均造陆面积 46.33 km^2（俞仁培 等,1999），而长江口以北 1987~2007 年 20 年间平均每年增加滩涂 378.02 hm^2（王志明 等,2011）。

长江口以南各省的滨海盐土，分布零星，也有逐年增加的趋势。这些滨海盐土地处热带和亚热带，年降水量大，土壤的淋洗作用强烈，滩地受海潮影响而形成盐土，通过雨水淋洗而淡化为盐渍化土壤，1 m 土体含盐量小于 6 g/kg，既有以氯化物为主的微碱性滨海盐土，也有在红树林群落影响下形成的酸性磷酸盐盐土（俞仁培 等,1999）。

表7-32　　　　　　　　　　中国盐渍土资源及滨海盐土资源概况

盐渍土资源	面积（$\times 10^4\,hm^2$）	滨海盐渍土地区	面积（$\times 10^4\,hm^2$）
现代盐渍化土壤	3 693.3	辽宁	30.95
残余盐渍化土壤	4 486.7	河北	18.20
潜在盐渍化土壤	1 733.3	天津	29.82
盐渍土合计	9 913.3	山东	71.00
		江苏	40.92
		上海	10.69
		浙江	42.56
		福建	19.64
		广东	84.83
		广西	8.67
		合计	357.28
王遵亲，黎立群，1989		宋达泉，1989	

（二）盐生植物资源

盐生植物是指一类具有强抗盐 / 碱能力，能够在高盐 / 碱生境中生长并完成生活史的植物总称。盐生植物资源是具有开发利用价值的盐生植物的总称。根据范海等（2002）的研究，中国大约有盐生植物 430 种，分属于 66 科、197 属，可以作为资源开发利用的有 200 多种，其中相当一部分具有多种利用价值，例如可作为食品原料，或直接作为食品、饲料、医药原料和纤维原料等。

（三）咸水和微咸水资源

根据国土资源部《2003 年中国国土资源公报》数据，全国地下微咸水天然资源（矿化度 1 ~ 3 g/L）多年平均为 277 亿 m³，半咸水天然资源（矿化度 3 ~ 5 g/L）多年平均 121 亿 m³。过去我国矿化度大于 2 g/L 的地下水即弃之不用，长期潜伏地下，影响蓄纳降雨及地表淡水，还是土壤盐碱的根源。中国北方干旱半干旱地区浅层地下水中广泛分布着微咸水和咸水，滨海滩涂也有大量的咸水和微咸水。

目前世界范围内水资源短缺，水污染及土壤盐碱化问题日益加重，合理开发利用咸水和微咸水对于缓解水资源危机和改善生态环境具有重要意义。因此，有必要从资源的角度对各类咸水和微咸水重新认识，将其作为一种重要的水资源看待。

（四）生态和旅游资源

盐碱地作为一种比较独特的景观，在生态系统中具有一定的生态功能和旅游价值。例如，盐生植被在维持和改善盐碱地区生态环境中具有重要作用，一些植被还具有观赏价值。生态与旅游资源是一种无形的资源，随人们的认知及欣赏水平而变化，条件成熟时可以开发利用。

特别值得一提的是红树林，红树林是热带、亚热带海湾、河口泥滩上特有的常绿灌木和小乔木群落，它生长于陆地与海洋交界带的滩涂浅滩，是陆地向海洋过渡的特殊生态系统。其突出特征是根系发达、能在海水中生长。全球现有红树

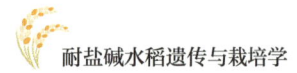

林 1 700 万 hm²，主要分布在印度洋及西太平洋沿岸；我国有 1.46 万 hm²，主要分布在海南、广西、广东、福建、香港、台湾等地。红树林由不同种类的红树植物组成，我国有红树植物 33 种。

红树林具有很高的生态价值：保护生物多样性和濒危物种基因资源，降解污水，净化空气，防浪固堤以及造陆的功能。此外，红树林均由挺水木本植物组成，随着潮起潮落，展示着与陆地植被迥然不同的景色，加之红树林中有大量的鸟类栖息，从而成为海岸线上一道靓丽的风景，具有较高的观赏价值，是具有特殊魅力的自然生态旅游资源。

二、滨海盐土脱盐关键技术

根据 Qadir M 等（2001）提出的盐平衡指数（salt balance index, SBI）的概念，对根区土壤水盐分（S_{sw}）的输入（$\sum i$）与输出（$\sum o$）的差异的计算可获得 SBI，如式（1）~（3）：

$$\Delta S_{sw} = \sum i - \sum o \qquad\qquad (1)$$

$$\sum i = V_{iw}C_{iw} + V_{gw}C_{gw} + V_{rw}C_{rw} + S_m + S_f \qquad\qquad (2)$$

$$\sum o = V_{dw}C_{dw} + S_p + S_c \qquad\qquad (3)$$

式中：V_{iw}、C_{iw} 分别为进入土壤灌溉水的体积和盐浓度，V_{gw}、C_{gw} 分别为通过毛管上升过程进入根区的地下水体积和盐浓度，V_{rw}、C_{rw} 分别为进入土壤的降雨体积和盐浓度，S_m 为土壤矿质风化而进入土壤溶液中盐分的数量，S_f 为通过农业化学品（肥料和土壤改良剂）和畜禽粪便而进入土壤的可溶性盐的数量，V_{dw}、C_{dw} 分别为通过排水而带走的水体积和盐浓度，S_p 为灌水后土中根区下所沉积的灌溉水中可溶性盐的数量，S_c 为通过收获作物离田的收获物所带走的盐分数量。

根据江苏沿海滩涂的实际，可对盐平衡指数做以下简化或假设：沿海滩涂淡水资源匮乏，一般不使用淡水灌溉洗盐，从而可忽略 V_{iw}、C_{iw}；降雨中的盐分含量很低，可以忽略 V_{rw}、C_{rw} 项；土壤矿质风化是一个相对缓慢的过程，对土壤盐分的增加没有明显的贡献，可忽略 S_m 项；本技术无农业化学品以及畜禽粪便的投入，从而可忽略 S_f。

对于一个具体的自然状态滩涂地块，假设 t、$t+1$ 时间的土壤盐分分别为 S_t 和 S_{t+1}，则有

$$S_{t+1} - S_t = \Delta S_{sw} = V_{gw}C_{gw} - V_{dw}C_{dw} - S_p - S_c \qquad （4）$$

根据式（4），滩涂脱盐过程即是 $S_{t+1} < S_t$，即 $\Delta S_{sw} < 0$ 或 $\sum i < \sum o$，即减小 $\sum i$、增大 $\sum o$ 的技术措施均可促进滩涂土壤脱盐。

基于以上分析，滨海盐土的脱盐技术可以从两个方面考虑：通过淡水、雨水、微咸水对土体盐分的淋洗与排水，实现表层土的脱盐；通过地表覆盖，减少土壤水分的蒸发，进而减少甚至阻断含盐的潜水通过土壤毛管作用上升并在表土层积盐。

（一）淡水 / 微咸水洗盐技术

沿海地区淡水资源缺乏，地下微咸水（矿化度 2 ~ 5 g/L）、咸水（ > 5 g/L）资源丰富。如果能利用微咸水、咸水洗盐，即可节约大量的淡水资源。灌溉淋洗是滨海盐土特别是重盐土脱盐改良的重要技术措施。考虑到滨海盐土地区拥有丰富的地表或地下微咸水、咸水资源，一些研究者开展了利用微咸水甚至咸水资源淋洗脱盐方面的室内土柱试验以及野外实地试验，均取得了较好的脱盐节水效果。

1. 室内土柱试验

王艳等（2011）通过室内土柱试验探讨了不同矿化度（0.56 g/L、3.78 g/L、6.14 g/L）的水淋洗重度盐碱土的水盐运移特征，结果表明，微咸水和咸水的入渗速率要明显高于淡水，在灌水淋洗后土壤盐分含量均大幅下降，以淡水和微咸水的脱盐效果较好。此外，3 个处理淋洗后土壤的 Na^+、Cl^-、SO_4^{2-}、K^+、Mg^{2+}、Ca^{2+} 含量下降，CO_3^{2-}、HCO_3^- 含量有所上升，土壤 pH 上升，淡水淋洗土壤 pH 上升幅度较大（表 7-33）。因此，微咸水淋洗重度盐碱土在 3 种矿化度水中的综合淋洗效果最好，用微咸水代替淡水淋盐改良将会有不错的效果。

表7-33　　灌水淋洗后表层土壤离子质量分数的变化（g/kg土；王艳 等, 2011）

土壤离子	CO_3^{2-}	HCO_3^-	Cl^-	SO_4^{2-}	Ca^{2+}	Mg^{2+}	K^+	Na^+
淋洗前	0	0.186	2.514	0.710	0.184	0.151	0	1.775
咸水淋洗后	0	0.245	1.071	0.300	0.064	0.047	0.023	0.538
微咸水淋洗后	0.007	0.205	0.299	0.207	0.080	0.043	0.025	0.513
淡水淋洗后	0.034	0.433	0.018	0	0.016	0.010	0.018	0.400

　　戴继航等（2011）通过室内土柱模拟试验，研究了不同矿化度的咸水（6个水平：0 g/L、5.35 g/L、10.36 g/L、15.61 g/L、21.73 g/L、30.97 g/L）对砂壤质滨海盐碱土土壤入渗特征的影响，以及咸水淋洗土壤水盐变化规律和节水潜力，结果表明：高矿化度咸水略微降低土壤入渗性能，但当淋洗水矿化度高于15.61g/L时，土壤入渗性能不再继续降低；不同矿化度水处理淋出液矿化度都经历快速下降、较快下降、缓慢下降3个阶段；土壤盐分随咸水淋洗水量的增加先上升，再经历急剧下降、快速下降、缓慢下降，土壤经咸水淋洗后盐分含量明显下降；根据水盐平衡预估咸水淋洗具有较高的节水潜力，5.35 g/L 和 10.36 g/L 的咸水淋洗节水潜力分别约为48.08%、38.46%，海水淋洗节水潜力最小，约为24.04%。

　　郭凯等（2011）在室内利用相同矿化度（10 g/L）、不同钠吸附比（5、10 和30）的咸水进行咸水结冰融水模拟试验、结冰融水入渗和咸水直接入渗的土柱试验，以淡水处理为对照，分析不同钠吸附比咸水结冰融水入渗下滨海盐土水盐分布特征，结果表明：咸水冰融化过程中，融出水的矿化度和钠吸附比均呈由高到低的变化趋势；咸水结冰融水入渗速度和入渗深度均快于和深于淡水；咸水钠吸附比越小，结冰融水入渗速率越快、深度越深；水盐分布也表现为低钠吸附比咸水结冰处理的表层土壤含水量较低，水分向深层迁移，这种水分分布也使盐分向深层运移，表现为表层土壤含盐量低，深层土壤含盐量大；土层含水量，低钠吸附比咸水处理高于高钠吸附比处理，10～45 cm 土层则表现出相反的趋势；表层土含盐量，低钠吸附比处理高于高钠吸附比处理，且咸水处理下土壤脱盐的深度大于淡水处理；钠吸附比 5 的咸水结冰处理，0 ~ 10 cm 土壤平均含水量和含盐量分别为 30.3% 和 1.1 g/kg，显著低于其他处理。为比较咸水结冰灌溉和咸水直接灌溉的效果，室内利用含盐量为 10 g/L、钠吸附比 10 的咸水进行直接入渗的土柱（土壤含盐量为 21.3 g/kg）模拟试验，结果表明：与咸水直接入渗处理相比，咸水结冰融水处理盐分淋洗效果更好，该处理后 0 ~ 25 cm 土层平均土壤含盐量为 2.9 g/kg，显著低于咸水直接入渗的 10.6 g/kg。

2. 野外实地试验

滨海滩涂野外灌水脱盐试验也获得了与室内土柱试验基本一致的结果。张余良等（2010）于 2007 年 1 月至 2008 年 6 月在天津滨海新区野外开展了不同矿化度水、不同质地滨海盐土的灌水脱盐试验，淡水（矿化度 0.870 g/L）处理中壤质、重壤质和粘质土，而中水（2.650 g/L）和微咸水（4.725 g/L）只处理中壤质盐土。灌水方法：每年 2 ~ 6 月灌溉 4 ~ 5 次，每次灌溉量为 0.10 ~ 0.15 m³/m²，两次灌溉间隔时间为 10 ~ 30 天。结果表明：粘质滨海盐土经灌淡水后的土壤全盐量降低是逐渐的，重壤质滨海盐土的土壤全盐量变化趋势与粘质土类似，最初 4 次灌水使各层土壤全盐累积降幅较大；中壤质滨海盐土在第一次灌水后土壤含盐量降低较多，表层（0 ~ 20 cm）由 1.75% 降到 0.511%，以后灌溉土壤全盐量降低得较缓慢，20 ~ 40 cm 土层的含盐量始终降低得较缓慢。灌溉淡水、中水、微咸水均能使土壤全盐量降低：灌溉中水、微咸水后表层和土体下层土壤的含盐量均逐渐降低，而灌溉淡水的土壤表层全盐量降低明显、土体下层的土壤全盐量变化幅度较小。此外，灌溉淡水、中水、微咸水均使土壤 pH 有升高的趋势：灌溉淡水后表层土壤 pH 能够上升到 9.0，灌溉微咸水、中水后土壤 pH 能够升至 8.5 左右。

廉晓娟等（2011）利用不同矿化度的淡水（1.38 g/L）、微咸水（3.33 g/L）开展野外灌水脱盐试验。试验设置了 7 个处理：自然降水淋洗；淡水淋洗（每次 1 200 m³/hm²）；微咸水淋洗（每次 900 m³/hm²）；微咸水淋洗（每次 1 200 m³/hm²）；2 次微咸水淋洗（每次 1 500 m³/hm²），1 次淡水（每次

1 200 m³/hm²）；微咸水淋洗，每次淋洗量不同（1 500 m³/hm²、1 200 m³/hm²、900 m³/hm²）。结果表明，在良好的排水条件下，采用微咸水、淡水淋洗对 0 ~ 60 cm 重壤质滨海盐土土壤脱盐效果相差不大，可以采用矿化度 3.5 g/L 左右的微咸水代替淡水改良滨海盐土，这样既可以达到脱盐的目的，有可避免淡水资源的大量消耗。以淋洗量 1 200 m³/hm² 连续淋洗 3 次为适宜的淋洗方式，可使 0 ~ 60 cm 土壤剖面的全盐量降低到 3 g/kg，脱盐率达 60%。另外，在脱盐过程中会同时伴随着土壤 pH 的上升。

（二）"雨水 + 秸秆覆盖" 脱盐技术

经过长期的研究，我国在盐碱地的脱盐和改良方面取得了较大的进展。杨劲松等（2015）对此进行了总结，提出了包括 40 多项实用技术的盐碱地治理和农业高效利用的 8 大技术体系。土表覆盖（秸秆、植被、地膜、细沙等）是盐碱地改良常用的技术，其中以秸秆覆盖研究得较多。秸秆覆盖在改善土壤水分状况、减少土壤侵蚀和紧实性、维持最优的土壤温度、增加土壤营养、改善植物立苗和生长、减少病害和杂草为害、减轻土壤盐分和减少农药用量等方面均有较多的研究（Chalker-Scott, 2007）。利用秸秆覆盖促进盐土脱盐的工作早在 20 世纪 60 年代就有报道（Fanning & Carter, 1963），此后，有关秸秆覆盖在盐土脱盐改良中的应用就有了较多的报道，大多数研究一致认为秸秆覆盖具有拦蓄雨水和减少地表蒸发、抑制地表返盐、促进降雨淋盐的作用。

现有的研究大多是针对轻度和中度（土壤盐分含量 < 6 g/kg）盐土开展的。崔士友等（2018）对江苏滨海重盐土开展的"雨水 + 秸秆覆盖"脱盐技术的研究取得了较好的研究进展。试验地位于江苏省如东县东凌垦区（32°20′33″N，121°25′7″E），为 2007 年围垦的滩涂。试验区属于亚热带和暖温带的过渡区，雨热同步，年雨量 1 042 mm，雨季（6 ~ 9 月）占 55% ~ 80%，年平均气温 15.1℃，全年无霜期 225 天，年平均日照 2 136 小时。土壤类型为滨海盐土，弱碱性，pH 为 8.0 左右，土壤有机质含量低，盐分含量在 0.2% ~ 2.0% 之间，地下水埋深 1.0 ~

1.5 m。2014 年 3 ~ 4 月在对垦区充分调查的基础上，选择一块重盐土地，土壤盐分高（0 ~ 40 cm 土层 $EC_{1:5}$ 为 4.18 dS/m）。试验区原有少量盐生植物如碱蓬、海篷子的生长。试验开始前利用五点法取土样测定土壤理化性状（表 7-34）。试验设置 3 个小麦秸秆覆盖水平：0 kg/m^2（M0）、1.5 kg/m^2（M1）和 3 kg/m^2（M2）。随机区组设计，重复 5 次，小区面积为 100 m^2（5 m × 20 m）。2014 年 5 月 3 日完成本试验处理的田间实施，随后开展秸秆覆盖脱盐效果的监测工作，每月 2 次（每月 1 日和 15 日前后），间隔期 15 天左右，上午 8:00 ~ 10:00 采样，时间 1 年，分别取 0 ~ 20 cm（D1）和 20 ~ 40 cm（D2）的土样。为进一步明确不同秸秆覆盖量对深层土壤盐分变化的影响，在 2014 年 12 月 1 日、2015 年 3 月 31 日和 7 月 16 日三次采集 1 m 剖面（0 ~ 10 cm、10 ~ 20 cm、20 ~ 40 cm、40 ~ 60 cm、60 ~ 80 cm 和 80 ~ 100 cm）土样。

表7-34　　　　　　　　　　　试验区土壤的理化性状

土层（cm）	0 ~ 20	20 ~ 40	土层（cm）	0 ~ 20	20 ~ 40
容重（g/cm^3）	1.39 ± 0.02	1.50 ± 0.02	全氮（g/kg）	0.721 ± 0.166	0.448 ± 0.073
土壤颗粒组成(%)：			碱解氮（mg/kg）	20.43 ± 1.34	16.02 ± 1.42
砂粒	19.5 ± 0.8	17.1 ± 1.6	有效磷（mg/kg）	12.85 ± 1.59	7.67 ± 0.58
粉粒	59.0 ± 0.6	60.8 ± 1.7	有效钾（mg/kg）	236.6 ± 4.7	250.8 ± 6.3
黏粒	21.5 ± 0.4	22.1 ± 0.2	$EC_{1:5}$（mS/cm）	3.88 ± 0.68	4.48 ± 0.04
有机质（g/kg）	5.55 ± 0.18	4.81 ± 0.11	pH$_{1:5}$	8.66 ± 0.04	8.68 ± 0.03

注：表中的数据为平均值 ± 标准误差。

1. 秸秆覆盖的作用

土壤中粗细不同的毛管空隙连通一体形成复杂的毛管体系，为水分运动提供一个连续体，土壤潜水可以通过毛细管向表层运移。

（1）抑制土壤水分蒸发、提高土壤含水量

孙博等（2012）选择陕西省蒲城县卤泊滩盐渍化地区（土壤盐分含量 7.74 g/kg），

开展不同秸秆覆盖量处理试验：0 kg/m²、0.15 kg/m²、0.45 kg/m²、0.75 kg/m²、1.05 kg/m²。试验时间为 6 月 20 日至 9 月 10 日。试验期间累积土壤蒸发量分别为 129.66 mm、85.49 mm、61.02 mm、50.59 和 47.31 mm，对应的日蒸发量分别为 1.658 mm、1.029 mm、0.623 mm、0.348 mm 和 0.323 mm。与对照相比，4 个秸秆覆盖处理的抑蒸率分别为 37.9%、62.4%、79.0% 和 80.5%。由此可见，抑蒸率随着秸秆覆盖量的增大而增大，当秸秆覆盖量达 0.75 kg/m² 后，再增大秸秆覆盖量，抑蒸率无明显变化，增幅很小。张振华等（1996）的盆钵覆草实验（图 7-19）、刘超等（2008）也获得了类似的结果。这些结果一致表明，土壤表层覆草可不同程度地阻止土壤水分与大气的直接对流，对土壤水分的向上运行起到阻隔作用，从而降低了蒸发耗水。

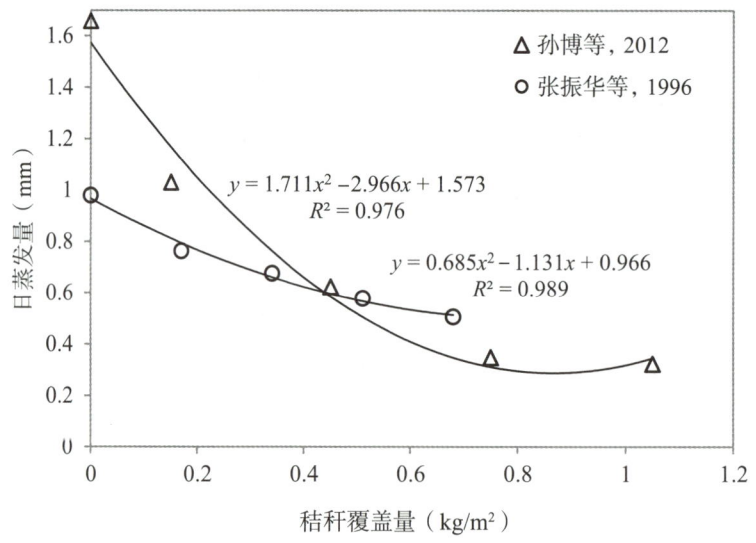

图7-19　土壤日蒸发量与秸秆覆盖量的关系

（数据来源：张振华 等, 1996; 孙博 等, 2012）

由于覆草减少了土壤水分的蒸发，对土壤盐分的分布也会产生明显的影响。严少华等（1998）的盆钵试验：在非种植（土壤全盐含量为 14.1 g/kg）和种植大麦（土壤全盐含量为 4.1 g/kg）条件下，设置了 5 个覆草水平，结果表明 5 cm 处土壤电导率与水分蒸散量均呈极显著正相关。王曼华等（2017）的研究也认为土壤水分累积蒸发量与土壤累积含盐量间存在显著正相关，相关系数为 0.848。江苏滨海盐土每年春秋干旱季节表土返盐严重，对作物立苗和生长极为不利。覆草是沿海地区常用的农业技术，覆草不仅可以明显地改善土壤环境条件，且能提高作物产量。

崔士友等（2018）的滩涂野外试验也获得了不同水平覆盖处理下 0～20 cm 和 20～40 cm 土层土壤含水量的动态变化（图 7-20）。0～20 cm 土层不同处理

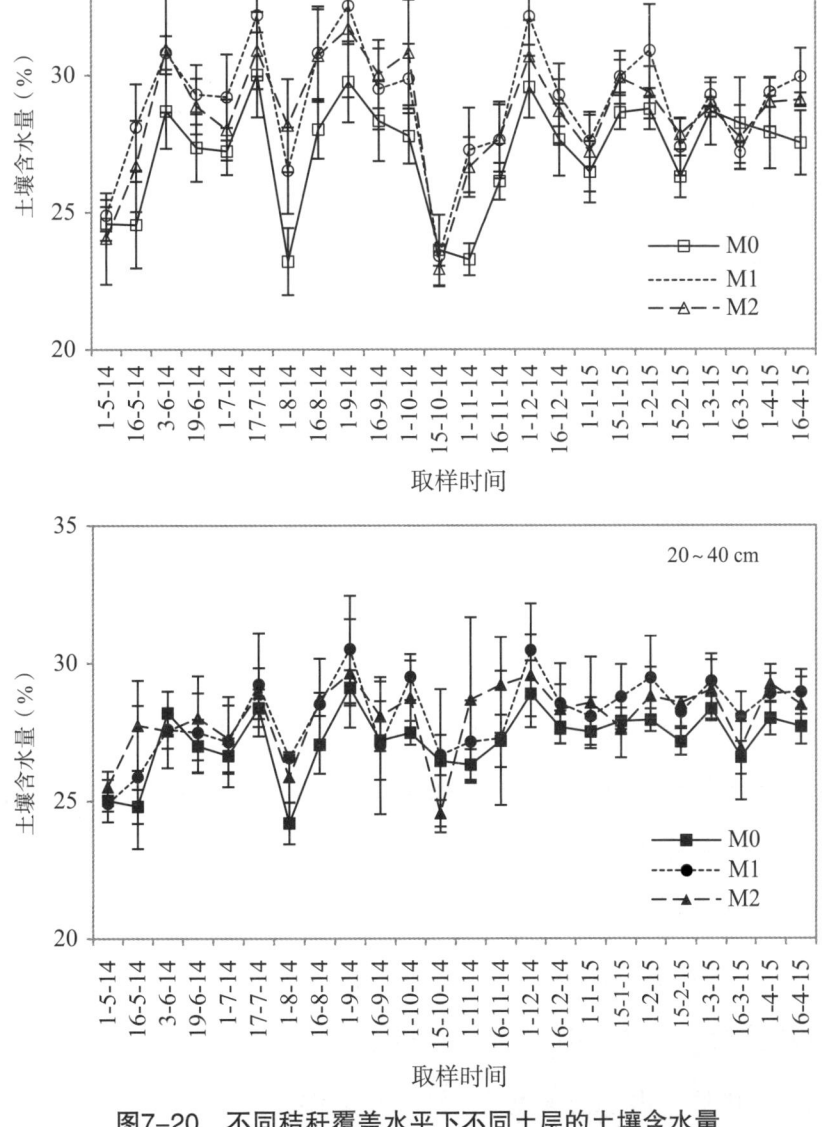

图7-20　不同秸秆覆盖水平下不同土层的土壤含水量

的土壤含水量具有类似的变化特征，变幅较大；而 20 ~ 40 cm 土层土壤含水量的变化较为平缓。方差分析表明，不同土层间、不同秸秆覆盖水平间的土壤含水量差异均达显著水平，而土层与覆盖处理间的互作不显著。就不同土层而言，0 ~ 20 cm 土层土壤含水量较 20 ~ 40 cm 土层高 0.45%，差异达显著水平；就不同覆盖处理而言，不同土层 M1、M2 间的差异均未达显著水平，但二者与 M0 间的差异均达显著水平（表 7-35）。土壤含水量较高的秸秆覆盖处理，每次降雨后就有较多的雨水参与洗盐过程，增强了雨水的洗盐效果。

表7-35　　　　　　　　不同土层和覆盖处理的土壤含水量（％）的比较

处理	平均值	处理	平均值
不同土层间		0 ~ 20 cm土层不同覆盖间	
0 ~ 20cm	28.24a	M0	27.17b
20 ~ 40cm	27.79b	M1	28.95a
不同覆盖间		M2	28.60a
M0	27.18b	20 ~ 40 cm土层不同覆盖间	
M1	28.52a	M0	27.20b
M2	28.33a	M1	28.09a
		M2	28.07a

（2）秸秆覆盖对降雨入渗的影响

秸秆覆盖是减少土壤蒸发的主要低成本措施，可以抑制土壤水分蒸发，减少地表径流，蓄水保墒，但秸秆具有吸水性，降雨时可能延缓雨水的入渗，这样，秸秆覆盖对土壤含水量的影响就可能不完全是正面效应。

为研究作物秸秆覆盖对改善农田自然降水利用效果的作用，刘立晶等（2004）采用人工降雨的方法模拟小雨、中雨和大雨 3 种不同降雨强度，对雨后玉米、小麦秸秆覆盖地与裸地的 0 ~ 20 cm 土层土壤含水率分布情况进行了观察。结果表明：小雨后，由于秸秆覆盖阻滞入渗的作用，秸秆覆盖地 0 ~ 5 cm 土层土壤含水率短时间内低于裸地，但降雨后 24 小时玉米秸秆覆盖地已与裸地持平，以后逐渐高于裸地，降雨后 52 小时小麦秸秆覆盖地已高于裸地，且裸地水分蒸发量高于秸秆覆盖地；中雨后，秸秆覆盖阻滞入渗作用表现在土壤 5～20 cm 土层；大雨后，秸秆覆盖阻滞入渗作用表现在 10～20 cm 土层。秸秆的吸水性会暂时阻滞雨水的入渗，但随着时间的延长，以及秸秆覆盖抑制水分蒸发的作用，秸秆覆盖地雨水入渗效果均高于裸地，秸秆覆盖在降雨小的情况下仍然有利于雨水的利用。

唐涛等（2008）采用人工模拟降雨试验，研究秸秆不同用量对径流、入渗和土壤侵蚀的影响，结果表明：秸秆覆盖有增加入渗和减少水土流失的作用；覆盖率大于 40% 时能有效控制水土流失，秸秆覆盖度与累积入渗量为正相关，与径流量和水土流失量呈负相关。

2. 滨海重盐土秸秆覆盖脱盐效果

（1）滨海重盐土覆盖处理后表土电导率的季节性变化

覆盖处理前小区土样测定结果表明，M0、M1、M2 在 0～20 cm 土层的电导率分别为 3.88 dS/m、4.29 dS/m 和 3.78 dS/m，20～40 cm 土层电导率分别为 4.48 dS/m、4.91 dS/m 和 4.70 dS/m，不同秸秆覆盖水平间在覆盖前表土电导率差异均未达显著水平（$p > 0.05$），从而可以认为其后所产生的差异是秸秆覆盖水平的不同所引起的。

图 7-21 为秸秆覆盖处理后 1 年不同土层（D1，0～20 cm；D2，20～40 cm）土壤电导率变化的动态。从图中可以看出，经过近 3 个月的时间，M1 和 M2 处理 0～20 cm 土层土壤电导率分别降至 0.27 dS/m 和 0.30 dS/m，20～40 cm 土层土壤电导率分别降至 0.94 dS/m 和 0.61 dS/m，再经过 2 个月的时间 0～40 cm 土层的土壤电导率基本维持在 0.50 dS/m 以下的水平。M2 处理优于 M1 处理主要表现在 20～40 cm 土层上，秸秆覆盖量增加后脱盐速度更快，土壤盐分维持稳定的效果更好。

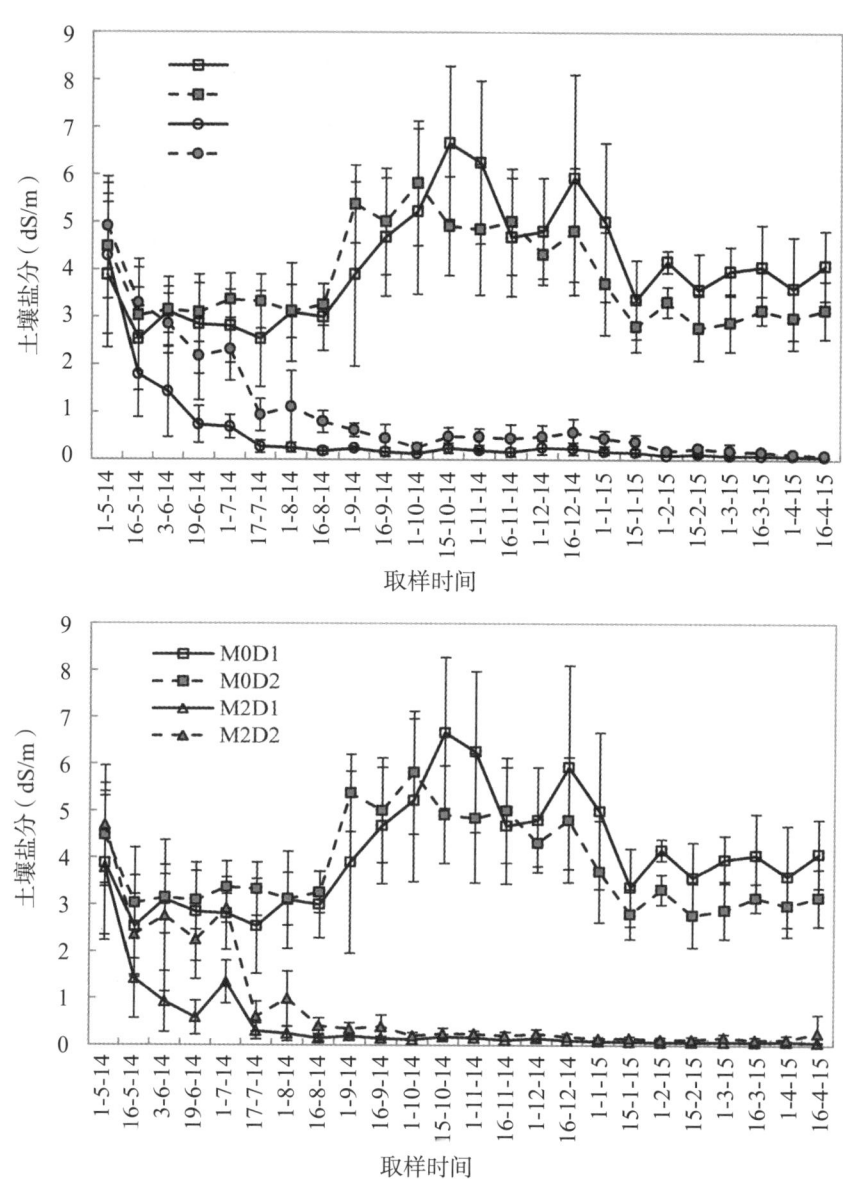

图7-21 不同秸秆覆盖处理后滨海重盐土表土盐分随时间的变化

（2）秸秆覆盖条件下土壤盐分与累积降雨量的关系

滨海重盐土秸秆覆盖后，通过雨水的淋洗促进了土壤表层的快速脱盐，
$0\sim20$ cm 土层的脱盐速度明显快于 $20\sim40$ cm 土层，秸秆覆盖条件下不同土层盐
分与累积降雨量的关系可用指数函数描述（图7-22）：在 1.5 kg/m^2（M1）的秸
秆覆盖条件下，$0\sim20$ cm 和 $20\sim40$ cm 土层的土壤盐分含量（y）与累积降雨量
（x）间的回归方程分别为：$y=4.128\mathrm{e}^{-0.015\,2x}$（$R^2=0.950$，$P<0.01$），$y=4.057\mathrm{e}^{-0.003\,34x}$

（$R^2 = 0.944$，$P < 0.01$）。而 3 kg/m^2（M2）的秸秆覆盖条件下，0~20 cm 和 20~40 cm 土层的土壤盐分含量与累积降雨量间的回归方程分别为：$y = 3.534\mathrm{e}^{-0.0147x}$（$R^2 = 0.892$，$P < 0.01$），$y = 3.936\mathrm{e}^{-0.00339x}$（$R^2 = 0.927$，$P < 0.01$）。不同秸秆覆盖量对土壤表层 0~20 cm 和 20~40 cm 的脱盐进程未观察到明显的差异（$P > 0.05$）。

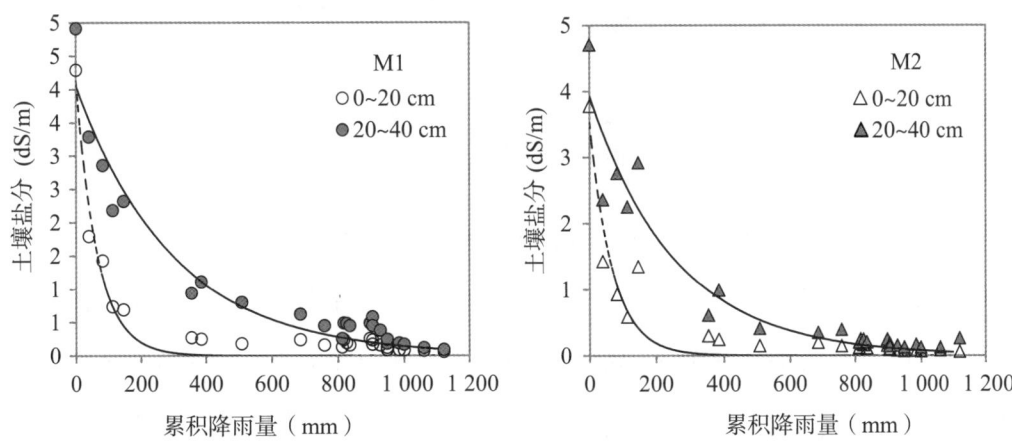

图7-22　秸秆覆盖条件下土壤电导率与累积降雨量的关系

（3）秸秆覆盖条件下土壤脱盐过程淋洗方程的拟合

淋洗方程给出了淋洗的相对脱盐量（y）与所提供的相对雨水量（x）间明确的数量关系，秸秆覆盖条件下土壤的淋洗方程同样可以用指数函数拟合（图7-23），拟合的指数方程表明 EC_a/EC_i 随着 D_w/D_s 的增加而呈指数下降（其中，EC_a 为淋洗后的实际盐分，EC_i 为土壤剖面的初始盐分，D_w 为雨水入渗的深度，D_s 为需改良的土壤深度）。M1 条件下土壤的淋洗方程为 $y = 0.509\mathrm{e}^{-1.316x}$（0~20 cm，$R^2 = 0.866$，$P < 0.01$）和 $y = 0.526\mathrm{e}^{-1.187x}$（0~40 cm，$R^2 = 0.945$，$P < 0.01$），M2 条件下土壤的淋溶方程为 $y = 0.379\mathrm{e}^{-0.681x}$（0~20 cm，$R^2 = 0.851$，$P < 0.01$）和 $y = 0.558\mathrm{e}^{-1.298x}$（0~40 cm，$R^2 = 0.927$，$P < 0.01$）。基于淋洗方程的计算可以得出土壤脱盐 80% 所需的累积降雨量：在 M1 的秸秆覆盖水平下，0~20 cm 和 0~40 cm 土层脱盐 80% 分别需要 142 mm 和 324 mm 的累积降雨量，相当于 0.71 和 0.81 的土层深度；而在 M2 的秸秆覆盖水平下，0~20 cm 和 0~40 cm 土层脱盐 80% 分别需要 186 mm 和 316 mm 的累积降雨量，相当于 0.93 和 0.79 的土层深度。

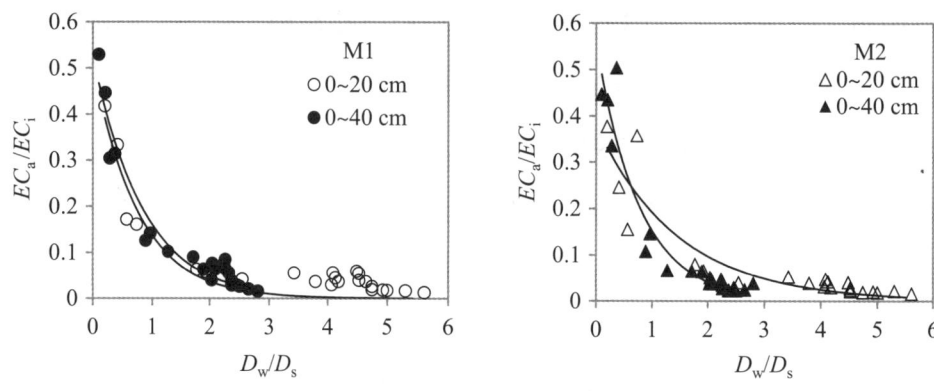

图7-23　秸秆覆盖条件下滨海重盐土的淋洗方程

（4）不同秸秆覆盖量对 1 m 土壤剖面脱盐效果的影响

与滨海重盐土裸地相比，秸秆覆盖后土壤盐分均明显降低，只有 80 ~ 100 cm 土层在 2014 年 12 月 1 日的土壤盐分与覆盖条件下盐分的差异未达显著水平。两种秸秆覆盖量间相比，3 kg/m² 秸秆覆盖下 1 m 剖面的土壤盐分均低于 1.5 kg/m² 秸秆覆盖下，在 2014 年 12 月 1 日取样点二者间的差异未达显著水平，在 2015 年 3 月 31 日取样点二者间的差异只有 80 ~ 100 cm 土层达显著水平，2015 年 7 月 16 日取样点二者间的差异在 40 ~ 100 cm 土层均达显著水平（图 7-24）。

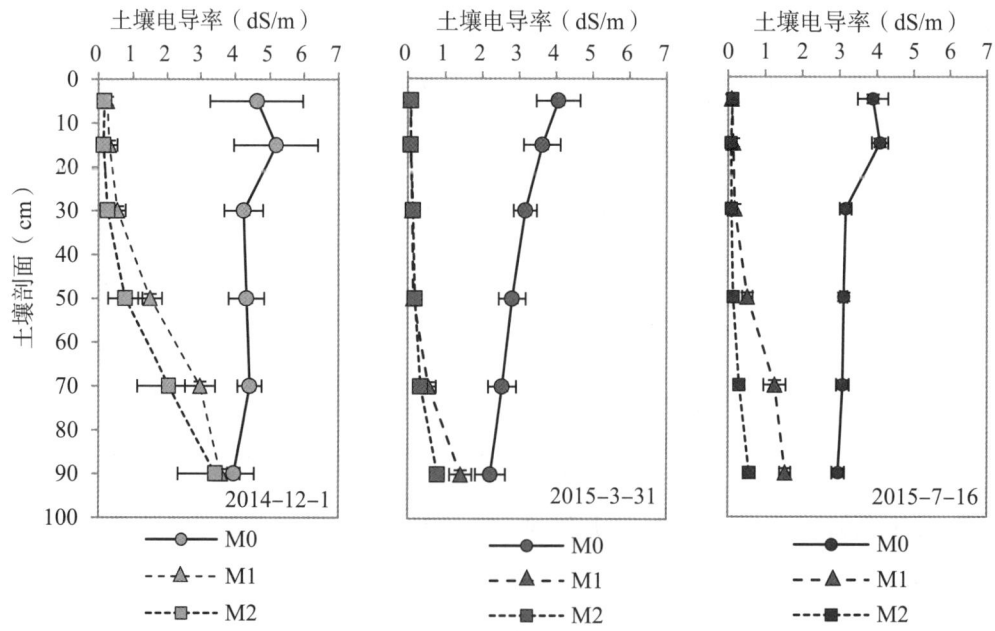

图7-24　不同秸秆覆盖量对1 m土壤剖面不同层次土壤电导率的影响

就脱盐率指标而言，表层土的脱盐率高于深层土，3 kg/m² 秸秆覆盖处理的高于 1.5 kg/m² 秸秆覆盖处理的，两种覆盖处理间脱盐率的差异随着土层的加深而逐渐增加（表 7-36）。

表7-36　　　不同秸秆覆盖量对1 m土壤剖面不同层次土壤脱盐率的影响

土壤剖面（cm）	取样时间					
	2014-12-1		2015-3-31		2015-7-16	
	M1	M2	M1	M2	M1	M2
0 ~ 10	94.8ab	96.1a	98.0a	97.7a	97.3a	96.9a
10 ~ 20	94.6ab	97.2a	97.6a	97.8a	96.6a	98.0a
20 ~ 40	88.8ab	94.3ab	96.2a	95.7a	94.4ab	97.1a
40 ~ 60	65.0c	81.9b	94.5a	93.5a	83.1bc	95.3ab
60 ~ 80	31.7d	53.2c	79.1b	86.9ab	58.3d	90.0abc
80 ~ 100	9.3e	12.9e	34.7d	64.5c	47.1d	79.7c

注：脱盐率数值中不同字母表示差异达显著水平。

3. "雨水＋秸秆覆盖"对滨海重盐土脱盐效果

已有的研究表明，重盐土的脱盐几乎全是采用淡水甚至微咸水淋洗（戴继航 等，2011）的方法进行的，不同淋洗方式的比较研究表明间歇淋洗的效率高于连续淋洗（Hoffman G J，1986；王鹏山 等，2012），滴灌洗盐作为淋洗方法的拓展在干旱区具有更好的利用潜力。我国淡水资源总体短缺，而淋洗脱盐需要大量的淡水资源。江苏沿海地区存在明显的雨季（6 ~ 8 月），能否利用充沛的雨水资源实现滨海重盐土的脱盐是一个十分紧迫的现实问题。雨水洗盐属于间歇淋洗，理论上应有较好的脱盐效果，而实际上其脱盐过程较为缓慢，主要原因是江苏沿海滩涂地下水埋深浅，蒸降比（蒸发量与降雨量之比）高。根据江苏沿海 10 个县市连续 20 年的气象数据（陈邦本 等，1988），不同县市的蒸降比变幅为 1.31 ~ 1.87，平均值为 1.47±0.17，这导致雨水淋洗减少的盐分为土壤水分蒸发引起的可溶性盐分表聚所抵消。在实际应用中淋洗方法大多与有关的覆盖措施结合使用，以维持洗盐的效果。崔士友等（2018）所开展的"雨水 + 秸秆覆盖"滨海重盐土脱盐技术的野外试验，明确了秸秆覆盖对滨海重盐土脱盐的有利作用，试验获得了以下结果：

①滨海重盐土裸地表层土壤电导率（$EC_{1:5}$）表现季节性变化的特点。0 ~ 20 cm 土层 6 ~ 8 月因雨水的淋洗土壤盐分下降，9 ~ 12 月土壤积盐明显，10 中旬达到最大值；而 20 ~ 40 cm 土层 6 ~ 8 月雨季和 2 ~ 3 月初春盐分较低，2 月中旬达到最低值，9 ~ 12 月为土壤积盐期，在 9 月底 10 月初达到最大值。

②秸秆覆盖改变了土壤电导率的季节性变化特征。1.5 kg/m² 和 3 kg/m² 的秸秆覆盖量对 0 ~ 20 cm 和 0 ~ 40 cm 表层土壤的脱盐率均达 95%，对滨海重盐土具有很好而稳定的脱盐效果。不同水平的秸秆覆盖处理脱盐效果的差异主要体现在 60 ~ 100 cm 的土层，3 kg/m² 的秸秆覆盖量显著优于 1.5 kg/m² 的秸秆覆盖量。脱盐后种植作物的秸秆覆盖量推荐 1.5 kg/m²，而营造防护林的秸秆覆盖量推荐 3 kg/m²。

③秸秆覆盖条件下土壤电导率与累积降雨量间表现为负指数关系（$P < 0.01$），淋洗曲线（表征 EC_a/EC_i 与 D_w/D_s 间关系的函数）也可用负指数函数拟合（$P < 0.01$）。根据淋洗方程计算可得表层土壤（0 ~ 40 cm）脱盐 80% 所需的累积降雨量：在 1.5 kg/m² 的秸秆覆盖量下，0 ~ 20 cm 和 0 ~ 40 cm 土层脱盐 80% 分别需要 142 mm 和 324 mm 的累积降雨量；而在 3 kg/m² 的秸秆覆盖量下，0 ~ 20 cm 和 0 ~ 40 cm 土层脱盐 80% 分别需要 186 mm 和 316 mm 的累积降雨量，江苏沿海地区雨季（6 ~ 8 月）的雨量可满足这一要求。

三、滨海盐碱地耐盐碱水稻高产栽培关键技术

（一）滨海盐碱地耐盐水稻品种筛选

植物耐盐性是一个复杂的遗传和生理现象。水稻作为中国最重要的粮食作物之一，是一种对中度盐碱敏感的作物。已有的研究表明水稻种质资源蕴含着丰富的耐盐遗传变异类型（Khan et al, 1997; 付华 等，2013）。通过遗传改良途径培育或筛选具有较强耐盐性的水稻品种是扩大滨海盐碱地水稻种植及提高水稻产量的

有效途径。

1. 水稻品种耐盐性鉴定与筛选方法

在开展水稻品种耐盐性筛选前，首先要选择合适的耐盐性鉴定方法，建立统一的水稻耐盐性鉴定技术规范，便于不同的研究间可以进行比较。规范水稻品种耐盐性鉴定与筛选方法，可以从以下 5 个方面加以考虑：

（1）待鉴定材料种于何处

关于待鉴定材料是水培、沙培还是土培的问题，目前大多为水培或沙培，土培很少。研究者往往在理想的可控环境下鉴定作物的耐盐性，如水培、沙培以及温室或生长室环境。可控环境筛选耐盐基因型确实有助于理解基因型间耐盐性的不同机制，但可控条件下基因型间的差异以及研究结果的外推并不能与实际的大田条件相对应（Shannon, 1997）。Ehsan Tavakkoli 等（2010）比较了 2 个大麦品种对水培和土培中盐分逆境的应答，水培、土培盐分的影响存在差异：水培中大麦品种间的生长、组织含水量、离子组成的差异不明显，而在土培中则差异显著；而在类似的 EC 值下，水培比土培生长下降大，吸收的 Na^+ 和 Cl^- 也高。

盐分逆境的许多研究均基于水培对盐分的应答与土壤类似这一假设。不过，土壤溶液与土壤基质间的互作影响了对盐逆境的应答。Jafari-Shabestari 等（1995）认为改良作物耐盐性的筛选方法其效率的正确评价需要在自然的盐土环境下进行重估，这里除盐分逆境外植物还会遇到其他逆境。Houshmand & Arzani（2005）也指出为获得最大增益，初步的种质评估应在受控环境下以形态和生理指标如离子浓度或干物质产量来鉴定，然后将初选的基因型在盐土环境下进行再鉴定。根据此观点，基因型的耐盐性需要进行大田鉴定，更重要的是按产量指标进行鉴定，这是育种家和农学家的最终目标（Yamaguchi & Blumwald, 2005）。

（2）鉴定时期是芽期、苗期还是全生育期

水稻幼苗期和生殖生长期是对盐敏感的关键时期（吴家富 等, 2017; 潘晓飚 等, 2017）。目前的报道大多是芽期或苗期鉴定，也有少数全生育期的鉴定。水稻不同生育期的耐盐性存在较大差异，苗期耐盐性与生殖生长期耐盐性没有必然的相关性。水稻全生育期耐盐性是水稻各生育时期耐盐性的综合反映，更贴近生产实践，而更有实际意义。

（3）对照品种的选择

国际水稻所（IRRI）所用的三种标准基因型分别为"Pokkali"（耐）、"Bicol"（中耐）和"IR29"（敏感）。我国有研究者利用"韭菜青""盐丰47""辽盐2号"作耐盐对照（张所兵 等，2013），有些研究则未设置耐盐对照（蒋荷 等，1995；方先文 等，2004）。我国耐盐水稻全国区试所用的粳稻组对照为盐稻12，该品种经多年多点的耐盐性观测均表现优良。

（4）盐胁迫的程度

耐盐水稻品种的筛选是在一种适中的盐胁迫下，供试材料的耐盐性差异能够充分表现。如盐胁迫浓度过低，即使耐盐性较差的材料的盐害症状也不明显，材料的耐盐性遗传差异不能充分表现；而盐胁迫浓度过高，会导致大部分供试材料的盐害症状明显甚至死亡，材料间的遗传差异也较低。IRRI采用水培法鉴定苗期水稻耐盐性，在2～3叶期施加盐胁迫处理，胁迫程度为10 dS/m，相当于6.4 g/L（Yoshida et al, 1976）。美国农业部盐土实验室（Salinity Laboratory, USDA-ARS）采用营养液沙培的方法，营养液的电导率为0.9 dS/m，加盐营养液的电导率为4.4 dS/m和8.2 dS/m，相当于含盐2.8 g/L和5.2 g/L（Zeng et al, 2002）。国内研究也有借鉴者（陈志德 等，2004；张所兵 等，2013）。如张所兵等（2013）对初筛出的155份材料用3 g/L和5 g/L的NaCl进行了全生育期耐盐性筛选，3 g/L NaCl处理条件下在7个品种中筛选出11株全生育期存活，而5 g/L NaCl处理仅筛选到1个单株。为获得极端耐盐水稻种质，对用0.5% NaCl盐土筛选出的38份水稻耐盐种质置于更强胁迫的0.8%NaCl溶液进行重复筛选（方先文 等，2004）。耿雷跃等（2019）的研究认为3 g/L盐胁迫浓度是水稻全生育期耐盐性鉴定最适浓度。

（5）评价指标

指标的设置主要看研究目的，即是生物学目的还是农学目的，前者指植株在

盐胁迫下的生存能力，而后者则指在盐胁迫下的生产能力或产量水平。表 7-37
是 IRRI 提出的水稻苗期耐盐性鉴定标准。耿雷跃等（2019）挑选 19 份不同耐盐
性水稻种质作为研究材料，借助多元统计分析方法，获得了计算耐盐系数的最
优线性回归方程 $D = -0.365 + 0.647PL + 0.152GP + 0.274TW$，从该方程可知穗长
（PL）、穗粒数（GP）和总干物重（TW）耐盐系数是影响 D 值的关键指标。

表7-37　　基于盐害症状鉴定水稻耐盐性的级别划分（Yoshida et al, 1976）

耐盐级别	盐害描述	耐性
1	生长正常，无叶片症状	高耐
3	生长基本正常，但叶尖或少数叶片白花或卷曲	耐
5	生长受到严重抑制，大多数叶片卷曲，仅有少数叶片伸长	中耐
7	生长完全停止，大多数叶片干枯，一些植物死亡	感
9	几乎所有植株死亡或干枯	高感

2.滨海盐碱地水稻耐盐品种

（1）盐稻 10 号

①品种来源：江苏沿海地区农业科学研究所以盐稻 8933（该所中间材料）
为母本、以盐稻 9107（该所中间材料）为父本配组杂交，于 2002 年选育而成。
原代号为盐稻 866。2009 年 2 月通过江苏省农作物品种审定委员会审定（苏审稻
200909）。适宜在江苏省苏中及宁镇扬一季中粳稻中上肥力地区搭配种植。

②产量表现：2006 年参加江苏省迟熟中粳区试，平均单产 9 330.0 kg/hm²，
比对照武育粳 3 号增产 12.7%，达极显著水平，居第 6 位。2007 年继续参加江苏
省迟熟中粳区试，平均单产 8 932.5 kg/hm²，比对照扬辐粳 8 号增产 7.9%，比对
照武育粳 3 号增产 24.6%，亦达极显著水平，居第 5 位。2006 ~ 2007 年两年江苏
省迟熟中粳区域试验，平均产量 9 131.25 kg/hm²，比对照武育粳 3 号增产 18.7%，
比对照扬辐粳 8 号增产 7.9%，达极显著水平；2008 年进入江苏省迟熟中粳生产
试验，平均单产 8 874.0 kg/hm²，亦居第 5 位，比对照扬辐粳 8 号增产 1.6%。大

面积种植一般单产 9 000 kg/hm²，高产田块单产达 9 750 kg/hm²。在江苏沿海滩涂含盐量 0.3% 以下的盐碱地种植，产量水平在 6 000 kg/hm² 左右。

③特征特性：属迟熟中粳糯稻品种类型。感光性中等。在江苏作麦茬中稻栽培，全生育期为 155 天左右，比对照武育粳 3 号迟熟 3 天；幼苗矮壮，叶片短挺略宽，叶色淡绿；成株株型集散适中，茎秆粗壮，抗倒性强；株高 95 cm 左右，主茎总叶片 17 ~ 18 叶，5 个伸长节间；分蘖性中上，成穗率较高达 70%，有效穗 300 万 ~ 315 万穗 /hm²；穗型大，着粒密，穗长 15.5 cm，每穗总粒为 140 粒左右，每穗实粒为 125 粒左右，结实率 88.5%，千粒重 24.5 g。成熟时秆青籽黄熟相好，不早衰，谷粒呈黄色，饱满度好，较难落粒。适应性强。据我国农业农村部稻米及制品质量监督检验测试中心测试：糙米率 88.7%，精米率 80.2%，整精米率 76.7%，粒长 4.8 mm，长宽比 1.7，透明度糯，碱消值 7 级，胶稠度 100 mm，直链淀粉含量 1.3%，稻米品质所有指标均达国标优质糯米标准，适口性好。2007 年据江苏农业科学院植物保护研究所接种鉴定结果：抗白叶枯 JS49-6 为 3 级，抗白叶枯 KS-6-6 为 3 级，抗白叶枯浙 173 为 3 级，中感 PX079 为 5 级，对稻瘟病 ZA5、ZB13、ZC5、ZD5、ZE3、ZF1、ZG1 等 7 个生理小种均免疫为 0 级，抗穗颈瘟（2 级），抗纹枯病（R），抗条纹叶枯病（R），感干尖线虫病。田间种植抗倒性强。耐寒性较强，耐旱性中等。耐盐性较强。

④栽培要点：

a. 适期播种，培育壮秧。在江苏作麦茬中稻栽培，5 月上旬、中旬播种，水育秧播种量 375 ~ 450 kg/hm²，旱育秧播种量 525 ~ 600 kg/hm²，大田用种量 37.5 ~ 45 kg/hm²。秧田要施足基肥，基肥以有机肥为主，配施磷、钾肥，1 叶 1 心施断奶肥，3 叶期补施长粗促蘖肥，移栽前 3 ~ 5 天巧施"送嫁肥"，以培育适龄多蘖壮秧。

b. 适时移栽，合理密植。6 月中旬移栽，秧龄 35 天左右，旱育秧 20 天左右，中上肥力田块，栽插密度 30 万穴 /hm²，株行距 13 cm×25 cm，每穴 2 ~ 3 棵，肥床旱育稀植株行距可增大至 15 cm×30 cm，每穴 1 ~ 2 棵，栽足基本苗

105 万~ 120 万棵 /hm²，做到浅插、匀栽。

c. 科学用肥，促苗早发。单产 9 000 kg/hm² 栽培，本田期总需肥量折合纯氮 300 kg/hm² 左右。肥料运筹应掌握"前重、中控、后补"，一般基面肥占 40%，分蘖肥占 30%，穗肥占 30%，基肥以有机肥为主，搭配施磷、钾肥。分蘖肥分两次施用：第一次在栽后 7 天施用，用量宜多；第二次在栽后 10 ~ 15 天施用，用量宜少。分蘖末期适当增施钾、锌肥，有利于壮秆健叶。穗肥促花、保花兼顾，以保花肥为主。

d. 管好水浆，协调群体。采取"浅水栽秧、寸水活棵、薄水分蘖、深水抽穗扬花、后期干湿交替"的水浆管理方式。要求在栽后 20 天发足等穗苗，当亩茎蘖达等穗苗时，排水分次搁田，控制高峰苗不超过 390 万棵 /hm²，最后成穗 300 万穗 /hm² 左右。成熟收割前 5 天断水，切忌断水过早。

e. 防治病虫，保苗增穗。生育期间密切注意病虫预报。浸种用药防治干尖线虫病，秧田重点抓好稻蓟马、蚜虫的防治工作，本田期重点做好一代、二代二化螟、大螟、纵卷叶螟、稻飞虱以及纹枯病等防治工作，保证稻苗生长正常，保苗增穗夺高产。

（2）盐稻 12 号

①品种来源：江苏沿海地区农业科学研究所以盐稻 8 号为母本、以盐稻 9 号为父本杂交，经系谱法于 2007 年育成的迟熟中粳稻新品种。2013 年通过江苏省农作物品种审定委员会审定并命名（审定编号：苏审稻 201305）。适宜江苏省苏中及宁镇扬丘陵地区种植。

②产量表现：2009 年，江苏省迟熟中粳区试，产量变幅为 8 100.0 ~ 11 092.5 kg/hm²，平均单产 9 472.5 kg/hm²，比对照扬辐粳 8 号增产 5.9%，居第 2 位；2010 年，江苏省迟熟中粳区试，产量变幅为 8 220.0 ~ 10 487.3 kg/hm²，平均单产 9 107.7 kg/hm²，比对照淮稻 9 号增产 8.34%，居第 2 位；2011 年，江苏省迟熟中粳区试，产量变幅为 8 725.5 ~ 11 302.5 kg/hm²，平均单产 9 460.4 kg/hm²，比对照淮稻 9 号增产 8.0%，比对照南粳 45 增产 7.7%，居第 1 位。2009 ~ 2011 年

三年江苏省迟熟中粳区试，产量变幅为 8 100.0 ~ 11 302.5 kg/hm²，平均单产 9 346.5 kg/hm²，比对照淮稻 9 号增产 7.1%，居第 1 位。2012 年，江苏省迟熟中粳生产试验，产量变幅为 9 084.0 ~ 10 667.6 kg/hm²，平均单产 9 886.5 kg/hm²，比对照淮稻 9 号增产 8.5%，居第 1 位。大面积种植一般产量在 9 750 kg/hm² 左右，高产田块达 11 782.5 kg/hm²。在江苏沿海滩涂含盐量 0.3% 以下的盐碱地种植，产量水平在 6 000 kg/hm² 左右。

③特征特性：属粳型常规迟熟中稻。全生育期 156 天，比对照淮稻 9 号迟熟 4 天，幼苗矮壮，芽鞘短粗绿色，叶片短挺，成株株型集散适中，株高 103.4 cm，茎秆较粗，5 个伸长节间，主茎总叶片 17 ~ 18 叶，叶鞘肥厚抱茎程度好不露节，上部三张功能叶片挺直，成熟时剑叶上举，杆青籽黄熟相好。分蘖性较强，成穗率 70% 以上，一般有效穗 312 万穗 /hm²，每穗总粒为 144.5 粒，每穗实粒为 128.6 粒，结实率 89% 以上，千粒重 26 g 左右，略有短芒，落粒性中等，谷粒呈黄色，饱满度好。米质优，2011 年据农业部稻米及制品质量监督检验测试中心测试：糙米率 83.9%，精米率 72.0%，整精米率 66.8%，粒长 5.0 mm，长宽比 1.8，垩白率 14.0%，垩白度 0.8%，透明度 1 级，碱消值 6.0 级，胶稠度 84 mm，直链淀粉含量 15.5%。稻米品质各项指标均达国标二级以上级优质米标准，米粒透明度好，略带有香味，适口性好。抗病性强，2009 年江苏省农科院植物保护研究所接种鉴定结果：抗白叶枯 PX079（1 级），中抗白叶枯 JS49-6（3 级）、KS-6-6（3 级），中感白叶枯浙 173（5 级），对苗稻瘟 ZB、ZC、ZD、ZE、ZF、ZG 等 6 个生理小种均免疫（0 级），抗穗颈瘟（1 级），中感纹枯病（MS）。抗条纹叶枯病，条纹叶枯病 2009 ~ 2011 年田间种植鉴定最高穴发病率 20.4%，三年平均穴发病率 12.7%（感病对照三年平均穴发病率 26.7%）。抗倒性较强。耐盐性较强。

④栽培要点：

a. 适期播种，培育壮秧。一般 5 月上中旬播种，机插育秧 5 月下旬播种，湿润育秧每亩净秧板播量 25 ~ 30 kg，旱育秧每亩净秧板播量 35 ~ 40 kg，大田亩用种量 3.0 ~ 3.5 kg。

b. 适时移栽，合理密植。6 月上中旬移栽，秧龄 30 ~ 35 天，一般每亩栽插 2.0 万穴，基本苗 7 万 ~ 8 万棵，肥力低的田块可适量多栽。

c. 科学肥水管理。本着"前重、中稳、后补"原则，一般每亩施纯氮 18 kg 左右，搭配施用磷、钾肥，磷、钾肥作基肥为主，其中基肥 60%、分蘖肥 15%、穗粒肥 25%。水浆管理上，要适时搁田，控制高峰苗不超过 26 万棵，成穗 22 万穗左右，收前 7 ~ 10 天断水。

d. 病虫草害防治。播前用药剂浸种防治恶苗病和干尖线虫病等种传病害，秧田期和大田期注意防治灰飞虱、稻蓟马，中、后期要综合防治纹枯病、三化螟、纵卷叶螟、稻飞虱等。特别要注意稻瘟病、黑条矮缩病的防治。

（3）盐丰 47

①品种来源：辽宁省盐碱地利用研究所以光敏不育系"AB005S"转育的各类新型不育系为母本，以丰锦、辽粳 5 号等品种为父本，自然杂交系选而成。2001 年通过辽宁省审定（辽审稻［2001］95 号），2006 年通过国家审定（国审稻 2006068），2009 年通过山东省审定（鲁农审 2009030 号）。适宜辽宁省营口、盘锦及鞍山部分地区，山东省临沂库灌稻区、沿黄稻区，以及辽宁南部、新疆南部、北京、天津稻区推广利用。

②产量表现：2004 年参加国家品种区域试验，平均产量 9 967.5 kg/hm²，比对照金珠 1 号增产 6.9%（极显著）；2005 年续试，平均产量 9 534.0 kg/hm²，比对照金珠 1 号增产 13.1%（极显著）；两年区域试验平均产量 9 751.5 kg/hm²，比对照金珠 1 号增产 9.9%。2005 年生产试验，平均产量 9 576.0 kg/hm²，比对照金珠 1 号增产 7.5%。

2006 ~ 2007 年参加山东省省水稻品种中早熟组区域试验，两年平均产量 8 373.0 kg/hm²，比对照香粳 9407 增产 14.2%；2008 年生产试验，平均产量 8 157.0 kg/hm²，比对照津原 45 增产 8.8%。

③特征特性：根据国家区试结果，盐丰 47 在辽宁南部、京津地区种植全生育期为 157.2 天，比对照金珠 1 号晚熟 1.4 天。株高 98.1 cm，穗长 16.5 cm，每

穗总粒数为 129 粒，结实率 85.1%，千粒重 26.2 g。抗病性：苗瘟 5 级，叶瘟 4 级，穗颈瘟 5 级。稻米品质：整精米率 66.2%，垩白米率 15.5%，垩白度 2.8%，胶稠度 81 mm，直链淀粉含量 15.3%，达到国家优质稻谷标准 2 级。

根据山东省区试结果，盐丰 47 全生育期为 143 天，比对照香粳 9407 早熟 2 天，为中早熟品种。株高 89.2 cm，穗长 15.3 cm，有效穗 37.5 万穗 /hm²，每穗总粒数为 104 粒，结实率 88.3%，千粒重 26.2 g。抗病性：中抗穗颈瘟和白叶枯病。稻米品质：稻谷出糙率 83.4%，精米率 75.1%，整精米率 73.6%，垩白粒率 3.0%，垩白度 0.5%，直链淀粉含量 15.3%，胶稠度 68 mm，米质符合一等食用粳稻标准。

④栽培要点：

a. 育秧。辽宁南部、京津地区根据当地生产情况与金珠 1 号同期播种，播种前种子必须浸种消毒，旱育苗每平方米播种量 250 g，盘育苗每盘用种量 70 g，做到稀播壮秧。

b. 移栽。旱育苗秧龄 45 天开始插秧，盘育苗秧龄 35 ~ 40 天开始抛插；行株距一般 30 cm × 16.5 cm，每穴 3 ~ 4 棵。

c. 肥水管理。一般亩施纯氮 12 ~ 14 kg，有机肥和化肥配合施用，化肥氮、磷、钾肥要配合施用，最理想施用比为 2∶1∶1。水分管理，做到浅水栽秧、深水护苗、薄水分蘖，够苗晒田，后期不脱水过早。

d. 病虫防治。注意稻水象甲和二化螟的防治，病害以防治稻瘟病为主，个别地区注意同时防治条纹叶枯病和纹枯病。

（二）滨海盐碱地大田移栽基本苗技术

滨海盐碱地存在盐胁迫，地力低下（土壤有机质含量、氮含量均低），不利于水稻的生长，分蘖受到一定程度的限制。可按土壤盐分含量、土壤改良程度确定直播用种量、机插秧盘量。常规稻直播田用种量 60 ~ 90 kg/hm²，机插秧每盘播种量 120 g，需 375 ~ 450 盘 /hm²，通过增加用种量确保基本苗和有效穗数。

严凯等（2018）以南粳 9108 为材料，设置 6 个施氮水平和 2 个移栽密度（栽插规格 12 cm×25 cm 和 12 cm×30 cm，每穴 4 苗），研究施氮量和移栽密度对滨海滩涂水稻产量和品质的影响。结果表明，在滩涂盐胁迫条件下，增加移栽密度主要是增加了单位面积穗数，穗数是产量的基础，穗数得到了稳定则水稻才有可能获得高产，栽插穴数为 33.3 万穴 /hm²（12 cm×25 cm），配合适当增加施氮量 300～345 kg/hm² 可以获得最高产量。

（三）滨海盐碱地水稻种植微咸水灌溉技术

水稻为高耗水作物，其耗水量占全国总耗水量近 50%。在水稻、小麦和玉米三大粮食作物中，水稻的需水量是玉米的 1.2 倍、小麦的 2 倍。我国是淡水资源短缺的国家，人均水资源不足世界平均水平的 1/4。江苏、山东、河北等省拥有丰富的滨海滩涂资源，而实践业已表明稻作是较好的滩涂资源改良利用方式。就江苏而言，尽管拥有丰富的滩涂资源，但滩涂地区淡水资源短缺，如能合理利用其丰富的微咸水资源，即可为滩涂稻作带来较大的发展潜力。

微咸水用于田间灌溉，可以增加土壤湿度，提供作物生长所需要的水分，同时降低土壤溶液的浓度及渗透压，从而有利于作物吸收水分。微咸水灌溉在缓解水资源危机的同时又带入土壤一定的盐分，容易造成土壤潜在盐渍化的危险。江苏沿海滩涂稻作的盐胁迫来自两个方面：首先是滩涂土壤含盐，一般土壤含盐量 1.5～2 g/kg，不超过 3 g/kg；其次是灌溉水也含盐，其矿化度一般为 1～3 g/L。作者在水稻生长期对复垦滩涂试验田开展了土壤和灌溉水盐分的定位动态观测，结果显示：全生育期土壤盐分含量大多在 1.5 g/kg 左右，最高点出现在抽穗期前后，土壤盐分含量达 2.89 g/kg（图 7-25）；试验期间所用灌溉水的矿化度变幅为 0.94～2.44 g/L，说明利用矿化度低于 2.5 g/L 的微咸水开展滩涂稻作的轮灌并未产生明显的次生盐渍化。张蛟等（2018）对新垦滩涂的定位观测试验也获得了类似的结果，种植 1、4 年的田块抽穗期 0～30 cm 耕层土壤含盐量分别为 1.83 g/kg 和 1.38 g/kg。因此，应重视滩涂水稻抽穗期前后的水浆管理，此时尽量使用低矿化度的微咸水或淡水灌溉。此外，种植 1、4 年的田块 100 cm 剖面土壤盐分的测定表明（图 7-26），滩涂微咸水灌溉种植水稻并未引发土壤的次生盐渍化。王相平等（2014）所进行的 1.5 g/L 微咸水长期灌溉 10 年的模拟结果也表明此灌溉制度不会引起 0 ~ 100 cm 土层土壤次生盐渍化。

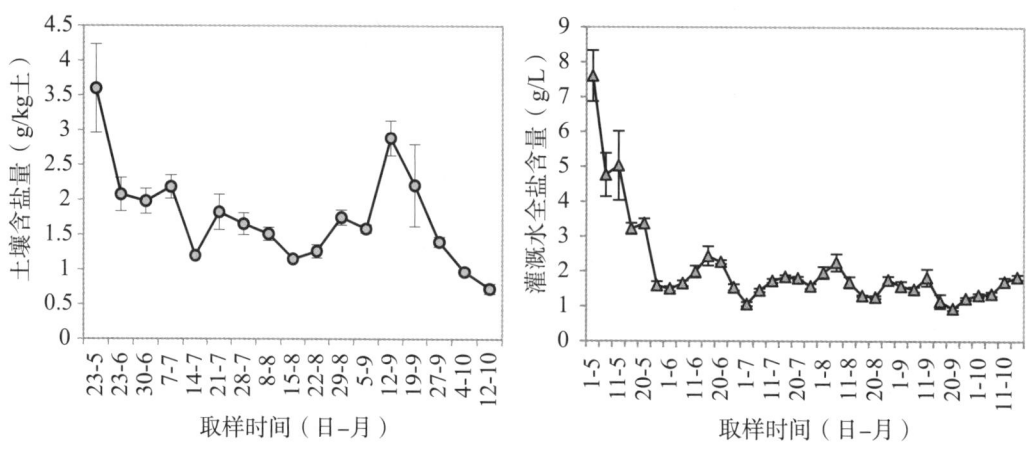

图7-25　江苏滨海盐土水稻生长期间土壤盐分和灌溉水盐分动态变化

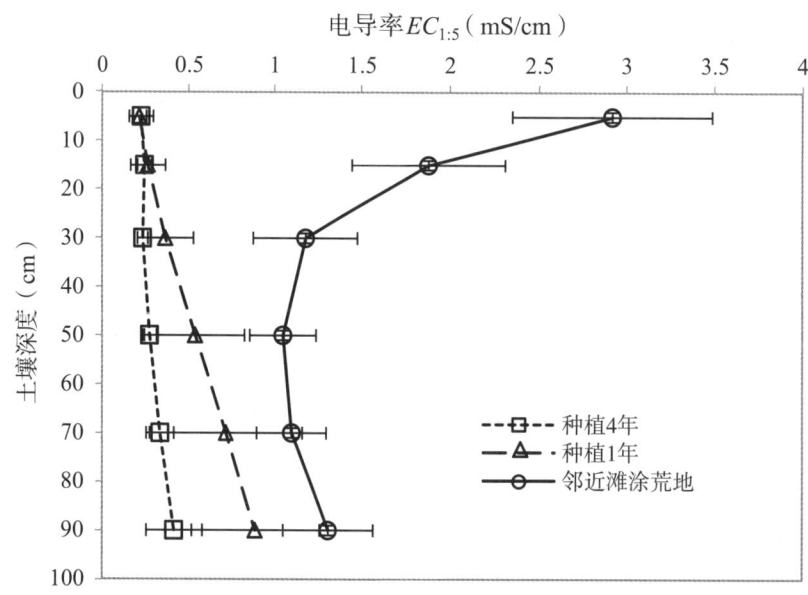

图7-26　滩涂水稻不同种植年限1 m土层土壤盐分分布

至于微咸水灌溉的适宜范围，赵鹏等（2020）设置 7 个水平矿化度（0 g/L、2 g/L、3 g/L、4 g/L、5 g/L、6 g/L、7 g/L）研究了不同矿化度微咸水灌溉对水稻生长的影响，结果表明随着灌溉水矿化度的增加，株高、叶面积、分蘖数、蘖穗数表现为不同程度的降低，其中 5～7 g/L 微咸水对水稻生长性状影响达显著水平，2～3 g/L 微咸水对水稻株高与叶面积无明显抑制作用，而 4 g/L 微咸水则引起株高、叶面积产生明显的降低，因此微咸水矿化度不宜超过 4 g/L。

（四）滨海盐碱地水稻种植肥料运筹技术

严凯等（2018）以南粳 9108 为材料，设置 6 个施氮水平（0 kg/hm²、210 kg/hm²、255 kg/hm²、300 kg/hm²、345 kg/hm²、390 kg/hm²）和 2 个移栽密度（栽插规格 12 cm×25 cm 和 12 cm×30 cm，每穴 4 苗），研究施氮量和移栽密度对滨海滩涂水稻产量和品质的影响，结果表明随着施氮量的增加，两种栽插密度均表现为水稻产量呈先升后降的趋势，采用 12 cm×25 cm 的栽插密度、每公顷施氮 300 kg 是南粳 9108 获得高产优质适宜的栽培措施（表 7-38）。严凯等（2017）在一种栽插密度（12 cm×30 cm，每穴 4 苗）下进行相同品种、相同施氮水平的试验也获得了类似结果，即每公顷施氮 300 kg 时产量最高。本研究还表明增施氮肥会增加稻米的垩白粒率、垩白度和蛋白质含量，降低直链淀粉含量；此外，施氮量的增加还会显著降低稻米的蒸煮品质与食味品质。

表7-38　　　　滨海盐碱地氮肥施用量与水稻产量、稻米食味值的关系

氮肥施用量 (kg/hm²)	水稻产量（kg/hm²）			食味值		
	12cm×30cm	12cm×25cm	12cm×30cm	12cm×30cm	12cm×25cm	12cm×30cm
0	6 892.6c	4 503.6f	4 345.0f	77.31a	77.31a	77.79a
210	7 708.3c	6 900.9de	6 653.5e	75.10b	75.10b	74.33b
255	9 028.6b	7 424.5cd	7 302.5cde	73.96b	73.96bc	72.23cd
300	10 326.0a	8 387.1a	8 132.4ab	71.03c	71.03d	72.36cd
345	9 661.1ab	7 607.2bc	8 147.5ab	67.71d	67.71e	68.23e
390	9 726.0ab	7 422.5cd	7 092.5cde	66.51d	67.39e	66.51e
文献	严凯等，2017	严凯等，2018		严凯等，2017	严凯等，2018	

石晓旭（2018）以南粳 9108 为试验材料进行大田试验，施氮总量为 300 kg/hm²，设基肥与分蘖肥比例为 0：10（A1）和 7：3（A2）两个水平，基蘖肥与穗肥比例分别为 8：2（B1）、6：4（B2）和 4：6（B3）三个水平，共 6 个氮肥运筹处理（即基肥、分蘖肥、穗肥之比为 0：8：2、0：6：4、0：4：6、5.6：2.4：2.0、4.2：1.8：4.0 和 2.8：1.2：6.0）。2 年试验结果（表 7-39）表明：4.2：1.8：4.0 的产量最高，有效穗数最多；5.6：2.4：2.0 的每穗粒数最多；基肥不施氮处理的结实率高于基肥施氮处理。因此，江苏滨海盐土种植水稻在 300 kg/hm² 总施氮量下，基肥、分蘖肥、穗肥以 4.2：1.8：4.0 为宜。

表7-39　滨海盐土不同氮肥运筹处理对水稻产量及其产量构成因素的影响（石晓旭，2018）

处理	基肥、分蘖肥、穗肥之比	有效穗数（×10⁴穗/hm²）	每穗粒数	结实率（%）	千粒重（g）	实际产量（kg/km²）
2016						
A1B1	0：8：2	324.07b	134.0ab	0.82a	21.7b	7 440.9a
A1B2	0：6：4	336.11ab	134.4ab	0.71ab	22.9ab	7 097.3b
A1B3	0：4：6	329.63ab	117.1b	0.79a	23.0ab	6 818.7b
A2B1	5.6：2.4：2.0	287.96b	152.6a	0.69ab	22.5ab	6 602.6c
A2B2	4.2：1.8：4.0	377.22a	128.8b	0.71a	23.3ab	7 738.5a
A2B3	2.8：1.2：6.0	339.81ab	120.5b	0.59b	24.0a	5 712.7c
2017						
A1B1	0：8：2	278.65ab	120.3bc	0.87a	23.6a	6 309.7c
A1B2	0：6：4	345.49ab	116.5c	0.83a	22.6a	6 980.1b
A1B3	0：4：6	309.20ab	155.5ab	0.83a	22.4a	8 248.8a
A2B1	5.6：2.4：2.0	297.05b	171.0a	0.72ab	22.8a	7 438.2b
A2B2	4.2：1.8：4.0	429.57a	134.2b	0.75ab	21.7a	8 635.0a
A2B3	2.8：1.2：6.0	370.46ab	151.3ab	0.62b	21.6a	6 962.4b

（五）滨海盐碱地水稻产量构成因子解析

水稻产量由单位面积上的穗数、每穗粒数、结实率和粒重四个基本因素构成。各因素之间是相互联系、相互制约和相互补偿的，单一因素的突出并不能获得稳定的高产，只有各个因素协调增长、总粒数达到最高、粒重相对稳定或有所提高的情况下，才能获得高产。

已有的研究表明，盐胁迫对水稻产量构成因素均存在一定的影响。周根友等（2018）以耐盐性较好的通粳 981、盐稻 12、盐稻 10 号和南粳 5055 等 4 个粳稻品种为试料，利用盐池设施研究了盐逆境（$EC_{1:5}$ 为 1.112 dS/m，相当于 3 g/kg 的土壤含盐量）下粳稻品种的产量构成因子，结果见表 7-40。与非盐胁迫相比，盐胁迫条件下单位面积穗数表现为轻微的不显著下降，每穗粒数表现为显著的大幅度减少，千粒重也表现为显著降低。

表7-40　　　　盐逆境与非盐逆境水稻品种产量的表现（周根友 等, 2018）

盐逆境	品种	籽粒产量（kg/m²）	单位面积穗数（穗/m²）	每穗粒数	千粒重（g）
非盐胁迫S_0	通粳981	$1.316 \pm 0.153a$	$275.1 \pm 26.7b$	$165.4 \pm 8.6a$	$28.9 \pm 0.6a$
	盐稻12	$1.127 \pm 0.135a$	$343.3 \pm 15.1a$	$128.4 \pm 10.6b$	$25.1 \pm 0.2b$
	盐稻10号	$1.188 \pm 0.314a$	$340.3 \pm 12.0a$	$126.2 \pm 12.8b$	$24.8 \pm 0.3b$
	南粳5055	$0.931 \pm 0.083b$	$332.7 \pm 10.3a$	$108.1 \pm 7.2b$	$25.8 \pm 0.1b$
平均		1.140	322.8	132.0	26.2
盐胁迫S_1	通粳981	$0.523 \pm 0.126a$	$281.2 \pm 12.9c$	$76.0 \pm 9.1a$	$25.1 \pm 1.5a$
	盐稻12	$0.481 \pm 0.099a$	$327.7 \pm 14.0a$	$62.6 \pm 11.0a$	$22.7 \pm 2.4b$
	盐稻10号	$0.401 \pm 0.068a$	$319.7 \pm 4.6ab$	$61.8 \pm 9.4a$	$20.3 \pm 0.2c$
	南粳5055	$0.443 \pm 0.037a$	$305.7 \pm 7.6b$	$68.6 \pm 5.4a$	$21.2 \pm 0.8bc$
平均		0.462	308.6	67.2	22.3
变异来源					
F值	S	103.90**	7.39	293.06**	62.90**
	V	5.01**	31.35**	23.08**	33.69**
	S×V	2.87	2.40	11.61**	2.64

韦还和等（2020）以南粳9108为试材，盐胁迫处理设置0 g/kg、1.5 g/kg和3 g/kg 3个水平，结果（表7-41）与对照相比，低盐和中盐处理的产量降幅分别为23.7%和56.7%。产量构成因素方面，低盐和中盐处理的穗数、每穗粒数、结实率和千粒重均低于对照，且大多数情形下差异均达显著。进一步的分析可知，2018年、2019年两年低盐和中盐处理的平均穗数分别较对照低18.8%和6.5%，每穗实粒数较对照分别低41.5%和16.7%，千粒重较对照分别低11.0%%和4.7%。盐胁迫下水稻第一减产因子为每穗实粒数，这与周根友等（2018）的结果是一致的。荆培培等（2017）也有类似的报道。

表7-41　　　　　　　盐胁迫对水稻产量及其构成因子的影响

年份 品种	胁迫处理（g/kg）	穗数（×10⁴穗/hm²）	每穗粒数	结实率（%）	千粒重（g）	实产（t/hm²）	文献
2018 南粳9108	0	359.5a	133.6a	90.5a	23.9a	9.7a	韦还和 等，2020
	1.5	335.1b	112.4b	88.7ab	22.7b	7.3b	
	3	293.7c	87.2c	82.6b	21.2c	4.3c	
2019 南粳9108	0	344.3a	135.3a	91.4a	24.2a	9.6a	
	1.5	323.1b	115.7b	88.2b	23.1b	7.4b	
	3	277.5c	84.9c	83.5c	21.6c	4.1c	
2017 南粳9108	0	352.8a	114.3a	87.8a	27.6a	9.76a	荆培培 等，2017
	0.7	340.2a	109.8a	88.5a	27.8ab	9.20ab	
	1.4	327.6a	111.1a	84.4a	27.3ab	8.38b	
	2.1	252.0b	99.5b	81.0ab	27.1ab	5.50c	
	2.8	264.6b	69.9c	79.9ab	27.1ab	4.01d	
	3.5	239.4b	69.1c	75.0b	26.9b	3.35d	
2017 甬优2640	0	214.2a	294.7a	72.3a	24.7a	11.26a	
	0.7	189.0ab	296.0a	73.0a	24.6a	10.02ab	
	1.4	176.4b	294.4a	70.5a	24.5a	8.98bc	
	2.1	176.4b	254.5b	70.1a	24.3a	7.66cd	
	2.8	163.8b	245.5c	68.4a	24.5a	6.71de	
	3.5	176.4b	196.5d	67.3a	24.2a	5.65e	

盐胁迫下水稻产量的形成还可以从干物质生产的角度进行解析，即"产量 ＝ 生物量 × 收获指数"。荆培培等（2017）、韦还和等（2020）的研究均认为随着盐胁迫的增加，抽穗期或成熟期的干物质累积量逐渐下降（表 7-42），除 0.7 g/kg 低胁迫处理外均达显著水平，而收获指数却表现为显著的增加。因此，盐胁迫引起低产的主因是干物质的减少，其中低盐和中盐处理的成熟期干物质显著低于对照，两年平均较对照分别低 26.9% 和 60.0%；而收获指数则是低盐和中盐处理高于对照。

表7-42　　　　　　　　盐胁迫对水稻干物质生产和收获指数的影响

胁迫处理（g/kg）	抽穗期干物质累积量（t/hm²）		年份	胁迫处理（g/kg）	成熟期干物质（t/hm²）	收获指数
	南粳9108	甬优2640				
0	15.89a	18.33a	2018	0	16.6a	0.503c
0.7	14.97ab	16.32ab		1.5	12.0b	0.524b
1.4	13.63b	14.61bc		3	6.7c	0.549a
2.1	8.95c	12.47cd	2019	0	16.2a	0.511c
2.8	6.52d	10.92de		1.5	11.9b	0.533b
3.5	5.45d	9.20e		3	6.4c	0.553a
荆培培 等, 2017			韦还和 等, 2020			

（六）滨海盐碱地水稻品质构成因子解析

肖丹丹等（2020）以南粳 9108 和盐稻 12 号为试验材料，以淡水灌溉为对照，研究不同盐胁迫（1.0 g/L、1.5 g/L、2.0 g/L、2.5 g/L、3.0 g/L、3.5 g/L）对稻米品质形成的影响。周根友等（2018）以耐盐性较好的通粳 981、盐稻 12、盐稻 10 号和南粳 5055 等 4 个粳稻品种为试料，设置非盐逆境（S0，$EC_{1:5}$ 为 0.207 dS/m）和盐逆境（S1，$EC_{1:5}$ 为 1.112 dS/m）2 个处理。翟彩娇等（2020）以耐盐性较好的常农粳 8 号和南粳 9108 为试材，利用盐池设施设置不同水平土壤含盐量（0 g/kg、1.5 g/kg、3 g/kg、4.5 g/kg 和 6 g/kg），采用裂区设计，研究不同水平盐胁迫对水稻加工品质、外观品质、营养品质、稻米淀粉黏滞谱特征值以及食味品质的影响。

1. 盐胁迫对稻米碾磨品质的影响

稻米的碾磨品质（加工品质）主要包括糙米率、精米率和整精米率。周根友等（2018）的研究表明，与非盐胁迫相比，盐胁迫（3 g/kg）下糙米率、精米率无显著变化，而整精米率则显著下降；翟彩娇等（2020）进行不同水平盐胁迫（0 ~ 6.0 g/kg）的盐池试验则表明，随着盐胁迫水平增加，糙米率、精米率缓慢下降，其中糙米率在 S4、精米率在 S3 和 S4 下与非胁迫 S0 的差异达显著水平，而盐胁迫整精米率均较非盐胁迫显著下降；肖丹丹等（2020）进行不同矿化度灌溉水（0 ~ 3.5 g/L）的试验结果表明，南粳 9108 和盐稻 12 号的糙米率、精米率和整精米率均随着盐浓度的增加表现为先增加后降低的趋势，当盐浓度为 1.5 g/L 时精米率最高。

Desamero N V 等（2003）对来自盐胁迫（Bicol 和 Cagayan）和非盐胁迫（Nueva Ecija）生长的 19 个水稻基因型的稻米品质进行了分析比较，结果表明来自 Cagayan 的糙米率、精米率和整精米率高于来自 Nueva Ecija 的，而来自 Bicol 的糙米率与 Nueva Ecija 的相当，但精米率和整精米率显著高。

2. 盐胁迫对稻米外观品质的影响

刘郁等（2015）测定了 120 份耐盐水稻品种 / 系的品质，垩白粒率和垩白度的变幅分别为 0% ~ 46.0% 和 0% ~ 33.0%，不同材料间的差异较大，平均值分别为 8.33% 和 4.28%，表明滨海盐碱地对稻米的灌浆和垩白的形成还是有一定影响的。崔士友等（2022）以近期育成的 22 个新品种 / 系为试材，以盐稻 12 号（V10）为对照，在中低盐分（2 g/kg）复垦滩涂地块，以微咸水（矿化度 0.94 ~ 2.44 g/L）灌溉，比较滩涂实地盐胁迫下粳稻产量和品质的表现，初步结果表明对稻米品质影响最大的是垩白粒率和垩白度。

肖丹丹等（2020）的研究表明：南粳 9108 稻米的长 / 宽均值随着盐浓度的增加而增加，其长均值和宽均值均随着盐浓度的增加呈先增加后降低的趋势，表明随着盐浓度的增加稻米的粒型变细变短；盐稻 12 号稻米的长 / 宽均值随着盐浓度的增加先降低后增加，长均值随着盐浓度的增加整体呈降低趋势，宽均值随着盐浓度的增加先增后降；南粳 9108 和盐稻 12 号的垩白粒率和垩白度均随着盐浓度的增加呈降低趋势。

3. 盐胁迫对稻米蒸煮食味品质的影响

（1）食味值

肖丹丹等（2020）的研究认为南粳 9108 和盐稻 12 号的米饭外观、黏度、平衡度和食味值均随着盐浓度的增加呈先增加后降低的趋势，但处理间差异较小，硬度则随着盐浓度的增加而增加，表明高盐浓度会降低稻米蒸煮食味品质（表 7-43）。

表7-43　　　不同盐胁迫对稻米蒸煮食味品质的影响（肖丹丹 等，2020）

盐胁迫 (g/kg)	食味值		直链淀粉含量(%)		蛋白质含量(%)		胶稠度(mm)	
	南粳9108	盐稻12号	南粳9108	盐稻12号	南粳9108	盐稻12号	南粳9108	盐稻12号
0 (CK)	63.35ab	53.05defg	11.50f	14.48b	9.30bcd	9.70a	90.5ab	84.5de
1.0	65.30a	52.05defg	10.75g	12.43e	9.39bc	9.15de	95.0a	88.0bcd
1.5	60.95abc	53.60cdef	10.72g	13.66c	9.23cd	9.41b	92.0ab	87.5bcd
2.0	59.70abcd	52.45defg	11.77f	14.54b	8.40i	9.00ef	91.0ab	83.5de
2.5	58.70abcd	50.25efg	12.53de	15.27a	8.41i	8.97f	89.5bc	82.5e
3.0	58.05abcde	47.65fg	13.02d	15.70a	8.36i	8.80g	88.0bcd	76.5f
3.5	56.50bcde	45.75g	13.82c	15.81a	8.01j	8.65h	85.5cde	73.5f

（2）直链淀粉含量

直链淀粉和支链淀粉的含量与分子量是决定稻米食味品质优劣的重要因素（黄发松 等，1998）。秸秆还田条件下盐胁迫对水稻产量与品质的研究表明，土壤盐分含量在 0.09% 以上时，盐胁迫处理显著降低稻米的直链淀粉含量（余为仆，2014）；周根友等（2018）也认为盐胁迫（3 g/kg）下的直链淀粉含量较非盐

胁迫下的直链淀粉含量显著下降。翟彩娇等（2020）认为不同盐胁迫间直链淀粉含量并未表现出显著的差异；而肖丹丹等（2020）则认为随着盐胁迫的增加，南粳 9108 和盐稻 12 号稻米的直链淀粉含量呈先降低后增加的趋势（见表 7-43）。

（3）蛋白质含量

肖丹丹等（2020）认为随着盐胁迫的增加，蛋白质含量呈降低趋势，当盐浓度为 3.5 g/L 时稻米的粗蛋白质含量分别较 CK 显著降低了 1.29 和 1.05 个百分点（表 7-43）。而周根友等（2018）对 4 个品种的研究则表明，盐胁迫增加了稻米的蛋白质含量，盐胁迫下 4 个品种的平均蛋白质含量较非盐胁迫增加 1.93 个百分点。导致矛盾结果的原因之一可能是蛋白质含量的测定方法不同，前者用的是凯氏定氮法，而后者用的是近红外谷物分析仪。

（4）胶稠度

肖丹丹等（2020）认为随着盐胁迫的增加，2 个品种的胶稠度均表现为先增加后降低的趋势，而南粳 9108 的胶稠度大于盐稻 12 号说明南粳 9108 蒸煮后要比盐稻 12 号更软。

4. 盐胁迫对稻米淀粉黏滞特性的影响

已有的研究表明稻米淀粉黏滞性（RVA）谱特征值与稻米蒸煮食味品质密切相关，米饭质地好的优质稻米一般表现为峰值黏度高、崩解值大、消减值小。余为仆（2014）认为土壤盐分含量大于 0.09% 盐胁迫处理的稻米淀粉黏滞谱特性中的崩解值和最高黏度较低，消减值较高。周根友等（2018）通过对 4 个粳稻品种（通粳 981、盐稻 12、盐稻 10 号和南粳 5055）的研究认为与非盐胁迫相比，盐胁迫（3 g/kg）条件下峰值黏度、热浆黏度、最终黏度、崩解值、回复值均未发生显著的变化，而消减值、起始糊化温度则显著增加。肖丹丹等（2020）的研究表明：南粳 9108 和盐稻 12 号的峰值黏度、热浆黏度、最终黏度、崩解值和回复值均随着盐浓度的增加呈先增加后降低的趋势，表明低盐胁迫对提高淀粉的黏度有促进作用；南粳 9108 和盐稻 12 号的消减值随着盐浓度的增加呈增加趋势。这些研究结果表明盐胁迫对稻米蒸煮食味品质存在一定程度的不利影响。

（七）其他增产技术

研究表明微生物菌剂（武珈亦 等，2020）、生物碳（黄晶 等，2021）、褪黑素（宋雪飞 等，2018）等外源物质的施用对滨海滩涂的水稻生产也有较好的缓解盐胁迫及增产作用。

1. 微生物菌剂

武珈亦等（2020）以高产水稻品种中浙优 1 号为试材，设置 2 个盐胁迫处理（S_0，正常生长条件；S_1，盐逆境 3 g NaCl/kg 干土）和 2 个微生物处理（M_0，对照；M_M，荧光假单胞菌与巴西固氮螺菌共同接种水稻根际环境），研究了盐胁迫下外源功能微生物对水稻生长特征的影响（表 7-44）。结果表明：与 S_0 处理相比，S_1 处理下水稻植株生育期严重滞后，干物质积累量及产量构成因子显著降低；与 S_1M_0 处理相比，S_1M_M 处理可显著提高水稻剑叶光合速率、地上部干物质量及产量构成因子。可见，荧光假单胞菌与巴西固氮螺菌进入稻田土壤可缓解盐逆境对水稻生长的抑制作用，提升水稻叶片光合能力、耐盐性能，并显著提高水稻分蘖能力和结实率，增加千粒重，进而增加水稻产量。

表7-44　　盐胁迫条件下外源微生物菌剂对水稻产量构成因子的影响

处理	株高（cm）	分蘖（个/株）	千粒重（g）	结实率（%）	收获指数（%）
S_0M_0	126.9a	12.8a	26.4a	87.8a	55.8a
S_0M_M	130.9a	12.7a	27.1a	88.2a	55.6a
S_1M_0	92.0c	7.3b	16.1c	42.7c	33.3c
S_1M_M	101.2b	13.9a	21.8b	74.0b	49.7b

2. 生物炭

黄晶等（2021）以水稻品种"津原85"作试材，通过盆栽试验研究了生物炭对盐胁迫下土壤环境和水稻幼苗耐盐性的影响，盐胁迫设置 0 g NaCl/kg 土（S0）、1 g NaCl/kg 土（S1）、2 g NaCl/kg 土（S2）、3 g NaCl/kg 土（S3）4 个水平，生物炭设置 0 g 生物炭 /kg 土（C0）、3 g 生物炭 /kg 土（C1）2 个水平。结果表明，生物炭介入盐胁迫土壤，显著提高了水稻幼苗地上部干物重，有效改善了水稻幼苗农艺性状，显著提高了水稻幼苗茎秆中全钾含量，显著提高水稻幼苗钾钠比79.61%，提升了水稻幼苗耐盐性。生物炭介入也对水稻幼苗抗氧化性能有改善作用，显著降低了水稻幼苗中丙二醛含量，平均显著降低14.25%，抑制膜脂过氧化作用，提高抗氧化能力，减轻盐胁迫对水稻幼苗的伤害。水稻幼苗收获后土壤中水溶性氯离子和水溶性钠离子含量在生物炭介入条件下分别显著降低9.13%和17.77%。因此，添加适量生物炭能有效降低土壤水溶性盐含量，改善土壤盐胁迫环境，提升水稻对盐渍土壤的适应能力。

3. 褪黑素（MT）

宋雪飞等（2018）以水稻品种"盐稻12号"为试验材料，研究了外源MT对75 mmol/L NaCl胁迫下水稻幼苗株高、干重（DW）、根冠比（R/S）、氮磷钾（NPK）及钠（Na）含量的影响，并计算了不同处理下各器官的K/Na、K和Na的选择性比率（$S_{K, Na}$）。结果表明：盐胁迫下，外源喷施25～400 μmol/L MT能够有效提高水稻植株的株高、DW，降低R/S；且随着MT浓度的升高，该效应越发显著，在MT施用浓度为200 μmol/L时植株株高和DW均达到最大值。MT浓度为200 μmol/L和400 μmol/L时，植株生长指标差异均不显著。盐胁迫下，喷施MT明显提高植株的NPK含量，降低Na含量，显著增加氮转运系数（N-TF）、磷转运系数（P-TF）和钾转运系数（K-TF），显著提高植株根吸收$S_{K, Na}$（$AS_{K, Na}$），而叶片运输$S_{K, Na}$（$TS_{K, Na}$）随着MT浓度增加逐渐降低。该盐胁迫下，喷施25～400 μmol/L MT可明显提高水稻幼苗的NPK吸收，降低植株Na的积累，显著提高水稻幼苗对K的选择性吸收，维持体内的离子稳态，增加植株地上部和根部生物量积累，从而显著提升水稻的耐盐性，其中，提高水稻耐盐的最适MT浓度为200 μmol/L。

4. 1-甲基环丙烯

盐胁迫下水稻植株乙烯释放量的急剧增加，可激发水稻与成熟相关的一系列生理生化反应，严重抑制水稻生长与籽粒发育。而1-甲基环丙烯（1-MCP）

可通过抑制乙烯与受体的结合降低植物乙烯释放量。张均华等（2019）通过 2016～2018 年盆栽试验研究了 1-MCP 对盐胁迫下水稻生长特征及籽粒发育特性的影响。该试验的水稻品种为"两优培九"（耐盐）与"日本晴"（盐敏感），盐胁迫水平包括 0（对照，CK）、1.5 g NaCl/kg 干土（低度盐胁迫，LS）、4.5 g NaCl/kg 干土（中度盐胁迫，MS）以及 7.5 g NaCl/kg 干土（重度盐胁迫，HS）。1-MCP 处理包括水稻孕穗中期施用 1-MCP 及不施用 1-MCP。结果表明：水稻孕穗中期施用 1-MCP 可降低水稻籽粒尤其显著降低弱势粒的乙烯释放量，并可显著提高水稻弱势粒的灌浆速率；与不施用 1-MCP 相比，施用 1-MCP 的供试水稻剑叶光合速率、气孔导度、呼吸速率、SPAD 值及叶面积指数均有较大幅度提高；1-MCP 对两优培九灌浆速率及籽粒重量的提升作用优于日本晴；与不施用 1-MCP 相比，施用 1-MCP 的两优培九在 CK、LS、HS 水平下的产量分别提高 35.6%、37.6% 和 35.3%；施用 1-MCP 可改善水稻叶片生化特征，包括提高超氧化物歧化酶活性、叶绿素含量、脯氨酸含量和蛋白质合成等，降低叶片丙二醛、H_2O_2 含量，进而提高盐胁迫下供试水稻干物重等。

参考文献

安鹤峰 . 2021. 农田暗管排水技术及其施工机械［J］. 农业科技与装备,（02）：32-34.

白海波, 郑国琦, 杨涓, 等 . 2010. 脱硫废弃物对盐碱地水稻幼苗生理特性的影响［J］. 西北植物学报, 30（9）：1859-1864.

卞晓丽, 刘文龙 . 2014. 影响水稻品质的因素分析［J］. 现代化农业,（11）：29-30.

步金宝 . 2012. 盐碱胁迫下寒地粳稻产质量形成机理的研究［D］. 哈尔滨：东北农业大学 .

曹丽萍 . 2005. 苏打盐渍土种稻"浅晒浅湿"型节水灌溉栽培技术［J］. 中国稻米,（3）：31-32.

曾祥然, 魏健, 贾霖, 等 . 2013. 水稻核糖核酸酶 T2 蛋白质在叶片生长和盐胁迫过程中的表达研究［J］. 核农学报, 27（06）：743-749.

曾秀梅.2018.水稻主要病虫草害的综合防治技术研究[J].农业与技术,38(18):19.

陈邦本,方明.1988.江苏海岸带土壤[M].南京:河海大学出版社.

陈洪善,肖辉江,尹喜霖,等.2004.三江平原土壤环境及其对农业生产影响的问题[J].农业与技术,(05):34-41.

陈立强,赵海成,赫臣,等.2018."雷力海補1号"和"微纳米硅"肥料对盐碱土和白浆土上水稻产量品质的影响[J].黑龙江八一农垦大学学报,30(5):7-13.

陈月庆.2013.松嫩平原苏打盐渍土灌区稻田水盐调控灌排模式研究[D].中国科学院大学.

陈玥,牛世伟,邹晓锦,等.2018.稻蟹联合种养对稻田生态环境的影响[J].辽宁农业科学,(03):30-34.

陈志德,仲维功,杨杰,等.2004.水稻新种质资源的耐盐性鉴定评价[J].植物遗传资源学报,5(4):351-355.

程广有,许文会,黄永秀,等.1995.水稻品种耐盐碱性的研究[J].延边农学院学报,(04):195-201.

程广有,许文会.1996.植物耐盐碱性的研究(一):水稻耐盐性与耐碱性相关分析[J].吉林林学院学报,12(004):214-217.

程海涛,苏展,曹萍,等.2010.NaCl和Na_2CO_3胁迫对水稻籼粳杂交后代群体发芽与幼苗生育的影响[J].沈阳农业大学学报,1:73-77.

崔士友,张蛟,翟彩娇,等.2018.秸秆覆盖增强滩涂重盐土雨水脱盐的效果[J].土壤通报,49(5):1009-1016.

崔士友,张洋,翟彩娇,等.2022.复垦滩涂微咸水灌溉下粳稻产量和品质的表现[J].作物杂志,(1):137-141.

戴继航,张金龙,李婧男,等.2011.咸水淋洗改良滨海盐渍土的潜力研究[J].水土保持学报,25(3):250-253.

董凤珍,戴素芬,刘月茹.2005.盐碱地垦荒种稻的栽培技术要点[J].中国农村科技,(4):26.

董国忠.2012.盐碱地种稻本田栽培管理技术[J].北方水稻,42(1):56-57.

范海,赵可夫.2002.中国盐生植物资源[A]//刘小京,刘孟雨.盐生植物利用与区域农业可持续发展.北京:气象出版社.

方先文, 汤陵华, 王艳平 . 2004. 耐盐水稻种质资源的筛选 [J]. 植物遗传资源学报, 5 (3): 295-298.

冯艳辉, 王深研 . 2020. 水稻机插秧同步侧深施肥技术应用分析 [J]. 农业技术与装备, 361 (01): 85, 87.

冯钟慧, 刘晓龙, 姜昌杰, 等 . 2016. 吉林省粳稻种质萌发期耐碱性和耐盐性综合评价 [J]. 土壤与作物, 5 (2): 120-127.

冯钟慧 . 2016. S-ABA 提高苏打盐碱地水稻 (*Oryza sativa* L.) 抗逆性的研究 [D]. 中国科学院大学 .

付华, 张启星, 曹桂兰, 等 . 2013. 盐胁迫下不同来源粳稻选育品种的主要农艺性状鉴定分析 [J]. 植物遗传资源学报, 14 (1): 42-51.

付雪蛟, 李旭, 付立东, 等 . 2017. 耐盐水稻品种筛选试验报告 [J]. 北方水稻, 47 (1): 22-24.

耿雷跃, 马小定, 崔迪, 等 . 2019. 水稻全生育期耐盐性鉴定评价方法研究 [J]. 植物遗传资源学报, 20 (2): 267-275.

关勇 . 2001. 内蒙古东北部水稻田草害及防治措施 [J]. 内蒙古农业科技, (06): 54-55.

郭凯, 陈丽娜, 张秀梅, 等 . 2011. 不同钠吸附比的咸水结冰融水入渗后滨海盐土的水盐分布 [J]. 中国生态农业学报, 19 (3): 506-510.

郭元裕 . 1997. 农田水利学 [M]. 3 版 . 北京: 中国水利水电出版社 .

韩斯平 . 2009. 水稻主要病害综合防治技术 [J]. 现代农业科技, 000 (015): 152-152.

何广生, 王海泽, 程效义, 等 . 2011. 东北三省不同年代水稻品质性状比较研究 [J]. 黑龙江农业科学, (8): 5-10.

何绍桓, 王福荣, 仲秀珍, 等 . 1988. 盐碱洼地开发种稻综合栽培技术研究 [J]. 吉林农业大学学报, (02): 1-5, 102.

何勇, 张艳超 . 2014. 农用无人机现状与发展趋势 [J]. 现代农机, (01): 1-5.

贺梅, 宋冬明 . 2015. 环境因素对稻米品质的影响 [J]. 北方水稻, 45 (005): 71-74.

侯晓华, 何绍桓 . 1990. 不同施氮法对盐碱土水稻生育和产量的影响 [J]. 盐碱地利用, (1): 13-19.

黄晶, 孔亚丽, 吴龙龙, 等 . 2021. 生物炭调控盐胁迫下水稻幼苗耐盐性能 [J]. 生态学杂志, 40 (3): 627-634.

黄立华, 梁正伟, 王明明, 等 . 2012. 覆膜栽培对盐碱地水稻生长的影响及节水潜力初探［J］.华北农学报,27(S1):106–110.

黄立华,梁正伟,王明明,等.一种苏打盐碱地水稻窄行密植插秧方法［P］.发明专利,
ZL201210405420.9.

黄立华,沈娟,冯国忠,等.2010.不同氮磷钾肥配施对盐碱地水稻产量性状和吸肥规律的
影响［J］.农业现代化研究,(2):216–219.

黄毅斌,翁伯奇,唐建阳,等.2001.稻–萍–鱼体系对稻田土壤环境的影响［J］.中国生
态农业学报,(01):84–86.

吉林省农业科学院水稻研究所.1988.盐碱洼地种稻技术开发研究成果资料汇编［S］.

贾宝艳,周婵婵,孙晓雪,等.2013.辽宁省水稻种质资源的耐盐性鉴定评价［J］.作物杂志,
(04):57–62.

贾苏卿,李彦良,焦雄飞,等.2016.以深松为基础的忻定盆地盐碱地土壤耕层改良［J］.山
西农业科学,44(2):209–211.

姜红芳,兰宇辰,王鹤璎,等.2020.氮肥运筹对苏打盐碱地水稻养分积累、转运及分配的
影响［J］.中国土壤与肥料,(5):45–55.

蒋荷,孙加祥,汤陵华.1995.水稻种质资源耐盐性鉴定与评价［J］.江苏农业科学,(4):
15–16.

蒋彭炎,姚长溪.1989.水稻高产新技术稀少平栽培法的原理与应用［M］.杭州:浙江科学
技术出版社.

荆爱霞.2008.移栽行距、密度对水稻超高产形成的影响［D］.扬州大学.

荆培培,崔敏,秦涛,等.2017.土培条件下不同盐分梯度对水稻产量及其生理特性的影
响［J］.中国稻米,23(4):26–33.

郎志红.2008.盐碱胁迫对植物种子萌发和幼苗生长的影响［D］.兰州交通大学.

李彬,王志春,孙志高,等.2005.中国盐碱地资源与可持续利用研究［J］.干旱地区农业
研究,23(2):154–158.

李端富,周天生,吴能,等.1990.稻田养鱼对水稻生长发育的效应试验初报［J］.广西农
学院学报,(04):27–34.

李冠男,黄立华,张璐,等.2019.施用有机肥和秸秆还田对东北苏打盐碱地水稻营养与食
味品质的影响［J］.作物杂志,192(5):87–93.

李冠男,黄立华,黄金鑫,等.2020.盐碱地水稻结实初期不同叶面肥喷施对稻米品质的影

响［J］. 土壤与作物 , 9（2）: 126-135.

李冠男 . 2019. 施肥及微量元素调控对盐碱地水稻品质的影响［D］. 吉林农业大学 .

李红宇 , 潘世驹 , 钱永德 , 等 . 2015. 混合盐碱胁迫对寒地水稻产量和品质的影响［J］. 南方农业学报 , 46（12）: 2100-2105.

李红宇 , 刘梦红 , 王海泽 , 等 . 2011. 东北地区水稻产量和品质演进特征研究［J］. 种子 , 30（11）: 28-32, 36.

李洪亮 . 2010. 盐胁迫对水稻生育时期和农艺性状的影响［J］. 黑龙江农业科学 , （11）: 18-20.

李辉 , 张瑞英 , 戴常军 , 等 . 2013. 东北三省水稻品质差异性比较［J］. 中国稻米 , 19（2）: 18-22.

李继开 . 1982. 关于水稻耐盐鉴定标准的商榷［J］. 农业科技 , （5）: 21-23.

李加松 , 陈芹 , 陈云 , 等 . 2021. 水稻农药减量使用试验研究［J］. 农业开发与装备 , （8）: 158-159.

李景鹏 , 余丽霞 , 张鑫 , 等 . 2021. 水稻新品种东稻 122 选育及应用［J］. 北方水稻 , 51（6）: 44-47.

李取生 , 裘善文 , 邓伟 . 1998. 松嫩平原土地次生盐碱化研究［J］. 地理科学 , （03）: 268-272.

李守铭 , 蔡庆尧 , 张维尧 , 等 . 2013. 甬优 15 免耕直播栽培技术的实践与应用［J］. 现代农业科技 , （10）: 36-37.

李司童 , 毛凯伦 , 韦成才 , 等 . 2018. 蚯蚓粪肥替代部分化肥对连作烟田土壤肥力的影响及评价［J］. 华北农学报 , 33（增刊）: 238-245.

李霞 , 曹昆 , 阎丽娜 , 等 . 2008. 盐碱胁迫对不同水稻材料苗期生长特性的影响［J］. 中国农学通报 , 24（8）: 252-252.

李秀存 , 廖桂奇 , 覃维炳 , 等 . 1998. 气候变化对海岸带环境的影响及防治对策［J］. 气象研究与应用 , 19（3）: 23-28.

李秀军 , 李取生 , 王志春 , 等 . 2002. 松嫩平原西部盐碱地特点及合理利用研究［J］. 农业现代化研究 , 23（5）: 361-364.

廉晓娟 , 李明悦 , 王艳 , 等 . 2011. 微咸水淋洗重壤质滨海盐土的盐分变化研究［J］. 中国农学通报 , 27（32）: 252-256.

梁世胡 , 李传国 , 伍应运 , 等 . 1999. 杂交水稻产量构成因素的通径分析［J］. 广东农业科学 ,

（6）：4-6.

梁正伟，杨福，王志春，等．2004.盐碱胁迫对水稻主要生育性状的影响［J］.生态环境，
（1）：43-46.

梁正伟．2011.大安碱地生态试验站［J］.高科技与产业化，（4）：60-62.

廖庆民．2001.稻田养鱼的经济与生态价值［J］.黑龙江水产，（2）：17.

凌启鸿，苏祖芳，张海泉．1995.水稻成穗率与群体质量的关系及其影响因素的研究［J］.
作物学报，（4）：463-469.

刘超，汪有科，湛景武，等．2008.秸秆覆盖量对农田土面蒸发的影响［J］.中国农学通报，
24（5）：448-451.

刘贵斌．2018.垄作稻鱼鸡共生对水稻产量及农田环境的影响［D］.湖南农业大学．

刘浩．2016.吉林省西部盐碱地治理技术综述［J］.长春工程学院学报（自然科学版），17
（4）：41-43，47.

刘佳音，邵晓宇，邹丹丹，等．2019.水稻耐盐碱鉴定方法及评价指标研究进展［J］.杂交
水稻，34（6）：1-6.

刘立晶，高焕文，李洪文，等．2004.秸秆覆盖对降雨入渗影响的试验研究［J］.中国农业
大学学报，9（5）：12-15.

刘丽艳．1994.盐碱地水稻高产栽培技术［J］.中国农学通报，10（3）：44-45.

刘晓亮，齐春艳，侯立刚，等．2019.株行距配置对苏打盐碱地水稻产量形成及稻米品质的
影响［J］.中国农学通报，35（10）：1-6.

刘晓龙．2019.脱落酸（ABA）对水稻耐碱胁迫的诱抗效应及机理研究［D］.中国科学院
大学．

刘兴土．2001.松嫩平原退化土地整治与农业发展［M］.北京：科学出版社．

刘郁，于亚辉，桑海旭，等．2015.滨海稻区耐盐水稻外观品质与食味的关系［J］.湖北农
业科学，54（1）：11-13.

路凯，赵庆勇，周丽慧，等．2020.稻米蛋白质含量与食味品质的关系及其影响因素研究进
展［J］.江苏农业学报，36（05）：239-245.

罗佳，刘丽珠，王同，等．2016.有机肥与化肥配施对黄瓜产量及土壤微生物多样性的影
响［J］.生态与农村环境学报，32（5）：774-779.

吕学莲，白海波，李树华，等．2012.水稻耐盐种质的鉴定评价［J］.中国农学通报，29（33）：

50-55.

马巍，王鸿斌，赵兰坡.2011.不同硫酸铝施用条件下对苏打盐碱地水稻吸肥规律的研究[J].中国农学通报，27（12）：31-35.

马昕，杨艳明，刘智蕾，等.2017.机械侧深施控释掺混肥提高寒地水稻的产量和效益[J].植物营养与肥料学报，33（4）：1095-1103.

马钰，贡常委，张韫政，等.2021.喷头类型对植保无人机低容量喷雾雾滴在稻田冠层沉积分布及防治效果的影响[J].植物保护学报，48（03）：518-527.

宁夏回族自治区自然资源厅.2016.宁夏富硒土地有多"富"？[N/OL].惠农网：惠农资讯（https://news.cnhnb.com/rdzx/detail/381281/）.

潘晓飚，黄善军，陈凯，等.2012.大田全生育期盐水灌溉胁迫筛选水稻耐盐恢复系[J].中国水稻科学，26（1）：49-54.

潘晓飚，谢留杰，黄善军，等.2017.杂交水稻不同生育阶段的耐盐性及育种策略[J].江苏农业科学，45（6）：56-60.

祁栋灵，韩龙植，张三元.2005.水稻耐盐/碱性鉴定评价方法[J].植物遗传资源学报，6（2）：226-230.

祁栋灵，张共元，曹桂兰，等.2006.水稻发芽期和幼苗前期耐碱性的鉴定方法研究[J].植物遗传资源学报，7（1）：74-80.

秦韧，王学锋，刘树堂.2005.盐碱地改良研究进展——东营市河口区"上农下渔"改良模式[J].当代生态农业，14（1）：32-34.

裘善文，张柏，王志春.2005.中国东北平原西部荒漠化现状、成因及其治理途径研究[J].第四纪研究，25（1）：63-73.

裘善文，孙酉石.1997.松嫩平原盐碱地与风沙地农业综合发展研究[M].北京：科学出版社.

渠美红，祝贺.2011.盐碱地水稻田的改良与培肥方法[J].科技创新与应用，（24）：198.

任坤，任树梅，杨培岭，等.2006.$CaSO_4$在改良碱化土壤过程中对其理化性质的影响[J].灌溉排水学报，（4）：77-80.

邵雪娟.2021.盐碱地改良技术研究综述[J].种子科技，39（6）：71-72.

沈婧丽.2016.脱硫石膏改良盐碱地不同技术集成模式研究[D].宁夏大学.

沈万斌，董德明，包国章，等.2001.农灌区土壤次生盐渍化的防治方法及实例分析[J].吉林大学自然科学学报,(1):99-102.

沈伟峰.1995.几个优良水稻品种介绍[J].中国稻米,(2):4-6.

石晓旭.2018.盐胁迫下氮肥运筹对水稻产量及其生理的影响[D].扬州大学.

宋达泉.1989.我国滨海盐土的分类及开发利用[A]//中国土壤学会盐渍土专业委员会.中国盐渍土分类分级文集.南京:江苏科学技术出版社.

宋德成,洪影,于大永.2014.松嫩平原盐碱地开发利用状况分析[J].东北水利水电,32(9):21-22.

宋雪飞,甘淳丹,赵海燕,等.2018.叶面喷施褪黑素调控水稻幼苗耐盐性的浓度效应研究[J].土壤学报,55(2):455-466.

孙博,解建仓,汪妮,等.2012.不同秸秆覆盖量对盐渍土蒸发、水盐变化的影响[J].水土保持学报,(1):246-250.

孙才志,林学钰.2001.松嫩盆地地下水资源分布特征、开发潜力及21世纪用水对策[J].自然资源学报,16(4):354-359.

孙刚,房岩,韩国军,等.2009.稻-鱼复合生态系统对水田土壤理化性状的影响[J].中国土壤与肥料,(04):21-24,47.

孙彤,杜震宇,张瑞珍,等.2006.松嫩平原盐碱土盐碱胁迫对水稻分蘖及产量的影响[J].吉林农业大学学报,(06):597-600,605.

孙昕,冯树华,闫喜东.2008.水稻新品种"白粳一号"选育报告[J].中国农业信息,(5):23-24.

孙宇峰,马万里,邓首峰,等.2012.盐碱地水稻高产技术[J].中国种业,(6):65-66.

谭维娜,孙皓,孙法军,等.2019.水稻机插秧同步侧深施肥技术[J].热带农业工程,43(2):89-91.

汤洁,麻素挺,林年丰,等.2005.吉林西部植被生态环境需水量供需平衡研究[J].环境科学研究,18(1):5-8.

唐涛,郝明德,单凤霞.2008.人工降雨条件下秸秆覆盖减少水土流失的效应研究[J].水土保持研究,(1):13-15,44.

田凤华.2013.大安盐碱地微生物群落结构分析[D].吉林农业大学.

田蕾,王彬,张雪艳,等.2014.脱硫石膏改良盐碱土对水稻秧苗素质、根系特征及质膜透性的影响[J].广东农业科学,41(21):1-6.

汪清 . 2011. 稻蟹共作对土壤理化性质和土壤有效养分影响的初步研究 [D]. 上海海洋
　大学 .

王斌, 袁洪印 . 2016. 无人机喷药技术发展现状与趋势 [J]. 农业与技术, 36（7）: 59-62.

王才林, 张亚东, 赵凌, 等 . 2019. 耐盐碱水稻研究现状、问题与建议 [J]. 中国稻米, 25
　（01）: 1-6.

王参, 于娟, 王志强 . 2012. 根据吉林西部盐碱土的成因来创新盐碱地改良模式 [J]. 吉林
　农业,（12）: 56.

王春裕, 陈宣庆 . 1995. 中国东北西部退化土地治理 [M]. 北京: 地质出版社 .

王春裕, 王汝镛, 李建东 . 1999. 中国东北地区盐渍土的生态分区 [J]. 土壤通报,（5）:
　193-196.

王春裕 . 2004. 中国东北盐渍土 [M]. 北京: 科学出版社 .

王典 . 2006. 稻 - 蟹 - 鳅田生态系统能流、物流和价值流分析 [J]. 中国稻米,（02）: 52-
　53, 50.

王佳丽, 黄贤金, 钟太洋, 等 . 2011. 盐碱地可持续利用研究综述 [J]. 地理学报, 66（5）:
　673-684.

王建国 . 2020. 东北盐碱地水稻种植及其病虫害防治技术 [J]. 农业工程技术, 40（26）:
　64-65.

王金满, 杨培岭, 白中科 . 2008. CaSO₄ 改良苏打碱土的离子吸附交换过程分析与数值模
　拟 [J]. 水土保持学报,（1）: 43-47, 51.

王磊 . 2015. 碾磨程度对大米营养成分含量变化的影响研究 [D]. 南昌大学 .

王曼华 . 2017. 秸秆双层覆盖对盐碱地土壤水盐调控效应研究 [D]. 山东农业大学 .

王明明 . 2010. 苏打盐碱地水田耗水规律与蒸散模型评估 [D]. 中国科学院大学 .

王鹏山, 张金龙, 苏德荣, 等 . 2012. 不同淋洗方式下滨海沙性盐渍土改良效果 [J]. 水土
　保持学报, 26（3）: 136-140.

王世忠, 于霞, 王洪江, 等 . 2019. 辽西半干旱地区石质山客土袋造林技术研究 [J]. 农业
　开发与装备, 205（1）: 222.

王相平, 杨劲松, 姚荣江, 等 . 2014. 苏北滩涂水稻微咸水灌溉模式及土壤盐分动态变
　化 [J]. 农业工程学报, 30（7）: 54-63.

王晓丹, 向镜, 张玉屏, 等 . 2020. 水稻机插同步侧深施肥技术进展及应用 [J]. 中国稻米,

（5）：53-57.

王艳，吴勇，廉晓娟，等.2011.不同矿化度水淋洗重度盐碱土的水盐运移特征[J].灌溉排
　　水学报，30（4）：39-43.

王玉江，吴涛，吴杰.2008.磷石膏改良盐碱地的研究进展[J].安徽农业科学，（17）：
　　7413-7414.

王志春，孙长占，李秀军，等.2003.苏打盐碱地水稻开发综合技术模式[J].农业系统科
　　学与综合研究，（1）：56-59.

王志君，李红宇，夏玉莹，等.2022.氮肥运筹对苏打盐碱地水稻产量和品质的影响[J/OL].
　　河南农业科学.

王志明，李秉柏，严海兵，等.2011.近20年江苏省海岸线和滩涂面积变化的遥感监测[J].
　　江苏农业科学，39（6）：555-557.

王志欣，邹德堂，刘华龙，等.2012.东北粳稻芽期耐盐碱性差异研究[J].黑龙江农业科学，
　　（8）：6-11.

王志友，金铁，郭昱材，等.2008.浅淡影响稻米品质的主要因素及对策[J].北方水稻，
　　（4）：33-35.

王遵亲，黎立群.1989.刍议我国盐碱土资源类型及其合理开发利用问题[A]//中国土壤
　　学会盐渍土专业委员会.中国盐渍土分类分级文集.南京：江苏科学技术出版社.

王遵亲，祝寿泉，俞仁培，等.1993.中国盐渍土[M].北京：科学出版社.

韦还和，葛佳琳，张徐彬，等.2020.盐胁迫下粳稻品种南粳9108分蘖特性及其与群体生
　　产力的关系[J].作物学报，46（8）：1238-1247.

温小红，谢明杰，姜健，等.2013.水稻稻瘟病防治方法研究进展[J].中国农学通报，（3）：
　　190-195.

吴家富，杨博文，向珣朝，等.2017.不同水稻种质在不同生育期耐盐鉴定的差异[J].植
　　物学报，52（1）：77-88.

吴燕玉，李彤，谭方，等.1986.辽河平原土壤背景值区域特征及分布规律[J].环境科学
　　学报，（04）：420-433.

武珈亦，黄洁，白志刚，等.2020.盐胁迫下外源功能微生物调控水稻生长特征研究[J].中
　　国稻米，26（1）：34-36.

奚广生，王艳玲，等.2002.松嫩平原低洼易涝盐碱地井灌水稻节水灌溉技术[J].吉林农

业大学学报,24(5):17-20.

向美琦,姜立民,王景立.2019.苏打盐碱地改良剂喷施自润式减阻深松机的设计与试验[J].农机化研究,41(7):166-170.

肖丹丹,李军,邓先亮,等.2020.不同品种稻米品质形成对盐胁迫的响应[J].核农学报,(8):1840-1847.

肖向予,李艳蔷.2017.稻鳅共作对土壤性质及水稻产量构成的影响[J].安徽农业科学,45(12):31-33.

谢健,邓霄,杨喜华.2009.中国大米加工和消费对稻谷品质的要求[C].中国粮油标准质量年会暨中国粮油学会粮油质检研究分会代表大会.

徐明岗,李菊梅,李志杰.2006.利用耐盐植物改善盐土区农业环境[J].中国土壤与肥料,(3):6-10.

徐子棋,许晓鸿.2018.松嫩平原苏打盐碱地成因、特点及治理措施研究进展[J].中国水土保持,(2):54-59,69.

薛庚林,李广敏.1991.不同品种水稻幼苗对盐胁迫的反应[J].河北农业大学学报,14(4):110-112.

严凯,蒋玉兰,唐纪元,等.2018.盐碱地条件下施氮量和栽插密度对水稻产量和品质的影响[J].中国土壤与肥料,(2):73-80.

严凯,蒋玉兰,肖天晶,等.2017.不同施氮量对盐碱地水稻产量及品质的影响[J].中国稻米,23(3):35-39.

严少华,张振华.1998.滨海盐土覆盖栽培节水抑盐效果定量研究[J].土壤通报,29(2):52-53.

严小龙,郑少玲.1992.水稻耐盐机理的研究:Ⅰ,不同基因型植株水平耐盐性初步比较[J].华南农业大学学报,(4):6-11.

杨福,梁正伟,王志春.2011.水稻新品种东稻 4 号的选育与栽培技术要点[J].作物杂志,(2):111.

杨福,梁正伟,王志春.2010.苏打盐碱胁迫对水稻品种长白 9 号穗部性状及产量构成的影响[J].华北农学报,25(S2):59-61.

杨劲松,姚荣江,王相平,等.2022.中国盐渍土研究:历程、现状与展望[J].土壤学报,59(1):10-27.

杨劲松,姚荣江.2015.我国盐碱地的治理与农业高效利用[J].中国科学院院刊,30(增刊):162–170.

杨美英,张婷婷,武志海,等.2016.盐碱土添加外源溶磷菌液对水稻渗透调节能力及光合指标的影响[J].西北农林科技大学学报(自然科学版),44(8):66–74.

杨明,田静,高玉山,等.2012.辽河平原盐碱地改良现状及展望[J].辽宁农业科学,(2):51–54.

杨永利,富东英,甄常生.2004.应用土壤盐碱改良剂控制水稻苗期盐害的研究[J].农业环境科学学报,(3):555–559.

尹怀宁,王春裕.1998.辽北平原退化土地治理与可持续发展[J].东北师大学报(自然科学版),(1):87–92.

余为仆.2014.秸秆还田条件下盐胁迫对水稻产量与品质形成的影响[D].扬州大学.

俞仁培,陈德明.1999.我国盐渍土资源及其开发利用[J].土壤通报,30(4):158–159.

岳福顺,郭金峰,方喜和,等.2009.盐碱地水稻虫害草害防治[J].现代农业,(5):22–23.

云雪雪,陈雨生.2020.国际盐碱地开发动态及其对我国的启示[J].国土与自然资源研究,(1):84–87.

翟彩娇,邓先亮,张蛟,等.2020.盐分胁迫对稻米品质性状的影响[J].中国稻米,26(2):44–48.

张蛟,翟彩娇,崔士友.2018.微咸水灌溉滩涂稻田盐分动态及其水稻产量表现[J].江苏农业学报,(4):799–803.

张均华,Sajid Hussain,黄洁,等.2019.盐胁迫对水稻生长发育影响及1–甲基环丙烯调控机制[A].2019年中国作物学会学术年会.

张磊,侯云鹏,王立春.2018.盐碱胁迫对植物的影响及提高植物耐盐碱性的方法[J].东北农业科学,43(04):11–16.

张利,傅景林.1993.对盐碱地井水种稻节水灌溉的探索[J].内蒙古农业科技,(3):4–5.

张启星.1989.水稻耐盐筛选、鉴定及评价[J].河北农垦科技,(4):4–9.

张瑞珍,邵玺文,童淑媛,等.2006.盐碱胁迫对水稻源库与产量的影响[J].中国水稻科学,(1):116–118.

张所兵,张云辉,林静,等.2013.水稻全生育期耐盐资源的初步筛选[J].中国农学通报,29(36):63–68.

张体彬，康跃虎，胡伟，等 .2012.宁夏银北地区龟裂碱土盐分特征研究［J］.土壤，44（6）：17.

张巍 .2008.固氮蓝藻在松嫩平原盐碱土生态修复中作用的研究［D］.哈尔滨工业大学 .

张鑫，李景鹏，陈艳辉，等 .2020.水稻农艺性状的耐盐碱鉴定及比较分析［J］.土壤与作物，9（03）：260-270.

张兴，马志卿，冯俊涛，等 .2015.植物源农药研究进展［J］.中国生物防治学报，31（5）：685-698.

张耀鸿，张亚丽，黄启为，等 .2006.不同氮肥水平下水稻产量以及氮素吸收、利用的基因型差异比较［J］.植物营养与肥料学报，12（5）：616.

张永宏，苏德喜，尹志荣，等 .2014.盐碱地水稻保苗控灌技术集成研究［J］.土壤通报，45（02）：445-449.

张余良，王正祥，廉晓娟，等 .2010.灌溉不同水质条件下滨海盐土脱盐动态的研究［J］.农业环境科学学报，29（2）：324-329.

张玉华 .2003.稻米的碾磨品质及其影响因素［J］.中国农学通报，19（1）：101,158.

张振华，严少华 .1996.覆草量对水盐运动影响的实验研究［J］.水土保持研究，（3）：93-95.

章光新 .2012.东北粮食主产区水安全与湿地生态安全保障的对策［J］.中国水利，15：9-11.

章光新 .2004.松嫩平原水资源可持续利用战略探讨［J］.水土保持通报，（1）：69-73.

赵海成，聂强，辛明强，等 .2021.苏打盐碱地水稻基质板育苗的产量品质效应研究［J］.黑龙江八一农垦大学学报，33（3）：1-7.

赵海新 .2010.碱胁迫对水稻苗期 SOD 和 POD 活性及 MDA 含量的影响［J］.黑龙江农业科学，（8）：22-23.

赵兰坡，王宇，冯君 .2013.松嫩平原盐碱地改良利用：理论与技术［M］.北京：科学出版社 .

赵鹏，孙书洪，薛铸 .2020.盐分胁迫对水稻生长性状影响研究［J］.灌溉排水学报，39（S1）：33-36,41.

赵鹏敏，贾政强 .2020.东北平原西部盐碱地生态治理探析［J］.东北水利水电，38（05）：47-49,72.

褚光，陈松，徐春梅，等 .2019.我国水稻栽培技术的研究进展及展望［J］.中国稻米，25（5）：5-7.

郑国琦，李志，杨涓，等 .2019.水稻硒肥肥效试验技术报告［R］.银川：宁夏大学 .

中华人民共和国国土资源部 .2004.2003 年中国国土资源公报［J］.国土资源通讯，（5）：

44-48.

钟波.2013.稻－鳅生态系统能值分析[J].中国稻米,19(03):48-50.

周婵婵,王术,黄元财,等.2017.不同水稻品种产量和品质对盐碱胁迫的响应[J].种子,36(11):29-33.

周道玮,田雨,王敏玲,等.2011.覆沙改良科尔沁沙地－松辽平原交错区盐碱地与造田技术研究[J].自然资源学报,26(6):910-918.

周根友,汪娟,赵祥强.2017.大田评价水稻耐盐碱性的农艺性状指标研究[J].华北农学报,32(z1):102-107.

周根友,翟彩娇,邓先亮,等.2018.盐逆境对水稻产量、光合特性及品质的影响[J].中国水稻科学,32(2):146-154.

周和平,张立新,禹锋,等.2007.我国盐碱地改良技术综述及展望[J].现代农业科技,(11):159-161,164.

周江伟,刘贵斌,陈灿,等.2017.免耕"稻鳖鱼"共生模式的环境经济学分析[J].湖南农业科学,(08):98-102.

周小丰,石文贞,侯彩云.2006.稻米糊化温度和直链淀粉含量协同测定方法的研究[J].中国粮油学报,(6):1-3.

周政,李宏,孙勇,等.2010.高产、抗旱和耐盐选择对水稻产量相关性状的影响[J].作物学报,36(10):1725-1735.

周治宝,王晓玲,余传元,等.2011.直链淀粉含量适中籼稻品种间的食味品质差异分析[J].中国农业科技导报,13(6):99-105.

朱从桦,陈惠哲,张玉屏,等.2019.机械侧深施肥对机插早稻产量及氮肥利用率的影响[J].中国稻米,25(1):40-43.

朱德峰,张玉屏,陈惠哲,等.2015.中国水稻高产栽培技术创新与实践[J].中国农业科学,48(17):3404-3414.

朱晶,张巳奇,冉成,等.2021.秸秆还田对松嫩平原西部苏打盐碱地稻田土壤养分及产量的影响[J].东北农业科学,46(01):42-46,51.

朱明霞,高显颖,邵玺文,等.2014.不同浓度盐碱胁迫对水稻生长发育及产量的影响[J].吉林农业科学,39(6):12-16.

朱智伟,陈能,王丹英,等.2004.不同类型水稻品质性状变异特性及差异性分析[J].中

国水稻科学 , 18（4）: 315−320.

Babu N N, Krishnan S G, Vinod K K, et al. 2017. Marker aided incorporation of saltol, a major QTL associated with seedling stage salt tolerance, into Oryza sativa "Pusa Basmati 1121"［J］. Frontiers in plant science, 8（41）: 1−14.

Blum A. 1988. Plant Breeding for Stress Environments［M］. CRC Press, Florida.

Chen M, Li Z, Huang J, et al. 2021. Dissecting the meteorological and genetic factors affecting rice grain quality in Northeast China［J］. Genes & Genomics, 43（2）: 975−986.

Desamero N V, Romero M V, Aquino D V, et al. 2003. Rice grain quality as affected by salt stress［J］. Philipp J Crop Sci, 28（S1）: 70−70.

Dobermann A, Cassman K G. 2005. Cereal area and nitrogen use efficiency are drivers of future nitrogen fertilizer consumption［J］. Science in China Series C: Life Sciences, 48（2 Supplement）: 745−758.

Grattan S R, Zeng L, Shannon M C, et al. 2002. Rice is more sensitive to salinity than previously thought［J］. California Agriculture, 56（6）: 189−198.

Hakim M A, Juraimi A S, Begum M, et al. 2010. Effect of salt stress on germination and early seedling growth of rice（*Oryza sativa* L.）［J］. African Journal of Biotechnology, 9（13）: 1911−1918.

Hao H L, Wei Y Z, Yang X E, et al. 2007. Effects of different nitrogen fertilizer levels on Fe, Mn, Cu and Zn concentrations in shoot and grain quality in rice（*Oryza sativa* L.）［J］. Rice Science, 14（4）: 289−294.

Hoffman G J. 1986. Guidelines for reclamation of salt−affected soils［J］. Applied Agricultural Research, 1（2）: 65−72.

Karim Z, Hussain S G, Ahmed M. Salinity problems and crop intensification in the coastal regions of Bangladesh［A］// Soils publication No.33. Farmgate, Dhaka 1215, Bangladesh: BARC, Soils and Irrigation Division.

Khan M A, Abdullah Z. 2003. Salinity−sodicity induced changes in reproductive physiology of rice（*Oryza sativa* L.）under dense soil conditions［J］. Environmental and Experimental Botany, 49（2）: 145−157.

Khan M S, Hamid A, Karim M A. 1997. Effect of sodium chloride on germination and seedling

characters of different types of rice（*Oryza sativa* L.）［J］. Journal of Agronomy and Crop Science, 179（3）: 163-169.

Li H, Vaillancourt R, Mendham N, et al. 2008. Comparative mapping of quantitative trait loci associated with waterlogging tolerance in barley（Hordeumvulgare L.）［J］. BMC genomics, 9（401）: 1-12.

Liu X L, Zhang H, Jin Y Y, et al. 2019. Abscisic acid primes rice seedlings for enhanced tolerance to alkaline stress by upregulating antioxidant defense and stress tolerance-related genes［J］. Plant and Soil, 438: 39-55.

Maria E B G, Marjorie P D, James A E, et al. 2019. Physiological responses of contrasting rice genotypes to salt stress at reproductive stage［J］. Rice Science, 26（4）: 207-219.

Murai T. 1991. Principles of fish nutrition: Werner Steffens. Ellis Horwood Ltd., Chichester, UK, 1989. 384 pp, price 59.95, ISBN 0-7458-0555-8（Ellis Horwood）, 0-470-21559-3［J］. 92（none）: 291-292.

Qadir M, Ghafoor A, Murtaza G. 2001. Amelioration strategies for saline soils: a review［J］. Land Degradation & Development, 12（4）: 357-386.

Qian Y L, Koski A J, Welton R. 2001. Amending sand with isolite and zeolite under saline conditions: leachate composition and salt deposition［J］. Hortscience, 36（4）: 717-720.

Rao P S, Mishra B, Gupta S R, et al. 2008. Reproductive stage tolerance to salinity and alkalinity stresses in rice genotypes［J］. Plant Breeding, 127（3）: 256-261.

Razzaq A, Ali A, Safdar L B, et al. 2020. Salt stress induces physiochemical alterations in rice grain composition and quality［J］. Journal of food science, 85（1）: 14-20.

Shabbir G, Nazir H, Bhatti M K, et al. 2001. Salt tolerance potential of some selected fine rice cultivars ［J］. Journal of Biological Sciences, 1（12）: 47-63.

Singh V, Singh A P, Bhadoria J, et al. 2018. Differential expression of salt-responsive genes to salinity stress in salt-tolerant and salt-sensitive rice（*Oryza sativa* L.）at seedling stage［J］. Protoplasma, 255: 1667-1681.

Tang J C, Chen Q H, Hao R Q, et al. 2021. The effects of different nitrogen application and seeding rates on the yield and growth traits of direct seeded rice（*Oryza sativa* L.）using correlation analysis［J］. Applied Ecology and Environmental Research, 19（1）, 667-681.

Tavakkoli E, Rengasamy P, McDonald G K. 2010. The response of barley to salinity stress differs between hydroponic and soil systems [J]. Functional Plant Biology, 37 (7): 621–633.

Wang H, Takano T, Liu S. 2018. Screening and evaluation of saline–alkaline tolerant germplasm of rice (*Oryza sativa* L.) in soda saline–alkali soil [J]. Agronomy, 8 (205): 74–80.

Wang M, Pichu R, Wang Z, et al. 2018. Identification of the most limiting factor for rice yield using soil data collected before planting and during the reproductive stage [J]. Land Degradation and Development, 29: 2310–2320.

Wang, M M, Liang Z W, Wang Z C, et al. 2010a. Effect of irrigation water depth on rice growth and yield in a saline–sodic soil in Songnen plain, China [J]. Journal of Food Agriculture &Environment, 8: 530–534.

Wang M M, Liang Z W, Wang Z C, et al. 2010b. Effect of sand application and flushing during the sensitive stages onrice biomass allocation and yield in a saline–sodic soil [J]. Journal of Food Agriculture and Environment, 8 (3&4): 692–697.

Wang M M, Liang Z W, Yang F, et al. 2010c. Effects of number of seedlings per hill on rice biomass partitioning and yield in a saline–sodic soil [J]. Journal of Food, Agriculture & Environment, 8 (2): 628–633.

Wei L X, Lv B S, Li X W, et al. 2017. Priming of rice (*Oryza sativa* L.) seedlings with abscisic acid enhances seedling survival, plant growth, and grain yield in saline–alkaline paddy fields [J]. Field Crops Research, 203: 86–93.

Wei L X, Lv B S, Wang M M, et al. 2015. Priming effect of abscisic acid on alkaline stress tolerance in rice (*Oryza sativa* L.) seedlings [J]. Plant Physiology and Biochemistry, 90: 50–57.

Xie J, Hu L, Tang J, et al. 2011. Ecological mechanisms underlying the sustainability of the agricultural heritage rice–fish coculture system [J]. Proceedings of the National Academy of Sciences, 108 (50): 19851–19852.

Yamaguchi T, Blumwald E. 2005. Developing saline–tolerant crop plants: challenges and opportunities [J]. Trends in Plant Science, 10 (12): 615–620.

Yoshida S, Forno D A, Cock J H, et al. 1976. Laboratory manual for physiological studies of rice [D]. International Rice Research Institute, Los Banos, the Philippines.

Zeng L, Shannon M C. 2000. Salinity effects on seedling growth and yield components of rice [J].

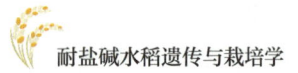

Crop science, 40: 996-1003.

Zeng L, Shannon M C, Grieve C M. 2002. Evaluation of salt tolerance in rice genotypes by multiple agronomic parameters［J］. Euphytica, 127（2）: 235-245.

Zhang Y F, Wang P, Yang Y F, et al. 2011. Arbuscular mycorrhizal fungi improve reestablishment of Leymus chinensis in bare saline-alkaline soil: Implication on vegetation restoration of extremely degraded land［J］. Journal of Arid Environments, 75（9）: 773-778.

Zhong W H, Cai Z C, Zhang H. 2007. Effects of long-term application of inorganic fertilizers on biochemical properties of a rice-planting red soil［J］. Pedosphere, 17（004）: 419-428.

本章作者　王明明　梁正伟　冯钟慧　王树玉　薛佳妮　刘会芳

（中国科学院东北地理与农业生态研究所）

王　彬　唐玙璠（宁夏大学）

崔士友　张　蛟（江苏沿江地区农业科学研究所）

侯红燕（山东东营市一邦农业科技开发有限公司）

戴其根（扬州大学）